普通高等教育"十一五"国家级规划教材

高分子材料与工程专业系列教材

聚合物材料表征与测试

杨万泰　主编

中国轻工业出版社

图书在版编目(CIP)数据

聚合物材料表征与测试/杨万泰主编.—北京:中国轻工业出版社,2022.7
普通高等教育"十一五"国家级规划教材
高分子材料与工程专业系列教材
ISBN 978-7-5019-6420-8

Ⅰ.聚… Ⅱ.杨… Ⅲ.高分子材料-高等学校-教材
Ⅳ.TB324

中国版本图书馆 CIP 数据核字(2008)第 057693 号

责任编辑:林 媛 杜宇芳
策划编辑:林 媛 责任终审:滕炎福 封面设计:锋尚设计
版式设计:王培燕 责任校对:吴大鹏 责任监印:张 可

出版发行:中国轻工业出版社(北京东长安街 6 号,邮编:100740)
印 刷:河北鑫兆源印刷有限公司
经 销:各地新华书店
版 次:2022 年 7 月第 1 版第 15 次印刷
开 本:787×1092 1/16 印张:16
字 数:375 千字
书 号:ISBN 978-7-5019-6420-8 定价:38.00 元
邮购电话:010-65241695
发行电话:010-85119835 传真:85113293
网 址:http://www.chlip.com.cn
Email: club@chlip.com.cn
如发现图书残缺请与我社邮购联系调换
220752J1C115ZBW

前　　言

现代仪器分析技术在材料科学中发挥着越来越重要的作用，已经成为材料研究中的一个重要部分。对于材料专业的学生及研究人员，在学习掌握了高分子物理和高分子化学的基础理论知识的基础上，非常有必要了解并掌握有关聚合物结构与性能的表征方法，并熟悉相关的分析仪器的结构原理及其应用领域。本书可以作为聚合物材料专业学生的教材及本专业科技人员的参考书。

本书主要涉及聚合物材料结构与性能表征中最基本的一些表征手段，在简要介绍分析仪器的基本结构和测试原理之后，介绍样品制备的方法和实验影响因素。重点内容放在数据处理、综合分析和谱图解析方法等方面的介绍，并通过大量具体实例阐述各种表征手段在聚合物材料结构与性能研究中的应用。

本书第一版（原书名为聚合物研究方法）由张美珍老师负责统编，由张美珍、柳百坚和谷晓昱共同参与编写，于 2000 年出版。本书出版后得到了专业人员的认可并受到广大读者的欢迎，在 2000 年到 2006 年之间经过 6 次印刷，销量不断增加。并在 2005 年入选“普通高等教育十一五国家级规划教材”。在 2005 年到 2006 年期间，在杨万泰教授的主持下，对本书内容修订及扩充，增加了仪器的最新发展及其在聚合物材料最新的表征研究内容，书名更改为《聚合物材料表征与测试》。

本书由杨万泰教授主编和审核，由张美珍、柳百坚、谷晓昱、邱兆斌和江盛玲共同参与编写。

本书中绪论、第 1 篇和第 5 篇在第一版张美珍编写的基础上，由杨万泰负责第 1 章绪论部分的内容补充修改；谷晓昱负责第 1 篇中第 2 章的内容修改补充；邱兆斌负责第 1 篇中第 7 章和第 5 篇的内容修改及补充；第 2 篇和第 4 篇由谷晓昱负责编写及修改；第 3 篇在第一版柳百坚老师编写的基础上，由邱兆斌负责第 3 篇中第 12 和第 13 章的内容修改及补充；江盛玲负责第 14 章的内容修改及补充。

本书由上海复旦大学刘天西教授审稿，在此致谢！

编者

2008 年 1 月

原版编写说明

本书为“高分子材料与工程”本科专业系列教材之一。作为人类创造的奇迹之一，有机高分子物质展现出奇特的化学、物理特性，开辟出一片崭新的科技天地。作为一类材料，高分子与金属、陶瓷并称为三大材料，应用在人类生产、生活的每一角落。而作为生物现象、生命现象以及信息的载体，有机高分子物质中更潜藏着新的突破。有关高分子的科学与技术，不是囿于材料一隅，而是一个以高分子为中心，向各个科学领域辐射的综合性学科。根据教育部拓宽专业、加强素质教育的办学指导思想，我们将现有的与聚合物有关的窄专业统一起来，如“高分子材料”、“高分子化工”、“塑料成型加工”、“橡塑工程”以及“复合材料”专业中的一部分，成为一个全面覆盖高分子科学技术的“大高分子”宽专业。

通过对有机高分子物质的合成、结构与性能关系、加工应用及工程设计的内容进行系统的归纳，我们制订了这一宽专业的教学框架，并组织编写了本套系列教材：《材料导论》、《高分子化学》、《高分子物理》、《聚合物改性》、《聚合物制备工程》、《聚合物加工工程》、《聚合物复合材料》、《聚合物材料》、《聚合物研究方法》。由于时间紧、任务重，仓促之中可能会有谬误之处，望广大读者及教育界同行不吝指教，以便再版时修正。

目　录

第1篇　波谱分析

第 2 篇 聚合物的相对分子质量及相对分子质量分布表征

第3篇 热 分 析

第4篇 高聚物流变性能

第1章　绪　　论

高分子科学及工艺的发展，迄今已有60多年的历史。用现代分析技术研究高分子结构，并确定结构与性能的关系，是高分子科学的一个重要方面。本书主要介绍现代分析技术及其在高聚物结构和性能研究中的应用。为了使读者对高分子材料研究方法有更好的理解和认识，有必要先将高分子物理中学过的有关高聚物结构与形态的特点和高聚物状态及其行为作一简要的回顾。

1.1　高聚物结构和形态的特点

高聚物是由许多巨大的分子构成的。这些大分子有许多重复的结构单元组成。某些高聚物的结构单元是完全一致的（均聚），但另一些则是由两种以上的结构单元混合组成（共聚），同时大分子之间又有各种联系。因此必须从微观、亚微观直到宏观不同的结构层次来描述高聚物的分子结构、形态及聚集态等。

目前习惯于用一次结构（或近程结构）、二次结构（或远程结构）、三次结构（或聚集态结构）和高次结构的层次区分高聚物聚集态的结构，现分述如下。

一次结构是指大分子的化学组成，均聚或共聚，大分子的相对分子质量，链状分子的形态如直链、支化、交联。此外也包括大分子的立体构型如全同立构、间同立构、无规立构、顺式、反式等的区别。图1-1为这些结构的实例和示意图。

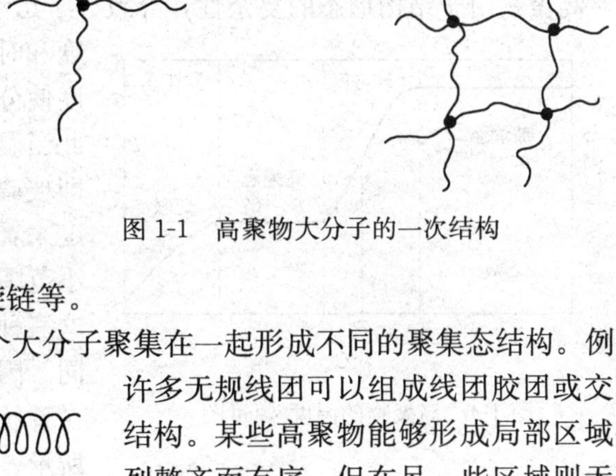

图1-1　高聚物大分子的一次结构

二次结构是指单个大分子的形态，如图1-2所示的无规线团、折叠链、螺旋链等。

三次结构是具有不同二次结构的单个大分子聚集在一起形成不同的聚集态结构。例如许多无规线团可以组成线团胶团或交缠结构。某些高聚物能够形成局部区域排列整齐而有序，但在另一些区域则无规地缠结的所谓缨束状结构。具有折叠链二次结构的分子则形成高聚物片晶。此外还有超螺旋结构。图1-3示出这些结构的示意形状。

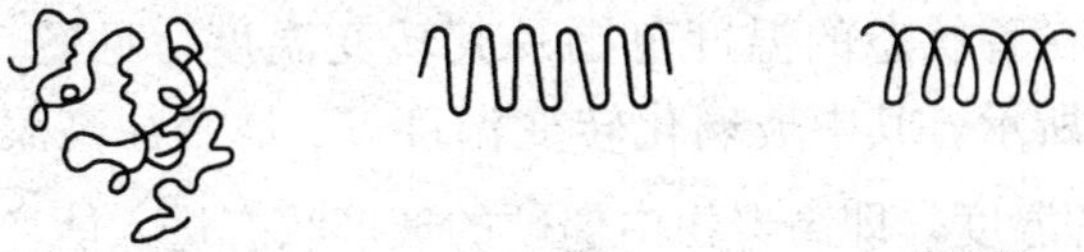

图1-2　高聚物大分子的二次结构

高次结构是指三次结构以及与其他物质构成尺寸更大的结构，如由折叠链形成的片晶构成球晶。嵌段或接枝共聚物和共混、高聚物形成具有微区分相的结构。此外还有添加了无机填料或纤维增强体系的复合材料。

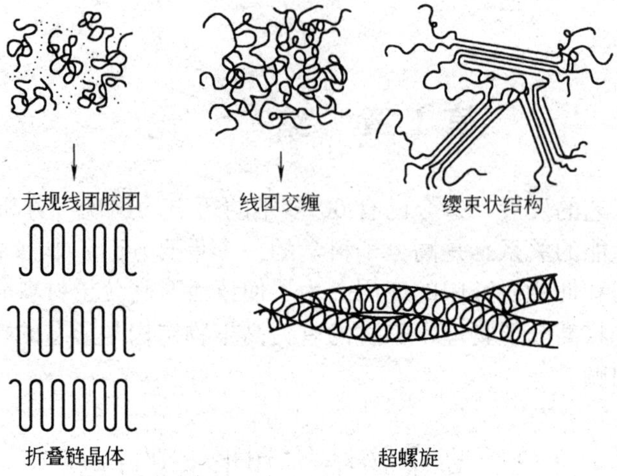

图 1-3　高聚三次结构的示意图

1.2　高聚物的状态及其行为

结构是材料物理和力学性能的基础，但即使同一种结构已经确定的物质，由于处在不同的状态下，其分子运动方式也不一样，会显示出不同的物理和力学性能。所以单纯了解高聚物结构是不够的，还需要考察它的分子运动时所表现的状态特点，才能建立高聚物结构与性能之间的内在联系。

高聚物由于结构形态的复杂性，导致分子运动单元的多重性，从而使其状态依赖于温度和时间两个参数。温度依赖性是由于升高温度使分子的热运动程度和运动的空间增大。因此当温度由低变高时，高聚物历经三种状态，即玻璃态、高弹态和黏流态。从分子运动的角度来看，这三种状态分别对应于侧基及链节的小范围运动、链段运动和大分子整体运动。在这三种状态下，高聚物的力学参数——模量不同。因此可以用模量对温度作图显示出高聚物三种状态的温度范围及其转变温度，见图 1-4 所示。其中玻璃化转变温度 T_g 是表征高聚物性能的重要指标。它意味着链段运动解冻的温度，即高聚物由僵硬的玻璃状态进入能产生很大形变的高弹状态。

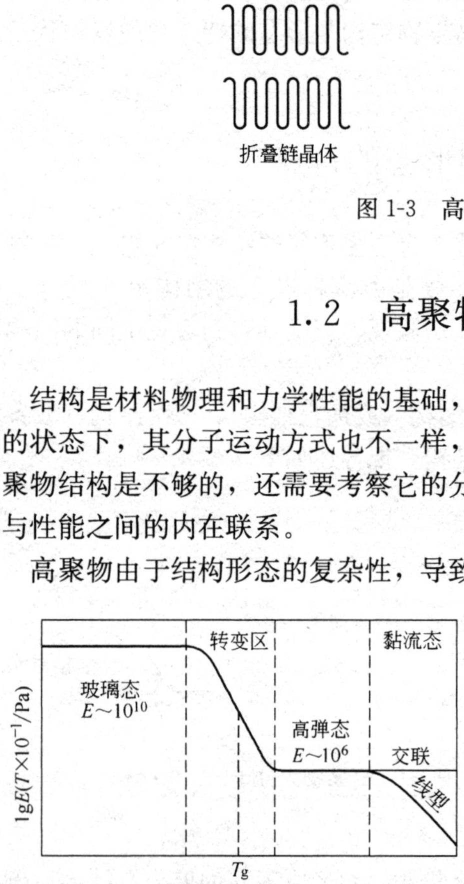

图 1-4　高聚物的温度-模量图

从另一方面来看，外力使高聚物从一个平衡状态通过分子运动到另一个状态需要一定的时间，称之为松弛时间。如果外力作用的时间比高聚物链段转变的松弛时间短很多，则表现为玻璃态，反之则表现为高弹态。因此，如果在一定的温度条件下以时间对模量作图，也能观察到如图 1-5 所示的区别状态的曲线。

由于高聚物的结构特点具有松弛时间和温度依赖两种本质关系，使其力学性能出现高弹性和黏弹性行为。高弹性是高聚物分子链的构象形状改变所导致的柔性。这种弹性行为是构象熵改变所致，所以形变大而弹性模量很小。高聚物的黏弹性是指高聚物材料不但表现弹性材料的特性，而且还有黏性流体的性质。这种黏弹性在高聚物的加工成型和使用过程中表现得极为突出。因此在涉及高聚物力学行为的场合下，必须同时考虑应力、应变、温度和时间四个参数。

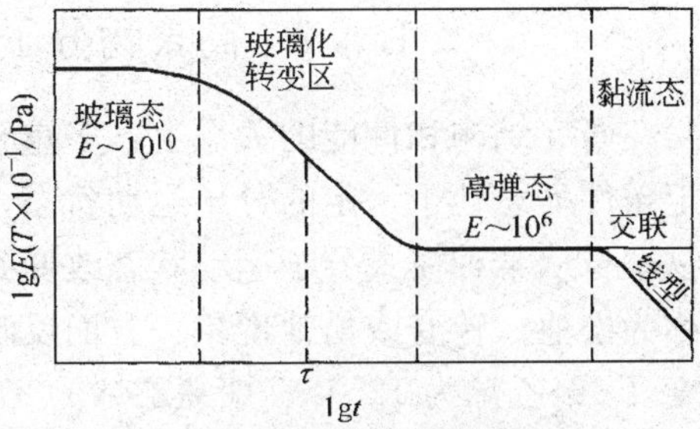

图 1-5　高聚物的时间-模量图

一些结晶性高聚物因为存在着非晶区，所以也有上述各种分子运动状态。但所不同之处在于非晶区的分子运动受到晶区的牵动。同时晶区本身也还有晶区内分子链段运动和晶型转变的运动。因此有很多具有不同机理的松弛时间。

综上所述，为了弄清楚高聚物的结构和结构与性能的关系，需要借助现代分析技术从各个角度来进行研究考察才有可能实现。现在已发展了很多测试方法，但必须对这些方法的原理、特点和应用范围有所了解，才能正确地选择和使用，来获得所需要的信息，从而帮助对高聚物加工成型条件的掌握，改进或提高高聚物的性能，以及设计并合成具有指定性能的高聚物材料。

1.3　高聚物结构和性能测定方法概述

高聚物结构和性能的测定方法很多，分以下三部分加以介绍。

1.3.1　高聚物结构的测定方法

高聚物结构是材料物理和力学性能的基础，所以人们了解高聚物的微观、亚微观直到宏观不同结构层次的形态和聚集态是必不可少的，而且十分重要。

测定链结构的方法有 X 射线衍射法（大角）、电子衍射法、中心散射法、裂解色谱-质谱、紫外吸收光谱、红外吸收光谱、拉曼光谱、微波分光法、核磁共振法、顺磁共振法、荧光光谱、偶极矩法、旋光分光法、电子能谱等。

测定聚集态结构的方法有 X 射线小角散射、电子衍射法、电子显微镜（TEM、SEM）、光学显微镜、原子力显微镜、固体小角激光光散射等。

测定结晶度的方法有 X 射线衍射法、电子衍射法、核磁共振吸收（宽线）、红外吸收光谱、密度法、热分析法。

测定高聚物取向程度的有双折射法、X 射线衍射、圆二色性法、红外二色性法。

测定高聚物分子链整体的结构形态可分四部分。相对分子质量的测定方法有溶液光散射法、凝胶渗透色谱法、黏度法、扩散法、超速离心法、溶液激光小角光散射法、渗透压法、气相渗透压法、沸点升高法、端基滴定法。支化度的测定方法有化学反应法、红外光谱法、凝胶渗透色谱法、黏度法。交联度测定方法有溶胀法、力学测量法（模量）。相对分子质量分布的测定有凝胶渗透色谱、熔体流变行为、分级沉淀法、超速离心法。

1.3.2 高聚物分子运动（转变与松弛）的测定

在研究结构和性能的关系上，多重转变与运动是桥梁，因为所使用的高分子材料，在一定条件下总处于一定的分子运动状态，改变条件就能改变分子运动的状态，换言之，高聚物本身从某种模式分子运动状态改变到另一种平衡模式分子运动的状态，这就是转变，或称为松弛。转变或松弛现象一方面反映了高聚物的结构以及结构的变化，例如：玻璃化温度 T_g 聚乙烯为125℃、聚氯乙烯为87℃、聚甲基丙烯酸甲酯为105℃，不同的 T_g 转变温度，反映了不同的高聚物在结构上的区别。橡胶在低温时高分子链的内旋转运动被冻结，就处于玻璃态，当温度高过 T_g 后转变成橡胶态，高分子链的长程运动使橡胶具有高弹性，温度再升高到流动态，高分子链的重心能发生位移，使材料具有塑性，能加工成型。结晶的高聚物在低于 T_g 和 T_m 之下有次级转变 α、β、γ，它反映了结晶区、非晶区的分子运动。转变或松弛现象也使材料的热力学性能、黏弹性能和其他物理性能发生急剧的改变。由此可见，研究转变或松弛是了解结构与性能关系的桥梁。

了解高聚物多重转变与运动有各种方法，主要有四种类型：体积的变化、热力学性质及力学性质的变化和电磁效应。测定体积的变化包括膨胀计法、折射系数测定法等；测定热学性质的方法包括差热分析方法（DTA）和差示扫描量热法（DSC）等；测定力学性质的变化的方法包括热机械法、应力松弛法等；还有动态测量法如动态模量和内耗等；电磁、效应包括测定介电松弛、核磁共振等。

1.3.3 高聚物性能的测定

性能是结构在一定条件下的表现，在这里高聚物的性能主要是指直接为生产使用服务的性质，这些表征材料某一性质的物理参数，对控制产品质量，了解加工性能和使用范围，评价和应用新型材料，研究结构与性能的关系有着重要的意义。

高聚物的力学性能主要是测定材料的强度和模量以及变形。试验方法有很多种，有拉伸、压缩、剪切、弯曲、冲击、蠕变、应力松弛等。静态力学性能试验机有静态万能材料试验机、专用应力松弛仪、蠕变仪、摆锤冲击机、落球冲击机等，动态力学试验机有动态万能材料试验机、动态黏弹谱仪、高低频疲劳试验机。

材料本体黏流行为主要是测定黏度以及黏度和切变速率的关系、剪应力与切变速率的关系等，采用的仪器有旋转黏度计、熔融指数测定仪、各种毛细管流变仪等。

材料的电学性能，主要测材料的电阻、介电常数、介电损耗角正切、击穿电压，采用仪器有高阻计、电容电桥介电性能测定仪、高压电击穿试验机等。

材料的热性能，主要测材料的导热系数、比热容、热膨胀系数、耐热性、耐燃性、分解温度等。测试仪器有高低温导热系数测定仪、差示扫描量热仪、量热计、线膨胀和体膨胀测定仪、马丁耐热仪和维卡耐热仪、热失重仪、硅碳耐燃烧试验机等。

材料的其他性能还很多，如耐热老化性能、耐自然老化性能等，采用热老化箱和模拟自然的人工气候老化箱等。测定材料的密度，采用密度计法和密度梯度管法。测定透光度采用透光度计。测定透气性采用透气性测定仪。测定吸湿性采用吸湿计。测定吸音系统采用声衰减测定仪。

第1篇 波谱分析

利用光谱技术对材料的结构进行分析已经成为设计新材料和探索生命秘密必不可少的环节。随着仪器精密程度的提高，为人们了解物质更深入更复杂更细微的结构信息提供了有力的工具。

太阳光透过三角棱镜能够分解成红、橙、黄、绿、青、蓝、紫几个光谱区域，光是一种电磁波，具有波粒二象性。不同的光谱区域对应的光的波长不同，能量也不同。电磁总谱如表1表示。

表1　　划分成光谱区的电磁总谱

波长及其分区	2×10^5 μm			1000 μm	25 μm	2 μm	750 nm	400 nm	10 nm	0.01 nm
	无线电波区	微波区		远红外区	中红外区	近红外区	可见光区	紫外区	X射线区	γ射线区
运动形式	核自旋	电子自旋	分子转动	分子转动及晶体的晶格振动	分子基频振动	主要涉及O—H、N—H、C—H键振动的倍频及合频吸收	外层电子跃进		内层电子跃迁	核反应
光谱法	核磁共振谱	微波光谱	顺磁共振光谱	远红外光谱	红外光谱	近红外光谱	可见光和紫外光谱		X射线光谱	γ射线光谱

在光谱中经常出现有关光的几个参数，这几个参数之间的关系如图1所描述。

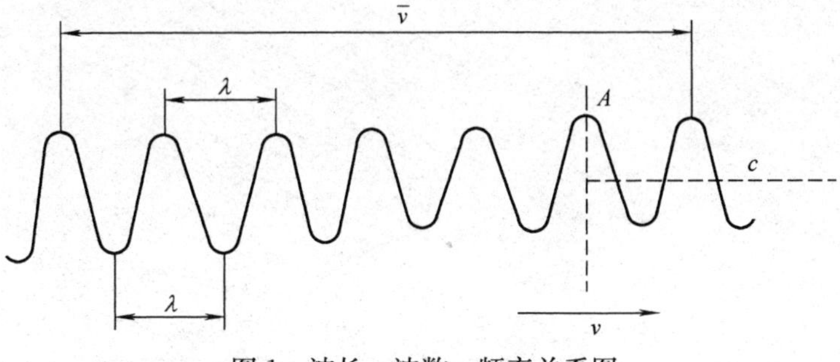

图1　波长、波数、频率关系图

这几个参数的定义及其之间的换算关系如下。

波长（λ）：相邻两个波峰或波谷之间的距离，单位以微米（μm）表示。

频率（ν）：每秒钟通过A点的波的数目，单位以s^{-1}或者赫兹（Hz）表示。

波数（$\bar{\nu}$）：每厘米（cm）包含的波的数目，单位cm^{-1}。波数（$\bar{\nu}$）是波长（λ）的倒数，$1\mu m=10^{-4}cm$，波数（$\bar{\nu}$）与波长（λ）的换算关系是：

$$\bar{\nu}=\frac{10^4}{\lambda} \qquad (\text{I})$$

光速（c）：光在真空中传播的速度，$c=3\times10^{10}\,\text{cm/s}$

这几个参数之间满足下面的关系：

$$c=\nu\cdot\lambda \qquad (\text{II})$$

$$\bar{\nu}=\frac{10^4}{\lambda}=\frac{\nu}{c} \qquad (\text{III})$$

本篇主要介绍红外光谱、拉曼光谱、紫外光谱、核磁共振、质谱及 X 射线衍射等在高分子材料结构分析中应用较多的几种表征手段。在介绍有关的基本概念、仪器原理及实验方法之后，每一章节都介绍了各种表征手段在研究工作中的具体应用实例。

第2章　红外光谱

1800年人们发现把温度计放在光谱带中红光的外侧，温度会升高，这就是人眼看不到但是具有热效应的红外线。它和可见光一样，有反射、衍射、偏振等光的性质。它的传播速度与可见光相同，但是波长与可见光不同。红外光在总的电磁总谱（如表1）中指波长范围在0.7～1000μm之间的一部分。红外光区又分成近红外区、中红外区（基频红外区）和远红外区。

由于聚合物材料的基团运动能量范围在红外光能量范围内，所以红外光谱在聚合物研究中一直占有十分重要的地位。可以提供聚合物的化学性质、立体结构、构象、序列状态及取向等许多定性和定量的信息。可以鉴定聚合物的主链结构、取代基的种类及位置、双键位置及分子侧链结构等，另外在聚合反应机理、材料老化和降解机理方面的应用也越来越广泛。对高分子材料中添加剂、助剂成分分析，黏合剂及涂料中多种组分的分析方面也发挥出明显的作用。

2.1　基本概念

2.1.1　红外光谱的范围

红外光区在电磁总谱中指波长在750nm～1000μm的区域（波数范围在13300～10cm^{-1}之间），又细划分成近红外区、中红外区和远红外区。

2.1.1.1　近红外区

近红外区是指介于可见光区到中红外区之间的电磁波，波长范围在780～2526nm（波数13300～4000cm^{-1}），是人们最早发现的非可见光区。聚合物材料中C—H，N—H及O—H等基团的合频及倍频振动产生在这个区域，导致谱带重叠，对谱图的解析显得不如中红外光谱区域的信息充分，所以近红外光谱的研究及应用远没有中红外光谱发展迅速。近20多年来，由于结合了化学计量学，近红外光谱（Near Infrared Spectroscopy, NIR）作为一种仪器到分析方法（主要用于定量分析）的发展非常之迅速，成长为一门独立的分析技术，在包括石油化工、合成纤维、农产品、食品、医药及临床医学等许多的领域中得到了广泛的应用。

2.1.1.2　中红外区

中红外区是指波数范围在4000～400cm^{-1}之间的电磁波。通常所说的红外光谱就是指中红外光谱这一段，主要对应分子中原子振动的基频吸收，在实验方法及谱图分析方法已经积累了非常丰富的经验，所以在结构分析中有着重要的地位。本章节主要介绍中红外光谱的原理及应用。

2.1.1.3　远红外区

远红外区是指波数范围在400～10cm^{-1}之间的电磁波。光的能量比较低，只有分辨率高，扫描速度快的傅立叶变换型远红外光谱仪才能使远红外光谱技术在结构分析中的应用得以实现。某些芳香族化合物的异构体、杂环化合物和脂肪族烃类在 400～10cm^{-1}之间反映出一定的指纹色彩，可以用于定性分析。结晶聚合物的晶格振动频率在远红外光谱区，可以对聚合物结晶进行研究。

某些金属阳离子，在化合价发生改变时，在远红外光谱区的谱图也会出现相应变化。

2.1.2 红外光谱的基本原理（分子振动形式与红外光谱的产生）

2.1.2.1 双原子分子的振动方式

双原子分子的振动方式可以经典力学模型——谐振子模型来模拟，如图 2-1 所示。把两个由化学键连接的原子看作由弹簧连接的两个质点，双原子分子的振动方式就是两个原子在键轴方向上做简谐振动，简谐振动服从虎克定律。

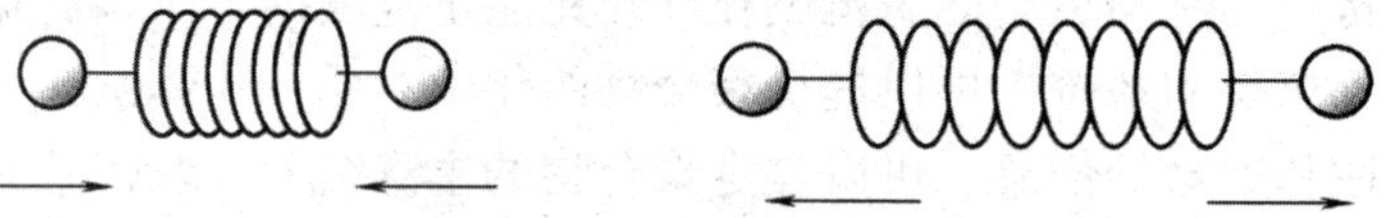

沿轴振动，只改变键长，不改变键角

图 2-1 简谐振动示意图

如果两个原子的质量分别为 m_1 和 m_2，那么双原子分子的简谐振动的振动频率为：

$$\nu=\frac{1}{2\pi}\sqrt{\frac{K}{m'}} \tag{2-1}$$

式中 ν——振动频率，Hz；

K——化学键力常数，10^{-5}N/cm；

m'——折合质量，g。

$$\mu=\frac{m_1 m_2}{m_1+m_2}\cdot\frac{1}{N_A} \tag{2-2}$$

式中 m_1 和 m_2——分别代表每个原子的相对原子的相对质量；

N_A——阿伏伽德罗常数。

如果用波谱分析中常用的波数来表示分子的振动频率，则为：

$$\bar{\nu}=\frac{1}{2\pi c}\sqrt{\frac{K}{\mu m'}} \tag{2-3}$$

2.1.2.2 多原子分子的振动方式

多原子分子的振动方式在双原子分子的振动方式基础上又复杂一些，而且随着原子数目增加，振动方式也越复杂。

还按照上面的振动模型，把多原子分子也简化成许多被弹簧连接起来的质点模型。要描述多原子分子的各种可能的振动方式，必须确定各原子的相对位置。一个质子在空间的位置需要三个坐标（x，y，z）确定，即每个原子的空间运动有三个自由度，如果一个分子由 n 个原子组成，就一共有 $3n$ 个自由度。而分子作为整体有三个平动自由度和三个转动自由度，剩下的 $3n-6$ 个才是分子的振动自由度（对于直线分子，是 $3n-5$ 个振动自由度），即存在 $3n-6$ 个基本振动形式，这些基本振动称为分子的简正振动。每种简正振动都有自己的特征振动频率。

复杂分子的简正振动大致分为两类，伸缩振动和弯曲振动。

（1）伸缩振动（stretching vibration）

伸缩振动是指原子沿着键轴方向伸缩使键长发生变化的振动方式。其特点是键长发生变化，而键角基本不变。按照运动对称性的不同，伸缩振动又分成对称伸缩振动（ν）和反对称伸缩振动（ν_{as}）。

以亚甲基分子—CH_2—为例，说明这伸缩振动的几种方式。

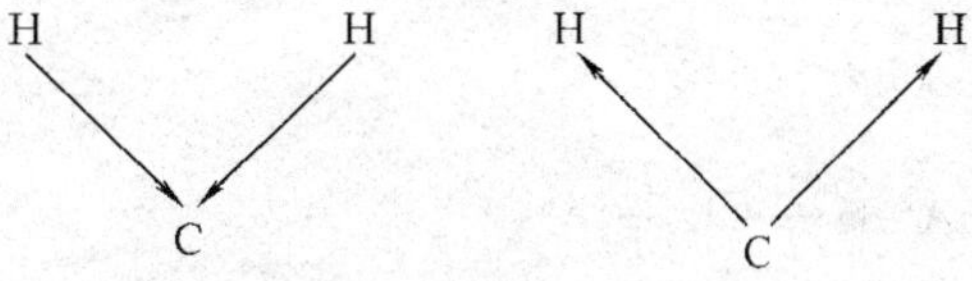

对称伸缩振动(ν)

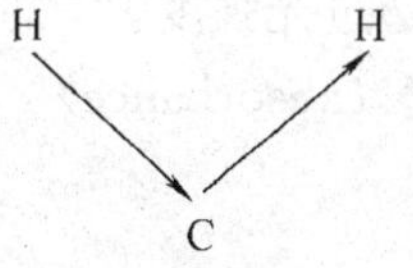

反对称伸缩振动(ν_{as})

（2）弯曲振动（变形振动，deformation vibration）

与伸缩振动相比，弯曲振动的特点是键长不发生变化，而键角发生变化。

弯曲振动分为面内弯曲振动和面外弯曲振动，面内弯曲振动又分为平面摇摆振动和平面剪式振动两种；面外弯曲振动分为扭曲振动和非平面摇摆振动。

还是以亚甲基分子—CH_2—为例，说明这弯曲振动的几种方式。

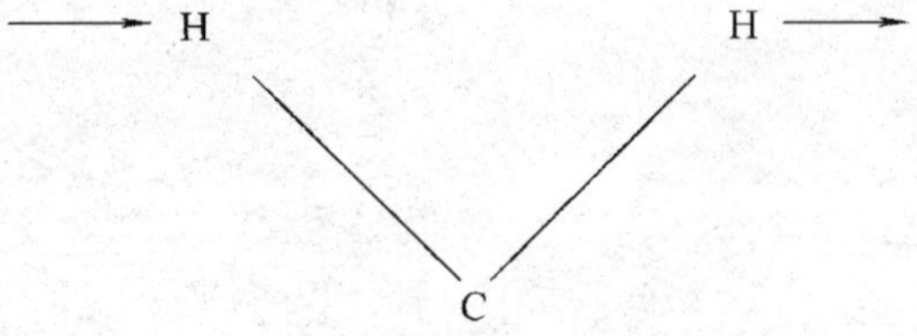

平面摇摆振动

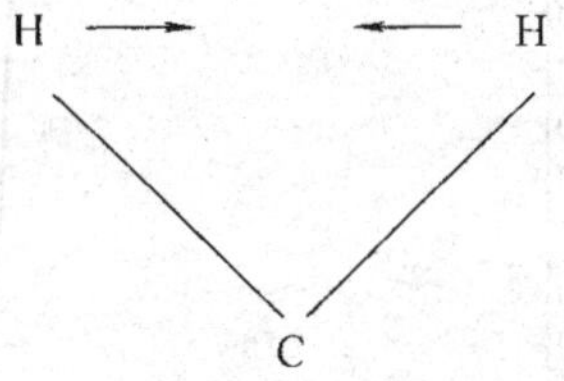

平面剪式振动

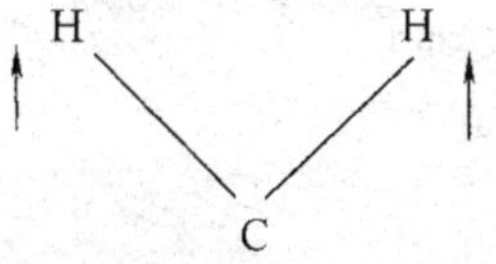

非平面摇摆振动

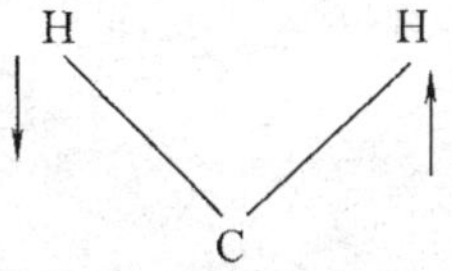

扭曲振动

上面以亚甲基为例介绍了分子运动的几种形式。在聚合物材料中，亚甲基是最简单的结构，一般的聚合物都是由许多基团组成的。不同的分子结构发生的振动形式不同，振动的频率也就不相同，所以一种材料的红外光谱图上会出现许多的吸收峰，对应的是不同基团的不同运动方式产生的吸收。

2.1.3 红外光谱的表示方法

以一定波数范围的红外光去照射样品，如果样品的分子结构中存在可以吸收红外光的基团，就会吸收一部分的红外光，这样通过样品后的红外光的强度就会发生变化。把样品对红外光的吸收情况记录下来，就得到了通常所说的红外光谱图。根据光强度记录方式的不同，红外光谱图通常有两种表示方法（反应在纵坐标不同），一种是记录原始光强在通过样品后透过光的强度变化百分比（透过率）；另一种是记录样品吸收的红外光强度（吸光度）。横坐标是相同的，多以波数（$\bar{\nu}$）表示（有时也使用波长 λ 表示）。

透过率和吸光度的具体定义是：

1. 透过率（percent transmission）

$$T\%=\frac{I}{I_0}\times 100\% \tag{2-4}$$

式中　T——透射比；

I_0——入射光强度；

I——透过光强度。

2. 吸光度（absorbance）

$$A=\lg\frac{1}{T}=\lg\frac{I_0}{I} \tag{2-5}$$

如图 2-2 是同一种材料聚乙烯（PE）分别以透过率和吸光度表示的红外光谱图。

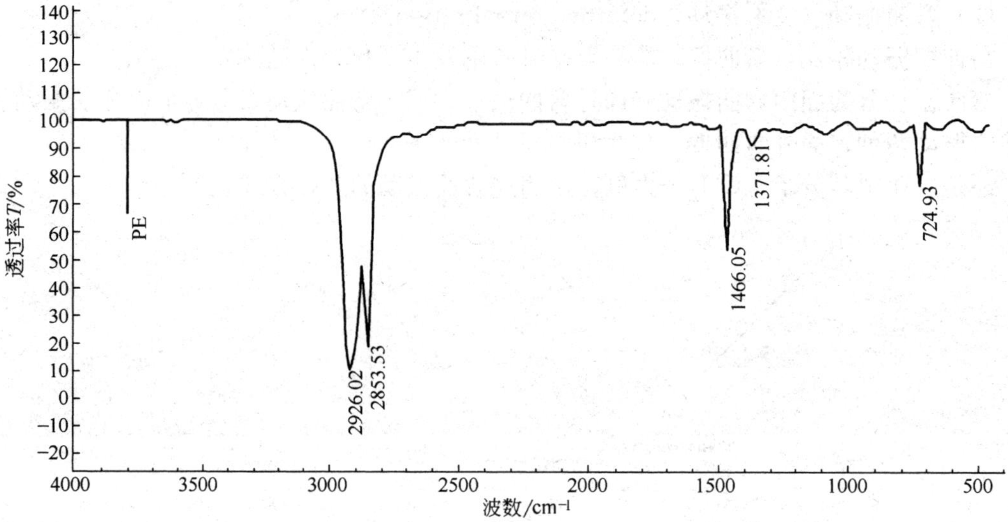

(a)

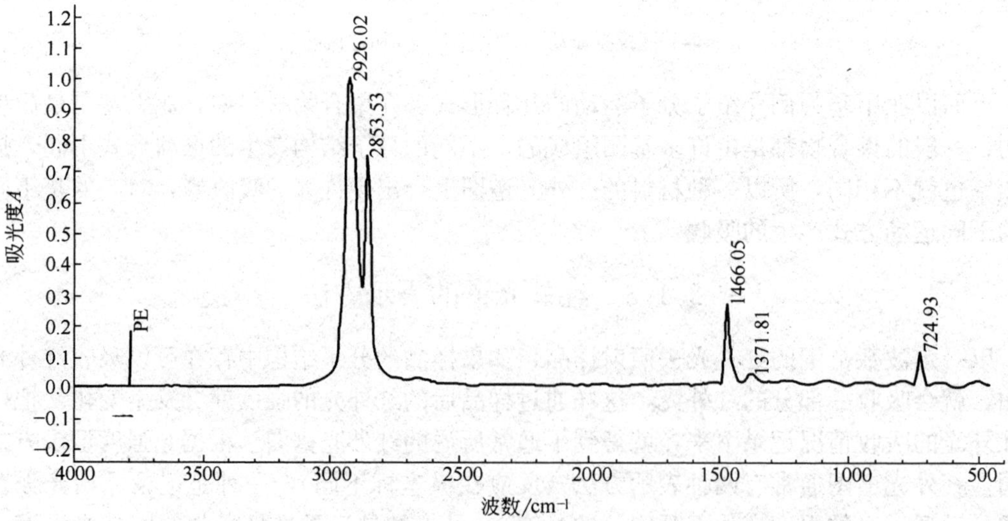

(b)

图 2-2　聚乙烯（PE）红外光谱图的两种表达方式

(a) 透过光谱图　(b) 吸收光谱图

2.1.4　基团特征频率

由 2.1.3 一节中介绍的原理可以推知，通过计算可以得到分子振动的频率，这在理论上成立，但是在实际的物质结构中，通常结构都要比聚乙烯的分子结构复杂得多，分子中各种基团之间相互作用，通过计算的方法来解释各个吸收峰是无法实现的，只能运用经验规律。

通过把各种化合物的谱图对比发现，具有相同官能团的一系列化合物近似有一个共同的吸收频率范围，通常把这种能代表某种基团存在并有较高强度的吸收峰，称为基团的特征吸收峰，这个峰所在的频率位置称为基团的特征吸收频率。

根据式（2-4）和式（2-5），基团的特征频率和键力常数成正比，与折合质量成反比。通过这一关系，可以帮助我们记住各种基团的特征频率。如大多数聚合物含有 C、H、O、N 原子，它们所组成的特征频率大致存在以下的规律：

C、N、O 的相对原子质量接近，因此它们之间的伸缩振动差异主要是取决于键力常数。

三键的键力常数最大，因此振动频率最大，在 2400～2100cm^{-1}处产生吸收峰；如聚丙烯腈（PAN）在 2240cm^{-1}处存在 C≡N 吸收。

其次是双键，在 1900～1500cm^{-1}处产生吸收峰。如 C═O，C═C，C═N，N═O 等的伸缩振动及苯环的骨架振动。

单键的键力常数最小，吸收峰出现在 1300cm^{-1}以下。

在红外光谱中，通常划分成两个主要的区域，在 1300～4000cm^{-1}范围内，基团和频率的对应关系比较明确，对于确定化合物中的官能团很有帮助，这个区域称为官能团区；在 400～1300cm^{-1}范围内，谱图上会出现许多的谱带，其特征归属不完全符合规律，但是一些同系物或者结构相近的化合物，在这个区域的谱带往往存在一定的区分，可以加以区别，如同人的指纹，因此通常被形象地称为指纹区。

表 2-1 中列出了聚合物中常见的官能团的特征峰位置。

表 2-1　　红外光谱中各种键的特征频率

序号	光谱区域/cm^{-1}	引起吸收的主要基团
1	4000～3000	O—H,N—H 伸缩振动
2	3300～2700	C—H 伸缩振动
3	2500～1900	—C≡C—、—C≡N、—C═C═C—、＞C═C═O、—N═C═O 伸缩振动
4	1900～1650	＞C═O 伸缩振动及芳烃中 C—H 弯曲振动的倍频和合频
5	1675～1500	芳环、＞C═C＜、＞C═N—伸缩振动
6	1500～1300	C—H 面内弯曲振动
7	1300～1000	C—O,C—F,Si—O 伸缩振动,C—C 骨架振动
8	1000～650	C—H 面外弯曲振动,C—Cl 伸缩振动

2.1.5 聚合物的红外光谱图的特点

聚合物材料的分子结构特点是分子链长，每个分子包括的原子数目相当大，如果按照计算应该产生相当数量的简正振动，从而使聚合物的红外光谱图变得极为复杂，但是实际情况并非如此。某些聚合物的红外光谱图比其单体更为简单，这是因为聚合物链是由许多重复单元构成的，各个重复单元的键力常数大致相同，其振动频率是接近的，而且并不是所有的分子振动形式都会产生红外吸收，对于没有红外活性的分子运动形式，在红外谱图上反映不出来。

这与一般的化合物相同，聚合物的红外光谱图中能反映聚合物结构单元的化学组成、单体之间的连接方式等，其次一些特殊结构如支化、交联及序列分布等信息也能通过一些特征吸收峰反映出来。而聚合物的特殊结构也造成其谱图上一些特殊吸收峰的出现，所以对聚合物材料的红外光谱图进行分析的时候，必须结合其结构，如构象及构象规整性，立构规整性，分子链结构和聚集态结构如结晶和取向等。

2.2 制样方法

红外光谱图是利用红外光谱方法进行定性和定量的依据。因此记录一张好的光谱图是非常重要的。谱图的质量与制样的操作有直接关系。不同的样品要选择不同的制样方法。要求谱图中最强的吸收带的透光度在0%～10%之间，使弱吸收峰也可以看清楚，并能与噪音相区别开。这样的光谱图与标准谱图比对时才能提供有价值的信息。通常使用的制样方法有溶液流延薄膜法、热压薄膜法、溴化钾压片法、切片法、溶液法及石蜡糊法等。

2.2.1 溶液流延薄膜法

将聚合物溶解在某种溶剂中，把聚合物溶液均匀涂在光滑表面（如载玻片）上，使溶剂充分挥发，可以得到聚合物薄膜（厚度在10～30μm），这种方法得到的样品可以直接做红外光谱，不再需要其他载体，得到的谱图质量也比较好。需要注意的问题是溶剂的选择，要选择对聚合物溶解性好且容易挥发的溶剂，否则溶剂残留在薄膜样品中会导致谱图中出现溶剂的信息。通常要在真空干燥条件下处理充分长的时间以确保去除掉溶剂。

这种方法存在的问题是有些聚合物材料会在溶液中发生分子链重排，出现取向信息；有时同一种物质在不同的溶剂中溶解成膜，由于溶剂与溶质之间的相互作用不同，得到的谱图会存在差异。谱图分析中要注意。

对于共混聚合物材料，在溶解过程中溶剂会对相容性产生影响，导致某些吸收谱带的位置发生移动。

2.2.2 热压成膜法

对于某些不容易溶解的热塑性树脂材料，如聚乙烯、α-烯烃聚合物等，热压成膜法是一种方便快捷的制备方法。

具体制样方法是在热压机上，将温度升高到某一温度使聚合物熔融，在一定压力下成膜。需要注意的是控制温度很关键，在升温到聚合物的熔融温度之后就不要再提高温度，在高温压膜过程中动作要快，某些聚合物在高温下容易发生氧化，或者在加压时产生取向，导致某些吸收谱带的位置发生移动。

2.2.3 溴化钾压片法

对于粉末状的物质，应该首选溴化钾压片法。这种方法使用的样品量少，制样过程中没有溶剂和温度等因素的影响，信息可靠。具体方法是取被测样品和溴化钾粉末按质量比 1∶100 的比例在玛瑙研钵中充分研磨并混合均匀，转入模具中在压机上压制成片。

通常溴化钾粉末在室温条件下保存很容易吸潮，处理不当时会在谱图中带进明显的羟基（—OH）峰，因此被测样品和溴化钾粉末要严格去除水分。一般实验室中溴化钾粉末要在干燥器中密闭保存，在使用前高温烘烤去除水分。压好的片也可以先在红外烤灯下烘烤一定时间去除水分后再作图。

有些橡胶状的样品，在溶剂中仅仅能溶胀，无法利用流延成膜法，加热也不能成膜。这时可以考虑将溶剂溶胀的样品混合溴化钾在研钵中充分研磨，压成片后再烘烤去除溶剂，作图。另外一个途径是使用 ATR 的方法。

溴化钾压片法中需要注意以下几个问题。

① 使用的溴化钾粉末的纯度要高（光谱纯），避免由溴化钾粉末带进来的杂质产生红外吸收信息，影响判断。

② 研磨要充分，使粉末颗粒尽可能小且尺寸均匀。颗粒粒度越大，在红外谱图上表现出来的噪音信号越明显，基线升高，峰型加宽，强度降低。随着颗粒粒度减小，基线下降，峰强度提高，吸收峰变窄。

③ 压片机的压力和压制时间要保证能充分成片；压制的溴化钾片尽可能薄，太厚会影响谱图质量；但有时为了增加微量组分的信息，也会适当增加溴化钾片的厚度。

2.2.4 溴化钾晶体涂膜法

对于黏稠的低聚物或者黏合剂类的物质，可以将其涂在溴化钾晶体上作图。之后将样品从溴化钾晶体上去除，溴化钾晶体可以继续使用。

这种方法也要注意被测样品中尽量不含有水分。

2.2.5 液体池法

对于黏度低和沸点低的液体样品，可以使用红外光谱仪器中专用的液体吸收池进行测定。

2.3 影响吸收谱带位移和谱图质量的因素

2.3.1 影响吸收谱带位移的因素

在红外光谱中，一个基团基本在一个吸收范围内产生红外吸收，但是不同分子中同一基团的特征吸收频率总是在一定范围内有所偏移。掌握吸收谱带的移动规律对进行谱图分析非常重要。一般影响吸收谱带发生位移的因素是多方面的，一般归纳为外部因素和内部因素两方面的影响。

2.3.1.1 外部因素

外部因素来源制样方法、环境条件等因素的影响。制样方法的影响在上面已经探讨过，另外同一种物质在不同的相态（气、液、固），得到的谱图会存在差异，有时差异会非常明显，这与分子之间相互作用力有关。

在气态，分子之间的距离比较远，基本上可以认为是独立的分子，不受其他分子的影响。

在液态，分子之间的相互作用力较强，许多含有羰基（C═O）或羟基（—OH）的液体分子会由于氢键作用很容易形成二聚体，导致羰基（C═O）或羟基（—OH）的吸收频率下降。

2.3.1.2 内部因素

由于分子结构上的原因引起的变化。主要有诱导效应、共轭效应、氢键效应及偶合效应等因素的影响。

（1）诱导效应

在极性共价键中，由于相邻的基团或者取代基的电负性不同，会产生不同程度的静电诱导作用，引起分子中电荷分布情况的变化，从而导致键力常数的变化，基团对应的吸收频率随之变化，即谱带位置发生移动，称为诱导效应。相邻的基团或者取代基的电负性越大，诱导效应越明显。如羰基（C═O）在不同的结构中的谱带位置有明显差异。

$$\mathrm{R{-}\underset{\underset{\displaystyle O}{\|}}{C}{-}R}\ (1715\mathrm{cm^{-1}}) \qquad \mathrm{R{-}\underset{\underset{\displaystyle O}{\|}}{C}{-}Cl}\ (1780\mathrm{cm^{-1}})$$

（2）共轭效应

在两个双键邻近时，π 电子云会在更大的区域内运动，从而使分子中连接两个 π 键的单键具有一定程度的双键性，使原来双键性质减弱，键能降低，整体结构的稳定性增加，即共轭效应，吸收频率降低。如：

—C═C—　　(1650～1660cm^{-1})

—C═C—C═C—　　(1630cm^{-1})

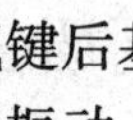　　(1630cm^{-1})

（3）氢键效应

氢键是一个分子（R—X—H）与另一个分子（R′—Y）相互作用，形成 R—X—H……Y—R′。X 一般为电负性强的原子，Y 为具有未成对电子对的原子。

可以形成氢键的原子有电负性比较强的 O、N、F、S、P 原子，Cl 原子的电负性虽然很强，但是由于 Cl 原子的自身体积比较大，因此一般不容易形成氢键。

对于伸缩振动，形成氢键后基团的吸收频率下降；还使谱带变宽，氢键作用越强，谱带变宽越明显；而对于弯曲振动，形成氢键后基团的吸收频率升高；谱带变窄。

氢键有分子间氢键和分子内氢键。分子内氢键取决于分子的内在性质，不受溶剂种类等外界因素的影响；分子间的氢键受外界条件影响比较明显。如果把样品溶液稀释到很低的浓度，这时分子与分子间的距离较大，分子之间呈游离状态，不能形成分子间氢键。通过这个方法可以区分分子内与分子间氢键。

当两种聚合物材料共混时，如果只是简单的物理共混，不产生分子间作用力，那么两种材料共混物的 FTIR 谱图只是各自基团产生的吸收峰的简单叠加；如果两种材料的结构中存在可以产生分子间相互作用力（其中非常多的是氢键作用）的基团，会使两种材料的相容性增加，这时在两种材料共混物的 FTIR 谱图上，吸收峰不再是简单的叠加，产生氢键会使某些吸收峰发生位置移动及峰形不对称加宽。所以通过观察聚合物共混物的 FTIR 谱图吸收峰位置及峰形的变化已经成为判断相容性的一种手段。

（4）偶合效应

若分子内的两个基团位置很近，振动频率也相近，就可能发生振动偶合，使谱带分成两个，在原谱带高频和低频一侧各出现一个谱带。

在只含有碳和氢的聚烯烃中，如果 α-H 被非极性基团取代，主要是机械偶合，会使谱带位置产生移动。如聚异丁烯（PIB）可以看成是等规聚丙烯（PP）上的 α-H 被非极性基团甲基（—CH_3）取代，在这种情况下，如图 2-3 所示，PP 中的—CH_3 基团在 1378cm^{-1}和 969cm^{-1}处的面内和面外弯曲振动在 PIB 中均分裂成两个谱带，而 PP 在 1158cm^{-1}处的骨架振动带在 PIB 中移动到 1227cm^{-1}处。

如果芳香族聚合物中的 α—H 被取代，会产生电子偶合。如图 2-4 聚苯乙烯（PS）和图 2-5 α-甲基苯乙烯（α-MPS）的 FTIR 谱图，发现除了由于 α-MPS 中增加了甲基而产生的—CH_3 的特征吸收（2960、2980、1470、1380 和 940cm^{-1}）的谱带以外，在 PS 中的 1027cm^{-1}处的环内氢原子的内弯曲振动带的强度在 α-MPS 中明显增加。

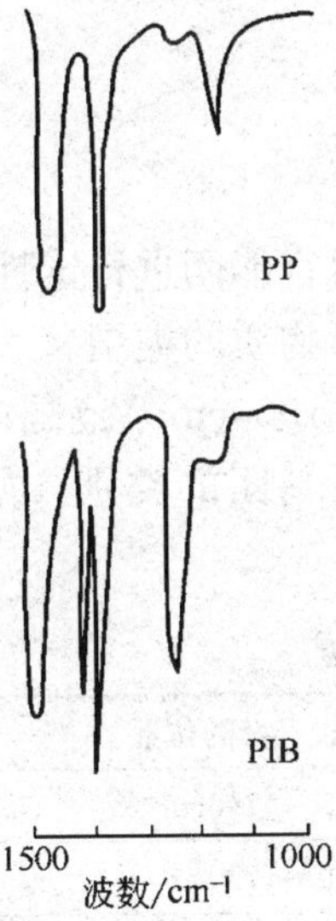

图 2-3　PP 和 PIB 在 1000～1500cm^{-1}的红外光谱图

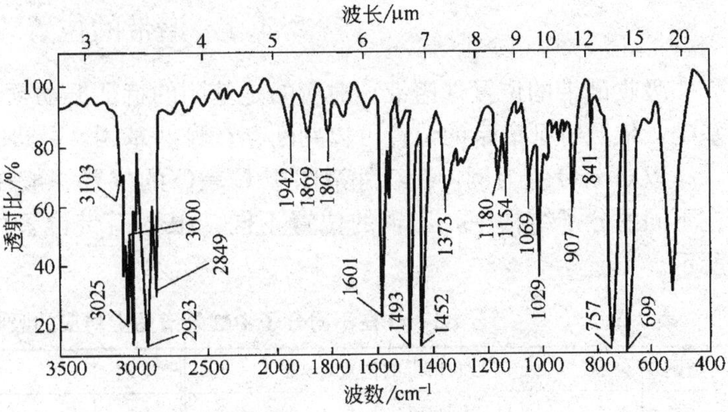

图 2-4　聚苯乙烯的红外光谱图

2.3.2　影响谱图质量的因素

2.3.2.1　仪器参数的影响

光通量的强度、光的增益、扫描次数等因素直接影响信噪比，要根据不同的附件及测试要求及时进行调整，保证谱图质量。

仪器需要经常用标准样品进行峰位置校准，一般红外光谱仪器上都带有标准样品——

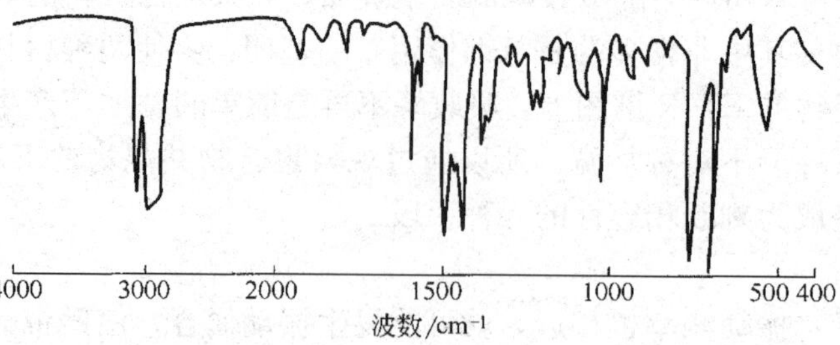

图 2-5 α-MPS 的红外谱图

聚苯乙烯薄膜，并附有 PS 吸收峰的标准位置，应该定期对仪器进行校准检测，确保仪器的吸收峰位置准确。

2.3.2.2 环境因素

谱图中的吸收峰并不都是由被测物质引起的，实验室的环境条件对谱图会产生影响。最明显的是水和 CO_2 的吸收峰强度变化。环境中潮湿空气带来的水汽、玻璃研钵和玻璃器皿带入的 SiO_2，操作者手上触摸样品表面及溴化钾片上留下的杂质等都会在谱图上反映出来，因此红外光谱实验室对环境条件有严格要求，环境清洁，温度和湿度条件恒定。

一般的操作都是先对空白背景做一次扫描，然后再进行被测样品的扫描，第二次的结果扣减掉第一次的背景信息，得到样品的红外光谱图。

2.4 解析红外谱图的三个基本要素

解析红外光谱图的三个最基本的要素就是吸收谱带的位置、谱带的形状和谱带的强度。

2.4.1 谱带的位置

吸收谱带的位置（谱带）对应的是基团的特征振动频率，是对官能团进行定性分析的基础，依照特征谱带的位置可以判断存在哪些基团，并进一步判断物质的类型。

以 C═O 基为例，在红外谱图中 C═O 的位置一般在 1650～1900cm^{-1}范围内出现，在不同的分子结构中，出现的位置不同，根据谱带位置可以判断基团的类别。如表 2-2 所示。

表 2-2　　C═O 在不同分子中红外谱图上对应的吸收谱带位置

类别	吸收谱带的位置	类别	吸收谱带的位置
醛	1715～1730cm^{-1}	酯	1725～1740cm^{-1}
酮	1705～1725cm^{-1}	酰胺	1640～1720cm^{-1}
酸	1700cm^{-1}	酸酐	1800～1870cm^{-1}，1740～1800cm^{-1}（2 个吸收谱带）

表 2-3 为聚合物材料中各种官能团对应的主要吸收谱带出现的位置。

表 2-4 为常见聚合物中官能团的最强谱带和特征谱带位置。

2.4.2 谱带的形状

谱带的形状包括吸收峰的宽窄，谱带是否发生裂分等信息。通过谱带的形状可以判断基团的种类，还可以提供关于分子内部结构的信息。如是否存在分子间缔合以及分子的对称性、旋转异构、互变异构等信息。

表 2-3　　　　聚合物材料的红外光谱中主要谱带的波数与结构的关系

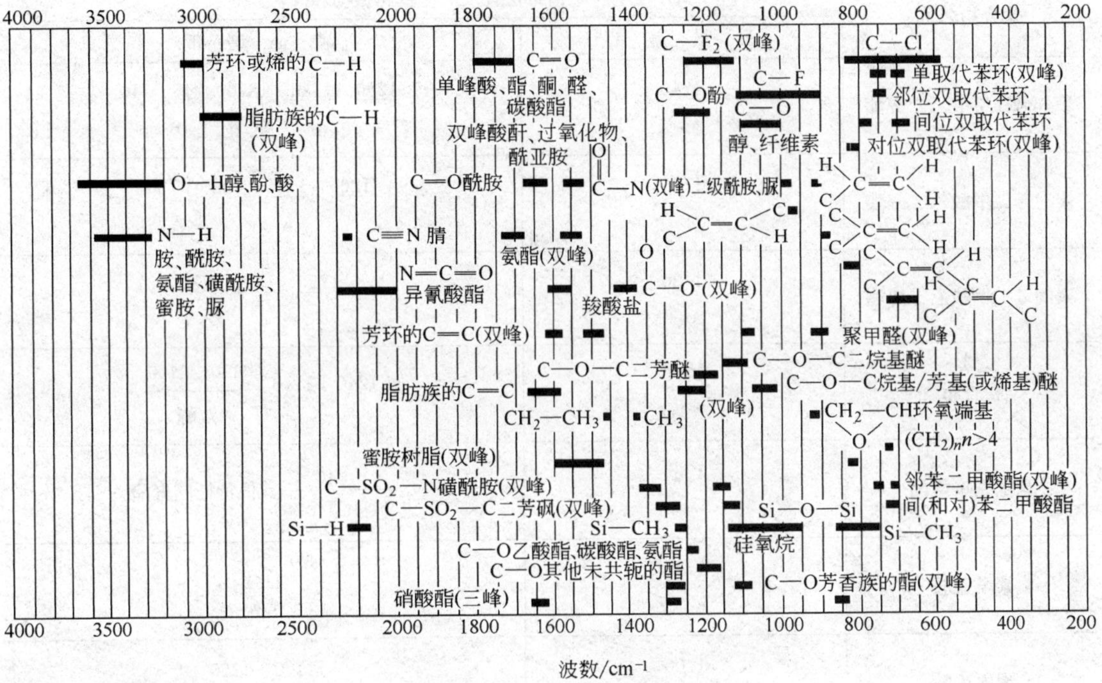

表 2-4　　　　常见聚合物的特征谱带位置

(1) 含有羰基的聚合物 ($1800 \sim 1650 cm^{-1}$)

聚合物名称	谱带位置及对应基团振动/cm^{-1}	
	最强谱带	特征谱带
聚乙酸乙烯酯	1740 $\nu_{C=O}$	1240　1020 ν_{C-O}；1375 δ_{CH_3}
聚丙烯酸甲酯	1730 $\nu_{C=O}$	1170　1200　1260 ν_{C-O}
聚丙烯酸丁酯	1730 $\nu_{C=O}$	1165　1245 ν_{C-O}；940　960 丁酯特征
聚甲基丙烯酸甲酯	1730 $\nu_{C=O}$	1150　1190 ν_{C-O}；1240　1268 一对双峰
聚甲基丙烯酸乙酯	1725 $\nu_{C=O}$	1150　1180 ν_{C-O}；1240　1268 一对双峰；1022 乙酯特征
聚甲基丙烯酸丁酯	1730 $\nu_{C=O}$	1150　1180 ν_{C-O}；1240　1268 一对双峰；950　970 乙酯特征

续表

聚合物名称	谱带位置及对应基团振动/cm^{-1}	
	最强谱带	特征谱带
聚邻苯二甲酸乙二醇酯	1740 $\nu_{C=O}$	<u>1280</u> <u>1125</u> 1070 745 710 ν_{C-O} δ_{C-H} γ_{C-H}
聚对苯二甲酸乙二醇酯	1730 $\nu_{C=O}$	<u>1265</u> <u>1100</u> 1020 730 ν_{C-O} γ_{C-H}
聚间苯二甲酸乙二醇酯	1730 $\nu_{C=O}$	<u>1230</u> <u>1300</u> 730 ν_{C-O} γ_{C-H}
松香脂	1730 $\nu_{C=O}$	1240 1175 ν_{C-O} 1130 1100 双峰
聚酯型聚氨酯	1735 $\nu_{C=O}$	1540 $\delta_{N-H}+\nu_{C-N}$ 其他特征同聚酯
聚酰亚胺	1725 $\nu_{C=O}$	<u>1780</u> $\nu_{C=O}$
聚丙烯酸	1700 $\nu_{C=O}$	1170 1250 ν_{C-O}
聚酰胺	1640 $\nu_{C=O}$	<u>1550</u> ν_{C-N} 3090 上面倍频 3300 $\nu_{N-H}+\delta_{N-H}$
聚丙烯酰胺	1650 1600 $\nu_{C=O}$ δ_{NH_2}	3300 3175 1020 ν_{NH_2}
聚乙烯吡咯烷酮	1665 $\nu_{C=O}$	1280 1410
聚 6-脲	1625 1565 $\nu_{C=O}$ δ_{NH}	1250 $\nu_{C-N}+\delta_{N-H}$
脲-甲醛树脂	1640 $\nu_{C=O}$	1540 1250 $\nu_{C-N}+\delta_{N-H}$

（2）饱和聚烃和极性基团取代的聚烃（1500～1300cm^{-1}）

聚合物名称	谱带位置及对应基团振动/cm^{-1}	
	最强谱带	特征谱带
聚乙烯	1470 δ_{CH_2}	731 720 γ_{CH_2}
等规聚丙烯	1376 δ_{CH_3}	1166 998 841 1304 与结晶有关

续表

聚合物名称	谱带位置及对应基团振动/cm^{-1}	
	最 强 谱 带	特 征 谱 带
聚异丁烯	1365 1385 δ_{CH_3}	1230 ν_{C-C}
等规聚 1-丁烯	1465 δ_{CH_2}	760 γ_{CH_2}
萜烯树脂	1465 δ_{CH_2}	1365 1385 3400 1700 δ_{CH_3}
天然橡胶	1450 δ_{CH_2}	835 γ_{CH}
氯丁橡胶	1440 δ_{CH_2}	1670 1100 820 $\nu_{C=C}$ ν_{C-C} γ_{C-H}
氯磺化聚乙烯	1475 δ_{CH_2}	1250 1160 1316 ν_{C-H} $\nu_{S=O}$
石油烷烃树脂	1475 δ_{CH_2}	750 700 1700 强度变化很大 $\nu_{C=O}$
聚丙烯腈	1440 δ_{CH_2}	2240 $\nu_{C\equiv N}$

(3) 含有 C—O 键的聚合物（1300～1000cm^{-1}）

聚合物名称	谱带位置及对应基团振动/cm^{-1}	
	最 强 谱 带	特 征 谱 带
双酚-A 型环氧树脂	1250 ν_{C-O}	1510 1604 2980 830 1300 1188 苯环 ν_{CH_3} γ_{CH}
酚醛树脂	1240 ν_{C-O}	1510 1610 1590 815 3300 苯环 γ_{CH}
双酚-A 型聚碳酸酯	1240 ν_{C-O}	1780 1190 1165 830 $\nu_{C=O}$ γ_{CH}
二乙二醇双烯丙基聚碳酸酯	1250 ν_{C-O}	1780 790 $\nu_{C=O}$
双酚-A 型聚砜	1250 ν_{C-O}	1310 1160 1110 830 $\nu_{S=O}$ γ_{CH}
聚氯乙烯	1250 ν_{C-H}	1420 1330 600～700 δ_{CH_2} $\delta_{CH}+\gamma_{CH_2}$ ν_{C-Cl}

续表

聚合物名称	谱带位置及对应基团振动/cm^{-1}	
	最 强 谱 带	特 征 谱 带
聚苯醚	1204 ν_{C-O}	1600　1500　1160　1020
硝化纤维素	1285 ν_{N-O}	1660　845　1075 硝酸酯特征
三乙酸纤维素	1240 ν_{C-O}	1740　1380　1050 乙酸酯特征
聚乙烯基醚类	1100 ν_{C-O}	只有碳氢吸收
聚氧乙烯	1100 ν_{C-O}	945
聚乙烯醇缩甲醛	1020 ν_{C-O}	1060　1130　1175　1240 缩甲醛特征
聚乙烯醇缩乙醛	1140 ν_{C-O}	940　1340 缩乙醛特征
聚乙烯醇缩丁醛	1124 ν_{C-O}	995
纤维素	1050 ν_{C-OH}	1158　1109　1025　1000　970 在主峰两侧的一系列突起
纤维素醚类	1100 ν_{C-O}	1050　3400 残存 OH 吸收
聚醚型聚氨酯	1100 ν_{C-O}	1540　1690　1730 δ_{N-H}　$\nu_{C=O}$

(4) 其他类型聚合物 (1300～1000cm^{-1})

聚合物名称	谱带位置及对应基团振动/cm^{-1}	
	最 强 谱 带	特 征 谱 带
甲基有机硅树脂	1100　1020 $\nu_{Si-O-Si}$	1260　800 δ_{CH_3}　ν_{C-Si-C}
甲基苯基硅树脂	1100　1020 $\nu_{Si-O-Si}$	1260　3066　3030　1440 δ_{CH_3}　苯环特征
聚偏氯乙烯	1070　1045 ν_{C-C}　$\nu_{C-C}+2\times\nu_{C-Cl}$	1405 δ_{CH_2}

续表

聚合物名称	谱带位置及对应基团振动/cm^{-1}	
	最强谱带	特征谱带
聚四氟乙烯	1250～1100 ν_{C-F}	770 638 554 非晶带 晶带
聚三氟氯乙烯	1198 1130 ν_{C-F}	970 1285 ν_{C-Cl}
聚偏氟乙烯	1175 ν_{C-F}	875 1395 1070
聚苯乙烯	760 700 单取代苯特征	3000 3022 3060 3080 3100 五条尖锐谱带
聚茚	750 γ_{C-H}	1250～850 很多弱的尖锐谱带
聚对-甲基苯乙烯	815 γ_{C-H}	720
1,2-聚丁二烯	910 $\gamma_{=CH_2}$	990 1640 700 $\gamma_{=CH_2}$ $\nu_{C=C}$
反式-1,4-聚丁二烯	967 $\gamma_{=C-H}$	1660 $\nu_{C=C}$
顺式-1,4-聚丁二烯	738 $\gamma_{=C-H}$	1650 $\nu_{C=C}$
聚甲醛	935 900 ν_{C-O}	1100 1240
(高)氯化聚乙烯	670 ν_{C-Cl}	760 790 1266 ν_{C-Cl} δ_{C-H}
氯化橡胶	790 ν_{C-Cl}	760 736 1280 1250 ν_{C-Cl} δ_{C-H}

注：ν 表示伸缩振动；δ 弯曲振动；γ 面外弯曲振动。

例如双键的伸缩振动（$\nu_{C=C}$）和酰胺基团中羰基的伸缩振动（$\nu_{C=O}$）均在 1650～

$1660cm^{-1}$附近产生吸收，但是酰胺基团的羰基大都形成氢键，其谱带较宽，而烯类双键的吸收峰窄且尖，可以通过峰形加以区别。

2.4.3 谱带的强度

谱带的强度是与分子振动时偶极距的变化有关，但同时也与分子的含量成正比，因此可以作为定量分析的基础。依据某些特征谱带强度随反应条件（如时间，温度，压力等）的变化规律可以进行反应动力学跟踪研究，在后面应用一节中会介绍。

2.5 傅立叶变换红外光谱仪

2.5.1 红外光谱仪的进展

第一代红外光谱仪起始于棱镜式色散型红外光谱仪，分光器为 NaCl 晶体，波数范围在 $4000 \sim 600cm^{-1}$，由于 NaCl 在环境中容易吸收水分，因此对仪器的使用条件有非常苛刻的要求，对温度、湿度的要求都非常高。

到 20 世纪 60 年代，出现了光栅式色散型的红外光谱仪，由光栅作为分光元件，代替了棱镜，使分辨率得到了提高，降低了对使用环境的要求。测量的波数范围也扩展到 $4000 \sim 400cm^{-1}$。

前面介绍的两种类型的红外光谱仪的分光元件都属于色散型，其原理都是将复合频率的入射光分成单色光后，通过狭缝进入到检测器，这样就使达到检测器的光的强度有很大幅度的衰减，响应时间也比较长。而且由于分辨率和灵敏度在整个波段范围内是变化的，所以限制了红外光谱仪在即时跟踪反应过程研究及色谱—红外光谱联用方面的发展。

从 20 世纪 60 年代末期开始，出现了傅立叶变换红外光谱仪，它的分光原理不再是色散型，而是干涉型。它以光通量大，速度快，灵敏度高等特点，迅速得到了发展，成为第三代红外光谱仪，目前的红外光谱仪器的基本原理就属于这种。

色散型和干涉型红外光谱仪器的基本组成如图 2-6 所示。

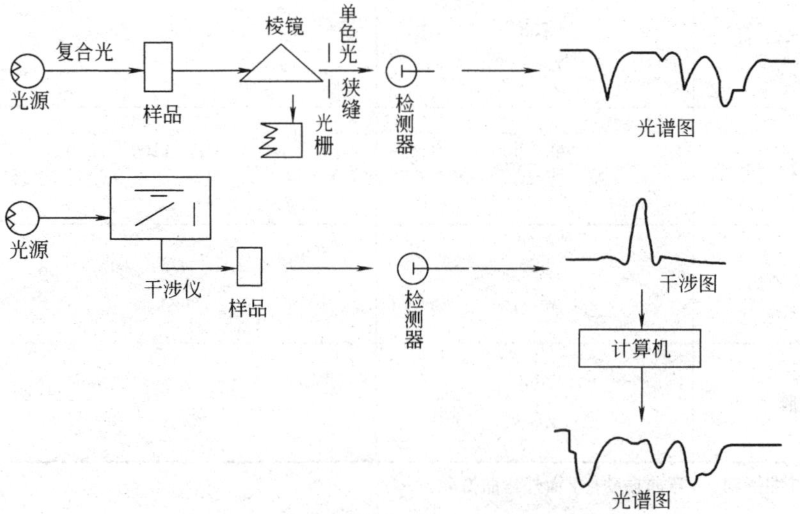

图 2-6　色散型红外与干涉型红外原理图

2.5.2 傅立叶变换红外光谱仪工作原理

傅立叶变换红外光谱仪中的一个主要部件是迈克尔逊干涉仪，由它测得时域图。其原理如图 2-7 所示。

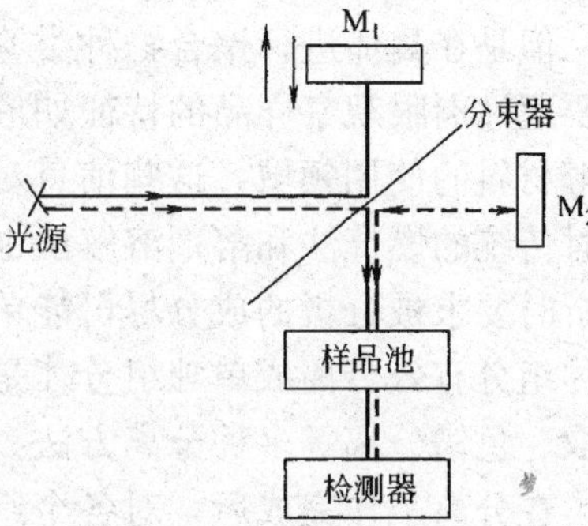

图 2-7 傅立叶变换红外光谱仪原理图

干涉仪由光源、动镜（M_1）、定镜（M_2）、分束器、检测器等几个主要部分组成。

当光源发出一束光后，首先到达分束器，把光分成两束；一束透射到定镜，随后反射回分束器，再反射入样品池后到检测器；另一束经过分束器，反射到动镜，再反射回分束器透过分束器与定镜的光合在一起，形成干涉光透过样品池进入检测器。由于动镜的不断运动，使两束光线的光程差随动镜移动距离的不同，呈周期性变化。因此在检测器上所接收目的讯号是以 $\lambda/2$ 为周期变化的，如图 2-8（a）所示。干涉光的信号强度的变化可用余弦函数表示：

$$I(x)=B(\nu)\cos(2\pi\nu x) \tag{2-6}$$

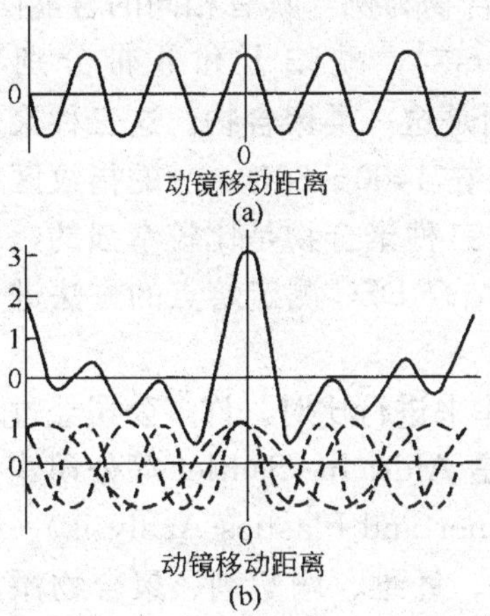

图 2-8

（a）单色光源干涉图

（b）多色光源干涉图

$I(x)$ 表示干涉光强度，I 是光程差 x 的函数。

$B(\nu)$ 表示入射光强度，B 是频率 ν 的函数。

干涉光的变化频率 f_ν 和两个因素即光源频率 ν 和动镜移动速度 u 有关。

$$f_\nu=2u\nu \tag{2-7}$$

当光源发出的是多色光，干涉光强度应是各单色光的叠加，如图 2-8（b）所示，可用式（2-6）的积分形式来表示：

$$I(x)=\int_{-\infty}^{\infty}B(\nu)\cos(2\pi\nu x)\mathrm{d}\nu \tag{2-8}$$

把样品放在检测器前，由于样品对某些频率的红外光吸收，使检测器接受到的干涉光强度发生变化，从而得到各种不同样品的干涉图。

上述干涉图是光强随动镜移动距离 x 的变化曲线，为了得到光强随频率变化的频域图借助傅立叶变换函数，式（2-8）转换成下式：

$$B(\nu)=\int_{-\infty}^{+\infty}I(x)\cos(2\pi\nu x)\mathrm{d}x \tag{2-9}$$

这个变化过程比较复杂，在仪器中是由计算机完成的，最后计算机控制终端打印出与经典红外光谱仪同样的光强随频率变化的红外吸收光谱图。

2.6 红外光谱在聚合物结构分析中的应用

红外光谱在聚合物材料结构分析中一直是一种非常有用的手段。下面介绍在一些方面的应用。

2.6.1 定性分析与鉴别聚合物种类

因为红外光谱制样方法简单，谱图的特征性强，目前积累的标准谱图丰富，因此是鉴别聚合物材料种类非常理想的一种方法。

但是在具体进行聚合物种类鉴别时，并不是马上或者仅仅通过红外谱图进行分析。通常要通过肉眼观察样品的特征如形态及颜色等，用手感知样品的软硬程度，闻一闻气味，了解材料的使用领域，这些信息对于一个有经验的分析工作者可以提供非常重要的信息。有时传统的燃烧法和溶剂溶解法也是必要的判别手段，这在许多书上都有介绍。红外光谱分析时要求被分析的成分尽可能单一。所以对于混合物，采用适当的分离手段将样品中的多种组分有效分离成单独组分才是分离的关键问题。在这个过程中可能会使用到如加热、萃取、色谱分离等多种分离方法。

在分离工作完成后，对各个组分做 FTIR 谱图，从特征峰入手，判断存在哪些基团，以确定所属化合物的类型；再重点进行指纹区观察，进一步确定基团的结合方式，这对于结构相近的聚合物分析是很重要的；最后对照标准谱图验证是必不可少的一步。有时还需要结合其他的分析方法来分析。

以尼龙 6、尼龙 8 和尼龙 11 等一系列的聚酰胺类的聚合物为例，具有相同的官能团。其 FTIR 谱图非常接近［如图 2-9（a)］，$\nu_{N-H}=3300cm^{-1}$，酰胺 Ⅰ 和 Ⅱ 带分别在 $1635cm^{-1}$和 $1540cm^{-1}$。通过 FTIR 谱图可以非常容易判断是这一类聚合物。这三种聚合物的区别是（CH_2)$_n$ 基团的长度不同（即 n 的数目不同），在 1400～$800cm^{-1}$的指纹区有微小差异，如图 2-9（b)。所以单独依据 FTIR 谱图区分这三种聚合物是比较牵强的，应该结合其他的分析手段进行准确区分，如核磁共振，或者结合 DSC 测定熔点的方法进一步准确判断。

定性分析最直接的方法就是将样品的谱图在红外光谱库中进行比对。许多公司经过多年的积累，得到了非常丰富的红外光谱库。使用比较多的是 Aldrich、Sadtler 等公司建立的谱图库，以及 Flummel 和 Saholl 编著的《Atlas of Polymer and Plastics Analysis》。按照不同材料类型建立了许多分类，如常见的单体与聚合物、纤维、增塑剂、聚合物添加剂、黏合剂、有机金属化合物及无机物等。一般分标准样品谱图和商品谱图，如黏合剂通常为多组分体系，针对市场上销售的各公司黏合剂产品，专门建立了黏合剂类商品样品的谱图库。另外对同一种材料，制样条件不同得到的谱图也存在差异，通常在标准谱图集中对每一张谱图都会标注制样方法，在比对时要考虑到这些因素的影响。目前有些谱图资源可以在互联网上找到，但是多数需要付费才能检索。

检索的方式也非常方便，有根据分子式或者字母顺序索引的；对于已知大概类型和可能的官能团，可以按照化学分类索引查找；对于未知物，可以在谱库中搜索比对，根据指纹区的匹配程度寻找最有可能的结构。

2.6.2 混合物的分离与分析

PVC 制品中添加多种助剂，有无机填料、小分子油性增塑剂等。无机填料可以通过燃烧掉有机物后收集燃烧的残渣得到分离；或者通过有机溶剂溶解有机物部分，不溶解的部分过滤得到。而对于 PVC 中添加的小分子油性增塑剂，如果选择的有机溶剂种类不合

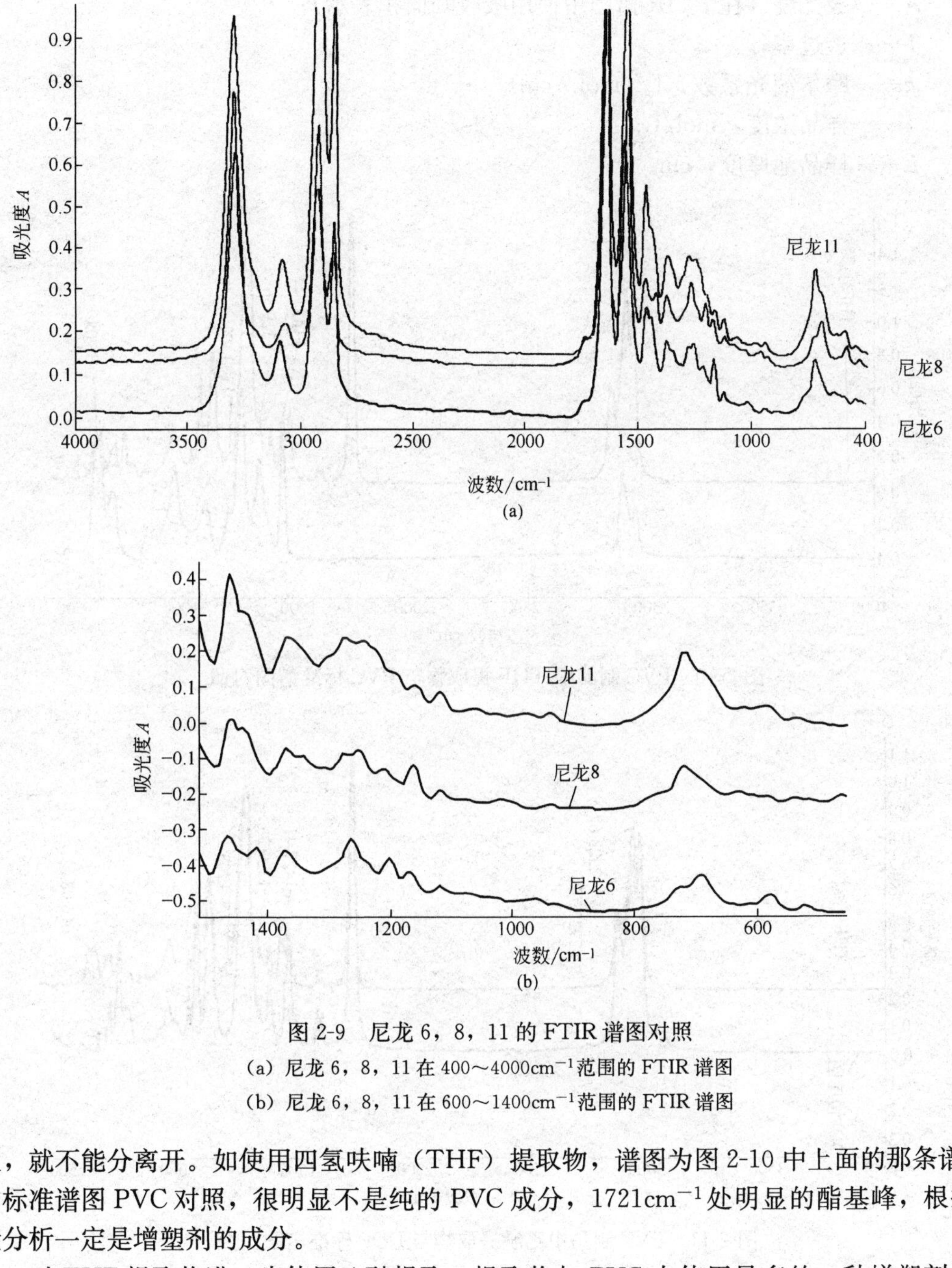

图 2-9　尼龙 6，8，11 的 FTIR 谱图对照

(a) 尼龙 6，8，11 在 400～4000cm^{-1}范围的 FTIR 谱图

(b) 尼龙 6，8，11 在 600～1400cm^{-1}范围的 FTIR 谱图

适，就不能分离开。如使用四氢呋喃（THF）提取物，谱图为图 2-10 中上面的那条谱线，与标准谱图 PVC 对照，很明显不是纯的 PVC 成分，1721cm^{-1}处明显的酯基峰，根据经验分析一定是增塑剂的成分。

对 THF 提取物进一步使用乙醚提取，提取物与 PVC 中使用最多的一种增塑剂邻苯二甲酸二辛酯（DOP）对照，如图 2-11 所示，完全吻合，可以确定 PVC 制品中添加的增塑剂为 DOP。

2.6.3　定量测定高聚物的链结构

定量分析的基础是光的吸收定律——朗伯比尔定律：

$$A=kcL=\lg\frac{1}{T} \tag{2-10}$$

式中　A——吸光度（在 FTIR 谱图中使用吸收峰面积表示）；

T——透过率；

k——摩尔消光系数，L/(mol·cm)；

c——样品浓度，mol/L；

L——样品池厚度，cm。

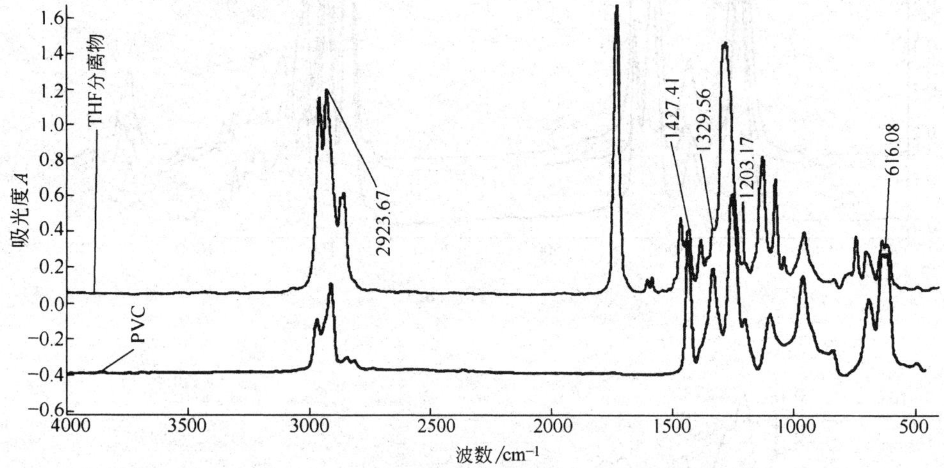

图 2-10　PVC 制品中 THF 提取物与 PVC 标准谱图对照

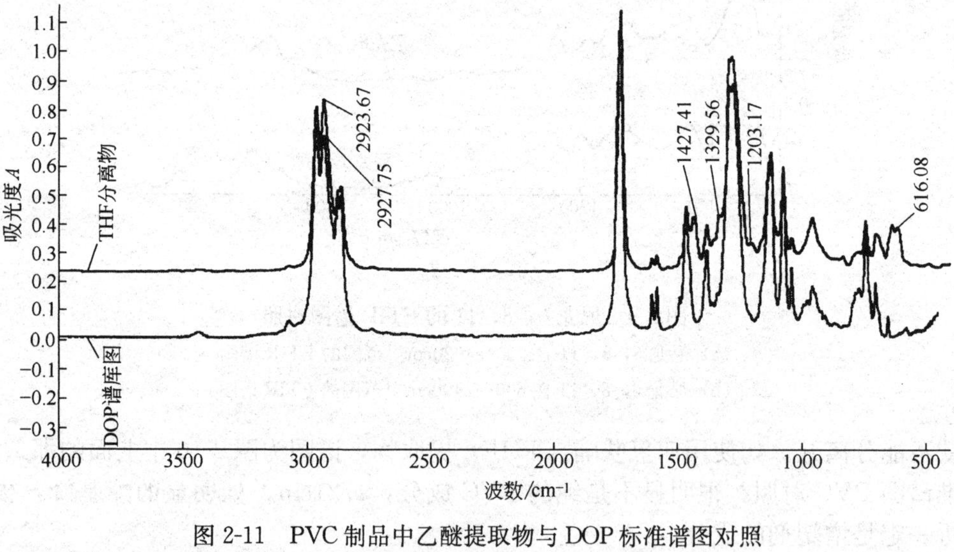

图 2-11　PVC 制品中乙醚提取物与 DOP 标准谱图对照

2.6.3.1　聚丁二烯（PB）中不同结构所占比例的确定

PB 橡胶是以 1,3-丁二烯为单体聚合而得到的一种通用合成橡胶，其产量和消耗量仅次于丁苯橡胶，居世界第二位。由不同的聚合方法制成不同结构的 PB，有顺式 1,4、反式 1,4 和 1,2 结构。各种结构有其各自的特点。

高顺式 PB（顺式结构达 96%～98%）是一种弹性好，耐磨性能好，耐低温性能优异的橡胶，$T_g = -105℃$。主要用于轮胎、胶带及胶鞋的制造上。缺点是抗张强度和抗撕裂强度均低于天然橡胶和丁苯橡胶，加工性和黏着性能较差，不易包辊。所以近年来针对其特点进行了一些改进，比如顺式结构 90%，反式结构占 10%的 PB 材料，不仅拉伸强度、抗撕裂强度有所提高，且包辊性、压延性、冷流性也有所改善。可以通过 FTIR 定量分析 PB 中各种结构的含量。具体步骤如下。

(1) 选择顺式 1,4 和反式 1,4 及 1,2 结构的特征吸收峰作为定量分析的特征谱带，如图 2-12。顺式 1,4 (c) 的特征峰在 738cm^{-1}；反式 1,4 (ν) 的特征峰在 967cm^{-1}；1,2 结构的特征峰 (t) 在 910cm^{-1}。

(2) 分别使用顺式 1,4，反式 1,4 和结构 1,2 结构 PB 的纯物质，分别测定各自的摩尔消光系数 k。

顺式 1,4 (c)　$k_{c,738\text{cm}^{-1}}=31.4\text{L/(mol·cm)}$

反式 1,4 (ν)　$k_{\nu,967\text{cm}^{-1}}=117\text{L/(mol·cm)}$

1,2 结构 (t)　$k_{t,910\text{cm}^{-1}}=151\text{L/(mol/cm)}$

(3) 在 PB 的 FTIR 谱图上分别测定顺式 1,4 的特征峰在 738cm^{-1}；反式 1,4 的特征峰在 967cm^{-1}和 1,2 结构的特征峰在 910cm^{-1}的吸收峰面积 (A)，则其相应的浓度为：

顺式 1,4 (c)　$$c_c=\frac{A_{c,738}}{k_{c,738}} \tag{2-11}$$

反式 1,4 (ν)　$$c_\nu=\frac{A_{\nu,967}}{k_{\nu,967}} \tag{2-12}$$

1,2 结构 (t)　$$c_t=\frac{A_{t,910}}{k_{t,910}} \tag{2-13}$$

在样品中，三种结构的相对含量为：

顺式 1,4 (c)　$$c_c=\frac{c_c}{c_c+c_\nu+c_t}\times100\% \tag{2-14}$$

反式 1,4 (ν)　$$c_\nu=\frac{c_\nu}{c_c+c_\nu+c_t}\times100\% \tag{2-15}$$

1,2 结构 (t)　$$c_t=\frac{c_t}{c_c+c_\nu+c_t}\times100\% \tag{2-16}$$

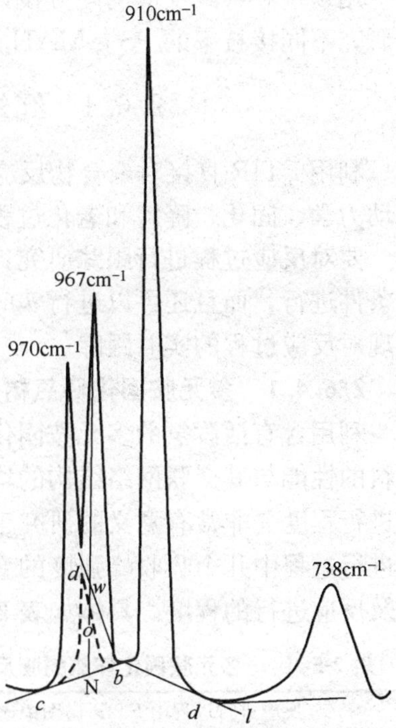

图 2-12　聚丁二烯指纹区吸收峰

顺式 1,4—738cm^{-1}

反式 1,4—967cm^{-1}

1,2 结构—910cm^{-1}

分别用峰高法量取峰的高度即 A_c、A_t、A_v

2.6.3.2　苯乙烯-马来酸酐接枝共聚物 (PS-g-MAH) 接枝率的测定

PP 为典型的非极性聚合物，与极性聚合物或其他无机物共混性能差，为了进一步改善 PP 的填充、增强、共混、复合和装饰等性能，通常用极性单体对其进行接枝聚合来改性。如要制造 PP-尼龙复合膜。尼龙是极性聚合物，与 PP 的相容性不好，需要加入相容剂。相容剂采用非极性的 PS 与极性的马来酸酐接枝聚合物 (PS-g-MAH)。可以用 FTIR 定量研究 PS-g-MAH 接枝率的情况。

根据文献报道，接枝高聚物和主要均聚物的共混物所测得的红外谱图是相同的，可以用共混物来模拟接枝物。

具体步骤是首先建立一条工作曲线，将 PP 和 MAH 按不同配比混合，分别做 FTIR 谱图，选一变换灵敏的特征峰 (650cm^{-1}) 的峰面积 $A_{650\text{cm}^{-1}}$ 与一个基本上没有变化的基准峰 (1460cm^{-1}) 的峰面积 $A_{1460\text{cm}^{-1}}$，之比 $\frac{A_{650\text{cm}^{-1}}}{A_{1460\text{cm}^{-1}}}$ 作为纵坐标。

将提纯的 PS-g-MAH 接枝物做 FTIR 谱图，求出$\frac{A_{650\text{cm}^{-1}}}{A_{1460\text{cm}^{-1}}}$，再到工作曲线上对应求得 PP 的含量。

用以指导共聚反应的配方设计及工艺条件，得到性能符合要求的接枝物。也可以进一步研究不同接枝率的 PS-g-MAH 对共混性能的影响。

2.6.4 红外光谱在聚合反应研究中的应用

利用 FTIR 直接对聚合物反应进行原位跟踪，研究聚合反应的动力学，包括对聚合反应动力学、固化、降解和老化过程的反应机理研究是目前非常活跃的一个研究领域。

要对反应过程进行跟踪研究，首先要选择合适的样品池，既能保证聚合反应按照一定的条件进行，而且还可以进行实时数据采集。目前许多反应池中使用光纤探头读取数据来实现对反应过程的实时跟踪。

2.6.4.1 多元胺固化环氧树脂反应机理的研究

利用含有活泼氢的多元胺固化环氧树脂，使之发生交联反应，形成网状高聚物。这种材料的性能与其交联网络结构的均匀性有很大关系。了解交联反应的机理，实时跟踪反应的进行程度是非常有意义的研究工作。在多元胺固化环氧树脂的反应过程中，实时观察反应进行过程中几个吸收峰强度的变化，通过这些特征吸收峰强度的变化可以推断反应的机理及反应进行的程度。具体如表 2-5 所示。

表 2-5　多元胺固化环氧树脂反应中的 FTIR 谱图中几个特征吸收峰的变化情况

反应进行过程中 FTIR 谱图中谱带变化情况	反应进行程度说明
913cm^{-1}处环氧基特征吸收峰逐渐减小	环氧环被打开
3410cm^{-1}处仲胺吸收峰逐渐减小	N 上的 H 原子脱离
3500cm^{-1}处羟基吸收峰逐渐增加	有—OH 生成
1100cm^{-1}附近的醚键吸收峰基本不变	非醚化反应

表 2-5 说明，环氧树脂的固化反应不是醚化反应，而是由胺基形成物理交联点。

2.6.4.2 多元胺固化环氧树脂反应动力学的研究

利用 FTIR 进行聚合反应动力学的基本原理是前面介绍的郎伯-比尔定律。在定量过程中一般都采用内标法，即选择一个在整个过程中没有参加反应的基团的吸收峰为参比峰，并选择一个在整个反应过程中随着反应的进行其强度发生相应变化的吸收峰为特征峰。选择参比峰和特征峰时除了满足上面的基本要求，还要求其位置尽可能与其他吸收峰独立，不受其他吸收峰的影响。用特征峰与参比峰的强度（通常为吸光度峰面积 A）比值进行定量。

以双酚 A 型环氧树脂的固化反应为例，典型的双酚 A 型环氧树脂的结构是：

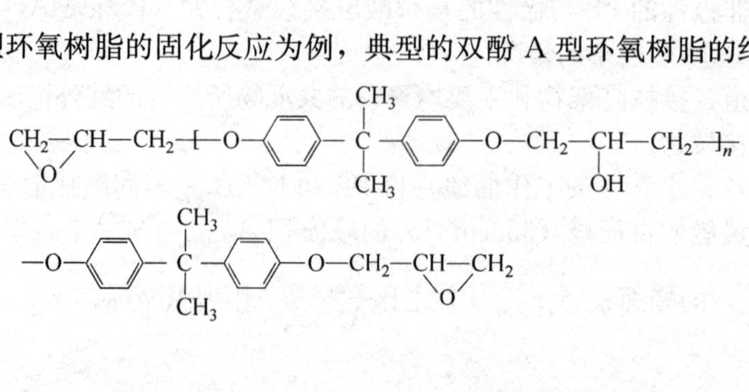

本实验研究的环氧树脂固化反应，苯环在整个过程中不会发生变化，故选择苯环的特征峰 $1508cm^{-1}$ 处的吸收峰作为参比峰；环氧基团的特征峰 $915cm^{-1}$，其强度在反应过程中一直随反应的进行相应发生变化。如图 2-13 所示。

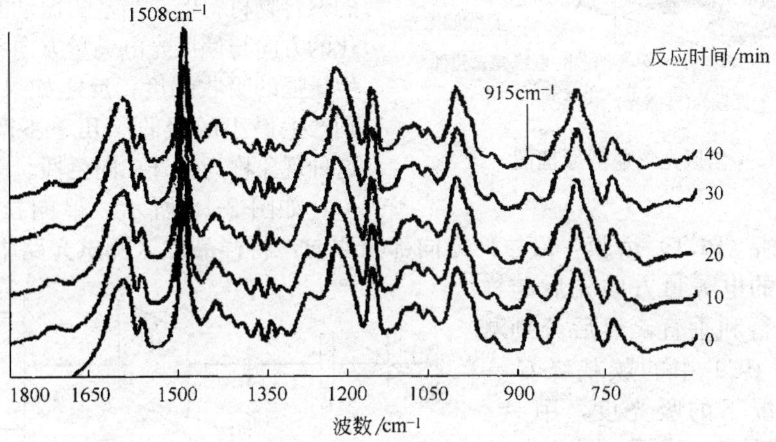

图 2-13 多元胺固化环氧树脂反应中不同反应时间的 FTIR 谱图

以$\frac{A_{915cm^{-1}}}{A_{1508cm^{-1}}}$来表征固化反应程度

$$x=1-\frac{\left[\frac{A_{915}}{A_{1508}}\right]_{\text{固体}}}{\left[\frac{A_{915}}{A_{1508}}\right]_{\text{未固化}}} \tag{2-17}$$

x 表示固化度，A_{915} 和 A_{1508} 分别表示环氧特征峰（$915cm^{-1}$）和苯环特征峰（$1508cm^{-1}$）的峰面积。

2.6.5 红外光谱中附件的应用

近年来各种红外附件的迅速发展更加拓宽了红外光谱的应用范围，使红外光谱的应用在分子表面结构研究、结晶取向结构研究等方面发挥出显著的作用。目前应用比较多的有偏振红外、衰减全反射、漫反射、光声光谱、发射光谱等。下面介绍几种红外附件的原理及应用。

2.6.5.1 偏振红外光谱——聚合物取向结构的研究

在红外光谱仪的测量光路中加入一个偏振器形成偏振红外光，是研究高分子链取向的一个重要手段。广泛地用于研究高聚物薄膜和纤维的取向程度、变形机理以及取向态高聚物的驰豫过程，也可以用于研究聚合物分子链的化学或者几何结构。偏振器的结构示意图如图 2-14 所示。

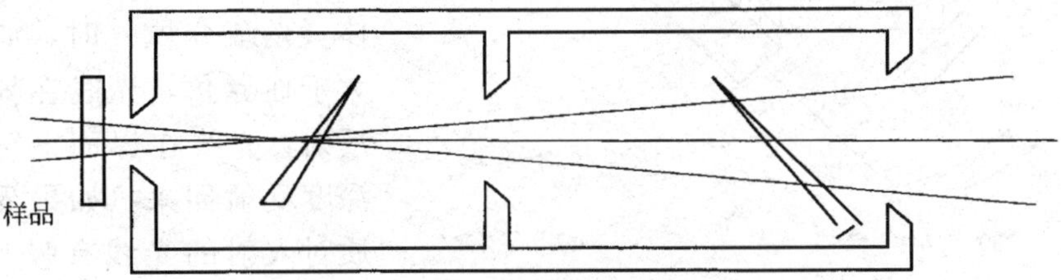

图 2-14 硒偏振器结构示意图

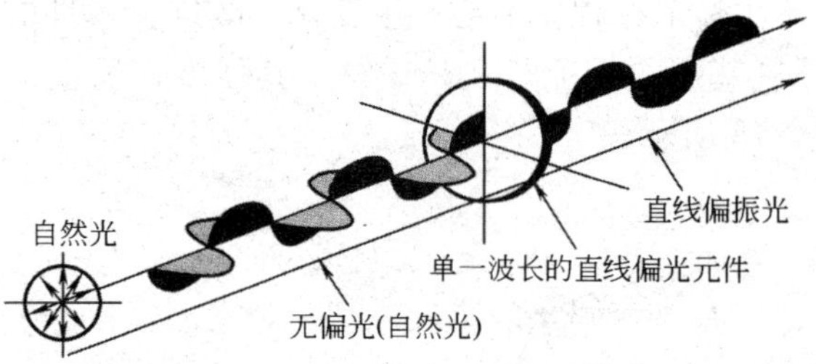

图 2-15　偏振光形成的原理图

如图 2-15 所示偏振光形成的原理，当红外光通过偏振器后，得到电矢量只有一个方向上的偏振光。这束光入射到取向的聚合物材料上，当基团振动的偶极矩变化的方向与偏振光电矢量方向平行时，产生最强的吸收强度；反之如果二者垂直，则产生最小的吸收（几乎不产生吸收），这种现象称为红外二向色性。

如图 2-16 所示，单向拉伸的聚对苯二甲酸乙二醇酯（PET）薄膜，沿拉伸方向部分取向，将样品放入测试光路中，转动偏振器，使偏振光的电矢量方向先后与样品的拉伸方向平行和垂直，然后分别测出某个谱带（如 PET 中的羰基峰 C＝O）在这两种情况下的吸光度，用 $A_{/\!/}$（平行）和 $A_{\perp}$（垂直）表示，二者的比值称为红外二向色比 R。

$$R=\frac{A_{/\!/}}{A_{\perp}} \tag{2-18}$$

从原则上讲 R 可以从 0～∞，但是由于样品不可能完全取向，R 一般是 0.1～10。

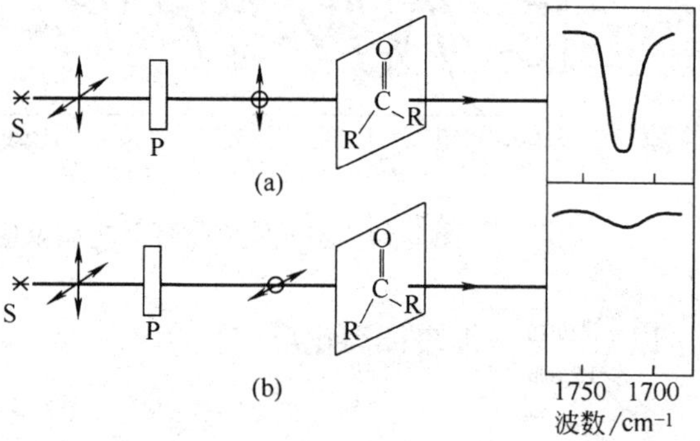

图 2-16　羰基伸缩振动红外二向色性的示意图

对于双向拉伸薄膜，取向不会只发生在一个方向，这时需要测量谱带在 x 轴、y 轴和 z 轴三个方向上的吸收强度。这样二向色比的表达方式如下：

$$R_{xy}=\frac{1}{R_{yx}}\frac{A_x}{A_y} \tag{2-19}$$

$$R_{yz}=\frac{1}{R_{zy}}\frac{A_y}{A_z} \tag{2-20}$$

$$R_{zx}=\frac{1}{R_{xz}}\frac{A_z}{A_x} \tag{2-21}$$

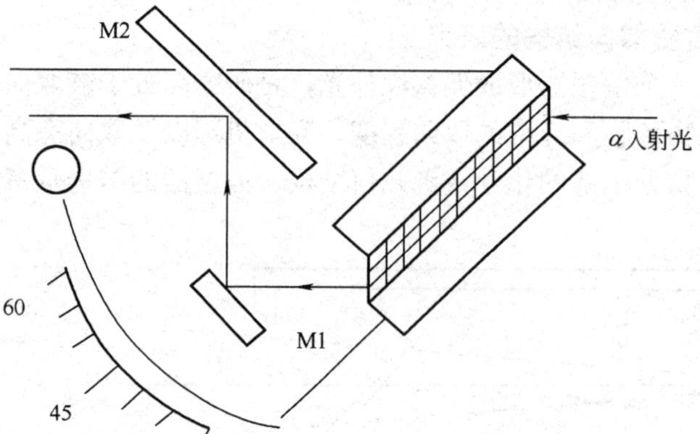

图 2-17　ATR 的测试原理示意图

2.6.5.2　衰减全反射（Attenuated Total Reflection，ATR）

2.6.5.2.1　衰减全反射（ATR）的基本概念及原理

当光线由折射率高的晶体（光密介质）入射到折射率低的晶体（光疏介质）时，如果入射角大于临界角，光线在界面上发生反射，光线在界面上穿透一定的深度反射回来，如果界面上的物质对入射的光线有吸收，则反射的光能量就会发生衰减，这种现

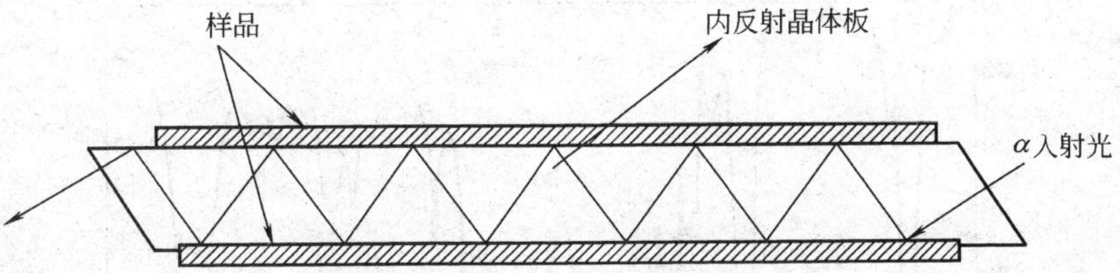

图 2-18　ATR 的结构原理示意图

象被称为衰减全反射（Attenuated Total Reflectance，ATR），如图 2-17 所示。在 ATR 中经常使用的光密介质如氯化银（折射率$n=2$），溴化铊-碘化铊（KRS-5，折射率 $n=2.4$）或者锗（折射率 $n=4$）晶体做棱镜，背部贴紧被测样品，通过调整入射的角度（θ）使入射光进入样品界面的不同深度，以此探知材料表面不同深度的结构信息，如图 2-18 所示。光线透射到样品的深度可以用贯穿深度（d_p）表示。

$$d_p=\frac{\lambda}{2\pi\left[\sin^2\theta-\left(\frac{n_2}{n_1}\right)^2\right]^{\frac{1}{2}}} \tag{2-22}$$

式中　d_p——光线贯穿样品表面的深度；

θ——光线的入射角；

λ——光在内反射晶体中的波长；

n_1——内反射晶体的折射率；

n_2——样品的折射率。

ATR 谱图是以多次反射光强度的叠加和波数为坐标记录的谱图，同一个样品的普通吸收 FTIR 谱图和 ATR 谱图的峰型和峰位置会有少许差异，但不影响分析。

ATR 与普通的吸收红外光谱不同的是不穿透样品，只在样品表面进行反射吸收，一次反射吸收的光强度是非常小的，谱图效果差，通过增加反射的次数（30～50 次），将多次反射吸收的光谱图叠加，就可以得到质量比较好的谱图。

根据所选用的内反射晶体的材料种类不同和入射角度的变化，可以使透射深度达到几百纳米到几个微米之间，从而可以研究不同表面深度的结构信息。

2.6.5.2.2　衰减全反射（ATR）法在聚合物中的应用

ATR 技术属于一种无损检测方法，对于用传统制样方法不好处理的样品如多层复合膜，难溶解难熔融的橡胶类柔软制品等进行分析是一个非常好的手段，快捷，信息量丰富。

从上面介绍的 ATR 的原理可以知道，ATR 是用于材料表面性能研究的一种手段。材料的表面具有与体相不相同的特点从而反映出不同于体相的特征，因此材料表面研究已经成为一个重要的研究方向。研究领域包括材料表面涂层的研究，单分子层，界面聚合反应研究，聚合物表面在外界条件作用下发生氧化，降解及其他反应的原理及反应动力学研究，表面污染，表面改性，材料本体中添加物在表面的迁移，扩散及吸附的研究等。人们非常重视材料表面分析表征手段的开发。ATR 技术的不断改进及化学计量学的发展，使 ATR 在聚合物材料表面研究中的应用越来越多。而且使用可变角度的 ATR-FTIR 技术，可以对样品表层不同深度的区域结构进行研究。

（1）多层复合膜的成分分析

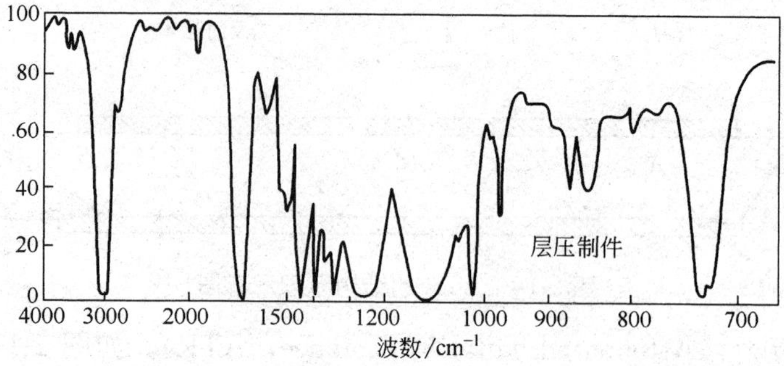

图 2-19A 咖啡包装薄膜的红外光谱

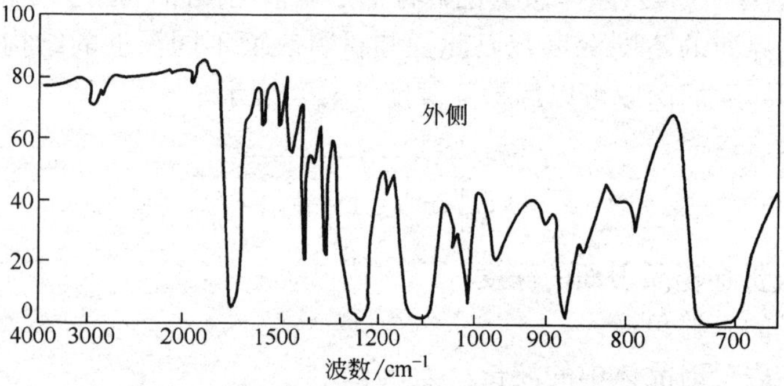

图 2-19B 咖啡包装薄膜的外侧 ATR 光谱

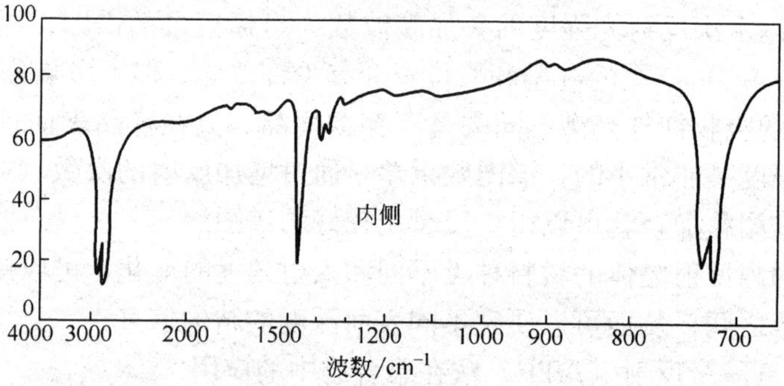

图 2-19C 咖啡包装薄膜的内侧 ATR 光谱

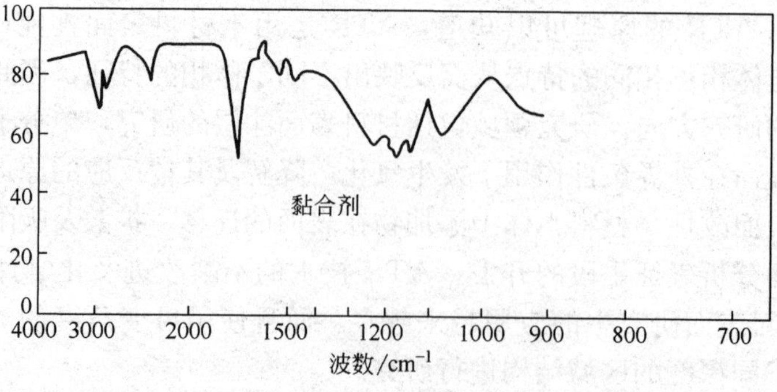

图 2-19D 咖啡包装薄膜中间黏合层 ATR 光谱

现在许多食品和药品的外包装都是高分子一次性包装膜材料，这些材料看似简单，其实对这些包装材料的要求非常多，如接触食品和药品的一侧要求卫生无毒，外层则要求有利于印刷，中间层还要满足防水、阻氧、避光等要求，单一一种材料是很难满足多种要求的。所以通常使用的包装膜多为几种材料的复合膜（通常是 3～7 种，有时中间还需要使用黏合剂层）。

以一种咖啡包装膜为例。将膜用热压方法制样做普通吸收红外光谱，谱图为图 2-19A，经过特征峰分析（1720cm^{-1} 处强的酯基吸收峰，及 1266cm^{-1}、1110cm^{-1}、870cm^{-1}、730cm^{-1}）及与标准谱图对照可以知道其中有聚对苯二甲酸乙二醇酯（PET）的成分，但是不能完全吻合，说明还存在其他成分。

换个方法，不对样品做任何处理，将膜的内外两侧分别做 ATR 谱图，图 2-19B 和图 2-19C 分别为膜的外侧和内侧的 ATR 谱图，这时可以看出，外包装层是 PET，而内侧的成分是 PE。将膜的两层小心分开，发现中间存在黏合剂层，做 ATR，谱图为图 2-19D，可以看出为聚氨酯类的黏合剂。

(2) 聚丙烯（PP）表面接枝改性反应研究

PP 属于疏水性材料，在 PP 膜表面通过光引发聚合的方法接枝上亲水性基团是改善其疏水性的一种方法。图 2-20 是通过 ATR 观察 PP 膜表面进行的光接枝反应，发现随着反应的进行，1740cm^{-1}处的 C═O 吸收峰强度逐渐增加。通过考察 C═O 吸收峰强度与照射的紫外光的强度、照射时间、光引发剂种类之间的关系，可以研究各种实验因素对反应的影响，即进行反应动力学的研究。

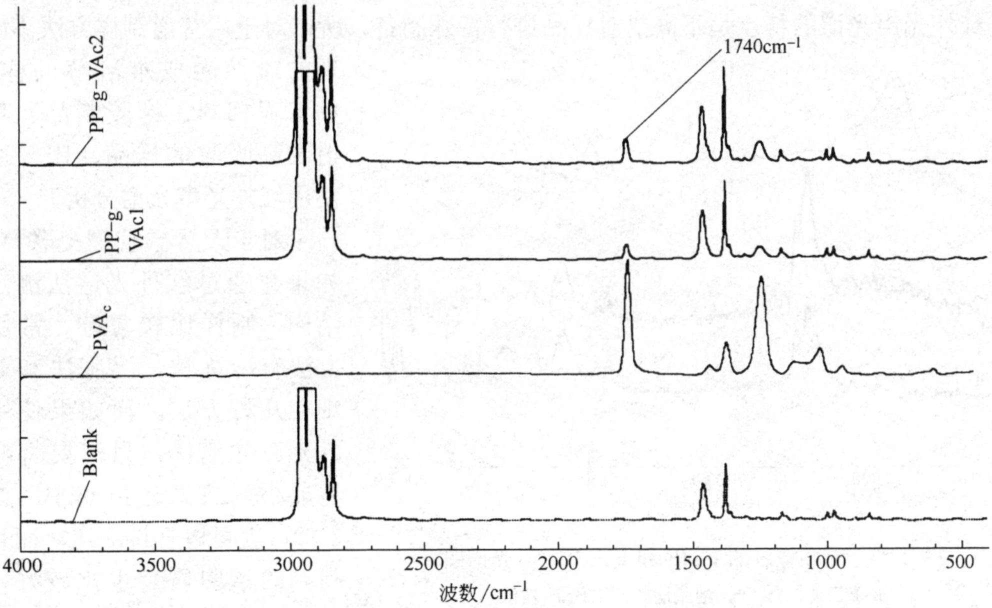

图 2-20　PP 膜表层接枝醋酸乙烯酯反应过程中的 FTIR 谱图

2.6.5.3　红外光声光谱法（Photoacoustic Spectroscopy，PAS）

光声探测器和红外光谱技术结合即为红外声光谱技术。光声光谱是基于光声效应的一种光谱技术。物质吸收一定频率的光能后，由激发态通过非辐射过程跃迁到低能态时，会产生同频率的声波（光声信号），这种效应即为光声效应。在1880年由Bell发现了光声效应的存在。到20世纪70年代，Robin和Roscencwaig在研究工作中提出可以将光声光谱技术应用到传统光谱技术不好处理的样品上。

仪器结构如图2-21所示。虚线内为FTIR光谱仪的结构图，虚线外为光声探测器。

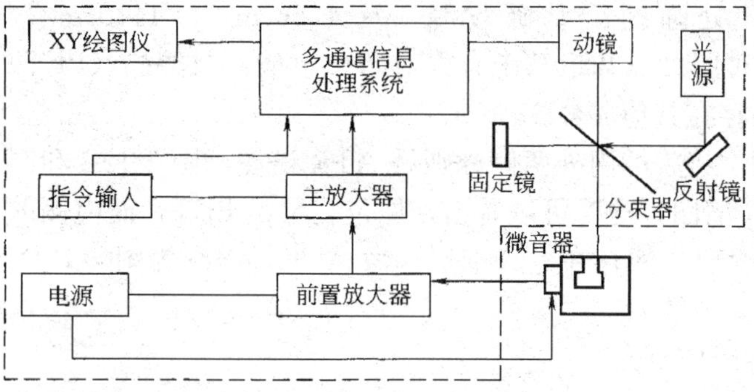

图2-21　傅立叶红外光声光谱（FTIR-PAS）测试原理示意图

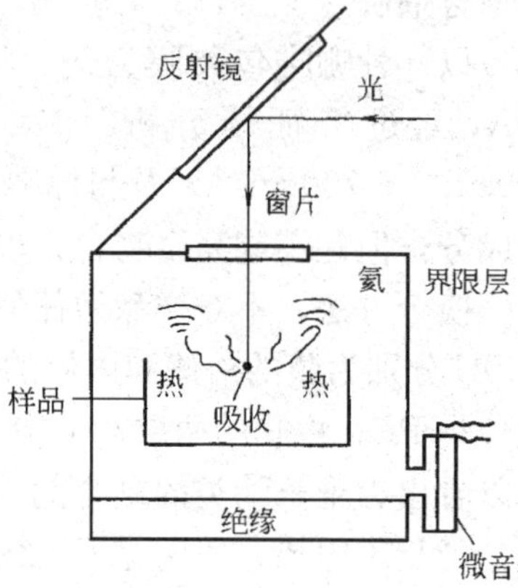

图2-22　光声池

光声光谱的测试原理是当红外光束通过池腔窗口辐照在光声池中的样品上，样品吸收辐射的能量后经非辐射的能量转化为与调制频率同步的热涨落。此热涨落传递给封于池腔中的空气，引起空气的压力变化，并由光声池中的微音器感受而产生电信号，此信号经前置放大器放大后输入FTIR的主放大器及电子信号处理系统，经傅立叶变换后得到红外光声光谱图。

红外光声光谱的特点是不需要对样品进行特殊制备，所以对于用普通制样方法不好处理的难熔融或难溶解的样品，如工程塑料、橡胶制品、高散射及高吸收的样品，比较适合使用红外光声光谱分析。

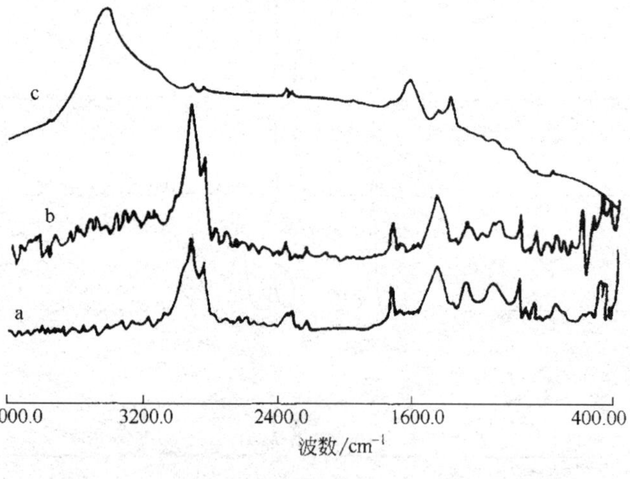

图2-23　交联橡胶的FTIR和FTIR-PAS光谱图

a. FTIR-PAS　b. 溶胀法　c. KBr压片法

对于天然橡胶等交联材料，如果想通过红外光谱法测定其结构，制样比较复杂。常用的方法有冷冻法、溶胀法和剪成细粒几种方法。而如果使用红外光声光谱法，只需要将样品剪成小块放入光声池中，如图2-22，就可以直接测定，而且所得到的谱图质量也比较好。对比图2-23中的三张谱图可以看出，通过光声光谱法得到的谱图a特征峰最明显，溶胀法b其次，由于交联的橡胶不容易成颗粒很小的粉末，所以使用溴化钾压片法得到的谱图c质量最差，基本看不到特征峰。而且从制样方法上讲，光声光谱法不要求对样品进行任何处理，所以也是最方便的一种方法。

第 3 章　激光拉曼散射光谱法

拉曼光谱是一种散射光谱。在 20 世纪 30 年代，拉曼散射光谱曾是研究分子结构的主要手段。后来随着实验内容的深入，由于拉曼效应太弱，所以随着红外光谱的迅速发展，拉曼光谱的地位随之下降。

自 1960 年激光问世，并将这种新型光源引入拉曼光谱后，拉曼光谱出现了新的局面，已广泛应用于有机、无机、高分子、生物、环保等各个领域，成为重要的分析工具。而且由于它的一些特点，如水和玻璃散射光谱极弱，因而在水溶液、气体、同位素、单晶等方面的应用具有突出的特长。近几年又发展了傅立叶变换拉曼光谱仪，使它在高分子结构研究中的作用与日俱增。

3.1　基本概念

3.1.1　拉曼散射及拉曼位移

拉曼光谱为散射光谱。当一束频率为 ν_0 的入射光照射到气体、液体或透明晶体样品上时，绝大部分可以透过，大约有 0.1%的入射光与样品分子之间发生非弹性碰撞，即在碰撞时有能量交换，这种光散射称为拉曼散射；反之，若发生弹性碰撞，即两者之间没有能量交换，这种光散射称为瑞利散射。在拉曼散射中，若光子把一部分能量给样品分子，得到的散射光能量减少，在垂直方向测量到的散射光中，可以检测频率为 $\left(\nu_0-\dfrac{\Delta E}{h}\right)$ 的线，称为斯托克斯（Stokes）线，如图 3-1 所示，如果它是红外活性的话，$\dfrac{\Delta E}{h}$ 的测量值与激发该振动的红外频率一致。相反，若光子从样品分子中获得能量，在大于入射光频率处接收到散射光线，则称为反斯托克斯线。

处于基态的分子与光子发生非弹性碰撞，获得能量到激发态可得到斯托克斯线，反之，如果分子处于激发态，与光子发生非弹性碰撞就会释放能量而回到基态，得到反斯托斯线。

斯托克斯线或反斯托克斯线与入射光频率之差称为拉曼位移。拉曼位移的大小和分子的跃迁能级差一样。因此，对应于同一分子能级，斯托克斯线与反斯托克斯线的拉曼位移应该相等，而且跃迁的几率也应相等。但在正常情况下，由于分子大多数是处于基态，测量到的斯托克斯线强度比反斯托克斯线强得多，所以在一般拉曼光谱分析中，都采用斯托克斯线研究拉曼位移。

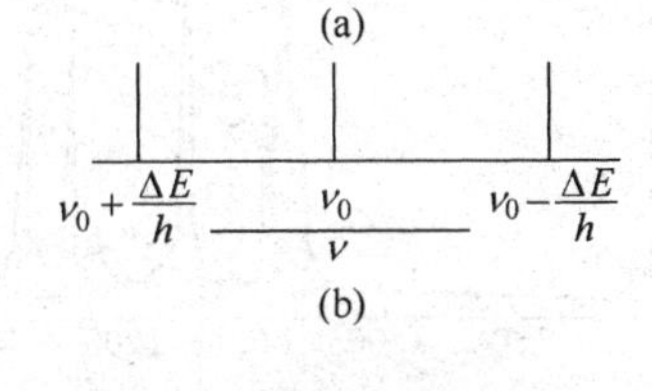

图 3-1　散射效应示意图

（a）瑞利和拉曼散射的能级图

（b）散射谱线

拉曼位移的大小与入射光的频率无关，只与分子的能级结构有关，其范围为 25～4000cm^{-1}，因此入射光的能量应大于分子振动跃迁所需能量，小于电子能级跃迁的能量。

红外吸收要服从一定的选择定则，即分子振动时只有伴随分子偶极矩发生变化的振动才能产生红外吸收。同样，在拉曼光谱中，分子振动要产生位移也要服从一定的选择定则，也就是说只有伴随分子极化度 a 发生变化的分子振动模式才能具有拉曼活性，产生拉曼散射。极化度是指分子改变其电子云分布的难易程度，因此只有分子极化度发生变化的振动才能与入射光的电场 E 相互作用，产生诱导偶极矩 u：

$$u=aE \tag{3-1}$$

与红外吸收光谱相似，拉曼散射谱线的强度与诱导偶极矩成正比。

在多数的吸收光谱中，只具有两个基本参数（频率和强度），但在激光拉曼光谱中还有一个重要的参数即退偏振比（也可称为去偏振度）。

由于激光是线偏振光，而大多数的有机分子是各向异性的，在不同方向上的分子被入射光电场极化程度是不同的。在红外中只有单晶和取向的高聚物才能测量出偏振，而在激光拉曼光谱中，完全自由取向的分子所散射的光也可能是偏振的，因此一般在拉曼光谱中用退偏振比（或称去偏振度）ρ 表征分子对称性振动模式的高低。

$$\rho=\frac{I_{\perp}}{I_{/\!/}} \tag{3-2}$$

式中　$I_{\perp}$ 和 $I_{/\!/}$——分别代表与激光电矢量相垂直和相平行的谱线的强度。

$\rho<\frac{3}{4}$ 的谱带称为偏振谱带，表示分子有较高的对称振动模式；$\rho=\frac{3}{4}$ 的谱带称为退偏振谱带，表示分子的对称振动模式较低。

3.1.2　激光拉曼光谱与红外光谱比较

拉曼效应产生于入射光子与分子振动能级的能量交换。在许多情况下，拉曼频率位移的程度正好相当于红外吸收频率。因此红外测量能够得到的信息同样也出现在拉曼光谱中，红外光谱解析中的定性三要素（即吸收频率、强度和峰形）对拉曼光谱解析也适用。但由于这两种光谱的分析机理不同，在提供信息上也是有差异的。一般来说，分子的对称性愈高，红外与拉曼光谱的区别就愈大，非极性官能团的拉曼散射谱带较为强烈，极性官能团的红外谱带较为强烈。例如，许多情况下 C═C 伸缩振动的拉曼谱带比相应的红外谱带较为强烈，而 C═O 的伸缩振动的红外谱带比相应的拉曼谱带更为显著。对于链状聚合物来说，碳链上的取代基用红外光谱较易检测出来，

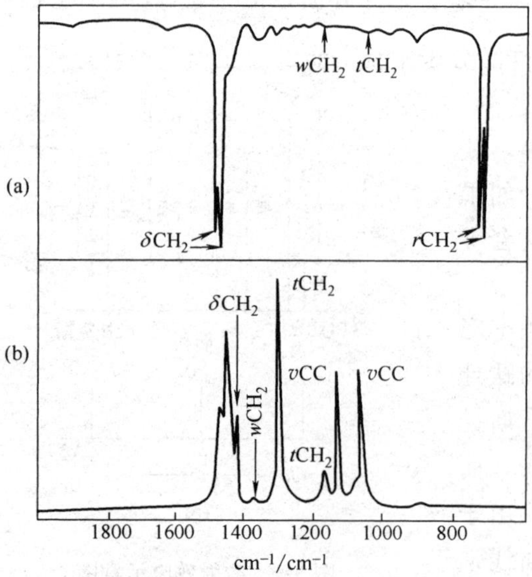

图 3-2　线型聚乙烯的红外（a）拉曼（b）光谱

而碳链的振动用拉曼光谱表征更为方便。

红外与拉曼光谱在研究聚合物时的区别可以聚乙烯为例加以说明。图 3-2 为线型聚乙烯的红外及拉曼光谱。

聚乙烯分子中具有对称中心，红外与拉曼光谱应当呈现完全不同的振动模式，事实上确实如此。在红外光谱中，CH_2 振动为最显著的谱带。而拉曼光谱中，C—C 振动有明显的吸收。图 3-3 为聚对苯二甲酸乙二醇酯（PET）的红外及拉曼光谱。拉曼光谱中呈现了明显的芳环的 C—C 伸缩振动模式，而红外光谱中最强谱带为 C═O 及 C—O 振动模式。图 3-4 为聚甲基丙烯酸甲酯（PMMA）的红外及拉曼光谱。在 PMMA 拉曼光谱的低频率区，出现了较为丰富的谱带信号，而其 IR 光谱的同一区域中的谱带信息却很弱。此外，与 PET 光谱类似，PMMA 红外光谱的 C═O 及 C—O 振动模式有强烈的吸收，而 C—C 振动模式在拉曼谱中较为明显。

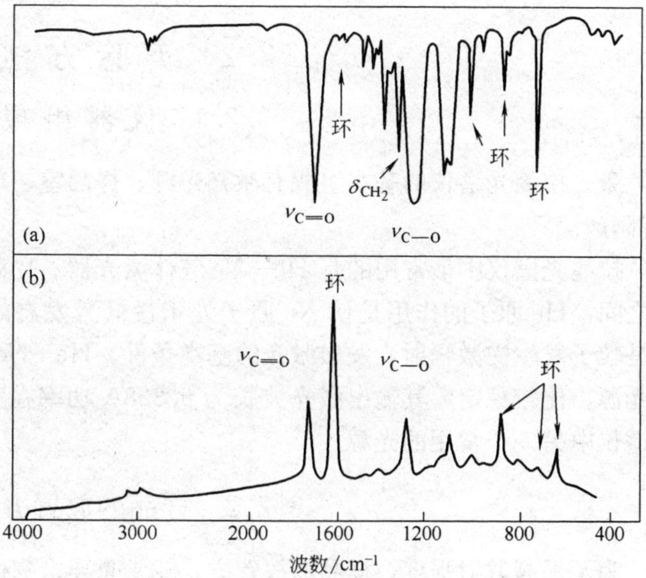

图 3-3　PET 的红外（a）拉曼（b）光谱

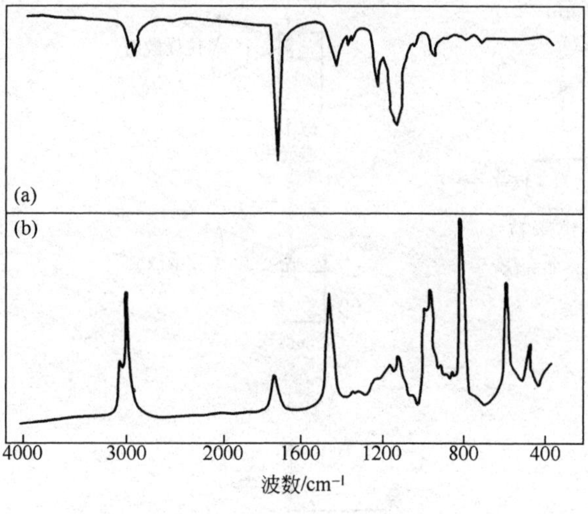

图 3-4　PMMA 的红外（a）及拉曼（b）光谱

与红外光谱相比，拉曼散射光谱具有下述优点：

（1）拉曼光谱是一个散射过程，因而任何尺寸、形状、透明度的样品，只要能被激光照射到，就可直接用来测量。由于激光束的直径较小，且可进一步聚焦，因而极微量样品都可测量。

（2）水是极性很强的分子，因而其红外吸收非常强烈。但水的拉曼散射却极微弱，因而水溶液样品可直接进行测量，这对生物大分子的研究非常有利。此外，玻璃的拉曼散射也较弱，因而玻璃可作为理想的窗口材料，例如液体或粉末固体样品可放于玻璃毛细管中测量。

（3）对于聚合物及其他分子，拉曼散射的选择定则的限制较小，因而可得到更为丰富的谱带。S—S，C—C，C═C，N═N 等红外较弱的官能团，在拉曼光谱中信号较为强烈。

拉曼光谱研究高分子样品的最大缺点是荧光散射，多半与样品中的杂质有关，但采用傅立叶变换拉曼光谱仪，可以克服这一缺点。

3.2 实验方法

3.2.1 仪器组成

激光拉曼光谱仪的基本组成有激光光源、样品室、单色器、检测记录系统和计算机五大部分。

拉曼光谱仪中最常用的是 He—Ne 气体激光器。受激辐射时发生于 Ne 原子的两个能态之间，He 原子的作用是使 Ne 原子处于最低激发态的粒子数与基态粒子数发生反转，这是粒子发生受激辐射，发出激光的基本条件。He—Ne 激光器是激光拉曼光谱仪中较好的光源，比较稳定，其输出激光波长为 6.328Å 功率在 100mW 以下。A_r^+ 激光器是拉曼光谱仪中另一个常用的光源。

3.2.2 样品的放置方法

为了提高散射强度，样品的放置方式非常重要。气体的样品可采用内腔方式，即把样品放在激光器的共振腔内。液体和固体样品是放在激光器的外面，如图 3-5 所示。

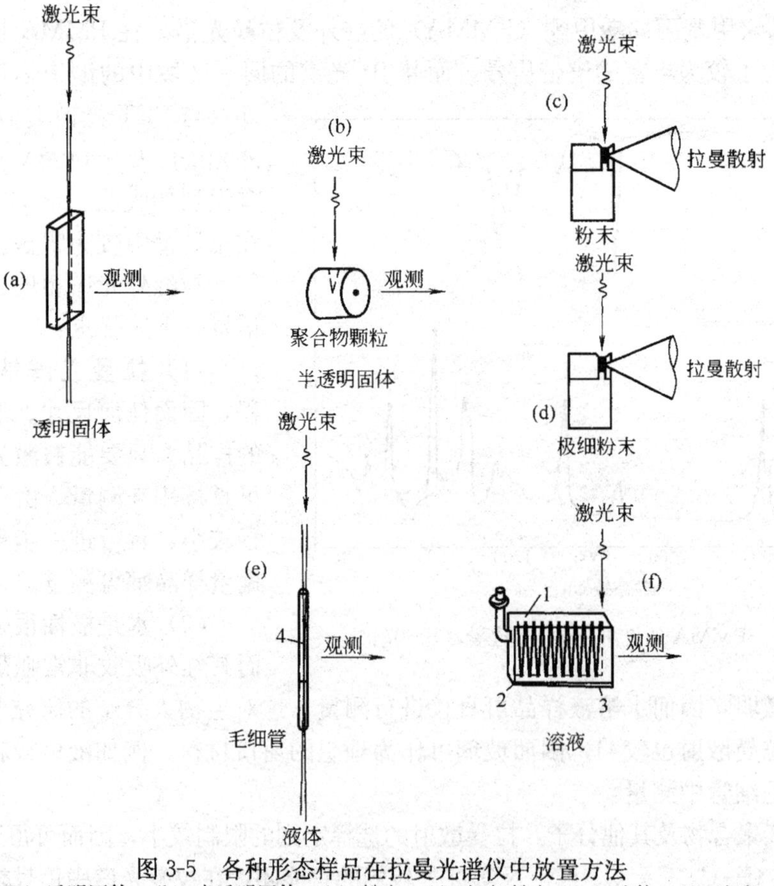

图 3-5　各种形态样品在拉曼光谱仪中放置方法

(a) 透明固体　(b) 半透明固体　(c) 粉末　(d) 极细粉末　(e) 液体　(f) 溶液

1—反射镜　2—多通道池　3—楔形镜　4—液体

在一般情况下，气体样品采用多路反射气槽。液体样品可用毛细管、多重反射槽。粉末样品可装在玻璃管内，也可压片测量。

3.3 拉曼光谱在聚合物结构研究中的应用

3.3.1 拉曼光谱的选择定则与高分子构象

由于拉曼与红外光谱具有互补性，因而二者结合使用能够得到更丰富的信息。这种互补的特点，是由它们的选择定则决定的。凡具有对称中心的分子，它们的红外吸收光谱与拉曼散射光谱没有频率相同的谱带，这就是所谓的“互相排斥定则”。例如聚乙烯具有对称中心，所以它的红外光谱与拉曼光谱没有一条谱带的谱率是一样的。

上述原理可以帮助推测聚合物的构象。例如聚硫化乙烯（PES）的分子链的重复单元为$\leftarrow CH_2CH_2SCH_2CH_2—S\rightarrow$，与C—S、S—C、C—C及S—C有关的构象分别为反式、右旁式、右旁式、反式、左旁式和左旁式。倘若PES的这一结构模式是正确的，那它就具有对称中心，从理论上可以预测PES的红外及拉曼光谱中没有频率相同的谱带。例如PES采取像聚氧化乙烯（PEO）那样的螺旋结构，那就不存在对称中心，它们的红外及拉曼光谱中就有频率相同的谱带。实验测量结果发现，PEO的红外及拉曼光谱有20条频率相同的谱带。而PES的两种光谱中仅有两条谱带的频率比较接近。因而，可以推论PES具有与PEO不同的构象：在PEO中，C—C键是旁式构象，C—O为反式构象；而在PES中，C—C键是反式构象，C—S为旁式构象。

分子结构模型的对称因素决定了选择原则。比较理论结果与实际测量的光谱，可以判别所提出的结构模型是否准确。这种方法在研究小分子的结构及大分子的构象方面起着很重要的作用。

3.3.2 高分子的红外二向色性及拉曼去偏振度

图3-6为拉伸250%的聚酰胺-6薄膜的红外偏振光谱。图3-7为拉伸400%的聚酰胺-6薄膜的偏振拉曼散射光谱。在聚酰胺-6的红外光谱中，某些谱带显示了明显的二向色性特性。它们是NH伸缩振动（$3300cm^{-1}$）、CH_2伸缩振动（$3000\sim2800cm^{-1}$）、酰胺Ⅰ（$1640cm^{-1}$）及酰胺Ⅱ（$1550cm^{-1}$）吸收和酰胺Ⅲ（$1260cm^{-1}$和$1201cm^{-1}$）吸收谱带。其中NH伸缩振动、CH_2伸缩振动及酰胺Ⅰ谱带的二向色性比清楚地反映了这些振动的跃迁距在样品被拉伸后向垂直于拉伸方向取向。酰胺Ⅱ及Ⅲ谱带的二向色性显示了C—N伸缩振动向拉伸方向取向。聚酰胺-6的拉曼光谱（图3-7）的去偏振度研究结果与红外二向色性完全一致。拉曼光谱中$1081cm^{-1}$谱带（C—N

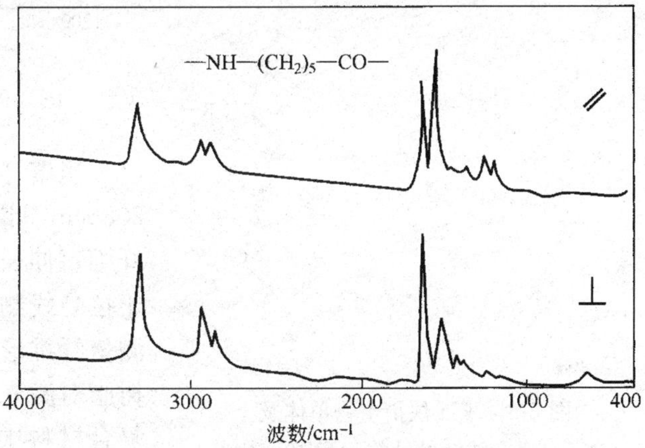

图3-6 聚酰胺-6薄膜被拉伸250%后的红外偏振光谱

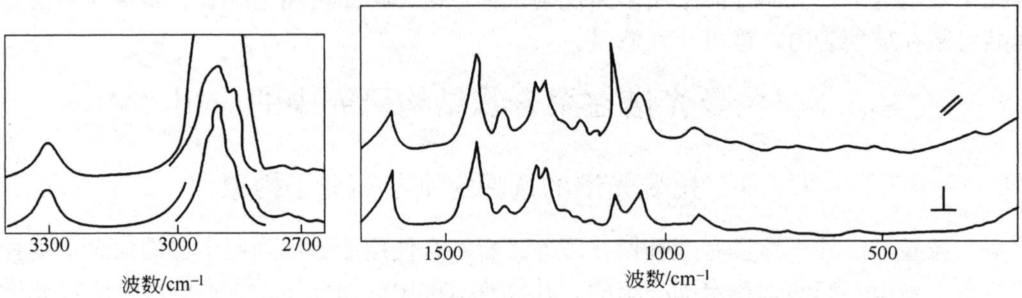

图 3-7　聚酰胺-6 薄膜拉伸 400%后的激光拉曼散射光谱

//表示偏振激光电场矢量与拉伸方向平行　⊥表示偏振激光电场矢量与拉伸方向垂直

伸缩振动）及 $1126cm^{-1}$ 谱带（C—C 伸缩振动）的偏振度显示了聚合物骨架经拉伸后的取向。

3.3.3　聚合物形变的拉曼光谱研究

纤维状聚合物在拉伸形变过程中，链段与链段之间的相对位置发生了移动，从而使拉曼线发生变化。用纤维增强热塑性或热固性树脂能得到高强度的复合材料。树脂与纤维之间的应力转移效果，是决定复合材料机械性能的关键因素。将聚丁二炔单晶纤维埋于环氧树脂之中，固化后生成性能优良的结构材料。对环氧树脂施加应力进行拉伸，使其产生形变。此时外加应力通过界面传递给聚丁二炔单晶纤维，使纤维产生拉伸形变。丁二炔单晶纤维的形变可以用共振拉曼光谱加以观察。图 3-8 为丁二炔单体分子及聚合物链的排列示意图。图 3-9 为聚丁二炔纤维的共振拉曼光谱。入射光波长为 638nm。

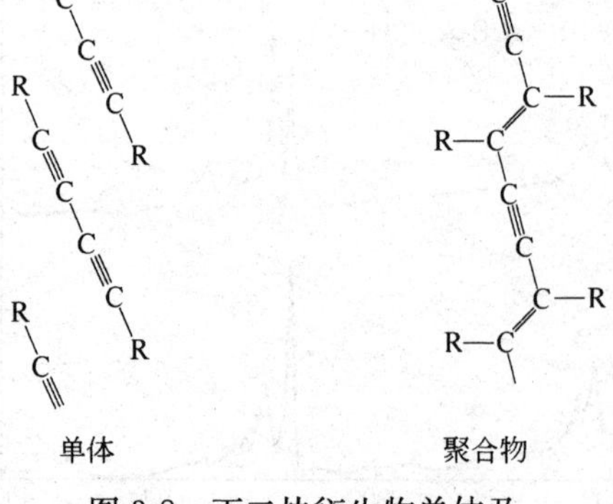

图 3-8　丁二炔衍生物单体及聚合物链的结构示意图

R 代表取代基官能团

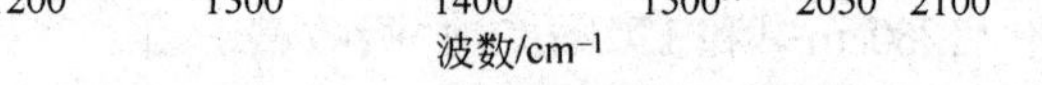

图 3-9　聚丁二炔单晶纤维的共振拉曼光谱

当聚丁二炔单晶纤维发生伸长形变时，$2085cm^{-1}$ 谱带向低频区移动。其移动范围为：纤维每伸长 1%，向低频区移动约 $20cm^{-1}$。由于拉曼线测量精度通常可达 $2cm^{-1}$，因而拉曼测量纤维形变程度的精确度可达±0.1%。环氧树脂对激光是透明的，因此可以用激光拉曼对复合材料中的聚丁二炔纤维的形变进行测量。图 3-10 即为拉曼光谱测得的复合材料在外力拉伸下聚丁二炔单晶纤维形变的分布。

图 3-10 中复合材料由环氧树脂与聚丁二炔单晶纤维（直径 25μm，长度为 70mm）组成。当材料整体形变分别为 0.00%，0.50%和 1.00%时，由拉曼光谱测得的纤维形变及其分布清楚地显示在图中。形变在纤维两端较小，逐渐向中间部分增大，然后达到恒定值。在中间部分的形变与材料整体的形变相等。由纤维端点到达形变恒定值处的距离，正巧为临界长度的一半。通常临界长度是由"抽出"试验测出的。但是拉曼光谱法测定纤维临界长度的优点在于不需要破坏纤维。

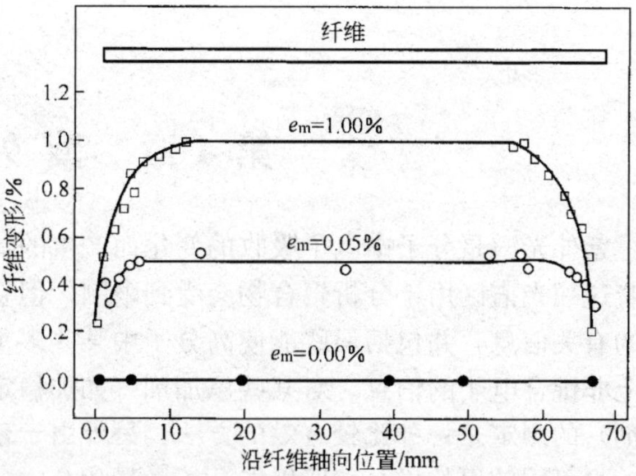

图 3-10　复合材料中聚丁二炔单晶纤维形变分布
复合材料伸长形变为 0.00%，0.50%，1.00%

上述复合材料是由相对较粗（直径为 10μm 以上）的高模量纤维及低模量树脂的本体组成的。通常称为"宏观复合材料"。这类材料往往受纤维排列方式的限制。例如纤维可整齐单向排列，也可交叉织布排列。这些排列方式是较为复杂的过程，尤其是复合材料外形较为复杂时更难有效地排布纤维。最近，发展了一种所谓的"分子复合材料"，它是由纳米级直径的棒状分子增强树脂基体构成的。"分子复合材料"可以制成各种形状的一维、二维或三维增强体系，并从分子水平上进行增强。在必要时，还可通过共聚、接枝等方法实现纤维与基体之间的界面化学键。在这类材料中，较为成功的例子是聚对亚苯基苯并二噻唑（PBTZ）棒状聚合物分散在半柔顺性的聚 2,5 (6)-苯并咪唑（ABPBI）基体中，它们的分子式为：

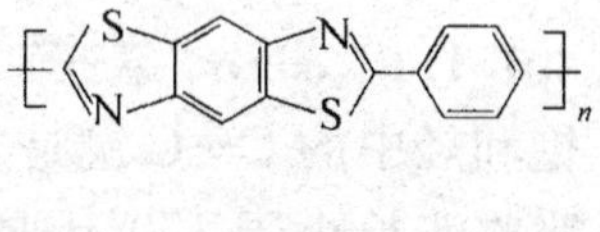

PBTZ

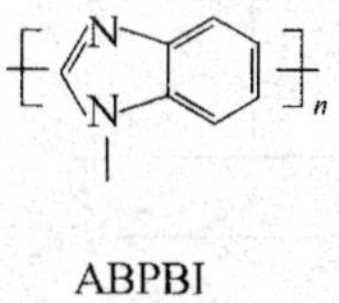

ABPBI

这是由美国空军试验室（USAF Wright Aeronautical Laboratory）开发成功的。

3.3.4　生物大分子的拉曼光谱研究

生物大分子中，蛋白质、核酸、磷脂等是重要的生命基础物质，研究它们的结构、构象等化学问题以阐明生命的奥秘是当今极为重要的研究课题。应用激光拉曼光谱除能获得有关组分的信息外，更主要的是它能反映与正常生理条件（如水溶液、温度、酸碱度等）相似的情况下的生物大分子的结构变化信息，同时还能比较在各相中的结构差异，这是用其他仪器难以得到的成果。

第4章　紫外光谱

紫外光谱是分子中电子吸收的变化而产生的，并与共轭体系的 π 电子跃迁有关，这意味着这一光谱区用于分析聚合物会受到限制，但它可提供聚合物中多重键和芳香共轭性方面的有关信息，并包括那些能使高分子中某些多重键体系共轭性得以扩展的氧、氮、硫原子上非键合电子的信息。对某些添加剂（如加稳定剂、增塑剂）或杂质（如残留单体、催化剂）的测定是一种比较有效的方法。另外由于紫外区的吸收率高（比红外区大一个数量级）且可用较厚的样品，所以能分析微量化合物。

4.1　概　　述

紫外光谱是电子吸收光谱，通常所说的紫外光谱的波长范围是 200～400nm，常用的紫外光谱仪的测试范围可扩展到可见光区域，包括 400～800nm 的波长区域。当样品分子或原子吸收光子后，外层电子由基态跃迁到激发态，不同结构的样品分子，其电子的跃迁方式是不同的，而且吸收光的波长范围不同，吸光的几率也不同，从而可根据波长范围、吸光度鉴别不同物质结构方面的差异。

4.1.1　电子跃迁的方式

有机物在紫外和可见光区域内电子跃迁的方式有 $\sigma\rightarrow\sigma^*$、$n\rightarrow\sigma^*$、$\pi\rightarrow\pi^*$、$n\rightarrow\pi^*$ 四种类型，如图 4-1 所示。这些跃迁所需要能量比较如下：

$$\sigma\rightarrow\sigma^* > n\rightarrow\sigma^* > \pi\rightarrow\pi^* > n\rightarrow\pi^*$$

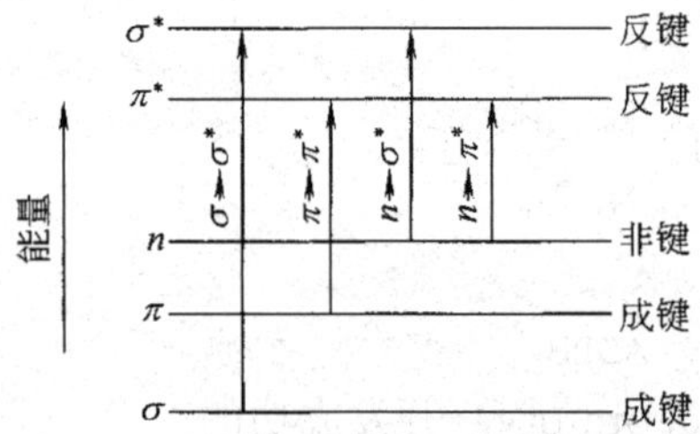

图 4-1　分子电子的能级与跃迁

4.1.1.1　$\sigma\rightarrow\sigma^*$ 跃迁

饱和烃中的 C—C 键是 σ 键。产生跃迁的能量大，吸收波长小于 150nm 的光子，所以在真空紫外光谱区有吸收，但在紫外光谱区观察不到。

4.1.1.2　$n\rightarrow\sigma^*$ 跃迁

含有非键合电子（即 n 电子）的杂原子（如 O、N、S、卤素等）的饱和烃衍生物都可发生 $n\rightarrow\sigma^*$ 跃迁。它的能量小于 $\sigma\rightarrow\sigma^*$ 跃迁。吸收波长为 150～250nm 的区域，只有一部分在紫外区域内，同时吸收系数 ε 小，所以也不易在紫外区观察到。

4.1.1.3　$\pi\rightarrow\pi^*$ 跃迁

不饱和烃、共轭烯烃和芳香烃类可发生此类跃迁，所需要能量较小，吸收波长大多在紫外区（其中孤立的双键的最大吸收波长小于 200nm），吸收峰的吸收系数 ε 很高。

4.1.1.4　$n\rightarrow\pi^*$ 跃迁

当分子中孤对电子和 π 键同时存在时，会发生 $n\rightarrow\pi^*$ 跃迁，所需能量小，吸收波长 >200nm，但吸收峰的吸收系数 ε 很小，一般为 10～100。

由上可见，不同类型的分子结构的电子跃迁方式是不同的，有的基团可有几种跃迁方式，见图 4-2。在紫外光谱区有吸收的是 $\pi\rightarrow\pi^*$ 和 $n\rightarrow\pi^*$ 两种。除上述四种跃迁外，还有两种较特殊的跃迁方式即 d—d 跃迁和电荷转移跃迁。

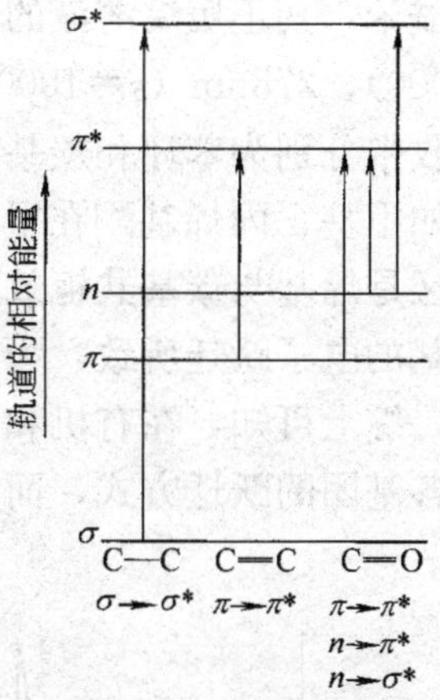

图 4-2 不同类型分子结构的电子跃迁

4.1.1.5 $d\rightarrow d$ 跃迁

在过渡金属络合物溶液中易发生这种跃迁。其吸收波长一般在可见光区域。有机物和高分子的过渡金属络合物都会发生这种跃迁。

4.1.1.6 电荷转移跃迁

电荷转移可以是离子间、离子与分子间以及分子内的转移，条件是同时具备电子给体和电子受体。电荷转移的吸收谱带的强度大，吸收系数 ε 一般大于 10000。这在交替共聚合反应的研究中相当重要。

4.1.2 吸收带的类型

在紫外光谱带分析中，往往将谱带分成四种类型，即 R 吸收带、K 吸收带、B 吸收带和 E 吸收带。

4.1.2.1 R 吸收带

$—NH_2$、$—NR_2$、—OR 的卤代烷烃可产生这类谱带。它是 $n\rightarrow\pi^*$ 跃迁形成的吸收带，由于 ε 很小，吸收谱带较弱，易被强吸收谱带掩盖，并且易受极性溶剂的影响而发生偏移。

4.1.2.2 K 吸收带

共轭烯烃，取代芳香化合物可产生这类谱带。它是 $n\rightarrow\pi^*$ 跃迁形成的吸收带，$\varepsilon_{max}>10000$，吸收谱带较强。

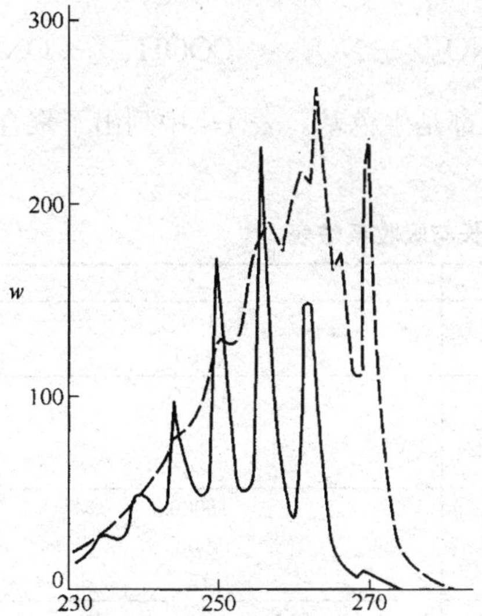

图 4-3 苯和甲苯的 B 吸收带

（在环己烷中。实线为苯，虚线为甲苯）

4.1.2.3 B 吸收带

B 吸收带是芳香化合物及杂芳香化合物的特征谱带。在这个吸收带中，有些化合物容易反映出精细结构。溶剂的极性，酸碱性等对精细结构的影响较大。苯和甲苯在环己烷溶剂中的 B 吸收带精细结构在 270～280nm，如图 4-3 所示。苯酚在非极性溶剂庚烷中的 B 吸收带呈精细结构，而在极性溶剂乙醇中观察不到精细结构，如图 4-4 所示。

4.1.2.4 E 吸收带

它也是芳香族化合物的特征谱带之一，吸收强度大，ε 为 2000～14000，吸收波长偏向紫外的低波长部分，有的在真空紫外区。

由上可见，不同类型分子结构的紫外吸收谱带也不同，有的分子可有几种吸收谱带，例如：

乙酰苯，其正庚烷溶液的紫外光谱中，可以观察到K、B、R三种谱带分别为240nm（$\varepsilon>10000$）、278nm（$\varepsilon=1000$）和319nm（$\varepsilon=50$），它们的强度是依次下降的。其中B和R吸收带分别为苯环和羰基的吸收带，而苯环和羰基的共轭效应导致产生很强的K吸收带。又如甲基α-丙烯基酮在甲醇中的紫外光谱（见图4-5）存在两种跃迁：$\pi\rightarrow\pi^*$跃迁在低波长区是烯基与羰基共轭效应所致，属K吸收带，$\varepsilon_{max}>10000$，$n\rightarrow\pi^*$跃迁在高波长区是羰基的电子跃迁所致，为R吸收带，$\varepsilon_{max}<100$。

综上可知，在有机和高分子的紫外吸收光谱中，R、K、B、E吸收带的分类不仅考虑到各基团的跃迁方式，而且还考虑到分子结构中各基团相互作用的效应。

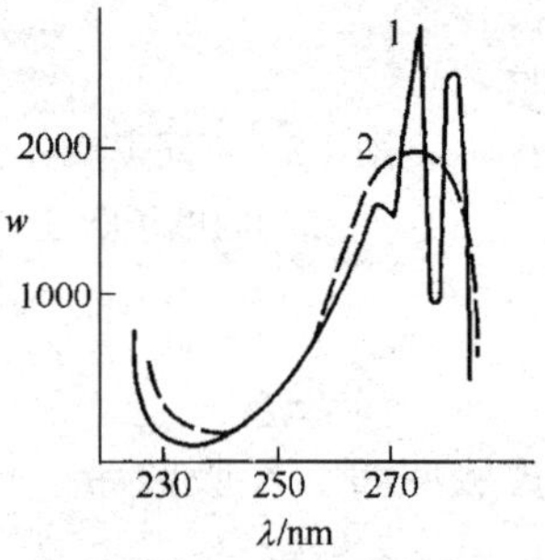

图4-4　苯酚的B吸收带

1—庚烷溶液　2—乙醇溶液

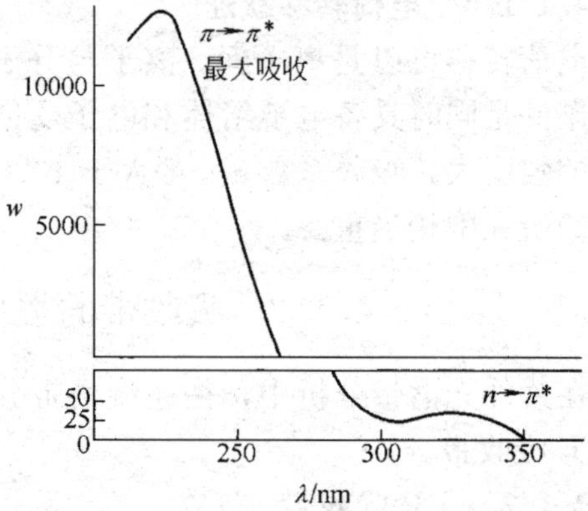

图4-5　甲基α-丙烯基酮在甲醇中的紫外光谱

4.1.3　生色基与助色基

由前述电子跃迁与谱带分类可知，具有双键结构的基团对紫外或可见光有吸收作用，具有这种吸收作用的基团统称为生色基。生色基可为C═C双键及共轭双键、芳环等，也可为其他的双键如 >C═O、>C═S、—N═N—等，还可以是$-NO_2$、$-NO_3$、—COOH、$-CONH_2$等基团。总之，可以产生$\pi\rightarrow\pi^*$和$n\rightarrow\pi^*$跃迁的基团都是生色基。表4-1中列出了聚合物中常见基团的紫外吸收特征波长与摩尔吸收系数。

表4-1　　聚合物中常见基团紫外吸收特征波长与吸收系数表

生色基	λ_{max}/nm	ε_{max}
C═C	175	14000
	185	8000
C≡C	175	10000
	195	2000
	223	150
C═O	160	18000
	185	5000
	280	15
C═C—C═C	217	20000
	184	60000
	200	4400
	255	204

另有一些基团虽然本身不具有生色基作用，但与生色基相连时，通过非键电子的分配，扩展了生色基的共轭效应，会影响生色基的吸收波长，增大吸收系数，这些基团统称为助色基，如—NH_2、—NR_2、—SH、—SR、—OH、—OR、—Cl、—Br、—I等。

4.1.4 谱图解析步骤

紫外光谱是由于电子跃迁产生的光谱，在电子跃迁过程中，会伴随着分子、原子的振动和转动能级的跃迁，与电子跃迁叠加在一起，使得紫外吸收谱带一般比较宽，所以在分析紫外谱时，除注意谱带的数目、波长及强度外，还注意其形状、最大值和最小值。

一般，单靠紫外吸收光谱，无法推定官能团，但对测定共轭结构还是很有利的。它与其他仪器配合使用就能发挥很大的作用。

在解析谱图时可以从下面几方面加以判别：

(1) 从谱带的分类、电子跃迁方式来判别。注意吸收带的波长范围、吸收系数以及是否有精细结构等。

(2) 从溶剂极性大小引起谱带移动的方向判别。

(3) 从溶剂的酸碱性的变化引起谱带移动的方向来判别。

4.2 紫外光谱仪

4.2.1 结 构

紫外光谱仪有单光束和双光束两种。这里简单介绍一下双光束型的紫外光谱仪。其结构如图4-6所示。

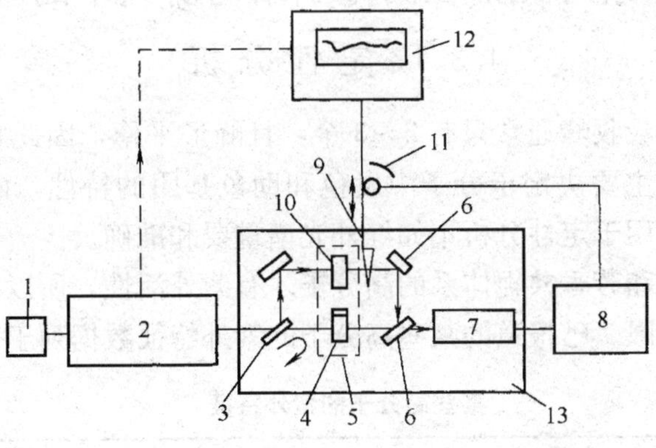

图4-6 紫外可见分光光度计示意图

1—光源 2—单色器 3—斩波器 4—试样液槽 5—试样室 6—镜 7—检测器 8—放大器 9—衰减器 10—参比液槽 11—伺服马达 12—X-Y记录仪 13—光度计

4.2.2 测试原理

为测定试样的吸收值，试样光束和参考光束的强度必须进行比较，因斩波器分割而得到的两束光交替地落在检测器上，并放大。若两束光强有差别（即试样室光束被试样部分吸收）则衰减器可移动调节两光束相等，衰减器的位置则是试样的相对吸收量度，通过数字机构，将参考光束和试样光束的强度比（I_0/I）和波长关系输入到记录仪中，即得到紫外光谱图。

4.2.3 谱图的表示方法

当纵坐标选用不同的表示方法时，所得的曲线形状是不同的。如图 4-7 为在同样条件下测得的同一化合物的不同形状的紫外光谱图。

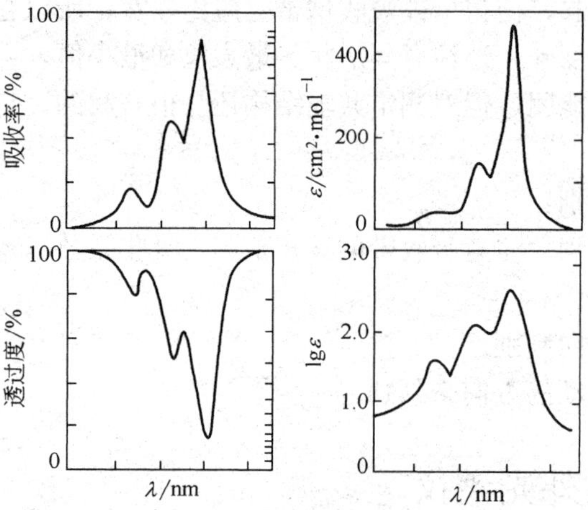

图 4-7 同一化合物的紫外吸收曲线的各种表示方法

4.2.4 吸 光 系 数

$$\varepsilon=\frac{A}{cL}$$

式中 A——吸光度；

c——溶液的物质的量浓度；

L——样品槽厚度。

4.2.5 吸 光 度 A

横坐标位置可作为分子结构的表征，是定性分析的主要依据。纵坐标可给出分子结构的信息，而且可作为定量分析的依据。

4.3 紫外光谱在高分子结构研究中的应用

4.3.1 定 性 分 析

由于高分子的紫外吸收峰通常只有 2～3 个，且峰形平稳，因此它的选择性远不如红外光谱。而且紫外光谱主要决定于分子中发色和助色基团的特性，而不是整个分子的特性，所以紫外吸收光谱用于定性分析不如红外光谱重要和准确。

因为只有具有重键和芳香共轭体系的高分子才有紫外活性，所以紫外光谱能测定出的高分子种类受到很大局限。已报道的某些高分子的紫外特征数据列于表 4-2 中。

表 4-2 某些高分子的紫外特征

高 分 子	发 色 团	最长的吸收波长/nm
聚苯乙烯	苯基	270,280(吸收边界)
聚对苯二甲酸乙二醇酯	对苯二甲酸酯基	290(吸收尾部),300
聚甲基丙烯酸甲酯	脂肪族酯基	250～260(吸收边界)
聚醋酸乙烯	脂肪族酯基	210(最大值处)
聚乙烯基咔唑	咔唑基	345

图 4-8 是聚乙烯咔唑和聚苯乙烯的紫外吸收光谱，这是高分子紫外光谱的典型例子。

在作定性分析时，如果没有相应高分子的标准谱图可供对照，也可以根据以下有机化合物中发色团的出峰规律来分析。例如，一个化合物在 200～800nm 无明显吸收，它可能是脂肪族碳氢化合物，胺、腈、醇、醚、羧酸的二缔体、氯代烃和氟代烃，不含直链或环状的共轭体系，没有醛基、酮基、Br 或 I；如果在 210～250nm 具有强吸收带（ε＝10000），可能是含有 2 个不饱和单体的共轭体系；如果类似的强吸收带分别落在 260、300 或 330nm 左右，则可能相应地具有 3、4 或 5 个不饱和单位的共轭体系；如果在 260～300nm 间存在中等吸收峰（ε≈200～1000）并有精细结构，则表示有苯环存在；在 250～300nm 有弱吸收（ε≈20～100），表示羰基的存在，若化合物有颜色，则分子中所含共轭的发色团和助色团的总数将大于 5。

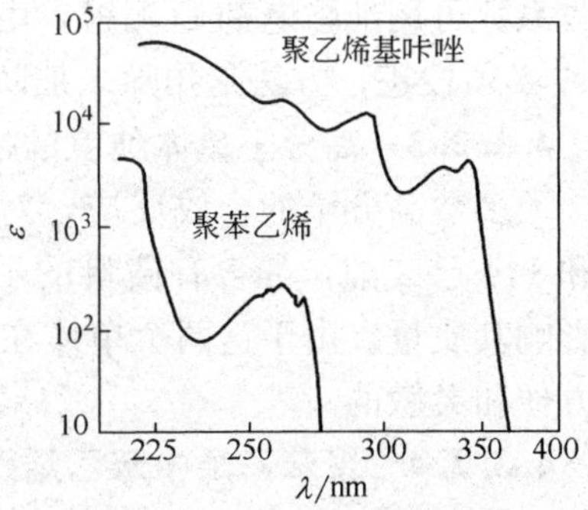

图 4-8 聚苯乙烯和聚乙烯基咔唑的紫外吸收光谱

尽管只有有限的特征官能团才能发色，使紫外谱图过于简单而不利于定性，但利用紫外光谱，很易将具有特征官能团的高分子与不具特征官能团的高分子相区别开来，比如聚二甲基硅氧烷（硅树脂或硅橡胶）就易于与含有苯基的硅树脂或硅橡胶区分。首先用碱溶液破坏这类含硅高分子，配适当浓度的溶液进行测定，含有苯基的紫外区有 B 吸收带，不含苯基的则没有吸收。

4.3.2 定量分析

紫外光谱法的吸收强度比红外光谱法大得多，红外的 ε 值很少超过 10^3，而紫外的 ε 值最高可达 10^4～10^5，紫外光谱法的灵敏度（10^{-4}～10^{-5} mol/L），测量准确度高于红外光谱法；紫外光谱法的仪器也比较简单，操作方便。所以紫外光谱法在定量分析上有优势。

紫外光谱法很适合研究共聚组成、微量物质（单体中的杂质、聚合物中的残留单体或少量添加剂等）和聚合反应动力学。

4.3.2.1 丁苯橡胶中共聚组成的分析

经实验，选定氯仿为溶剂，260nm 为测定波长（含苯乙烯 25%的丁苯共聚物在氯仿中的最大吸收波长是 260nm，随苯乙烯含量增加会向高波长偏移）。在氯仿溶液中，当 λ＝260nm 时，丁二烯吸收很弱，消光系数是苯乙烯的 1/50，可以忽略。但丁苯橡胶中的苯胺类防老剂的影响必须扣除。为此，选定 260 和 275nm 两个波长进行测定，得到 $\Delta\varepsilon = \varepsilon_{260} - \varepsilon_{275}$，这样就消除了防老剂特征吸收的干扰。

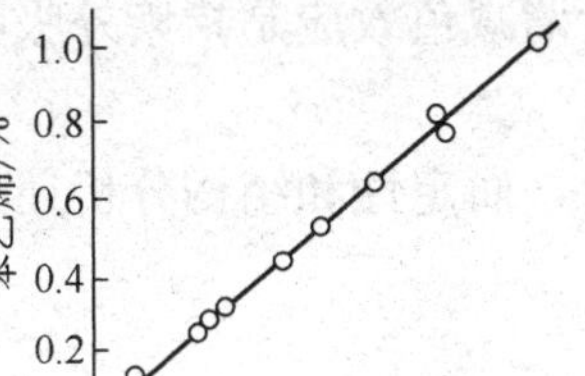

图 4-9 丁苯共聚物中苯乙烯含量与 Δε 的关系

将聚苯乙烯和聚丁二烯两种均聚物以不同比例混合，以氯仿为溶剂测得一系列已知苯乙烯含量所对应的 Δε 值，作出工作曲线（图 4-9）。于是，只要测得未知物的 Δε 值就可从曲线上查出苯乙烯含量。

4.3.2.2 橡胶中防老剂含量的测定

一般生胶中都加有防老剂，加工前必须测定其含量，以便在加工时考虑是否添加。防老剂在近紫外区都有特征的吸收峰，如防老剂 D 的 λ_{max}＝390nm，防老剂 D 在甲苯中的吸收系数可用纯防老剂D测得。由于生胶在390nm有一定的背景吸收，所以测定的吸收值A必须校正，方法是扣除未加防老剂的生胶吸收值。

4.3.2.3 高分子单体纯度的检测

大多数高分子的合成反应，对所用单体的纯度要求很高，如聚酰胺的单体1,6-己二胺和1,4-己二酸，如含有微量的不饱和或芳香性杂质，即可干扰直链高分子的生成，从而影响其质量。由于这两个单体在紫外区是透过的，因此用紫外光谱检查是否存在杂质是很方便和灵敏的。

4.3.2.4 聚苯乙烯中苯乙烯残留单体含量的测定

聚苯乙烯在270nm有一个吸收峰，低于这个波长还有一系列宽的吸收峰，可以用292nm峰来测定苯乙烯的含量。但如果直接用该峰的吸收值计算会产生很大误差，因为含添加剂（如抗氧剂、润滑剂）的聚苯乙烯在这一波长下有背景吸收。采用基线修正法则可以排除背景吸收的干扰，如图4-10所示。在288nm和295～300nm两个吸收极小值之间作曲线的切线，以此为基线，然后从292nm峰顶垂线与基线相交。所得的高h就是测试溶液中所含苯乙烯的真正吸收值。

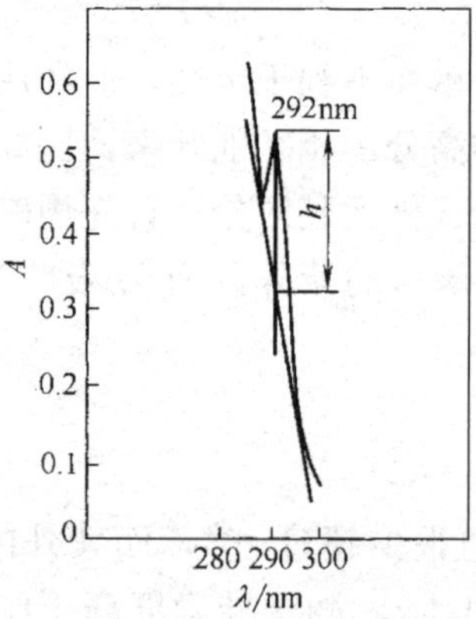

图4-10 含苯乙烯单体的聚苯乙烯的典型紫外吸收光谱

4.3.3 聚合物反应动力学

利用紫外-可见光谱进行聚合反应动力学的研究，只适用于反应物（单体）或产物（高分子）中的一种在这一光区具有特征吸收，或者虽然两者在这一光区都有吸收，但λ_{max}和ε都有明显区别的反应。实验时可采用定时取样或用仪器配有的反应动力学附件，测量反应物和产物的光谱变化率得到反应动力学数据。

紫外光谱也可以用于结构分析，例如聚乙烯醇的连接方式是头-尾结构，还是头-头结构，经测定连接方式主要是头-尾结构；立体异构也可以从紫外光谱的吸收强度变化看出来，例如：有规立构的芳香族高分子有时会产生减色效应（所谓减色效应是指紫外吸收强度降低）。结晶可使紫外光谱发生的变化是谱带的位移和分裂。

总的来说，紫外光谱在高分子领域的应用主要是定量分析，而定性和结构分析还是很有限的。

第 5 章　核磁共振谱

核磁共振谱（NMR）与红外、紫外一样，实际上都是吸收光谱，它的频率范围是兆周（MC）或兆赫兹（MHz），属于无线电波范围。红外光谱来源于分子振动-转动能级间的跃迁，紫外-可见吸收光谱来源于分子的电子能级间的跃迁。在 NMR 中电磁辐射的频率为兆赫数量级，属于射频区，但是射频辐射只有置于强磁场 F 的原子核才会发生能级间的跃迁，即发生能级裂分。当吸收的辐射能量与核能级差相等时，就发生能级跃迁，从而产生核磁共振信号。

核磁共振谱常按测定的核分类，测定氢核的称为氢谱（^{1}H NMR）；测定碳-13 的称为碳谱（^{13}C NMR）。核磁共振谱不仅给出基团的种类，而且能提供基团在分子中的位置。在定量上 NMR 也相当可靠。高分辨^{1}H NMR 还能根据磁偶合规律确定核及电子所处环境的细小差别，从而研究高分子构型和共聚序列分布等结构问题的有力手段。而^{13}C NMR 主要提供高分子碳-碳骨架的结构信息。

5.1　概　述

5.1.1　原子核的磁矩和自旋角动量

原子核是带正电荷的粒子，多数原子核的电荷能绕核轴自旋，形成一定的自旋角动量 p。同时，这种自旋现象就像电流流过线圈一样能产生磁场，因此具有磁矩 μ。它们的关系可用下式表示：

$$\mu = rp$$

式中　r——磁旋比，是核的特征常数；

核磁矩 μ——以核磁子 β 为单位，$\beta = 5.05 \times 10^{-27}$ J/T 是个常数。

核磁共振中一些常见原子核的磁性质如表 5-1 所示。

表 5-1　一些常见原子核的磁性质

核	磁矩/β	磁旋比/(rad/T·s)	在 1.409T 磁场下 NMR 频率/MHz
^{1}H	2.7927	26.753×10^{4}	60.000
^{13}C	0.7022	6.723×10^{4}	15.086
^{19}F	2.6273	25.179×10^{4}	56.444
^{31}P	1.1305	10.840×10^{4}	24.288

依据量子力学的观点，自旋角动量是量子化的，其状态是由核的自旋量子数 I 所决定。I 的取值可为 0、1/2、1、3/2 等。p 的绝对值可由下式表示：

$$|p| = \sqrt{I(I+1)} \cdot \frac{h}{2\pi} \qquad (5\text{-}1)$$

式中　h——普朗克常数。

产生核磁共振的首要条件是核自旋时要有磁矩产生，也就是说，只有当核的自旋量子

数 $I \neq 0$ 时，核自旋才能具有一定的自旋角动量，产生磁矩。因此 I 为 0 的原子核如 ^{12}C 和 ^{16}O 等没有磁矩，所以没有核磁共振现象。在表 5-2 中给出了核自旋量子数与质量数和原子序数之间的关系。

表 5-2　　核自旋量子数、质量数和原子序数的关系

质量数	原子序数	自旋量子数	例
奇数	奇或偶数	半整数	^{1}H、^{13}C、^{31}P、^{19}F
偶数	奇数	整数	^{14}N、$^{2}H(D)$
偶数	偶数	0	^{16}O、^{12}C

5.1.2　核磁矩在磁场中的运动——拉莫尔进动

在磁场中，通电线圈产生的磁矩与外磁场之间的相互作用使线圈受到力矩的作用而偏转。同样，在磁场中，自转核的赤道平面也因受到力矩作用而发生偏转，其结果是核磁矩绕着磁场方向转动（如图 5-1 所示），这就称为拉莫尔进动。

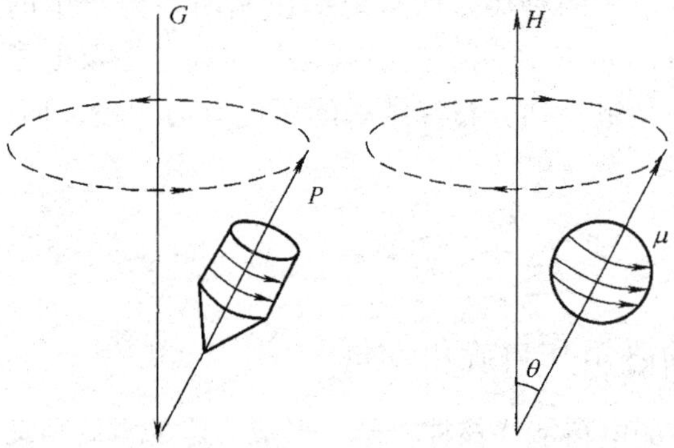

图 5-1　陀螺的进动与核磁矩的拉莫尔进动

5.1.3　核 磁 共 振

处于静磁场中的核自旋体系，当其拉莫尔进动频率与作用于该体系的射频场频率相等时，所发生的吸收电磁波的现象称为核磁共振。

5.2　核磁共振仪

5.2.1　核磁共振仪结构

通常核磁共振仪由五部分组成（见图 5-2）：

（1）磁铁　磁铁是核磁共振仪中最贵重的部件，能形成高的场强，同时要求磁场均匀性和稳定性好，其性能决定了仪器的灵敏度和分辨率。

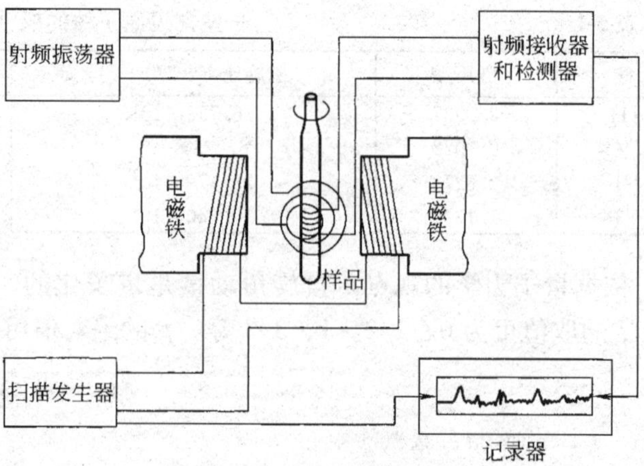

图 5-2　核磁共振仪简图

（2）扫描发生器　沿着外磁场的方向绕上扫描线圈，它可以在小范围内精确的、连续的调节外加磁场强度进行扫描，扫描速度不可太快，每分钟 3～10mG_s。

(3) 射频接受器和检测器　沿着样品管轴的方向绕上接受线圈，通过射频接受线圈接受共振信号，经放大记录下来，纵坐标是共振峰的强度，横坐标是磁场强度（或共振频率）。

(4) 射频振荡器　在样品管外与扫描线圈和接受线圈相垂直的方向上绕上射频发射线圈，它可以发射频率与磁场强度相适应的无线电波。

(5) 样品支架　装在磁铁间的一个探头上，支架连同样品管用压缩空气使之旋转，目的是为了提高作用于其上的磁场的均匀性。

此类核磁共振仪可以固定磁场进行频率扫描，也可以固定频率进行磁场扫描。这种仪器的缺点是扫描速度太慢，样品用量也比较大。

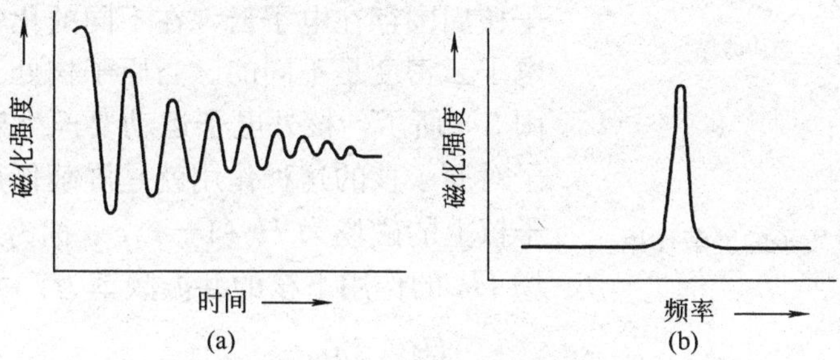

图 5-3　NMR 的时域和频域谱图

(a) 时域谱图　(b) 频域谱图

为克服上述缺点，发展了傅立叶变换核磁共振仪，其特点是照射到样品上的射频电磁波是短（约 10～50μs）而强的脉冲辐射，并可进行调制，从而获得使各种原子核共振所需频率的谐波，这样可使各种原子核同时共振。而在脉冲间隙时（即无脉冲作用时）信号随时间衰减，这称为自由感应衰减信号。接受器得到的信号是时间域的函数，而希望获得的信号是随频率的变化曲线，这就需要借助计算机，通过傅立叶函数变化，如图 5-3 所示。傅立叶核磁共振仪的方块示意图如图 5-4 所示。

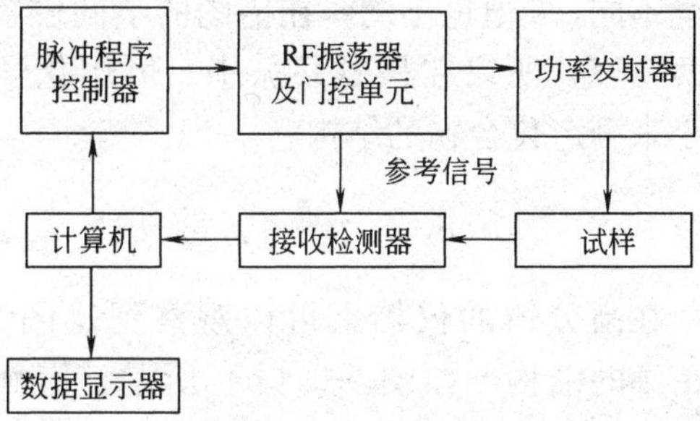

图 5-4　傅立叶变换核磁共振仪方块示意图

5.2.2　测 试 原 理

当测定$^1H_1$ 核磁共振谱时，将磁铁线圈通电，使磁场达到 2.38T（100MHz 的仪器），射频振荡器产生的 100MHz 无线电波，通过发射线圈照射样品，扫描线圈中通入电流且改变其强度，即改变外磁场强度，当三个互相垂直的线圈不满足共振条件时，接受线圈没有电流通过，如果满足共振条件时，则有电流通过，将它放大记录下来就得到了核磁共振谱图。

5.3　^{1}H-核磁共振波谱（氢谱）

^{1}H-核磁共振（^{1}H-NMR）也称为质子核磁共振，是研究化合物中^{1}H 原子核（即质

子）的核磁共振。可提供化合物分子中氢原子所处的不同化学环境和它们之间相互关联的信息，依据这些信息可确定分子的组成、连接方式及其空间结构。

5.3.1 屏蔽作用与化学位移

依照核磁共振产生的条件，由于^1H核的磁旋比是一定的，所以当外加磁场一定时，所有的质子的共振频率应该是一样的，但在实际测定化合物中处于不同化学环境中的质子时发现，其共振频率是有差异的。产生这一现象的主要原因是由于原子核周围存在电子云，在不同的化学环境中，核周围电子云密度是不同的。当原子核处于外磁场中时，如图 5-5 所示，核外电子运动要产生感应磁场，核外电子对原子核的这种作用就是屏蔽作用。实际作用在原子核上的磁场为 $H_0(1-\sigma)$，σ 称为屏蔽常数。在外磁场 H_0 的作用下核的共振频率为：

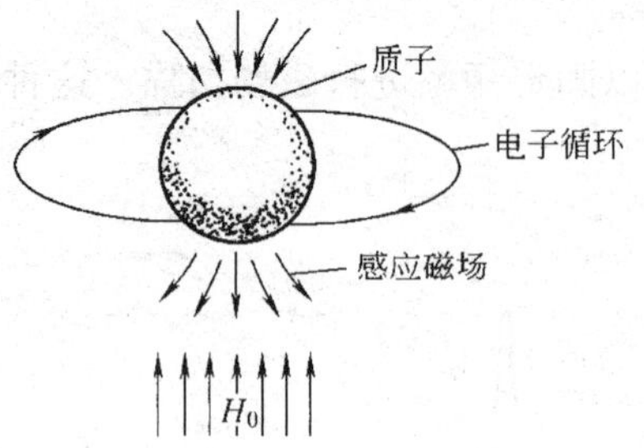

图 5-5　电子对质子的屏蔽作用

$$\nu=\frac{\gamma H_0(1-\sigma)}{2\pi} \tag{5-2}$$

当共振频率发生了变化，在谱图上反映出了谱峰位置的移动，这称为化学位移。图 5-6（a）所示的 CH_3CH_2Cl 的低分辨 NMR 谱图。由于甲基和次甲基中的质子所处的化学环境不同，σ 值也不同，在谱图的不同位置上出现了两个峰，所以在核磁共振中，可用化学位移的大小来测定化合物的结构。

5.3.2 耦 合 常 数

在高分辨的仪器上可以观察到比图 5-6（a）更精细的结构，如图 5-6（b）所示，谱峰发生分裂，这种现象称为自旋-自旋分裂。这是由于在分子内部相邻碳原子上氢核自旋也会相互干扰。通过成键电子之间的传递，形成相邻质子之间的自旋-自旋耦合，而导致自旋-自旋分裂。分裂峰之间的距离称为耦合常数，一般用 J 表示，单位为 Hz，是核之间耦合强弱的标志，说明了它们之间相互作用的能量，因此是化合物结构的属性，与磁场强度的大小无关。

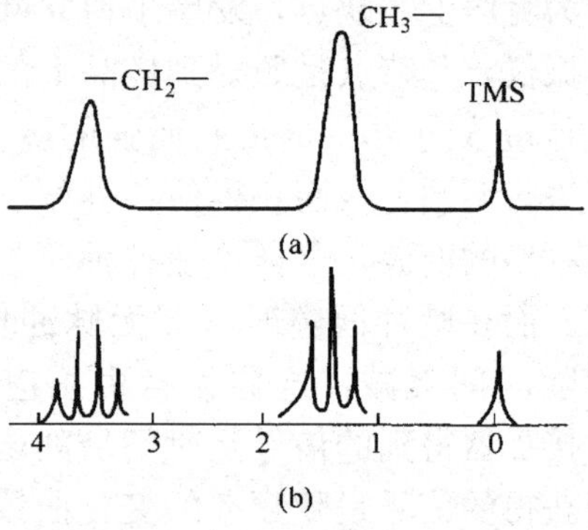

图 5-6　CH_3CH_2Cl 的 NMR 谱图

（a）低分辨谱图　（b）高分辨谱图

分裂峰数是由相邻碳原子上的氢数决定的，若邻碳原子氢数为 n，则分裂峰数为 $n+1$。

5.3.3 谱图的表示方法

用核磁共振分析化合物的分子结构，化学位移和耦合常数是很重要的两个信息。在核磁共振谱图上，可以用吸收峰在横坐标上的位置来表示化学位移和耦合常数，而纵坐标是表示吸收峰的强度。

由于屏蔽效应而引起质子共振频率的变化是极小的，很难分辨，因此，采用相对变化量来表示化学位移的大小。在一般情况下选用四甲基硅烷（TMS）为标准物，把TMS峰在横坐标的位置定为横坐标的原点（一般在谱图右端），如图5-7所示。其他各种吸收峰的化学位移可用化学参数δ值来表示，δ的定义：

$$\delta=\frac{\Delta\nu(\text{单位 Hz})}{\text{振荡器工作频率(单位 Hz)}} \quad (5\text{-}3)$$

式中 $\Delta\nu$——各吸收峰与TMS吸收峰之间共振频率的差值；

δ——是一个比值，mg/kg。

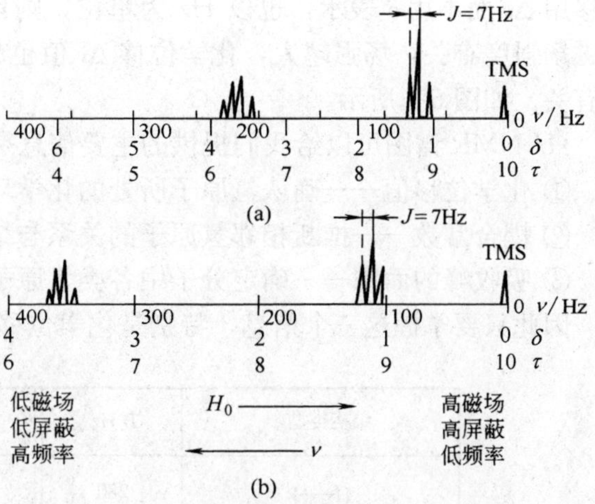

图5-7 核磁共振波谱图的表示方法
（a）60MHz仪器 （b）100MHz仪器

δ与磁场强度无关，各种不同仪器上测定的数值应是一样的。有时也用τ作为化学位移的参数，$\tau=10-\delta$。

耦合常数J在谱图中是以Hz为单位，在^{1}H-NMR谱中，一般为1～20Hz。如果化学

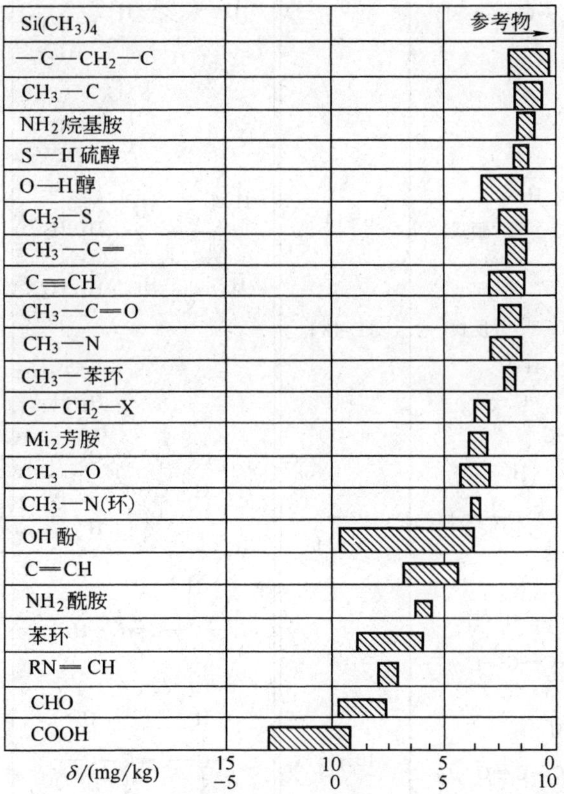

图5-8 聚合物中常见基团质子的化学位移

位移用 Δν 而不用 δ 表示，也以 Hz 为单位，则化学位移与耦合常数的差别是：前者与外加磁场强度有关，场强越大，化学位移 Δν 值也越大；而后者与场强无关，只和化合物结构有关。如图 5-7 所示。

^{1}H-NMR 谱图可以给我们提供的主要信息是：

① 化学位移值——确认氢原子所处的化学环境，即属于何种基团。

② 耦合常数——推断相邻氢原子的关系与结构。

③ 吸收峰的面积——确定分子中各类氢原子的数量比。

因此只要掌握这三个信息，特别是化学位移和耦合常数与分子结构之间的关系就容易

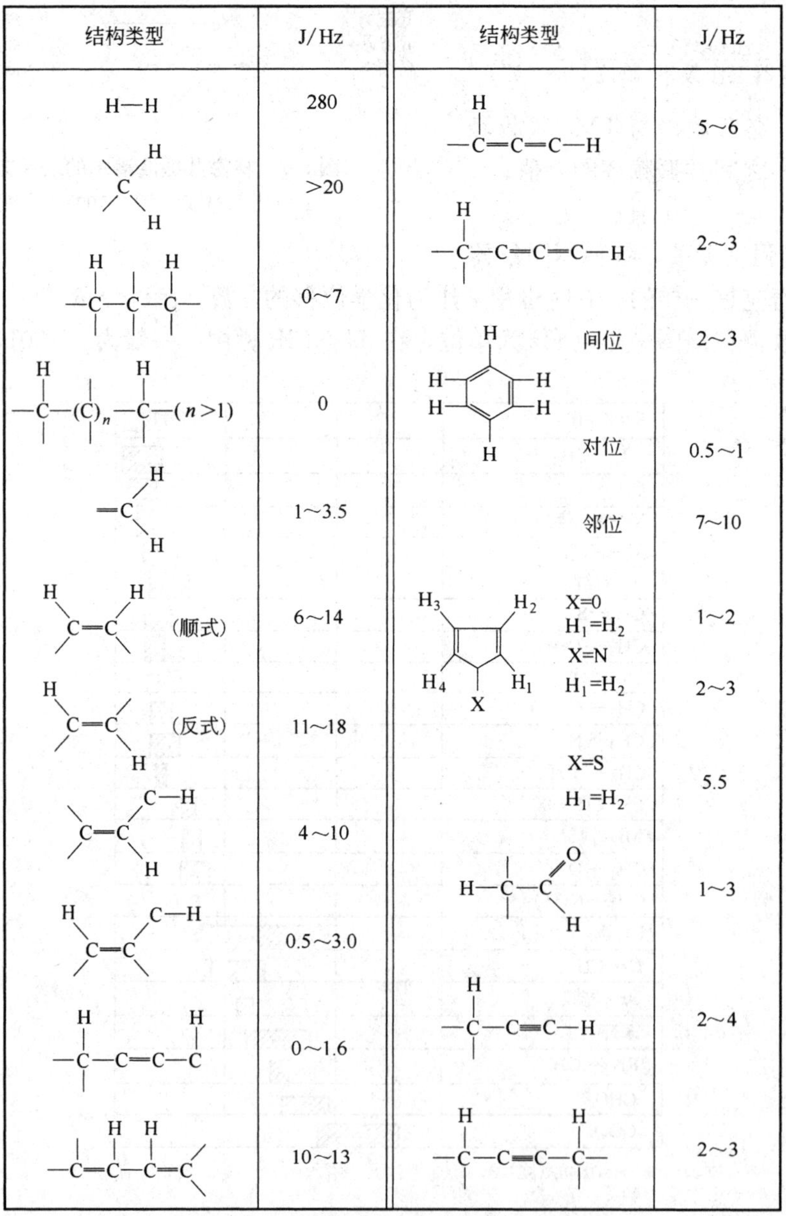

图 5-9　各种结构类型对耦合常数的影响

解析 NMR 谱图。

④ 化学位移、耦合常数与分子结构的关系。由于处于同一种基团中的氢原子具有相似的化学位移，人们在测定了大量化合物的基础上，总结出了分子结构和化学位移之间的规律。在图 5-8 中给出了在高分子中常见基团中^{1}H 的化学位移。

由于分子结构包括其空间结构影响耦合常数，因此测定耦合常数的值可以推测分子结构，在图 5-9 中给出了耦合常数与分子结构类型的关系。

5.3.4 影响化学位移的主要因素

5.3.4.1 电负性的影响

在外磁场中，绕核旋转的电子产生的感应磁场是与外磁场方向相反的，因此质子周围的电子云密度越高，屏蔽效应就越大，核磁共振就发生在较高场，化学位移值减小，反之同理。在长链烷烃中—CH_3 基团质子的 δ=0.9，而在甲氧基中质子的 δ=3.24～4.02，这是由于氧的电负性强使质子周围的电子云密度减弱，使吸收峰移向低场。同样卤素取代基也可使屏蔽减弱，化学位移增大，如表 5-3 所示。一般常见有机基团电负性均大于氢原子的电负性，因此 $\delta_{CH}>\delta_{CH_2}>\delta_{CH_3}$。由电负性基团而引发的诱导效应，随间隔键数的增多而减弱。

表 5-3　卤素取代基对化学位移 δ 的影响

X	F	Cl	Br	I
CH_3X	4.10	3.05	2.68	2.16
CH_2X_2	5.45	5.33	2.94	3.90
CHX_3	6.49	7.00	6.82	4.00

5.3.4.2 电子环流效应

实际发现的有些现象是不能用上述电负性的影响来解释的，例如乙炔质子的化学位移（δ=2.35）小于乙烯的质子（δ=4.60），而乙醛中的质子的 δ 值却达到 9.79，这需要由邻近基团电子环流所引起的屏蔽效应来解释，其强度比电负性原子与质子相连所产生的诱导效应弱，但由于对质子是附加了各向异性的磁场，因此可提供空间立构的信息。

如图 5-10 所示，增强外磁场的区域称屏蔽区，处于该区的质子移向高场用“→”表示；减弱外磁场的称去屏蔽区，质子移向低场用“←”表示。在 C═C 键中，π 电子云绕

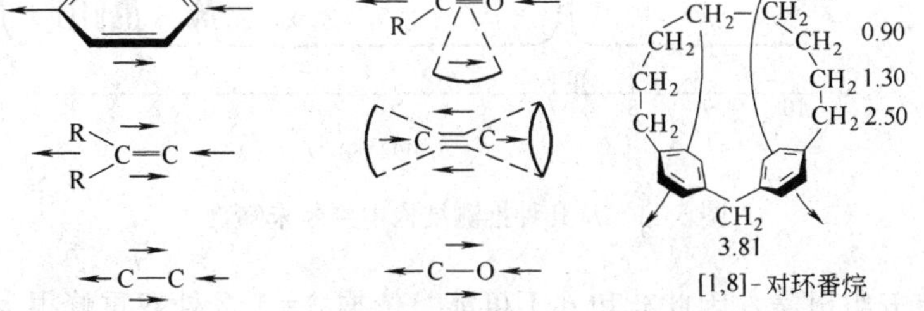

图 5-10　各种基团的各向异性

分子轴旋转，当分子与外磁场平行时，质子处于屏蔽区，因此移向高场；醛基中的质子处于屏蔽区，移向低场；在苯环中，由于π电子的环流所产生的感应磁场；使环上和环下的质子处于屏蔽区，而环周围的质子处于去屏蔽区，所以苯环中的氢在低场出峰（δ为7左右）。

5.3.4.3　其他影响因素

氢键能使质子在较低场发生共振，例如酚和酸类的质子，δ值在10以上。当提高温度或使溶液稀释时，具有氢键的质子的峰就会向高场移动（即化学位移减小）。若加入少量的D_2O，活泼氢的吸收峰就会消失。这些方法可用来检验氢键的存在。

在溶液中，质子受到溶剂的影响，化学位移发生改变，称为溶剂效应。因此在测定时应注意溶剂的选择。在^1H谱测定中不能用带氢的溶剂，若必须使用时要用氘代试剂。

5.3.5　谱图解析实例

谱图解析要注意下述几方面的特点：

（1）首先要检查得到的谱图是否正确，可通过观察TMS基准峰与谱图基线是否正常来判断。

（2）计算各峰信号的相对面积，求出不同基团间的H原子（或碳原子）数之比。

（3）确定化学位移大约代表什么基团，在氢谱中要特别注意孤立的单峰，然后再解析偶合峰。

（4）对于一些较复杂的谱图，仅仅靠核磁共振谱来确定结构会有困难，还需要与其他分析手段相配合。

实例：

图5-11的^1H-NMR谱图为a、b、c、d四种化合物中的一种，请判断是哪一种？

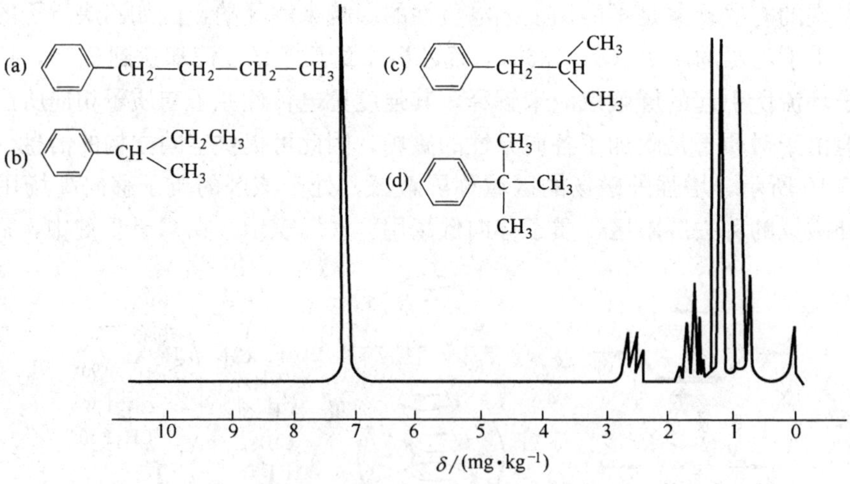

图5-11　从几种推测结构中判断未知物

由于图中有五组讯号，因此c和d不可能。依据δ=1.2处双重峰很大，推测可能为b，再确认图中各特征。图中积分强度比为3∶3∶2∶1∶5，与*b*的结构相符，各基团化学位移如下：

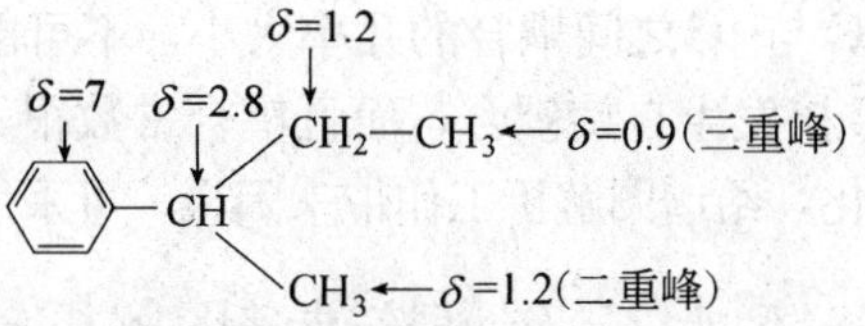

5.4 ^{13}C 核磁共振谱（碳谱）

^{13}C-NMR 是研究化合物中^{13}C 核的核磁共振状况，对于研究化合物中碳的骨架结构，特别是在高分子结构分析中，研究碳的归属是很重要的。

5.4.1 ^{13}C-NMR 与^{1}H-NMR 的比较

5.4.1.1 测定灵敏度

尽管^{13}C 和^{1}H 的自旋量子数 I 都为 1/2，但由于^{13}C 的磁旋比 r^{13}C＝6.723×10^{4}rad/T·s，^{1}H 的磁旋比 r^{1}H＝26.753×10^{4}rad/T·s。^{13}C 的磁旋比只有^{1}H 磁旋比的 1/4。因为核磁共振测定的灵敏度与 r^{3} 成正比，而且^{13}C 天然同位素丰度仅为 1.1％左右，因此^{13}C谱的灵敏度比^{1}H 谱低很多，约为氢谱的 1/6000，所以碳谱测定困难。因此直到出现傅立叶变换核磁共振仪，才使^{13}C 谱获得很大的发展。

5.4.1.2 分辨率

^{13}C-NMR 的化学位移范围约为 0～250mg/kg，比^{1}H-NMR 大 20 倍，因此分辨率较高。

5.4.1.3 测定对象

用^{13}C-NMR 可直接测定分子骨架，并可获得 C═O， C≡N 和季碳原子等在^{1}H 谱中测不到的信息。图 5-12 所示的双酚 A 型聚碳酸酯的^{1}H-NMR 和^{13}C-NMR 谱图的对照，就清楚地说明了这一点。

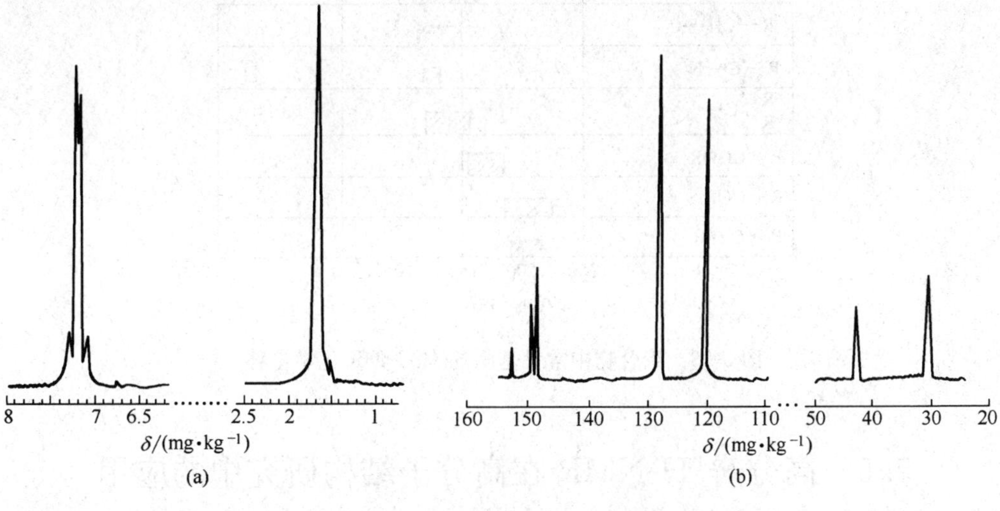

图 5-12 双酚 A 型聚碳酸酯的核磁共振谱图

(a)^{1}H-NMR 谱图 (b)^{13}C-NMR 谱图

5.4.1.4 自旋耦合

在^{13}C-NMR中，由于^{13}C与^{13}C之间耦合的几率太小，不可能实现，但直接与碳原子相连的氢和邻碳上的氢都能与^{13}C核发生自旋耦合，而且耦合常数很大。这样，在提供碳氢之间结构信息的同时也使谱图复杂化，给谱图解析工作带来困难。可采用质子去耦技术使谱图简化。

5.4.2 碳谱核磁谱图解析

碳谱和氢谱核磁一样可以通过吸收峰在谱图中的强弱、位置（即化学位移）和峰的自旋-自旋分裂及耦合常数来确定化合物结构。但由于采用了去耦技术，使峰面积受到一定的影响，因此与^{1}H谱不同，峰面积不能准确地确定碳数，因而最重要的判断因素是化学位移。

在^{13}C中化学位移的范围扩展到250mg/kg，因此其分辨率较高。由高场到低场各基团化学位移的顺序大体上按饱和烃、含杂原子饱和烃、双键不饱和烃、芳香烃、羧酸和酮的顺序排列，这与氢谱的顺序大体一致。^{13}C中一些常用基团的化学位移列在图5-13中。

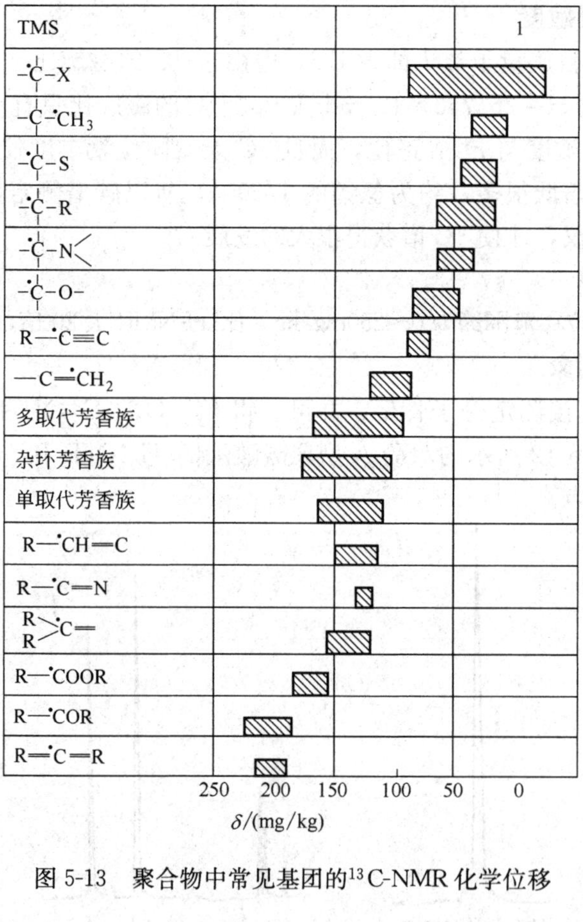

图5-13 聚合物中常见基团的^{13}C-NMR化学位移

5.5 高分辨^{1}H-NMR在高分子结构研究中的应用

5.5.1 高分子材料的定性鉴别

NMR是鉴别高分子材料的有力手段。一些结构类似、红外光谱也基本相似的高分子，用 NMR 可轻易得到鉴别。下面举例说明。

5.5.1.1 聚烯烃的鉴别

聚内烯、聚异丁烯和聚异戊二烯虽然同为碳氢化合物，但其 NMR 谱（图 5-14）有明显差异。

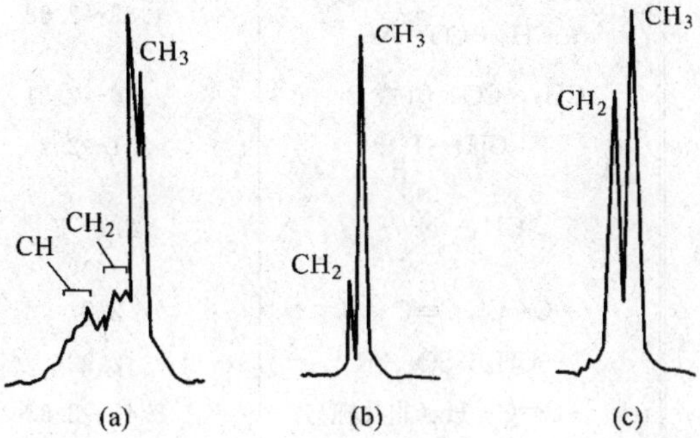

图 5-14 不同聚烯烃的[1] H-NMR 谱

（a）聚丙烯 （b）聚异丁烯 （c）聚异戊烯

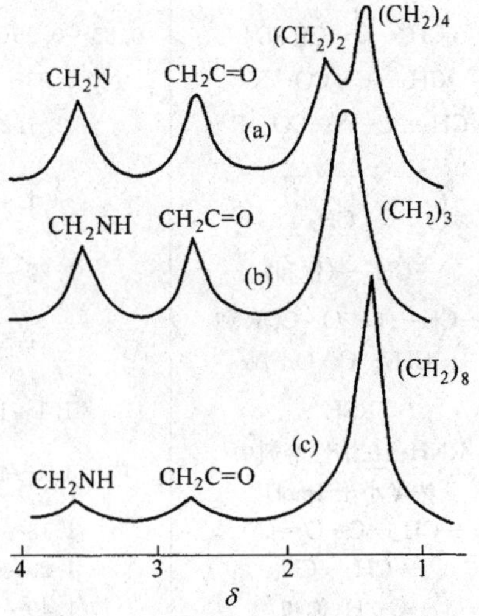

图 5-15 三种尼龙的[1] H-NMR 谱

（a）尼龙 66 （b）尼龙 6 （c）尼龙 11

5.5.1.2 尼龙的监别

对于尼龙 66、尼龙 6 和尼龙 11 三种不同的尼龙，其 NMR 谱（图 5-15）是很易识别的。尼龙 11 的（CH_2）$_8$ 峰很尖，尼龙 6 的（CH_2）$_3$ 为较宽的单峰，而尼龙 66（CH_2）$_2$ 和（CH_2）$_4$ 两个峰，峰形较宽。各峰面积之比和结构式列于表 5-4。

表 5-4　　三种尼龙的 NMR 峰面积之比

名称	CH_2N	$CH_2C{=}O$	$(CH_2)_n$	结构式
尼龙 66	1	1	3	$—NH—CH_2—(CH_2)_4\ CH_2NH—\underset{\Vert \atop O}{C}—CH_2—(CH_2)_2CH_2—\underset{\Vert \atop O}{C}—$
尼龙 6	1	1	3	$—NH—CH_2—(CH_2)_3\ CH_2—\underset{\Vert \atop O}{C}—$
尼龙 11	1	1	8	$—NH—CH_2—(CH_2)_8\ CH_2—\underset{\Vert \atop O}{C}—$

5.5.1.3 定性鉴别的一般方法

未知高分子的定性鉴别，可利用标准谱图。高分子 NMR 标准谱图主要有萨特勒标准谱图集。使用前，必须注意测定条件，主要有溶剂、共振频率。

需要对不同环境的质子进行指认时，表 5-5 提供了较详细的化学位移值可供参考。

表 5-5　　各类质子的 δ 值

质　子	δ/(mg/kg)	质　子	δ/(mg/kg)
TMS	0	CH_3—CO—SR	2.33～2.54
—CH_2—,环丙烷	0.22	—CH_2—C≡N	2.58
CH_3CN	0.88～1.08	CH_3—C═O	2.1～2.6(1.9～2.6)
CH_3—C—(饱和)	0.85～0.95(0.7～1.3)	CH_3—S—C≡N	2.63
CH_3—C—CO—R	0.93～1.12	CH_3—CO—C═C 或 CH_3—CO—Ar	1.83～2.68
CH_3—C—N—CO—R	1.20	CH_3—CO—Cl 或 Br	2.66～2.81
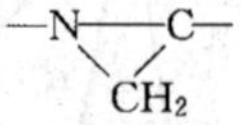	1.48	CH_3—I	2.1～2.3
—CH_2—(饱和)	1.20～1.43	CH_3—N<	2.1～3
—CH_2—C—O—COR 和 —CH_2—C—O—Ar	1.50	—C═C—C≡C—H	2.87
RSH	1.1～1.5①	—CH_2—SO_2—R	2.92
RNH_2(在惰性溶剂中浓度小于 1mol)	1.1～1.5①	—C≡C—H (非共轭)	2.45～2.65
—CH_2—C—C═C—	1.13～1.60	—C≡C—H (共轭)	2.8～3.1
—CH_2—CN	1.20～1.62	Ar—C═C—H	3.05
—C—H(饱和)	1.40～1.65	—CH_2(—C═C—)$_2$	2.90～3.05
—CH_2—C—Ar	1.60～1.78	—CH_2—Ar	2.53～3.06
—CH_2—C—O—R	1.21～1.81	—CH_2—I	3.03～3.20
CH_3—C═NOH	1.81	—CH_2—SO_2	3.28
—CH_2—C—I	1.65～1.86	Ar—CH_2—N<	3.32
—CH_2—C—CO—R	1.60～1.90	—CH_3—N(—)—Ar	3.28～3.37
CH_3—C═C	1.6～1.9	—CH_2—N(—)—Ar	3.28～3.37
CH_3—C(—O—CO—R)═C	1.87～1.91	Ar—CH_2—C═C—	3.18～3.38
—CH_2—C═C—OR	1.93	—CH_2—N(—)(—)—	3.40
—CH_2—C—Cl	1.60～1.96	—CH_2—Cl	3.35～3.57
CH_3—C(—COOR 或 CN)═C—	1.94～2.03	—CH_2—O—R	3.31～3.58
—CH_2—C—Br	1.68～2.03	CH_3—O—	3.5～3.8(3.3～4)
CH_3—C═C—CO—R	1.93～2.06	—CH_2—Br	3.25～3.58
—CH_2—C—NO_2	2.07	CH_3—O—SO—OR	3.58
—CH_2—C—SO_2—R	2.16	—CH_2—N═C═S	3.61
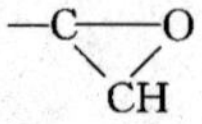	2.29	CH_3—SO_2—Cl	3.61
—CH_2—C═C	1.88～2.31	Br—CH_2—C≡N	3.70
CH_3—N—N—	2.31	—C≡C—CH_2—Br	3.82
—CH_2—CO—R	2.02～2.39①	Ar—CH_2—Ar	3.81～3.92
CH_3—SO—R	2.50	Ar—NH_2, Ar—NHR 或 ArNHAr	3.40～4.00(3.3～4.3)①
CH_3—Ar	2.25～2.50(2.1～2.5)		
—CH_2—S—R	2.39～2.53		

续表

质　子	δ/(mg/kg)	质　子	δ/(mg/kg)
CH_3—O—SO_2—OR	3.94	—C=C—H(无环、共轭)	6.0～6.5(5.5～7.1)
—C=C—CH_2—O—R	3.90～3.97	H—C=C—(H, COR)	6.30～6.40
—C=C—CH_2—Cl	3.96～4.04	—C=CH—O—R	6.22～6.45
Cl—CH_2—C≡N	4.07	Br—CH=C—	6.62～7.00
—C≡C—C—CH_2—C=C	3.83～4.13	—CH=C—CO—R	5.47～7.04
—C≡C—CH_2—Cl	4.09～4.16	—C=CH—O—CO—CH_3	7.25
—C=C—CH_2—OR	4.18	R—CO—NH	6.1～7.7(5.5～8.5)
—CH_2—O—CO—R 或 —CH_2—O—Ar	3.98～4.29	Ar—CH—C—CO—R	7.38～7.72
—CH_2—NO_2	4.38	ArH(苯环)	7.6～8.0(6.0～9.5)
Ar—CH_2—Br	4.41～4.43	ArH(非苯环)	6.2～8.6(4.0～9.0)
Ar—CH_2—OR	4.36～4.49	H—C(=O)—N<	7.9～8.1
Ar—CH_2—Cl	4.40	H—C(=O)—O—	8.0～8.2
—C=CH_2	4.63	—C=C—CHO(α,β-不饱和脂肪族)	9.43～9.68
—C=CH—(无环、非共轭)	5.1～5.7(5.1～5.9)	RCHO(脂肪族)	9.7～9.8(9.5～9.8)
—C=CH—(环状、非共轭)	5.2～5.7	ArCHO	9.7～10(9.5～10.9)
—C=CH_2	5.3～5.7(5.2～6.25)	R—COOH	10.03～11.48
—CH$(OR)_2$	4.80～5.20	—SO_3H	11～12
Ar—CH_2—O—CO—R	5.26	—C=C—COOH	11.43～12.82
ROH(在惰性溶剂中浓度小于1mol)	3.0～5.2①	RCOOH(二聚)	11～12.8
Ar—C=CH—	5.28～5.40	ArOH(分子间氢键)	10.5～12.5(10.5～15.5)
—CH=C—O—R	4.56～5.55	ArOH(多聚,缔合)	4.5～7.7①
—CH=C—C≡N	5.75	烯醇	15～16
—C=CH—CO—R	5.68～6.05		
R—CO—CH=C—CO—R	6.03～6.13		
Ar—CH=C—	6.23～6.28		
—C=C—H(共轭)	5.5～6.7(5.3～7.8)		

注：①其位移随浓度、温度和存在着其他能发生交换的质子而定，其中氨基质子的位移取决于氮原子的碱度。

②在这些化合物中，R=H、烷基、芳基、OH、OR、NH_2。

5.5.2 共聚物组成的测定

对共聚物的 NMR 谱做了定性分析后，根据峰面积与共振核数目成比例的原则，就可以定量计算共聚组成。现以苯乙烯-甲基丙烯酸甲酯共聚为例说明之。

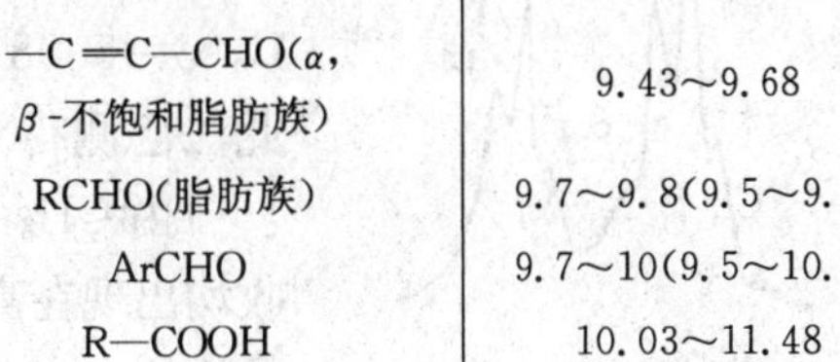

图 5-16　苯乙烯-甲基丙烯酸甲酯无规共聚物的氢谱 60MHz，35℃，10%（质量/体积）的 $CDCl_3$ 溶液

如果共聚物中有一个组分至少有一个可以准确分辨的峰，就可以用它来代表这个组分，推算出组成比。一个实例是苯乙烯-甲基丙烯酸甲酯二元共聚物，在 δ=8 左右的一个孤立的峰

归属于苯环上的质子（图 5-16），用该峰可计算苯乙烯的摩尔分数 x：

$$x=\frac{8}{5}\cdot\frac{A_{苯}}{A_{总}}$$

式中　$A_{苯}$——$\delta=8$ 附近峰的面积；

$A_{总}$——所有峰的总面积；

$\frac{8}{5}\cdot A_{苯}$——苯乙烯对应的峰面积。

5.5.3　几何异构体的测定

双烯类高分子的几何异构体大多有不同的化学位移，可用于定性和定量分析。例如，聚异戊二烯可能有以下四种不同的加成方式或几何异构体：

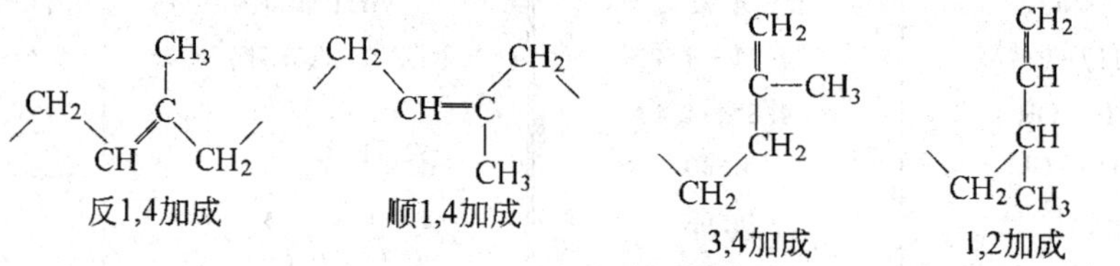

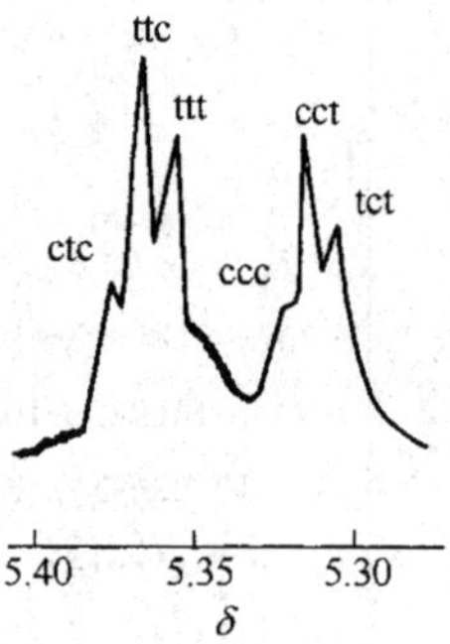

图 5-17　聚异戊二烯中顺 1,4 和反 1,4 结构的双键质子的氢谱

由双键碳上的质子的化学位移可以测定 1,4 和 3,4（或 1,2）加成的比例。对 1,4 加成（包括顺式和反式）的 C═CH—C，$\delta=5.08$；对 3,4（或 1,2）加成的 $C═CH_2$，$\delta=4.67$。用此法已测得天然橡胶中 3,4 或 1,2 加成的含量仅 0.3%。

由 CH_3 的化学位移可以测定顺 1,4 和反 1,4 之比。它们的吸收均出现在高场，对顺 1,4 加成异构体，$\delta=1.67$；对反 1,4 加成异构体，$\delta=1.60$。用此法测得天然橡胶中含 1%反 1,4 结构。

NMR 还可用于研究沿高分子链的几何异构单元的分布，从图 5-17 可以辨认出，在聚异戊二烯链中由顺 1,4（用 c 表示）和 1,4（用 t 表示）组成的三单元即 ccc、cct、tct、ctc、ttc 和 ttt，分别在不同 δ 值处出峰，从而提供了几何异构序列分布的信息。

5.5.4　共聚物序列结构的研究

NMR 不仅能直接测定共聚组成，还能测定共聚序列分布，这是 NMR 的一个重要应用。一个例子是偏氯乙烯-异丁烯共聚物的序列结构的研究，该共聚物的单体单元如下：

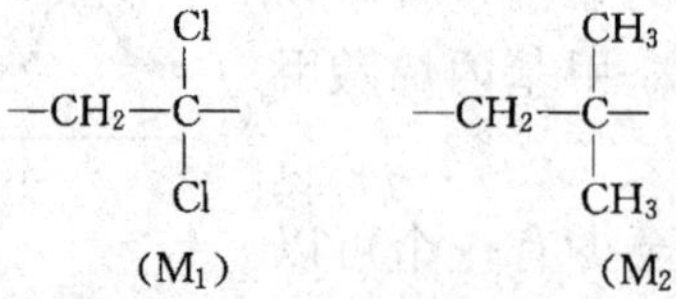

均聚的聚二氯乙烯在 δ 为 4（CH_2）处出峰，聚异丁烯在 $\delta=1.3$（CH_2）和 1（CH_3）处出峰。从共聚物的 60MHz ^{1}H-NMR 谱（图 5-18）上可见，在 $\delta=3.6$（a 区）和 1.4（c 区）处分别有一些吸收峰，它们应分别归属于 M_1M_1 和 M_2M_2 两种二单元组；而在 $\delta=3$

和 2.2 处（b 区）的吸收应对应于杂交二单元组 M_1M_2。从图 5-19 进一步可以看到，a，b 和 c 区共振峰的相对强度随共聚物的组成而变，根据其相对吸收强度值可以计算共聚组成。

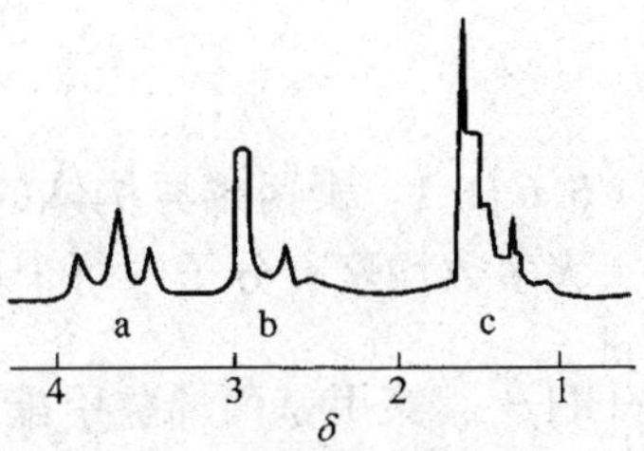

图 5-18　偏氯乙烯-异丁烯共聚物的氢谱
60MHz，130℃，S_2Cl_2 溶液

进一步仔细观察发现，a 区有三个主要共振峰，它们对应于四单元组 $M_1M_1M_1M_1$（$\delta=3.86$）、$M_1M_1M_1M_2$（$\delta=3.66$）和 $M_2M_1M_1M_2$（$\delta=3.47$）。b 区有四个主要共振峰，对应于 $M_1M_1M_2M_1$（$\delta=2.89$）、$M_2M_1M_2M_1$（$\delta=2.68$）、$M_1M_1M_2M_2$（$\delta=2.54$）和 $M_2M_1M_2M_2$（$\delta=2.37$）。c 区的三个共振峰对应于三单元组 $M_2M_2M_1$（$\delta=1.56$）、$M_1M_2M_2$（$\delta=1.33$）和 $M_2M_2M_2$（$\delta=1.10$），从 c 区还可能分辨出基于 $M_1M_2M_1$ 的三个点于五单元组的峰。

从 a 区的细节图（图 5-20）上，a_1 峰可分辨出几种六单元组共振吸收，即 $M_1(M_1)_4M_1$（$\delta=3.88$）、$M_1(M_1)_4M_2$（$\delta=3.86$）和 $M_2(M_1)_4M_2$（$\delta=3.84$）；a_2 峰也观察到劈裂的迹象。

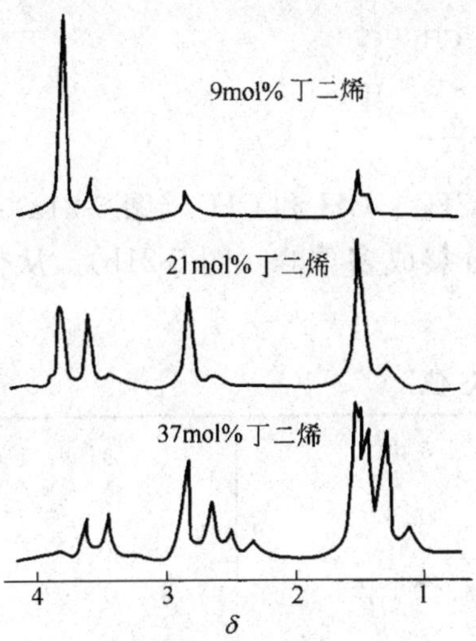

图 5-19　各种组成的偏氯乙烯-异丁烯共聚物的氢谱
60MHz，130℃，S_2Cl_2 溶液

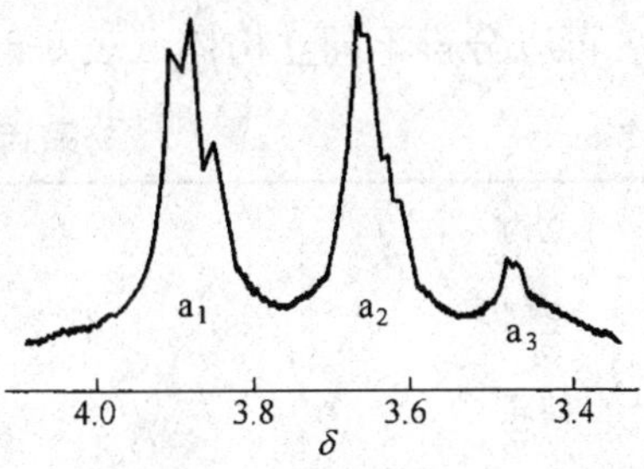

图 5-20　偏氯乙烯-异丁烯共聚物氢谱中 a 区的细节
60MHz，100℃，CCl_4 溶液

根据上述谱图中峰的强度可以准确计算出二单元组、三单元组、四单元组的浓度以及序列的平均长度。二单元组浓度的计算值与根据共聚理论的预计值一致，而三单元组的结果有偏差。

5.6　^{13}C-NMR 在高分子结构研究中的应用

5.6.1　高分子材料的定性鉴别

碳谱和氢谱一样，可以通过峰的位置（化学位移）和峰的自旋-自旋劈裂（耦合常数），来确定高分子的结构。但由于质子去偶照射使各谱线增强的程度不一，因而不能靠峰面积准确判断碳数。在完全去偶的常规碳谱中，最主要的定性依据是化学位移。

5.6.2 高分子立构规整性的测定

5.6.2.1 聚丙烯异构体的研究

大多数均聚高分子中每个单体单元都有一个手性中心原子，如聚丙烯、聚氯乙烯等的 —CH— 、聚甲基丙烯酸甲酯的 —C— 等。每个手心中心的构型有 d 和 l 两种。构成高分子时，如链上相邻两个单体单元的取向相同时，即 dd 或 ll，则用 m（meso）表示，如不同，则用 r（racemic）表示，于是二（单体）单元组有 m 和 r 两种。按此类推，三单元组有 mm、rr 和 mr 三种。四单元组有 mmm、mmr、rmr、mrm、mrr 和 rrr 六种；……。如各单元组构型相同即 mmmm……称为全同；如相邻的单体构型都不相同即 rrr……，称为间同，如为不规则分布。则称为无规或杂同。某四单元组的结构示意如下：

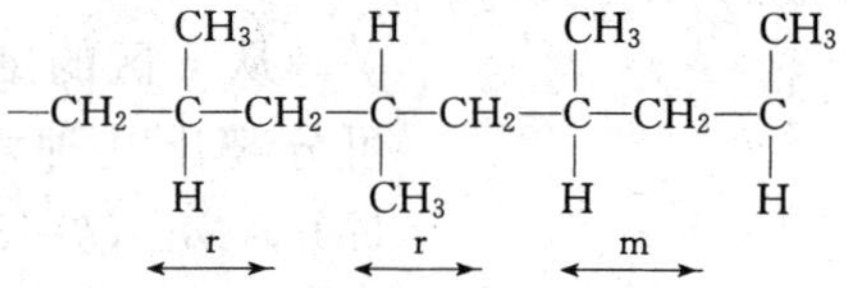

全同聚丙烯的[13]C-NMR 谱只有三个单峰，分属 CH_2、CH 和 CH_3（图 5-21a）；间规聚丙烯也一样；无规聚丙烯的三个峰都较宽，而且分裂成多重峰（图 5-21b）。从化学位移值 δ_C 可以分辨不同立构体（表 5-6）。

表 5-6　　聚丙烯不同立构体的 δ_C 值

立构	δ_{CH_3}	δ_{CH}	δ_{CH_2}
全同	21.8	28.5	46.5
间同	21.0	28.0	47.0
无规	20～22	21～29	44～7

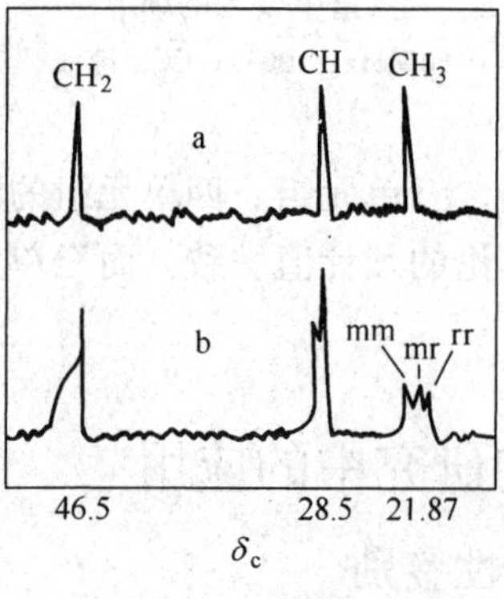

图 5-21　聚丙烯的[13]C-NMR 谱 60℃，邻二氯苯溶液

a：浓度 5%的全同聚丙烯

b：浓度 20%的无规聚丙烯

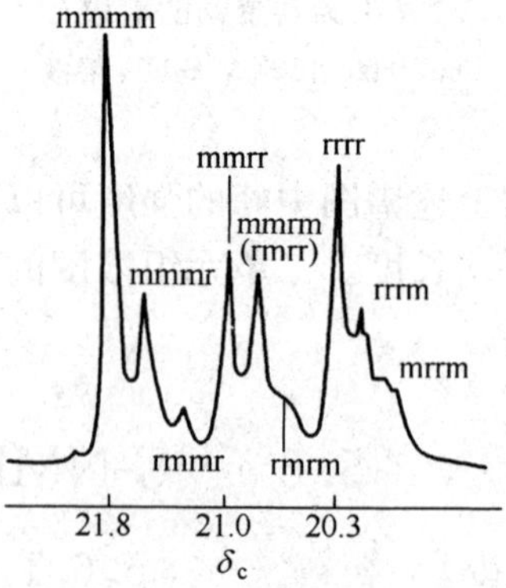

图 5-22　无规聚丙烯的[13]C 谱（CH_3 部分）

无规聚丙烯的 α-甲基碳由于空间位置的不同，出现了三个峰，分则属 mm、mr 和 rr 三单元组，通过峰的面积可以求出全同度 m。

$$m(\%)=\frac{\mathrm{mm}+\frac{1}{2}\mathrm{mr}}{\mathrm{mm}+\mathrm{mr}+\mathrm{rr}}\times 100$$

其实这个 CH_3 三重峰还有更精细的结构（图 5-22），从中可识别出五单元组的吸收。

5.6.2.2 聚丁二烯异构体的研究

以正丁基锂作引发剂，在正庚烷/四氢呋喃中进行丁二烯阴离子聚合，得到的聚丁二烯含 34%反 1,4，24%顺 1,4 及 42% 1,2 聚合物，其 ^{13}C 谱的烯碳部分如图 5-23，各种三单元组烯碳的 δ_C 值及归属列于表 5-7。

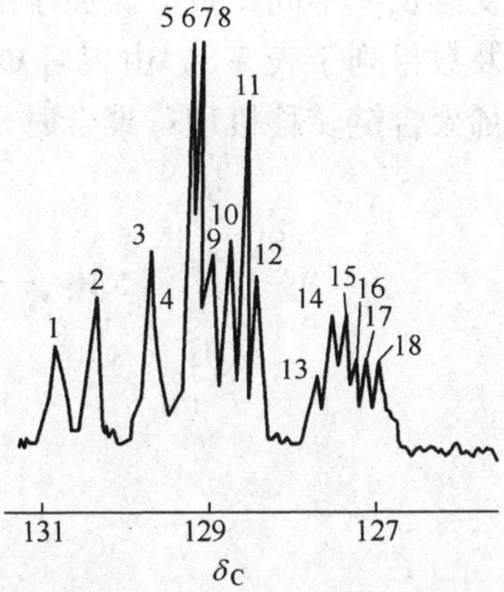

图 5-23　聚丁二烯 ^{13}C 谱（烯碳部分）

表 5-7　　**聚丁二烯的 δ_C**

谱线	烯碳	归属①	δ_C	谱线	烯碳	归属①	δ_C
1	—C═C—	vtv	131.01	10		$^{c}_{t}$cc	128.91
2		$^{c}_{t}$tv	130.55	11		$^{c}_{t}$ct	128.73
3		vcv	129.87	12		$^{c}_{t}$cv	128.56
4		vc$^{c}_{t}$		13		vtv	127.77
5		$^{c}_{t}$cv		14		vtt	127.64
6		ct$^{c}_{t}$	129.41	15		vtv	127.48
7		cv$^{c}_{t}$	129.30	16		vcc	127.33
8		tt$^{c}_{t}$		17		vct	127.15
9	—C═C—	$^{c}_{t}$tv	129.11	18		vcv	126.98

注：①c 代表顺 1,4；t 代表反 1,4；v 代表 1,2 聚合。

5.6.3　支化结构的研究

在碳谱中支化高分子和线型高分子产生的化学位移不同，因此碳谱可研究支化结构。例如低密度聚乙烯的结构，从理论上推测可能为：

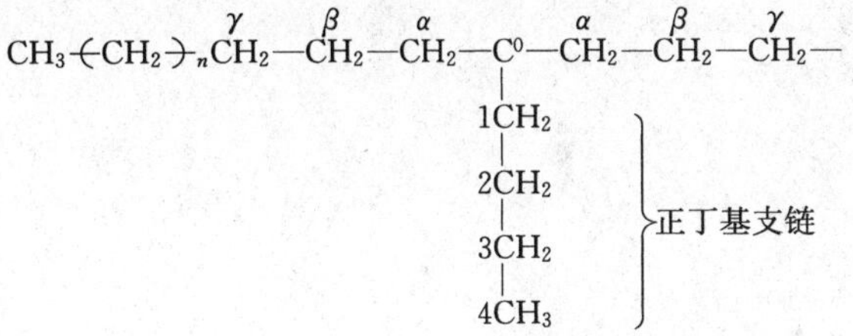

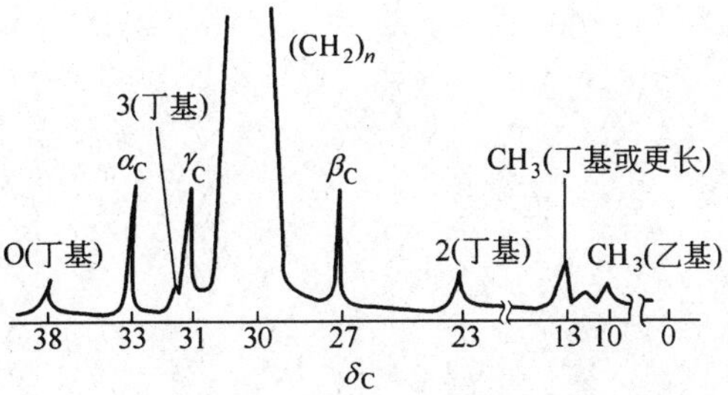

图 5-24　低密度聚乙烯的典型碳谱

线型聚乙烯的碳谱只在 30 处有一个吸收峰；支化聚乙烯的碳谱中除有 CH_2 和 CH_3 吸收峰外，它的支链还影响到链上 α、β、γ 位置上碳原子的化学位移，且支链的每一个碳原子也有不同的吸收，所以将出现一系列复杂的吸收峰（图 5-24）。端甲基碳受到最大的屏蔽作用，吸收峰出现在最低场。

支链长度不同，每个碳原子的 δ_C 也不同。在低密度聚乙烯中，可能存在的各种支链结构及数目列于表 5-8。由表可知，低密度聚乙烯的支链主要是丁基。这进一步证实了有关乙烯聚合链转移机理：聚合时末端自由基“回咬”，形成假六元环过渡态，即

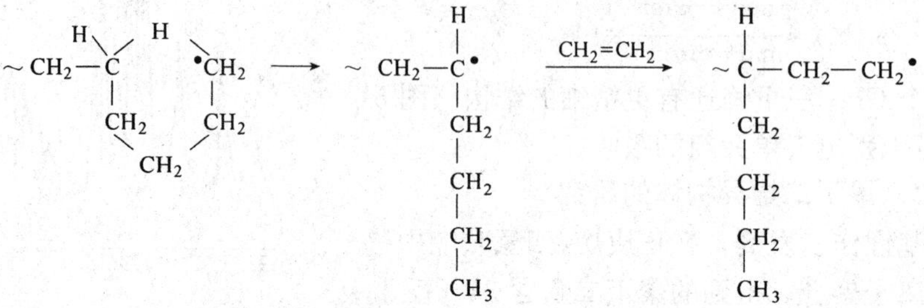

在主链上主要形成丁基的侧链结构。

表 5-8　　支化聚乙烯中各种支链出现的可能性

支　链　结　构	支链数目/1000 个主链上碳原子
$—CH_3$	0.0
$—CH_2—CH_3$	1.0
$—CH_2—CH_2—CH_3$	0.0
$—CH_2—CH_2—CH_2—CH_3$	9.6
$—CH_2—CH_2—$	3.6
更长支链	5.6

5.6.4　键接方式的研究

从主要是头-尾相接的 1,4-聚氯丁二烯的 ^{13}C 谱上，可以清楚分辨出以头-头和尾-尾连接的顺 1,4 或反 1,4 单元。头-头键接的反 1,4 和顺 1,4 单元的吸收峰分别在 C_1 亚甲基共振区的 38.6 和 31.4 处出现，而尾-尾连接的 1,4 单元（包括顺式和反式）的吸收峰出现在 28.4～28.8 处的 C_4 亚甲基共振区。

第 6 章　质　　谱

质谱分析方法是通过对样品离子的质量和强度的测定来进行成分和结构分析的一种方法。被分析的样品首先要离子化，然后利用离子在电场或磁场中的运动性质，将离子按质荷比（m/e）分开，记录并分析按质荷大小排列的谱称质谱。根据质谱图可实现对样品成分、结构和相对分子质量的测定。

6.1 概　　述

6.1.1　质谱分析方法的特点

① 应用范围广：可以进行同位素分析，又可做有机结构分析，可以是气、固、液样品。

② 灵敏度高，样品用量少，灵敏度可达 50pg（50×10^{-12}g），用微克量级的样品，即可得分析结果。

③ 分析速度快，可实现多组分同时检测。

④ 但仪器结构复杂，价格昂贵。

6.1.2　质谱中的离子

在有机化合物的质谱图中可以产生：分子离子、碎片离子、亚稳离子、同位素离子、络合离子和负离子等。对于判断结构和确定相对分子质量最有效的离子为分子离子。

① 分子离子　有机化合物的分子受电子轰击或给其能量而被离子化，形成带正电荷的奇电子离子叫分子离子。

② 碎片离子　分子离子能量较高时，会断裂原子间的一些键，产生质量数较低的碎片叫碎片电离子。

③ 同位素离子　有机化合物一般是由 C、H、O、N、S、F、Cl、Br、I、Si、P 组成的，这些元素中有些是有同位素的。

分子离子有同位素离子，碎片离子也有同位素离子。

其他几种离子对于确定结构不是很重要，这里不一一介绍了。

6.1.3　判断分子离子峰的方法

$$M+e\longrightarrow M^{+}\cdot 2e$$

由于有机化合物的分子都是偶数电子对，所以失去一个电子后，就变成了带奇数电子的分子离子，是一个自由基正离子。（上式中 2e 两个电子，一个是作用的电子，另一个是分子失去的电子）质谱的一个很大的用途就是可以确定相对分子质量，从而得到分子式，一个化合物的相对分子质量就是从质谱的分子离子峰的 m/e 值获得的（m/e 称为质荷比），找到分子离子就知道相对分子质量，所以正确判断出分子离子峰是很重要的。判断方法有如下四种。

① 分子离子峰一定是质谱中质量最大的峰，多数情况下质谱高质量端较强峰就是分子离子峰。

② 最高质量的峰与邻近碎片离子峰之间的质量差是否合理；比分子离子峰小 4～13 及 20～25 个质量单位处不应有离子峰出现，否则质量数最大的峰就不是分子离子峰，而是碎片离子峰或杂峰。因为一个化合物不可能失去 4～13 氢而不断链。如果断链，失去的最小碎片应为—CH_3，它的质量是 15 个质量单位。失去 14 个质量单位（如 CH_2）和 19 个质量单位（如 F）的情况极为少见。同样，也不可能失去 20～25 个质量单位。

③ 氮规则的方法：

元素：	C	H	O	N	S	Si	F	P
质量数：	12	1	16	14	32	28	19	31
							35	
							79	
							127	
化合价数：	Ⅳ	Ⅰ	Ⅱ	Ⅲ	Ⅱ	Ⅳ	Ⅰ	Ⅲ

不含氮的化合物分子离子（$M\cdot^{+}$）的质量数（相对分子质量）应该是偶数。

由于元素 N 的质量数是偶数，而化合价是奇数，因此有如下规律：

含偶数 N 原子的化合物其分子离子（$M\cdot^{+}$）的质量数（相对分子质量）是偶数。

含奇数 N 原子的化合物其分子离子（$M^{1}+$）的质量数（相对分子质量）是奇数。

当知道了分子中含有的 N 原子数时，可以利用氮规则来核对相对分子质量，如果含 N 数与相对分子质量的奇偶数不符，则该离子不是分子离子，分子中含氮原子数可用元素分析仪等确定。

④ 如果分子离子峰太弱，或经过判断后认为分子离子峰没有出现，此时可通过改进实验技术来测定相对分子质量。例如采取降低轰击电子的能量，提高仪器的灵敏度，加大进料量等方法提高分子离子峰的强度。

6.2 质 谱 仪

6.2.1 质谱仪的结构

典型的质谱仪一般由进样系统、离子源、质量分析器、检测器和记录器组成，如图 6-1 所示。

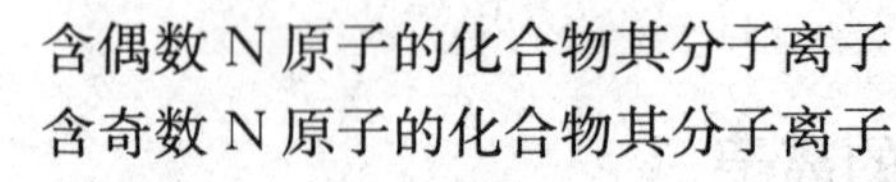

图 6-1 质谱仪方块图

6.2.1.1 离子源

质谱分析的对象是样品离子，因此首先要把样品分子或原子电离成离子，产生离子的装置叫离子源。

离子源种类很多，常用的有电子轰击源，化学电离源和高频火花源。它们各自有其特点，不再一一叙述。

6.2.1.2 质量分析器

它是质谱仪中一个重要的组成部分，由它将离子源产生的离子按 m/e 分开。

6.2.1.3　离子检测器的记录器

利用照相感版作为离子检测和记录的方法。此法的优点是可以分析微量物质，而且灵敏度较高，其缺点是精度差。除了照相感版法外，还有法拉第盒、电子倍增器等几种检测手段。记录器一般采用紫外线记录器。

质谱仪比较擅长定性分析，但对于复杂有机物的分离则非常繁琐，因此到 20 世纪 60 年代后期发展了色-质联用仪器，包括气相色谱-质谱联用仪（GC-MC）和液相色谱-质谱联用（LC-MC），并且与计算机联用，已经成为有机分析的重要工具。

6.2.2　测 试 原 理

样品通过进样系统进入离子源，在离子源中样品分子或原子被电离成离子，带有样品信息的离子经过质量分析器即可按质荷比分开，再经检测、记录，即得到样品的质谱图。在质谱图中每个质谱峰表示一种质荷比的离子，质谱峰的强度表示该种离子峰的多少，因此根据质谱峰出现的位置可以进行定性分析，根据质谱峰的强度可以进行定量分析。对于有机化合物质谱，根据质谱峰的质荷比和相对强度可以进行结构分析。图 6-2 是一张空气的质谱图。

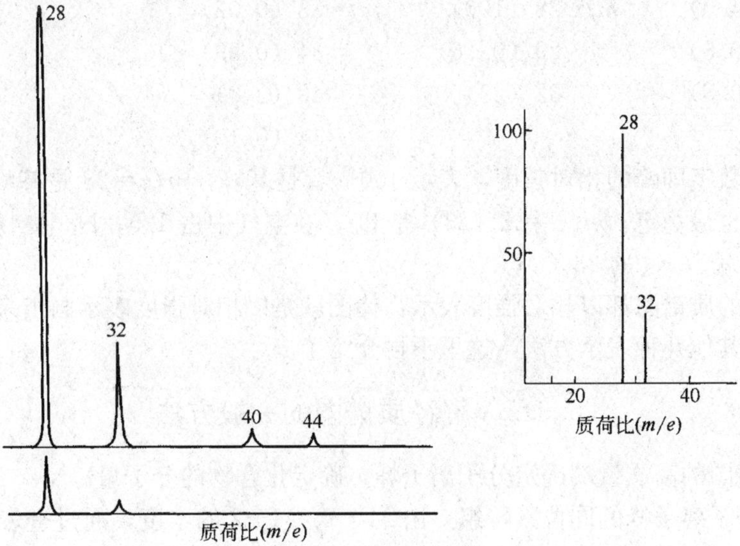

图 6-2　空气的质谱图

6.3　质谱图的表示和解释方法

6.3.1　质谱的表示方法

6.3.1.1　横坐标表示

m/e（实际上就是磁场强度），由于分子离子或碎片离子在大多数情况下只带一个正电荷，所以通常 m/e 称为质量数，例如—CH_3 离子的质量数（m/e）是 15，对于低分辨仪，离子的质荷比在数值上就等于它的质量数。

6.3.1.2 质谱图的纵坐标

纵坐标表示离子强度，在质谱中可以看到几个高低不同的峰，纵坐标峰高代表了各种不同质荷比 m/e 的离子丰度——离子流强度。

离子流强度有两种不同的表示方法。

（1）绝对强度

将所有离子峰的离子流强度相加作为总离子流，将总离子流作为分母，用各离子峰的离子强度除以总离子流，得出各离子流占总离子流的百分数（总离子流是 100%）。

表示方法：

$20\%\sum$：离子流强度占总离子强度的 20%。

$20\%\sum_{40}$：此离子流强度占总离子流的 20%，而总离子流是从 $m/e=40$ 以上算起，m/e 40 以下的各离子流强度未计入总离子流内。

用绝对强度表示各种离子流强度的百分数之和应该等于 100%。

（2）相对强度

以质谱峰中最强峰作为 100%，称为基峰（该离子的丰度最大、最稳定），然后用各种峰的离子流强度除以最强峰（基峰）的离子流强度，所得的百分数就是相对强度。

表示方法：

m/z 14（4.0）	m/z 28（100）	m/z 33（0.02）
16（0.8）	29（0.76）	34（0.99）
20（0.8）	32（23）	40（2.0）
		44（0.10）

括弧中的数字即峰的相对强度，表示 100% 者是基峰，$m/z=28$ 是基峰 N_2 在空气中含量最高而且也最稳定。$m/z=32$（23）是 O_2，在空气中占 1/5，N_2 占 4/5，N_2 的峰高为 100%，O_2 就占 N_2 的 23%。

现在一般的质谱图都以相对强度表示：棒图就是以相对强度表示画出来的。

当然还有其他几种表示方法，这里不再介绍了。

6.3.2 解释质谱图的一般方法

① 由质谱图的高质量端确定分子离子峰，确定化合物的分子量。

② 查看分子离子峰的同位素峰组，由 M+1、M+2 的丰度，通过查表，确定未知化合物的组成式。

③ 由组成式计算化合物的不饱和度，也即确定化合物中环和双键的数目，计算方法为：

$$不饱和度=四价原子数-\frac{一价原子数}{2}+\frac{三价原子数}{2}+1$$

例如

$$苯的不饱和度=6-\frac{6}{2}+\frac{0}{2}=4$$

不饱和度表示有机化合物不饱和的程度，计算不饱和度有助于判断化合物结构。

④ 研究高质量端离子峰。可通过附近的分子碎片，确定化合物有哪些取代基。

例如：M−15（CH_3），M−16（O，NH_2）

通过上述方面的研究，通常可提出未知化合物的结构单元，进而可提出几个可能的结构，然后分析哪种结构最符合质谱数据，同时再考虑样品来源、物化性质，以及由红外、核磁、紫外得到的资料，最后提出化合物的结构。

质谱仪特别是色-质联用仪（GC-MS）对有机化合物的分离及结构鉴定是一种很有效的手段，但对高分子结构的研究不常用，只是当其他方法（如红外、核磁仪）难以确定时，可用GC-MS仪，首先用裂解头将聚合物裂解，然后通过色谱分离，进入质谱仪离解，即可得到离子碎片，以此作为确定结构的旁证。

第 7 章　X 射线法

当一束单色的 X 射线照射到试样上时，可观察到两个过程：

① 如果试样具有周期性结构（晶区），则 X 射线被相干散射，入射光与散射光之间没有波长的改变，这种过程称为 X 射线衍射效应，在大角度上测定，所以又称为大角 X 射线衍射（WAXD）。

② 如果试样具有不同电子密度的非周期性结构（晶区和非晶区），则 X 射线被不相干散射，有波长的改变，这种过程称为漫射 X 射线衍射效应（简称散射），在小角度上测定，所以又称为小角 X 射线散射（SAXS）。

小分子晶体主要用 WAXD 研究，但对高分子材料 SAXS 也相当重要。

7.1　大角 X 射线衍射法

7.1.1　基本原理

7.1.1.1　X 射线的产生及性质

X 射线由 X 射线管产生。X 射线管的构造如图 7-1 所示，管内抽成真空。

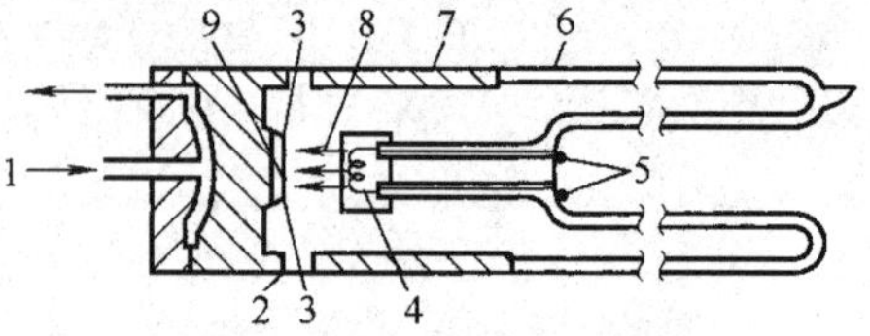

图 7-1　密封式 X 射线管示意图

1—冷却水　2—铍窗口　3—X 射线　4—灯丝　5—插口　6—玻璃　7—铅罩　8—电子束　9—靶极（阳极）

电丝加热产生的热电子在高压电场（20～70kV）下获得很大的动能，高速飞向铜、钼、钨等金属做成的靶极。电子在靶面上突然停止运动，所失去的动能大部分转化为热能，使靶极温度升高，只有少量动能（约 0.2%）转化为辐射能即 X 射线由窗口射出。窗口可以有多个，允许同时进行不同的测定。

X 射线是一种波长很短（0.05～0.25nm）的电磁波，波长与电压有关：

$$\lambda_K = 12.4/V_K \quad (7\text{-}1)$$

式中　V_K——电压，kV。

X 射线可分为两种：一种是具有连续变化波长的 X 射线，称为白色 X 射线；如果电压达到临界激发电压以上，就会产生另一种强度很高的具有特定波长的 X 射线，它叠加在连续 X 射线谱上，称为特征 X 射线，其波长由靶决定，但不是唯一的，最终取决于跃迁电子的能级差。

多晶 X 射线衍射需要用单色 X 射线。故实际中必须用滤波等方法使 X 射线管发出的 X 射线单色化，即选用某一特征 X 射线进行实验。如铜靶所发出的 X 射线经一定厚度的镍片滤波后，透射出来的 X 射线基本上只剩下波长为 0.1544～0.1540nm 的特征 X 射线。在 X 射线分析中，有机高分子多用铜靶。

记录 X 射线的方法有照相法和计数器法。

(1) 照相法

X 射线能透过黑纸而使底片感光，因而比光学照相法更易于操作。

(2) 计数器法

用于记录 X 射线强度的计数器有三种类型：

a. 正比计数器　X 射线使气体电离，从而使气体能导电，电离电流与 X 射线强度成正比。

b. 闪烁计数器　由用 1% 铊活化的碘化钠构成的荧光晶体和光电倍增管组成。X 射线打击晶体后产生一定量的荧光，由光电管进行光电转换而记录。

c. 盖革-弥勒（Geiger-Müller）计数器　在 SAXS 中该计数器用于测定弱的 X 射线。

7.1.1.2　X 射线在晶体中衍射的基本原理及测定方法

射入晶体的 X 射线使晶体内原子中的电子发生频率相同的强制振动，因此每个原子又可作为一个新的 X 射线源向四周发射波长和入射线相同的次生 X 射线。它们的波长相同，但强度却非常弱。单个原子的次生 X 射线是微不足道的，但在晶体中由于存在按一定周期重复的大量原子，这些原子所产生的次级 X 射线会发生干涉现象。干涉是由于从不同次生光源射出的光线间存在光程差引起的，只有当光程差等于波长的整数倍时光波才能互相叠加，在其余情况下则减弱，甚至相互抵消，如图 7-2 所示。

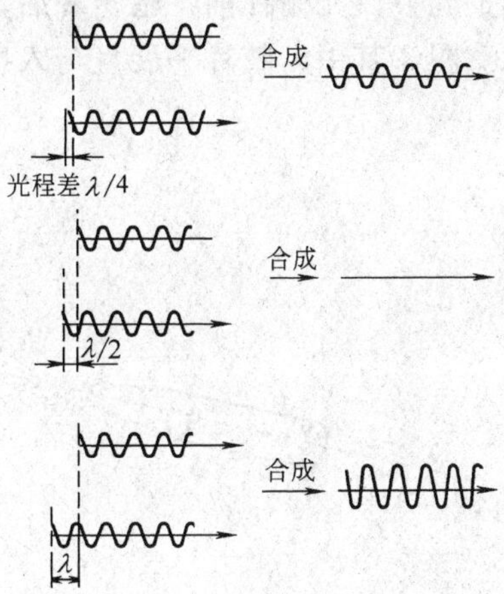

图 7-2　不同光程差的两光波的加成

只有相互叠加的光波才能有足够的强度被观察到，而晶体满足这一情况的条件是布拉格导出的，称为布拉格公式。设晶体为一组间距为 d 的晶面（格子面），各点代表晶格中的原子，如图 7-3 所示。以 θ 角入射的 X 射线在点上产生的衍射可以看成是对于晶面的“反射”，就像可见光在镜面的反射那样。图 7-3A 和 B 两束光经晶面 1 和 2 反射后有相同的方向，但根据衍射几何，B 比 A 多走了 $2b$ 的路程。显然只有当这段光程差等于波长的整数倍时才会产生叠加，因而满足衍射的条件是

$$n\lambda = 2b = 2d\sin\theta$$

即

$$n\lambda = 2d\sin\theta \tag{7-2}$$

当用单色 X 射线测定时，波长是已知的，掠射角 θ 可从实验求出，因此可求得晶面间距 d。式中 n 为正整数，称衍射级数。

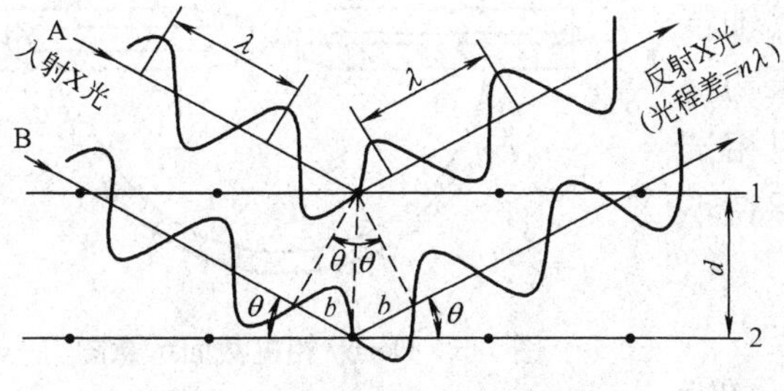

图 7-3　晶体产生 X 射线衍射（布拉格反射）的条件

7.1.2　多晶 X 射线衍射实验方法

多晶 X 射线衍射是指以多晶材料或多晶聚集体为试样的衍射实验。试验中每个被照射到的小晶粒，在其某

族晶面与入射X射线夹角满足Bragg方程时，会产生Bragg反射——衍射，实验所产生的衍射是大量（百万个以上）小晶粒发生衍射的总效果。由于考察非晶态样品的微观结构所用的实验方法与多晶衍射实验相同，故多晶衍射实验通常也广泛地包括非晶试样。

高聚物呈非晶态和半晶态，所以本节仅对X射线衍射法中的多晶衍射法进行介绍。根据记录方式不同，分为多晶照相法和多晶衍射仪法两种，涉及的内容包括以下几个方面：仪器（装置）结构，样品制备，典型聚集态谱图（底片）特征，作用和影响因素。

7.1.2.1 多晶照相法

多晶照相习惯上又称"粉末照相"，利用X射线的感光效应，用特制胶片记录多晶试样的衍射方向与衍射强度，所用相机有两种，即"平板相机"和"Derby相机"。

（1）相机结构

平板相机主要由准直光栅，样品架和平板暗盒构成，它们之间的距离可在相机支架的导轨上调节，光栅在前，暗盒在后，二者之间是样品架。图7-4是平板相机的光学几何布置示意图，其中，胶片平展且与入射线垂直。

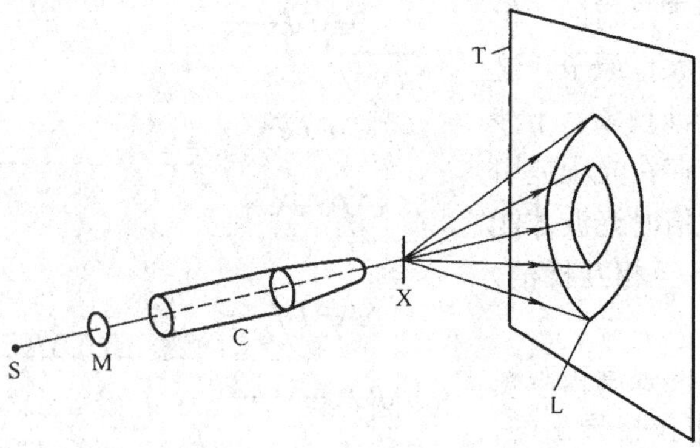

图7-4 平板相机的光学几何布置示意图

S—光源 M—滤波片 C—光栅

X—样品 T—胶片 L—衍射环

Derby机是一直径为57.3mm或114.6mm金属圆柱盒，在盒壁某一高度位置上，沿一直径开有一对穿孔，分别插配入射光栅和接收光栅。图7-5为相机在光栅位置的横截面示意图。样品固定在穿过盒盖中心的轴棒上，调整时，要使样品恰好位于入射线通路上。胶片卷贴在相机的内壁。图7-6是Derby相机的光学几何布置。

（2）制样

平板照相样品要制成细窄片条，长约10mm，宽为2～3mm，厚以0.5～1mm为宜。板材需用刀片片切制样。薄膜可剪制，不够厚时，将几层叠粘在一起，各层保持原拉伸方向一致。纤维样品则要缠绕在适当大小的框子上，或将一束平行纤维直接粘固在框子上，既不能绷松，又要尽量减小张力。

Derby照相试样成细丝状，径向尺寸0.5～1mm，长10～15mm。测试中样品可随样品轴转动，以增加晶面族产生衍射的几率。对高聚物材料，试样有时制成细窄片条，类似平板照相试样。这种情况下，样品轴在照相过程中要保持不动，以确保样品在光路上。

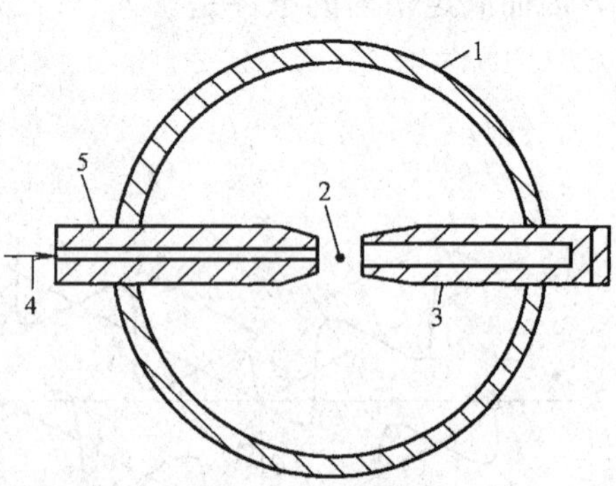

图7-5 Derby相机截面示意图

1—相机壁 2—试样 3—接收光栅

4—入射线 5—入射光栅

（3）典型聚集态的照相底片特征

图7-7是四种典型聚集态的平板照相底片的特征示意图。其中图7-7（a）为无择优取向多晶试样

的底片，呈现分明的同心衍射圆环。图 7-7（b）为部分择优取向多晶试样底片，呈若干对衍射对称弧。图 7-7（c）为完全取向多晶试样底片，呈若干对称斑。图 7-7（d）为非晶态试样底片，呈一弥漫散射环。应说明的是，对应不同材料或物质，它们的衍射环，对称弧（斑），或弥散环的黑度和直径都是不同的，即衍射强度和衍射方向均不同。同一底片上，各环、弧或斑的黑度也不同。这里为突出典型聚集态的照相特征，未在图中体现上述差异。另外，对应半结晶试样（如：结晶高聚物），其平板照相底片上既有结晶部分产生的衍射环（或弧，斑），又有非晶部分产生的弥漫散射环。

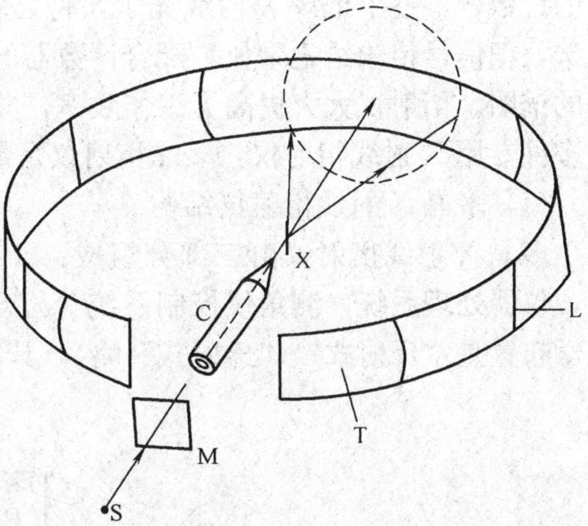

图 7-6　Derby 相机的一种光学几何布置图
S—光源　M—滤波片　T—胶片
C—光栅　X—样品　L—衍射环

由于 Derby 照相底片衍射特征与平板照相底片基本相同，这里从略。

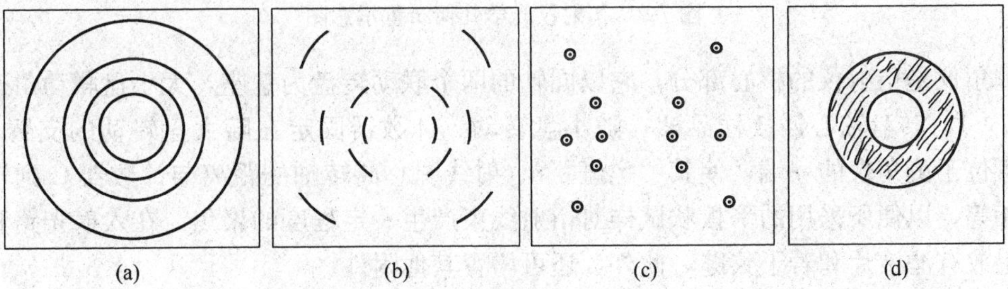

图 7-7　四种典型聚集态平板照相底片的特征示意图

（4）作用

从多晶照相可以获知试样中结晶状况。对试样中有无结晶，晶粒是否择优取向，取向程度等进行定性判断。因此，多晶照相底片成为直观定性判断试样结晶状况的简明实证。通过照相底片还可对聚集态结构进行定量分析，但这部分工作已为后来发展起来的衍射取代。

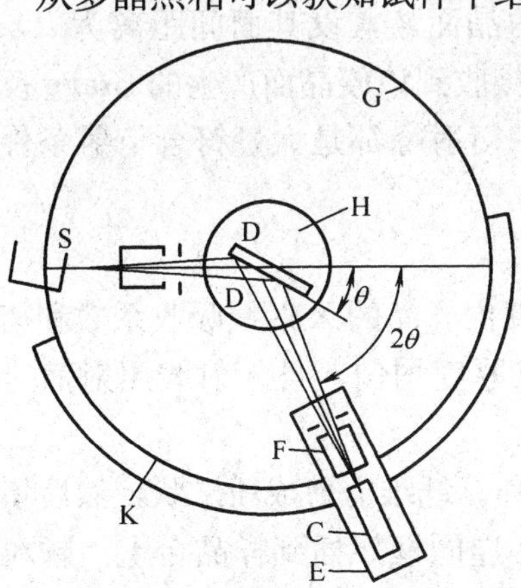

图 7-8　测角仪结构示意图
G—测角仪圆　H—试样台　C—计数器
S—X 射线源　F—接收狭缝
K—刻度尺　D—试样　E—支架

实际中，因 Derby 照相较平板照相简便，灵活，且误差小，所以大都采用 Deyby 照相。

（5）影响因素

一张好的照相底片应当包含尽量多的衍射信息（环、弧、斑），且线条分辨清晰。影响因素有：入射线波长及单色性，空气散射，光栅孔径大小，曝光时间，样品结晶状况，湿定影过程等。

7.1.2.2　多晶衍射仪法

与照相法用胶片记录衍射方向和强度不同，衍射仪根据 X 射线的气体电离效应，利用充有惰性气体的记数管，逐个记录X射线光子，将之转化成脉冲信号后，再通过电子学系统放大和甄选，把信号传输给记录仪，配合计数器的旋转，在记录仪上绘出关于衍射方向和衍射强度的谱图。衍射仪大大提高了工作效率，并使衍射定量分析更准确，更精确。目前已发展出多种专用X射线衍射仪，多晶衍射仪是最普通的一种，下面对之做一介绍。

(1) 多晶X射线衍射仪结构

多晶X射线衍射仪由三部分组成：a. 高压发生器，b. 测角仪，c. 外围设备（记录仪，仪器处理系统，测角仪控制系统等）。图7-8是水平式测角仪的俯视图。这里绘出的光学布置是“反射式”（“透射式”略），其简化侧视图如图7-9所示。

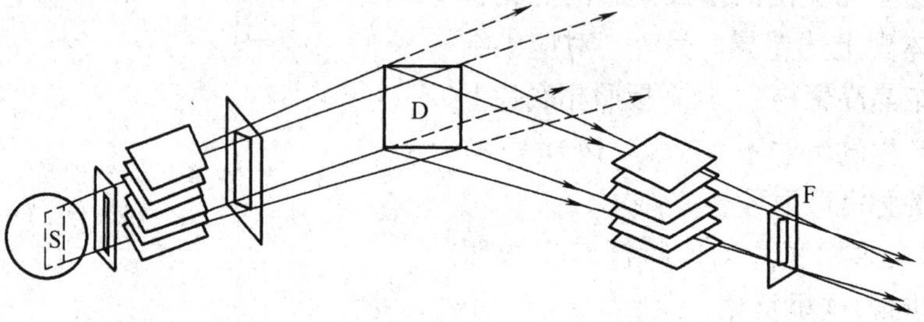

图7-9 衍射仪光学几何布置示意图

测角仪是衍射仪的核心部分，它以同轴的两个联动转盘为基座，大小盘联动角速度恒比为2∶1。转盘轴心插放样品架，随小盘转动。计数器固定在随大盘转动的支臂上。X射线管位于测角仪的一端，使其“焦斑”S（射线源）离转轴的距离与计数器C到转轴的距离相等，以便所采用的平板状试样对衍射线束产生一定程度的聚焦。在入射光路和接收光路上放有滤液片和若干狭缝，此外，还可增置其他附件。

实验中，光源与入射光路元件不动，样品台与接收支臂同向转动。事先调整好测角仪，使样品台与计数器均在零度时，入射线刚好掠过样品表面进入计数器，从而保证：样品台转到θ角时，计数器则恰好转至2θ角位置。这样，相对于样品表面，计数器总位于入射线的反射方向上。若样品中有平行于样品照射面的晶面族，设其面间距离为d，那么，当样品台转到θ角，使$2d\sin\theta=n\lambda$时，计数器便会接收到该族晶面产生的Bragg反射（衍射）。记录仪将在对应2θ的位置上绘出衍射峰。每一衍射峰都是大量符合衍射条件的小晶粒产生衍射的总和。

(2) 制样

多晶衍射仪试样是平板式的，长宽25～35mm，厚度由样品的X射线吸收系数和衍射角2θ的扫描范围决定，高聚物一般为0.5～1mm，要求厚度均匀，且入射线照射面一定要尽可能平整。样品内微晶取向应尽可能的小。

板材，片材用刀剪制样。薄膜常需将若干层叠粘成片。纤维需剪成粉末状，然后填入一定大小的框子里，用玻璃片压成表面平整的“毡片”，连同框架插到样品台上。颗粒或粉末样品要研磨到手触无颗粒感，然后填入框槽中，用玻璃轻压抹平。高聚物树脂可用压机冷压制样。

(3) 典型聚集态衍射谱图的特征

衍射谱图是记录仪上绘出的衍射强度（I）与衍射角（2θ）的关系图。图7-10是几种典型聚集态衍射谱图的特征示意图。其中图（a）表示晶态试样衍射，特征是衍射峰尖锐，基线缓平。同一样品，微晶的择优取向只影响峰的相对强度。图（b）为固态非晶试样散射，呈现为一个（或两个）相当宽化的“隆峰”。图（c）与（d）是半晶样品的谱图。（c）有尖锐峰，且被隆拱起，表明试样中晶态与非晶态“两相”差别明显；（d）呈现为隆峰之上有突出峰，但不尖锐，这表明试样中晶相很不完整。

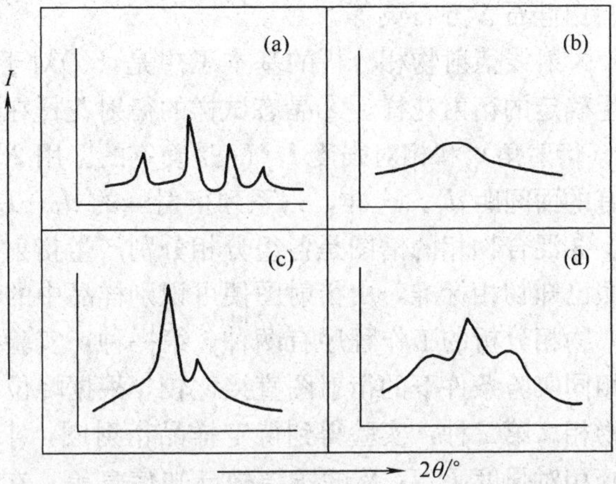

图 7-10　四种典型聚集态衍射谱图的特征示意图

（4）多晶衍射仪的作用

利用多晶衍射仪可以得到材料或物质的衍射谱图。根据衍射图中的峰位、峰形及峰的相对强度，可以进行物相分析、非晶态结构分析等工作。在高聚物中主要用于考察物相、结晶度、晶粒择优取向和晶粒尺寸。

（5）影响因素

多晶衍射仪实验的影响因素来自三个方面：

a. 样品：
- 表观（尺寸，平整性）
- 内部（取向，晶粒大小等）

b. 实验系数：
- 各狭缝大小
- 信号处理系统各参数
- 入射线波长及其单色性
- 其他

c. 环境：
- 空气散射
- 电源稳定性
- 其他

7.1.3　多晶 X 射线衍射在高聚物中的应用

作为一种考察物质微观结构形态的方法，无论在小分子领域，还是在大分子领域，多晶 X 射线衍射所分析和测定的内容基本上是相同的。高聚物在结构形态上有其自身的复杂性和特殊性，因此，用 X 射线衍射考察高聚物时，必须结合具体情况进行分析，以获得对真实情况恰当、准确的理解。

目前，在实际中，多晶照相法的大部分工作已被多晶衍射仪法取代。下面要介绍的四种应用均基于衍射仪法。它们依次是：物相分析；结晶度测定；取向测定；晶粒尺寸测定。

7.1.3.1　物相分析

物相分析不是一般的化学成分分析。一般的化学成分分析是分析组成物质的元素种类及其含量。物相分析不仅能分析化学组成，更重要的是它还能给出元素间化学结合状态和物质聚集态结构。化学组成相同，而化学结合状态或聚集态不同的物质属不同物相。只含硅，氧两种元素的 SiO_2，能以不同聚集态存在，构成不同物相。如无定型硅胶、晶态石英、白硅石、方石英等。

X射线衍射物相分析的基本思想是：①对于一束波长确定的单色X射线，同一物相产生确定的衍射花样。②晶态试样的衍射花样在谱图上表现为一系列衍射峰。各峰的峰位$2\theta_i$（衍射角）和相对强度I_i/I_0是确定的。用$2d\sin\theta=\lambda$可求出产生各衍射峰的晶面族所具有的面间距d_i。这样，一系列衍射峰的$d_i—I_i/I_0$，便如同“指纹”成为识别物相的标记。③混合物相的谱图是各组分相分别产生衍射或散射的简单叠加。根据上述基本思想，参照已知物相标准，由衍射图便可识别样品中的物相。

物相分析的工作程序有两种。第一种：实验得到样品的衍射图，然后将之与已知物相在相同实验条件下的衍射图直接比较，根据峰位、相对强度、样品结构已知信息等判别待定物相。第二种：实验得到待定样品衍射图，求出各衍射峰对应的面间距d_i，然后结合各峰相对强度I_i/I_0及试样结构已知信息等，在汇编标准中用$d_i—I_i/I_0$。对照检索，定识物相。

目前，国际粉末衍射标准联合会已收集出版了5万多种物相的标准——PDF卡(Powder Diffraction File)，其中包括50多种高聚物。标准中对每一相除列出一套$d_i—I_i/I_0$数据，还给出了该相晶胞参数，实验条件等表格化信息。应说明的是，因非晶相不产生衍射，漫散射峰少，位置又不够确定，所以PDF卡不收非晶相信息。对于PDF卡中未建标准的物相，无法用之确认待定物相。

另外，物相分析并不局限于定性识别。它还可以对多相、特别是两相体系中某相的含量予以定量分析。这里从略。

下面结合高聚物结构形态特点，介绍高聚物定性物相分析。

高聚物衍射图大都伴随出现弥散的“隆峰”，这是短程序非晶态的表现。结晶性高聚物晶粒（区）尺寸小，缺陷大，造成衍射峰的宽化，峰位漂移较大。鉴于上述特点，高聚物物相分析大都采用直接对比法，并要结合整个谱图线形。样品生成条件，加工条件及其他仪器分析，进行综合考虑。

高聚物物相分析的基本内容有三方面：

（1）区分晶态与非晶态（鉴别是否有结晶）

根据上节关于典型聚集态衍射谱图特征的介绍可知：出现弥散“隆峰”说明样品中有非晶态。尖锐峰表明存在结晶。既不尖锐也不弥散的“突出峰”显示有结晶存在，但很不完善，有人称之为“仲晶”或“次晶”，以上判断适用于一般情况。

（2）聚合物鉴定

对于非晶态聚合物，要将其衍射图与已知某种非晶聚合物在同样实验条件下的衍射图比较，看“隆峰”的峰位2θ是否吻合，并观察峰形是否相符，若偏差不大，则可初步推断样品用于参比的那种聚合物，但且不能断定，还需结合其他分析结果，相互佐证或印证。

对于结晶性聚合物，通过样品与已知结晶高聚物同样实验条件下的谱图比较，从衍射峰的峰位及整个谱图线形进行分析。若吻合，则认定样品是已知的参比聚合物。比如，现剖析一种国外进口的气体过滤膜。通过元素分析仪分析获知这种膜由C、F、H三种元素组成，由各元素在膜中的含量比，推测这种膜可能是聚偏氟乙烯（PVDF），欲证明这一推测，做X射线衍射实验，得谱图如图7-11所示。经与已知聚偏氟乙烯谱图比较，发现整个线形基本一致，又经计算，$2\theta=20°$附近的两个尖峰对应的面间距 d 分别为 0.481nm 和 0.443nm，它们与已知聚偏氟乙烯相应两峰的 d 值 0.4825nm 和 0.445nm 分别相差 0.0015nm 和 0.002nm。对于同一高聚物，许多因素可造成这种程度的偏差。所以，由 X 射线衍射实验证明所分析的薄膜是 PVDF，此外，这一结论还可用红外光谱等分析来进一步印证。

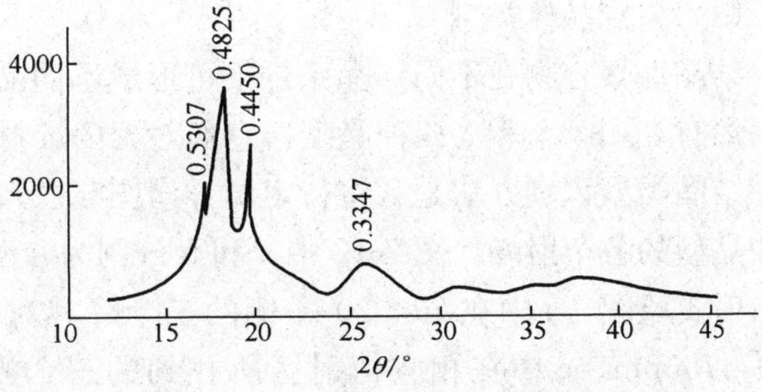

图 7-11　某气体过滤膜的 X 射线衍射谱图

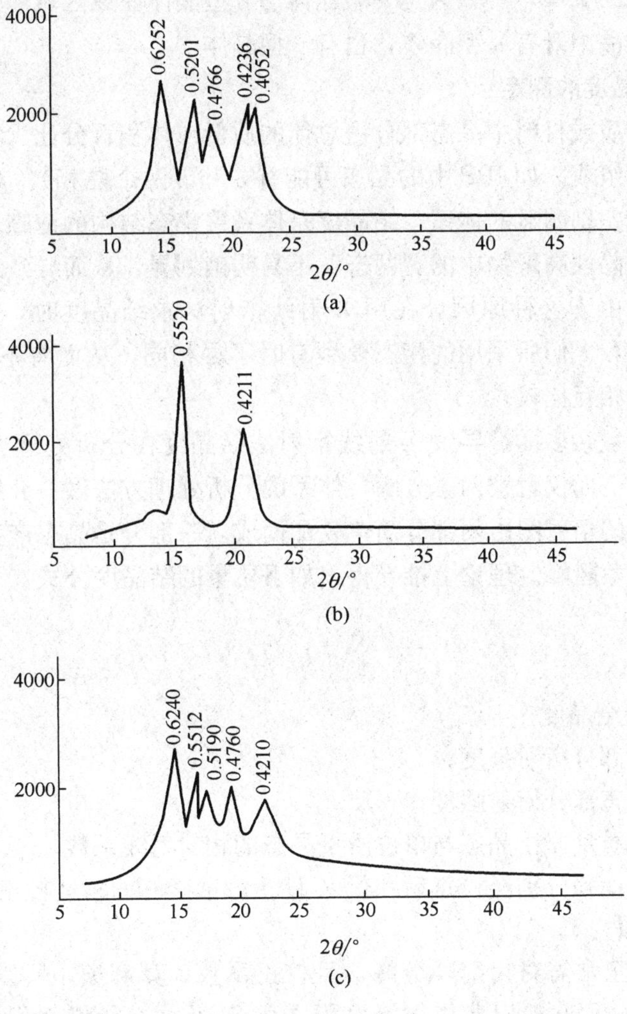

图 7-12　(a) 含 α 型晶体的 IPP X 射线衍射图

(b) 含 β 型晶体的 IPP X 射线衍射图

(c) 被鉴定的 IPP X 射线衍射图

(3) 识别晶体类型

结晶性聚合物在不同结晶条件下可形成不同晶型。它们所属晶系及晶胞参数不同。如聚丙烯有 α、β、γ 和 δ 四种晶型，它们对聚丙烯材料的性能影响不同。

结晶类型识别办法是：将待定试样谱图与已知晶型谱图比较。看试样谱图中是否出现已知晶型的各衍射峰。图 7-12 中 a 和 b 分别为 α 型和 β 型 IPP 衍射图。c 为一注射 IPP 板材衍射实验图。a 中在 $2\theta<20^{\circ}$ 一侧的三个峰其对应面间距分别为 0.6252nm，0.5201nm 和 0.4766nm。c 中在相应衍射区所找到的三个峰的面间距为 0.6240nm，0.5190nm 和 0.4760nm，由此断定 c 中有 α 晶体。b 中在 $15^{\circ}<2\theta<20^{\circ}$ 内有一 β 型晶体特征峰，其对应面间距为 0.5520nm。c 中相应衍射区内可找到面间距为 0.5512nm 的峰与之相近，由此判定 c 中也有 β 型晶体。另外，在 $20^{\circ}<2\theta<25^{\circ}$ 之间，a 与 b 两图均有衍射峰，而 c 中在大致相同的位置呈现一个峰，可认为是 α 型晶体与 β 型晶体在该区域产生衍射峰的叠加。综上分析可确认，样品中既有 α 型晶体，也有 β 型晶体。

7.1.3.2 结晶度的测定

结晶度是指物质或材料中晶态部分占总体的质量或体积百分比（材料中的晶态部分可能由不止一个晶相组成。如 IPP 中的晶态可能有 α 和 β 两个晶相）。对于晶态与非晶态两部分在有序程度上差别明显的体系，结晶度是体系聚集态结构的清晰表征。但高聚物结构的复杂性常使得结晶性高聚物中的“两态”不易明确划界，从而导致结晶度意义模糊，以致失去意义。正是由于这种原因，在用 X 射线衍射法求结晶度时，对于不同的高聚物、甚或同一种高聚物，人们所采用的相态模型有时不尽相同，从而有不同的分析处理方法，所得结果也就难以相互比较。

高聚物结构的复杂多样，导致 X 射线衍射法结晶度在分析处理方法上的不统一。这里不再深入讨论。下面仅就“两态分明”体系的分析处理方法做一介绍。

两态分明体系的衍射图由两部分简单叠加而成。一部分是晶态产生的衍射峰，另一部分是晶态产生的弥散隆峰。理论上推导得出如下质量的结晶度公式：

$$X_c=\frac{I_c}{I_c+kI_a} \tag{7-3}$$

式中 X_c——质量结晶度；

I_c——晶态部分衍射强度；

I_a——非晶态部分衍射强度；

k——单位质量非结晶态与单位质量晶态的相对射线系数。

I_c 由各衍射峰面积分别经校正后和代入 I_a 由弥散隆峰面积经校正后代入。理论上 $k\approx 1$。实际中有时近似为 1。

由于峰面积校正常需对衍射峰分峰，且校正系数计算麻烦，所以在对系列样品比较时，经常省略校正，而直接以各衍射峰面积之和 S_c 及弥散隆峰面积 S_a 直接代入上式右端，得出近似结晶度（X_c）。确切地说，它是一种结晶度指数。即：

$$\langle X_c\rangle=\frac{S_c}{S_c+S_a} \tag{7-4}$$

以等规聚丙烯（IPP）为例，图 7-13（a）中实曲线为样品 IPP 丝的衍射曲线，它由结晶部分的衍射与非晶部分产生的散射叠加而成。要求 X_c，需将结晶衍射与非晶散射分离，这是问题的关键和困难所在。实际中存在不同的处理方法。一种方法是用无规聚丙烯（APP）制备一试样，相同试验条件下得其散射图如图（b）所示。假设所有聚丙烯材料中非晶峰的峰形均如图（b），且峰位不变。那么，依据图（b）曲线的峰位等关键点，以一定作图方式，将图（b）曲线成比例地在图（a）中绘出，得到图（a）中虚线。这条虚线即可认为是样品 IPP 丝中非晶部分产生的散射线。虚线与实验基线之间的阴影面积为 S_a。实曲线与虚线之间的空白面积为 S_c。将 S_c 和 S_a 代入公式计算，即得样品（IPP）丝的 X_c。

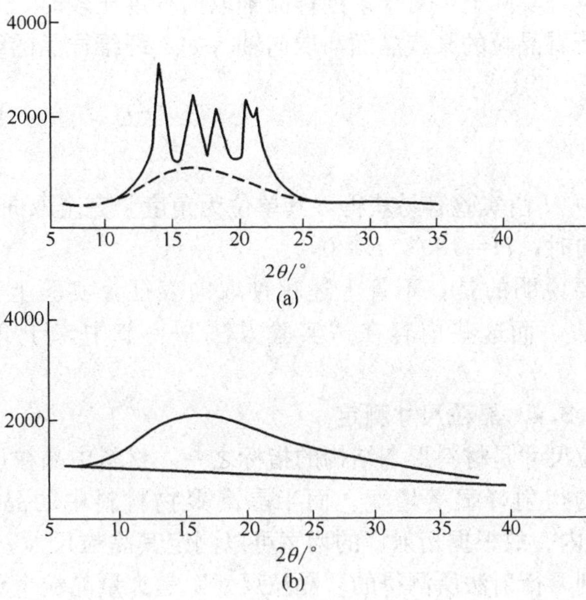

图 7-13　（a）实曲线：某 IPP 丝的衍射图
（b）实曲线：某 APP 样品的散射图

7.1.3.3　取向测定

多晶材料中，微晶的取向是形态结构的一个方面，也是影响材料物理性能的重要因素。微晶取向通常指大量晶粒的待定晶轴或晶面相对于某个参考方向或平面的平行程度。半结晶高聚物材料也属多晶材料，用 X 射线衍射法可以测定其晶粒（区）的取向。

高聚物材料总伴生非晶态，而且许多高聚物只以非晶态存在，因此，在高聚物材料科学中，取向常常指分子链与某个参考方向或平面平行的程度。依不同分类有：晶区链取向，非晶区链取向；折叠链取向，伸直链取向等。

由于晶区分子链方向一般被定为晶体 c 轴方向，而一些主要晶面总为分子链排列平面。所以，用 X 射线衍射法测得结晶高聚物晶区 c 轴，或特定晶面的取向，实际上也就直接或间接地表明了晶区分子链取向。而非晶区、或非晶态高聚物材料中的分子链取向则需用其他手段测定。

X 射线衍射法测定微晶取向有三种表征：（1）极图，（2）Hermans 因子 f，（3）轴取向指数 R。它们在实验方法、数据处理和适用性等方面各不相同，各有特点。

在实验方法和数据分析处理上，极图法很繁复，Hermans 因子法次之，取向指数法最简。极图法用平面投影反映微晶在空间的取向分布状况，信息全面，但要看懂却需足够的晶体几何学与空间投影知识。因此，极图一般只用于特制部件中取向状况的剖析。Hermans 因子与取向指数最终都是用一数值反映材料的轴取向程度。不同的是 Hermans 因子表征性更好，取向指数较为粗略。尽管如此，取向指数由于在实验方法与数据处理上简便迅速，实际上，对于系列样品轴取向程度比较时，人们大都采用取向指数 R。R 反映样品中所有晶粒的某族晶面与取向轴（如：纤维样品的纤维轴）的平行程度。定义：

$$R=\frac{180^\circ-H}{180^\circ}\times 100\% \tag{7-5}$$

式中 H 由实验容易获得，其单位为角度。完全取向时，可以认为 $H=0^\circ$，$R=100\%$；无规取向时，$H=180^\circ$，$R=0\%$。

需要说明的是，不管上述哪种取向表征，实验上都要用到特殊的样品架和专门的实验方法，而这些内容在“实验方法”一节中未予介绍。限于篇幅，有关内容详见参考书。

7.1.3.4 晶粒尺寸测定

晶粒尺寸是材料形态结构的指标之一。材料中晶粒尺寸小于 10μm 时，将导致多晶衍射实验的衍射峰显著增宽。而半晶高聚物材料中的晶粒（即：晶区）尺寸大致在 5～50nm 之内。故根据衍射峰的增宽可以测定其晶粒尺寸。多晶材料中晶粒数目庞大，且形状不规则。衍射法所测得的“晶粒尺寸”是大量晶粒个别尺寸的一种统计平均。这里所谓“个别”尺寸是指各晶粒在规定的某一晶面族的法线方向上的线性尺寸。因此，对应所规定的不同晶面族，同一样品会有不相等的晶粒尺寸。故要明确所得尺寸对应的晶面族。Scherrer 给出晶粒尺寸计算公式：

$$D=\frac{k\lambda}{\beta\cos\theta} \tag{7-6}$$

式中　D——所规定晶面族法线方向的晶粒尺寸；

θ——所规定晶面族产生衍射时，入射线与该族晶面之间的夹角；

β——因晶粒尺寸减小造成的衍射峰增宽量；

λ——单色入射 X 射线波长。

当 β 为衍射峰半高宽增量时，$k=0.9$。式中 λ 和 β 由实际所用波长和实验峰宽经校正后得到。由于影响峰宽的因素较多，且不易分离，所求得的晶粒尺寸有时不够可靠。

最后应明确：多晶 X 射线衍射在高聚物中的应用不限于本节所介绍的四个方面。另外，由于共混物和共聚物的情况较复杂，上面对各种应用的讨论只涉及到均聚物。

7.1.3.5 多晶型测定

除了以上四个方面的应用外，X 射线还是研究多晶结构和多晶行为的有力手段。下面结合作者的研究工作予以简单介绍。

聚芳醚酮是半晶性高分子材料，其结晶结构、结晶行为对聚芳醚酮产品的性能有着深刻的影响。因此，仔细研究聚芳醚酮的结晶结构、结晶行为对丰富高分子物理的基础理论和材料的实际应用都具有重要意义。邱兆斌研究了一类新型聚芳醚酮的结晶结构及外场诱变多晶型。所研究对象为三种含对位与间位不同比例的高酮醚比聚芳醚酮类聚合物（PEKEKKs），即全对位连接 PEKEKK（T），对位与间位比例为 1∶1 的无规共聚物 PEKEKK（T/I）和全间位 PEKEKK（I）。PEKEKK（T）、PEKEKK（T/I）和 PEKEKK（I）的化学重复单元分别为：

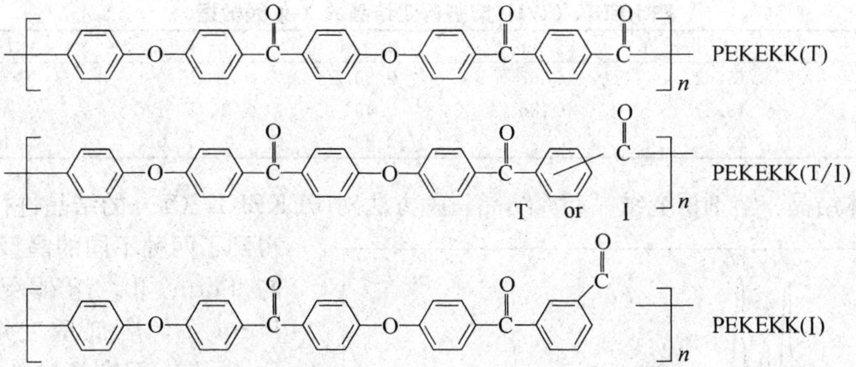

将 PEKEKK（T/I）的非晶样品放入溶剂 CH_2Cl_2 中，于室温保持一周时间，然后放入真空干燥箱中除去溶剂，得到溶剂诱导结晶（SIC）样品。其 WAXD 图如图 7-14 所示。WAXD 图表明：溶剂的存在能诱导非晶 PEKEKK（T/I）样品结晶。此外，从 WAXD 图中弱的结晶衍射峰可以看出溶剂诱导只能产生很少的结晶，这与熔体结晶得到的轮廓分明的结晶衍射峰是无法比拟的。

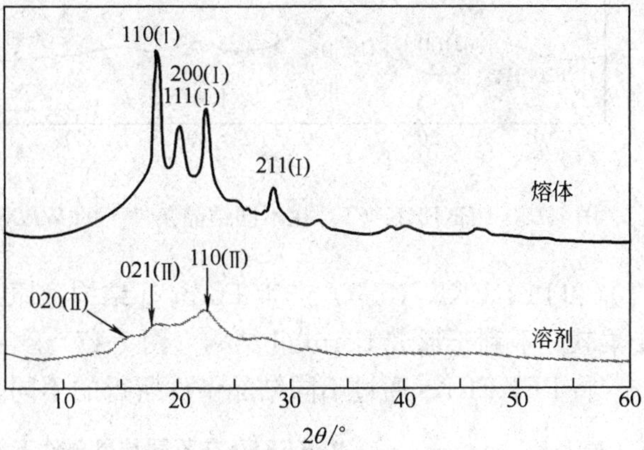

图 7-14　PEKEKK（T/I）熔体结晶和溶剂诱变结晶的 WAXD 图

PEKEKK（T/I）熔体结晶和溶剂诱变结晶 WAXD 图中的各衍射峰的晶面间距的观测值、计算值、密勒指数与相对强度列于表 7-1 和表 7-2 中。

表 7-1　PEKEKK（T/I）熔体结晶的 X-射线数据

No.	2θ/°	d_o/nm	d_c/nm	h　k　l	I/I_o
1	18.39	0.482	0.482	1　1　0	100
2	20.38	0.435	0.435	1　1　1	49
3	22.69	0.392	0.392	2　0　0	64
4	25.33	0.351	0.349	1　1　2	7
5	28.51	0.313	0.314	2　1　1	22
6	32.98	0.271	0.274	1　2　1	4
7	38.70	0.233	0.234	0　1　4	5
8	40.21	0.224	0.224	1　1　4	4
9	46.33	0.196	0.195	0　2　4	5
10	46.93	0.193	0.193	1　3　1	5
11	50.35	0.181	0.183	4　0　2	1
12	57.38	0.160	0.159	3　3　1	1

表 7-2　　PEKEKK（T/I）溶剂诱变结晶的 X-射线数据

No.	$2\theta/°$	d_o/nm	d_c/nm	h k l	I/I_o
1	15.62	0.567	0.567	1 1 0	54
2	18.23	0.486	0.494	0 2 1	65
3	22.73	0.391	0.391	2 0 0	100

用熔体结晶、溶剂诱变结晶和冷结晶三种方法对 PEKEKK（T）的结晶进行了研究，得到了两种不同的晶型 Form Ⅰ与 Form Ⅱ。熔体结晶得到 Form Ⅰ，溶剂诱变结晶得到 Form Ⅱ。而在高过冷度冷结晶情况下，Form Ⅰ与 Form Ⅱ共存（图 7-15）。

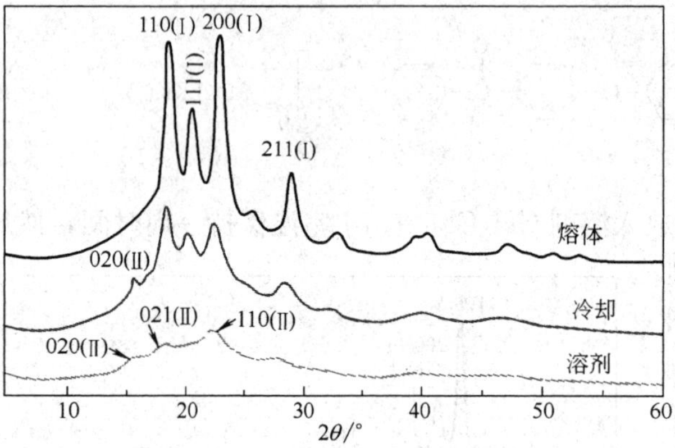

图 7-15　PEKEKK（T）在不同结晶条件下的 WAXD 图

下面一些例子将说明在外场作用下聚合物分子结构对产生 Form Ⅱ的影响。从熔体缓慢结晶的 PEKEKKs 没有产生 Form Ⅱ结构（图 7-16）。在溶剂（同前溶剂）诱变下只有 PEKEKK（T）和 PEKEKK（T/I）产生 Form Ⅱ结构，原因是全间位结构 PEKEKK（I）的分子链变柔软，不利于形成 Form Ⅱ结构（图 7-17）。

将 PEKEKKs 通过不同结晶条件所得的不同晶型的晶胞参数列于表 7-3 中。

表 7-3　　PEKEKKs 在不同结晶条件下的多晶型及晶胞参数

PEKEKKs	Form Ⅰ			Form Ⅱ		
	a/nm	b/nm	c/nm	a/nm	b/nm	c/nm
PEKEKK(T)	0.770	0.605	1.008	0.416	1.109	1.008
PEKEKK(T/I)	0.783	0.612	1.013	0.417	1.134	1.013
PEKEKK(I)	0.772	0.604	2.572	—		

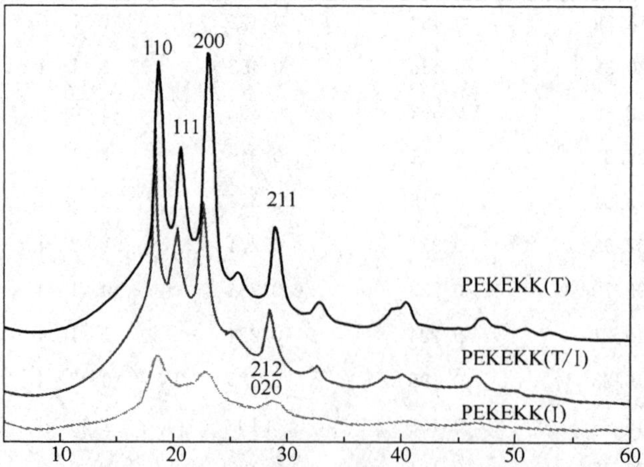

图 7-16　PEKEKKs 熔体结晶 WAXD 图

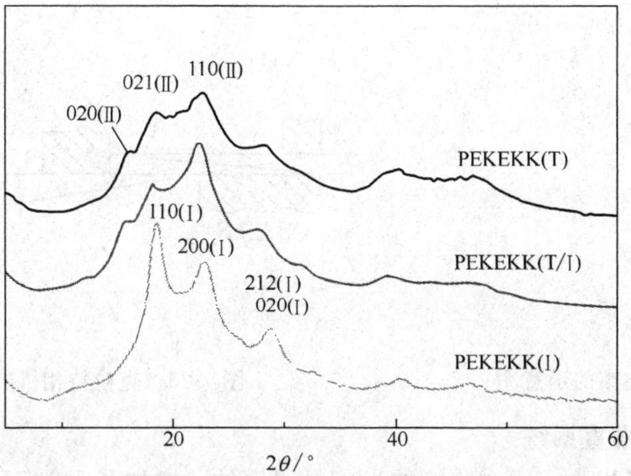

图 7-17 PEKEKKs 溶剂诱变结晶的 WAXD 图

7.2 小角 X 射线散射法

7.2.1 基本原理

根据布拉格公式进行简单计算就可以看出（表 7-4），在大角衍射的角度范围内能测定的晶格间距为零点几纳米到几纳米。可是在结晶聚合物中，常常要求测定几纳米到几十纳米的长周期，这就要求将测定角度缩小到小角范围。也就是说要在 1°～2°以内测定衍射强度或记录衍射花样，在这样的角度范围测定，在实验上是很困难的。

表 7-4 衍射角与晶格间距的关系

2θ	d/nm
30°	0.3
3°32′	2.5
1°40′	5
13′15″	40
5′20″	100

因为一般 X 射线管射出的 X 射线束宽 1°～2°，所以小角散射在普通大角衍射图中，被掩没在透射束内而观察不到。若要观察小角散射，则对整个准直系统有特别的要求。首先准直系统要长，而且光栅或狭缝要小，才能使焦点变细，但焦点太细、光强太弱，将导致记录时间过长，因而又要求 X 射线源要强。其次在准直系统和很长的工作距离内，空气对 X 射线有强烈的散射作用，因而整个系统要置于真空中。大角衍射与小角散射的工作距离的比较见图 7-18。

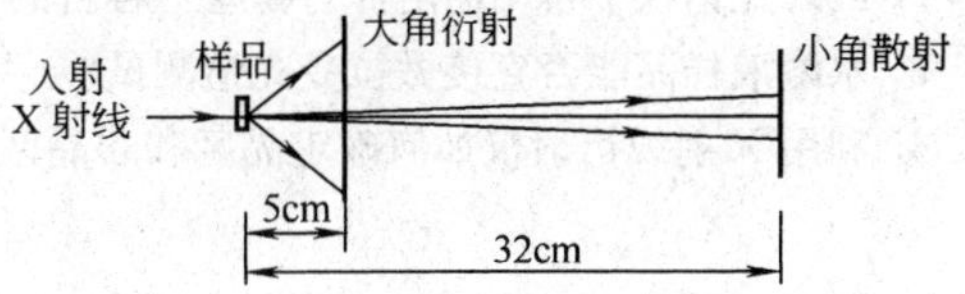

图 7-18 大角衍射与小角散射的工作距离（样品到记录面的距离）的比较

小角散射装置有两种准直系统，即针孔准直系统和狭缝准直系统。

7.2.1.1 针孔准直系统

1948 年 Guinier 首先用弯曲晶体将射线集束（图 7-19），然后经过针孔光栅。针孔准直系统结合照相法能获得畸变小的完全的小角散射花样，这对研究取向样品特别有用，但主要缺点是散射强度非常弱，曝光时间长达几天。

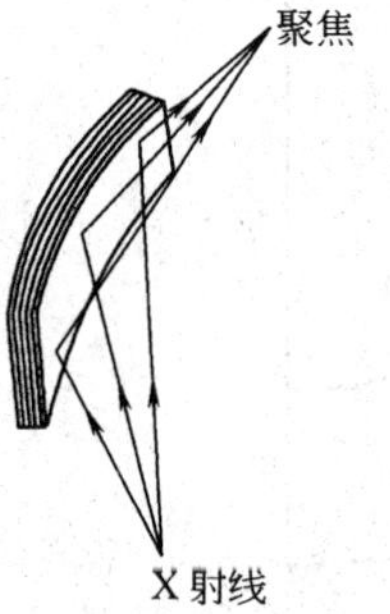

图 7-19　用弯晶集束的示意图

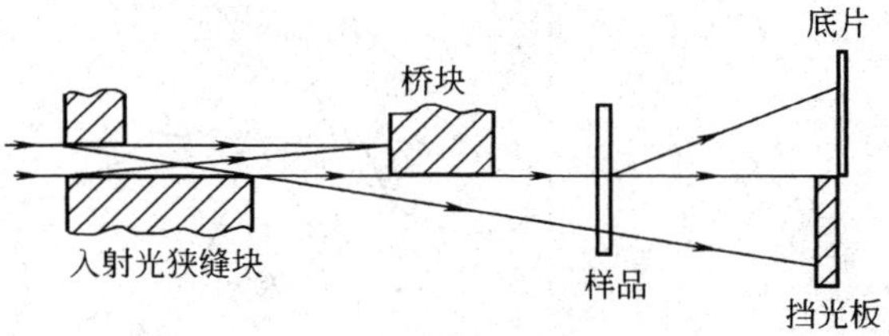

图 7-20　克拉特相机的基本原理

7.2.1.2　狭缝准直系统

与针孔准直系统相比，通过狭缝的光束是线性的，增加了入射面积，从而提高了散射强度，减少了曝光时间。然而用狭缝准直系统会使理论散射强度产生畸变，造成准直误差。对这种因狭缝引起的“失真”或“模糊”的数据进行校正，通用有两种方法，一是数学校准；另一种方法是使用足够长的狭缝，再用无限长狭缝理论作分析，后一种方法较为常用。

克拉特（Kratky）相机是常见的小角散射相机，基本原理如图 7-20 所示。该相机的设计可有效防止在狭缝处产生的次级 X 射线源的照射，2θ 分辨率可达 $0.05'$。

常用来记录小角散射的方法有照相法和计数器法。

7.2.2　应　　用

SAXS 能用于研究数纳米到几十纳米的高分子结构，如晶片尺寸、长周期、溶液中聚合物分子间的回转半径、共混物和嵌段共聚物的层片结构等。

习　　题

1. 红外光谱实验中有哪几种制样方法，各适用于哪种类型的样品？
2. 红外光谱仪中常用的附件有哪些？各自的用途是什么？
3. 水溶液样品能否直接做拉曼光谱测试？
4. 利用 X 射线衍射仪如何确定晶区和非晶区结构共存的聚合物材料的结晶度？

第2篇　聚合物的相对分子质量及相对分子质量分布表征

聚合物的显著特点就是具有较大的相对分子质量，而且同一种聚合物的相对分子质量没有确定的值，存在着相对分子质量分布。聚合物的许多独特性质都是与其相对分子质量及分布有关。如分子链的柔顺性、聚合物的熔点、玻璃化温度、黏度以及力学性能等。除了有些天然高分子物，如天然橡胶，天然的棉、麻、丝等，它们的相对分子质量分布接近于单分布，但是这些物质经过自然老化降解，或机械的或化学的处理之后，常常会发生分子链的降解，由断链造成相对分子质量不再单分散。聚合物本身是由不同相对分子质量的同系物组成的混合物。到目前为止尚无一种聚合方法可以得到完全单一相对分子质量的聚合产物。这是与无机物显著不同的特点。

聚合物材料的平均相对分子质量是决定该材料用途范围的依据，因此测定聚合物材料的相对分子质量及其分布具有相当重要的意义。

1. 相对分子质量及相对分子质量分布的定义

根据统计方法的不同，有多种统计平均相对分子质量：

数均相对分子质量：按照聚合物分子数统计平均。

$$\overline{M}_{\mathrm{r,n}}=\frac{\sum n_iM_{\mathrm{r},i}}{\sum n_i}=\sum x_iM_i \tag{Ⅰ}$$

式中　n_i——相对分子质量为 $M_{\mathrm{r},i}$ 的物质的量；

x_i——相对分子质量为 $M_{\mathrm{r},i}$ 的摩尔分数。

质均相对分子质量：按照聚合物质量统计平均。

$$\overline{M}_{\mathrm{r,m}}=\frac{\sum m_iM_{\mathrm{r},i}}{\sum m_i}=\frac{\sum n_iM_{\mathrm{r},i}}{\sum n_iM_{\mathrm{r},i}}=\sum x_iM_{\mathrm{r},i} \tag{Ⅱ}$$

式中　m_i——相对分子质量为 $M_{\mathrm{r},i}$ 的质量；

x_i——相对分子质量为 $M_{\mathrm{r},i}$ 的摩尔分数。

Z 均相对分子质量：按照 Z 量统计平均。

$$\overline{M}_{\mathrm{r,z}}=\frac{\sum (m_iM_{\mathrm{r},i})M_{\mathrm{r},i}}{\sum m_iM_{\mathrm{r},i}}=\frac{\sum m_iM_{\mathrm{r},i}^2}{\sum m_iM_{\mathrm{r},i}}=\frac{\sum n_iM_{\mathrm{r},i}^3}{\sum n_iM_{\mathrm{r},i}^2} \tag{Ⅲ}$$

黏均相对分子质量：

依据 Mark-Houwink 方程：　　$[n]=KM_{\mathrm{r}}^a$

$$\overline{M}_{\mathrm{r},\eta}=\left(\frac{\sum n_iM_{\mathrm{r},i}^{a+1}}{\sum n_iM_{\mathrm{r},i}}\right)^{\frac{1}{a}} \tag{Ⅳ}$$

式中 a 为常数，取值在 0.5～0.8 之间，取决于温度和具体的聚合物与溶剂的组合，即聚合物链段和溶剂分子间热力学的相互作用。

根据测试方法的依据，有绝对分子质量和相对分子质量之分。如果测定的物理量与分子质量有直接的理论关系，通过测定这个物理量就得到了绝对分子质量；如果测定的物理量与分子质量的关系需要进一步校正，得到的就是相对分子质量。

相对分子质量分布的定义为质均相对分子质量与数均相对分子质量之比：

$$D_P=\frac{\overline{M}_{r,m}}{\overline{M}_{r,n}} \tag{Ⅴ}$$

2. 聚合物相对分子质量及分子质量分布对聚合物性能的影响

聚合物的一个突出特点是相对分子质量很大，并且具有相对分子质量分布。实践证明高聚物的许多重要性质都与高聚物的相对分子质量有关系。例如高聚物的力学性能、强度、溶解性能、流动加工性能等都与相对分子质量有关。高聚物的一些特定性质温度如玻璃化温度、脆化温度等也与相对分子质量有关，另外聚合物的老化性能也与相对分子质量有关。下面分别介绍一下。

（1）相对分子质量对材料的强度的影响

通常在相对分子质量低于某一最小值时，强度很低，失去使用价值。对于聚酯、聚酰胺相对分子质量低于1万就不能形成具有一定强度的纤维。

对于极性强的聚合物来讲，聚合度至少在40以上，对于非极性聚合物聚合度至少在80以上，其强度才随相对分子质量的增加而增加，当相对分子质量增加到一定程度，强度趋于一固定值。

（2）相对分子质量对聚合物玻璃化温度（T_g）的影响

相对分子质量较低时，T_g 随着相对分子质量的升高而升高，当相对分子质量达到一定值后，相对分子质量对 T_g 的影响减小；当相对分子质量足够高的时候，T_g 不再随相对分子质量增大而继续增大，此时 T_g 与相对分子质量无关。

发生这一现象的原因是当相对分子质量不大时，链段的运动与整个分子链的运动是相同的。此时所谓的高分子运动实际上与小分子的运动性质是相类似的，相对分子质量提高，分子链加长，分子链的运动变缓，发生玻璃化转变的温度提高，即 T_g 升高；当相对分子质量继续增大时，相对来说分子链内的链节数较多，因此分子链的运动虽然受阻，但却没有使所有的链节都在同一时刻冻结起来；当相对分子质量继续增大，T_g 不再随相对分子质量的增大而增大。

（3）相对分子质量对溶解度的影响

相对分子质量越大，溶解越困难。因为高聚物的溶解过程与无机物不同，是先溶胀，后溶解，即易于运动的小分子溶剂进入不易运动的高聚物大分子链的内部，使高分子链发生溶胀，继而发生溶解，最后达到溶解平衡状态。所以相对分子质量越小，越容易达到溶胀平衡；相对分子质量越大，达到溶胀平衡的时间越长。

（4）聚合物老化现象和相对分子质量的关系

高分子材料在使用过程中受到光、热、氧、微生物等一些物质的作用会发生反应，使高分子链发生降解或交联等变化，从而影响材料的使用性能和使用寿命。聚合物的老化过程中通常都伴随着相对分子质量的变化。

聚合物的老化现象在相对分子质量上的表现有以下三种：

a 相对分子质量没有太大的变化

这是由于分子链发生了氧化现象，生成了其他物质，如羟基被氧化为醛、酮或酯的结构，这时聚合物整体的分子链长度没有明显的改变，但聚合物的性质发生了变化，这时可以通过红外或者核磁共振等方法检测其分子链结构组成的变化。

b 相对分子质量降低

有些高聚物的老化是因为分子链的断裂，这时相对分子质量急剧下降，使产品性能发生显著的变化。以聚碳酸酯（PC）为例，PC 是一种性能优异的工程塑料，熔点高、刚硬而韧，具有良好的尺寸稳定性、耐蠕变性及绝缘性。PC 在电器、机械、光学仪器及医疗仪器方面都有广泛应用。但是 PC 易降解老化的缺点也极大地限制了它在许多领域的应用。如它在热水中老化速度极快，100℃的沸水中处理 20 天，相对分子质量可以由 3.7 万下降到 2 万以下，失去了工程塑料的性质。

c 相对分子质量上升

有些高聚物的老化是因为分子链发生了支化交联，这时相对分子质量增加。现象是产品变硬，失去原有的弹性，色泽发生变化等。

（5）相对分子质量对成型加工性能的影响

高聚物的加工过程都是在其流动状态下进行的，无论是挤出、注射或涂覆压延等，相对分子质量越大，高聚物的黏流温度越高。所以说相对分子质量越高，加工就越困难。

从上面的分析可以看出，为了提高高聚物的加工性能，应该降低其相对分子质量，而为了提高高聚物的使用性能，又必须保证一定的相对分子质量，相对分子质量低易加工，但产品性能不好；相对分子质量高，产品性能好，加工性能下降。实际应用中，应具体情况具体分析。一般来讲，在保证产品使用性能的条件下尽量降低其相对分子质量，可降低加工的成本。

（6）相对分子质量分布对聚合物性能的影响

高聚物的相对分子质量分布对于材料性能的影响最主要表现在高聚物中所包含的高相对分子质量的始端部分和低相对分子质量的尾端部分的范围及其含量。高相对分子质量的始端部分经常与熔体的弹性效应有关，相对分子质量越高，分子链缠结越严重，弹性效应越显著。而低相对分子质量尾端部分却给材料的强度、脆性及应力开裂等带来影响。举例来讲：在含有大量低相对分子质量尾端的高聚物产品，容易出现起泡，强度低，耐老化性差等现象。如聚碳酸酯（PC），相对分子质量低于 1 万的部分在这个样品中的含量较多时，产品发黄，强度下降，寿命大大缩短；纤维材料高相对分子质量始端含量多时，纺丝时会出现堵塞丝孔的现象，严重时导致无法加工。在挤出、吹塑加工中，会出现熔体结块的现象。

相对分子质量分布直接影响高聚物本身的加工流动性（黏度），因此影响加工的难易程度。相对分子质量相同的两个样品，相对分子质量分布宽的比分布窄的流动性要好。从而使加工压力低，能耗小，温度敏感性差，这就意味着加工时温度控制无需太严，易于加工。原因是高聚物中的小分子部分起着内增塑的作用。

3. 聚合物相对分子质量及相对分子质量分布的表征方法

从实验方法上看，测定聚合物相对分子质量和相对分子质量分布的方法可分为几个类型：

常用的几种相对分子质量测定方法的测试范围及分类

测 试 方 法	相对分子质量范围	相对分子质量	方法归属
端基滴定	$<3\times10^4$	绝对数均	化学方法
冰点降低法	$<3\times10^3$	绝对数均	热力学方法
沸点升高法	$<3\times10^3$	绝对数均	
蒸汽压法	$<3\times10^4$	绝对数均	
膜渗透法	$3\times10^4\sim1.5\times10^6$	绝对数均	
光散射法	$1\times10^4\sim1.5\times10^7$	绝对质均	光学方法
超速离心沉降法		绝对质均	动力学方法
黏度法	$1\times10^4\sim1.5\times10^7$	黏均	动力学方法
凝胶渗透色谱法	$1\times10^2\sim1.5\times10^8$	各种	相对法

第 8 章　数均相对分子质量的测定

数均相对分子质量的测定方法分两类：化学法和热力学方法。化学法基于化学反应，常用的有端基滴定法。热力学方法基于聚合物稀溶液的热力学性质，通过测定某些物理量的变化而求得聚合物的相对分子质量。常见的测试方法有：冰点降低法、蒸汽压下降法和渗透压法。

8.1　端基滴定法

8.1.1　测 试 原 理

在端基滴定法中，被测聚合物的末端必须带有能够进行定量化学反应基团。端基滴定法就是通过化学滴定的方法测定这些端基的量。每个聚合物链上的端基数目一定，测定一定重量的聚合物的端基数目，即可求出其分子数，从而求出聚合物的相对分子质量。

$$\overline{M}_{r,n}=\frac{m}{n} \tag{8-1}$$

式中　m——试样质量，g；

n——物质的量。

8.1.2　测 试 方 法

称取一定量的聚合物，溶于该聚合物的良溶剂中。然后用标准的能与该聚合物的端基进行反应的化合物溶液滴定，记录反应终点时所消耗的体积。根据下式可求得被测物的相对分子质量。

$$\overline{M}_{r,n}=\frac{1000mn}{cV} \tag{8-2}$$

式中　m——试样质量，g；

c——标准溶液物质的量浓度；

V——标准溶液消耗体积，mL；

n——每个分子中所含端基数。

因聚合物的端基不相同，所用标准溶液也不一样。

8.1.3　影 响 因 素

① 适用性：端基滴定法只适用于那些结构明确的聚合物。能够确切知道聚合物链上有确定的可进行化学滴定的基团数。如果基团数不明确或含有未知的可反应基团，测试结果偏差将非常大。

② 相对分子质量：聚合物相对分子质量不可太大，否则误差较大。因为，聚合物相对分子质量大时，一方面端基的含量会减小，试验误差加大；另一方面大分子反应较困难，使得测试数据不真实。适用的相对分子质量范围在 3×10^4 以下。

③ 试样的纯度：试样要提纯，不可含有与滴定标准液可反应的杂质。

8.2　冰点降低法

8.2.1　测试原理

冰点降低法是基于溶液与纯溶剂的冰点不同的原理。

所谓冰点，是指在一个大气压下，一种物质的固相和液相达到平衡时的温度，溶液的冰点是指溶液与固体溶剂达到平衡时的温度。溶液的冰点较纯溶剂的冰点要低，冰点的降低值有依数性，即：与溶质的分子数有关，如式（8-3）所示。

$$\Delta T_f = k_f(c/\overline{M}_{r,n}) \tag{8-3}$$

式中　c——溶液浓度，mg/g；

$\overline{M}_{r,n}$——溶质的数均相对分子质量；

k_f——冰点降低常数。

$$k_f = RT_f^2/(1000L_\theta) \tag{8-4}$$

式中　T_f——纯溶剂冰点，℃；

L_θ——每克溶剂的熔融潜热，J/(mol·K)。

式（8-3）中，溶质的分子数表达为 $c/\overline{M}_{r,n}$，溶液的冰点降低值 ΔT_f 就正比于溶液的浓度，而与溶质的相对分子质量成反比。式中，k_f 是冰点降低常数，与溶剂有关，见式（8-4）。k_f 值因溶剂种类而异，与溶质种类无关。事先测得溶剂的冰点降低常数 k_f，已知溶液的浓度，测量出溶液的冰点降低值 Δk_f，即可由（8-3）式求得溶质相对分子质量。但是依数性只适用于理想溶液，聚合物溶液的热力学性质与理想溶液有很大差别，只有在无限稀释的情况下才符合理想溶液的规律。因此必须在各个浓度下测定冰点的降低值，然后以 $\Delta T/c$ 对 c 作图，并外推至浓度为零，从 $(\Delta T/c)_{c\to 0}$ 的值计算相对分子质量。

$$(\Delta T/c)_{c\to 0} = k_f/\overline{M}_{r,n} \tag{8-5}$$

8.2.2　实验仪器及测试

冰点降低法使用的仪器是冰点降低池，它的主要部分是一个带有空气夹套的玻璃管。冰点降低池的下部浸在一个比溶剂的冰点约低 1.5K 的恒温槽中。用电磁搅拌器搅拌池中的液体。用热敏电阻测定微小的温度变化（1×10^{-4}℃）。结构示意图如图 8-1 所示。

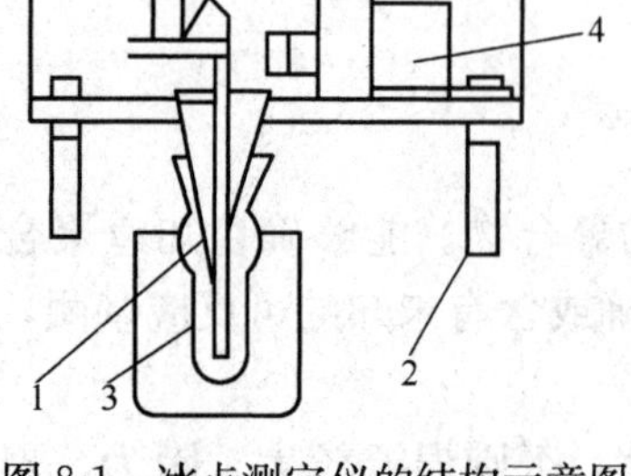

图 8-1　冰点测定仪的结构示意图

1—测量容器　2—热控管

3—搅拌马达　4—制冷器

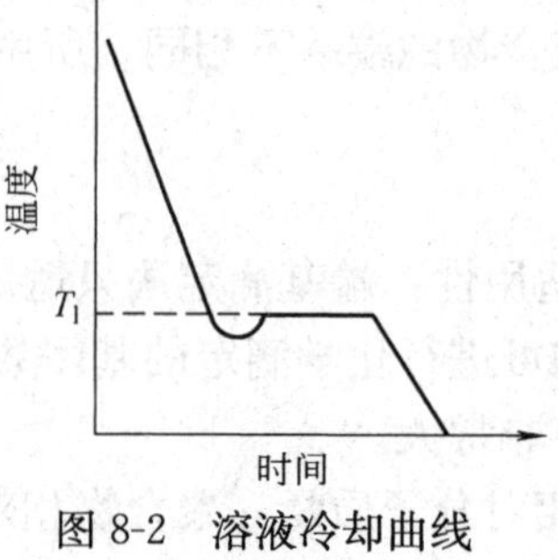

图 8-2　溶液冷却曲线

测定溶液冰点的方法通常采用过冷法。即溶液温度逐渐冷却至冰点以下，仍不析出固体物质而温度却还在随时间下降，这就是过冷现象。在过冷情况下，当一旦凝固现象发生，结冰即迅速完成，并释放出凝固热，使温度上升，直至与通过冷冻的散失热量迅速达到平衡之后，温度不再改变，这就是溶液的冰点，见图 8-2。

分别测定溶剂和不同浓度的溶液的冰点，然后以 $\Delta T/c$ 对 c 作图，并外推至浓度为零，求得（$\Delta T/c_{c\to 0}$），根据式 8-5 得聚合物的数均相对分子质量。

8.2.3 影响因素

8.2.3.1 溶剂选择

采用冰点降低法测试聚合物相对分子质量的溶剂选择所遵循的原则如下。

（1）溶液冰冻过程中，不发生聚合物析出或与溶剂同时析出的现象；

（2）溶剂与聚合物不发生化学反应。

8.2.3.2 减轻过冷现象

溶液中析出固相的纯溶剂之后，剩余的溶液浓度增加，而在计算中使用的却是原始浓度，引入了误差，所以要避免过度的过冷现象。避免过度的过冷现象有两种方法：一是加入少量的晶种作为晶核；二是增加搅拌速度。

在实验过程中，如果过冷程度不高析出的固态溶剂的量对浓度影响不大，那就可以用过冷回升的温度作为过冷溶液的冰点。这样所得的结果对相对分子质量的计算无显著影响。如果析出的固态溶剂的量较多，影响了原来溶液的浓度，因而导致剩余溶液与固相溶剂的平衡温度下降。如果体系严重过冷，则所测得的冰点将偏低。从而影响了相对分子质量的测定结果。

搅拌器的大小必须合适，否则过冷很难控制。搅拌速度的快慢能影响散热的快慢，所以要选择适当的搅拌速度。

8.3 蒸汽压下降法（VPO）

8.3.1 测试原理

根据拉乌尔定律，溶液的蒸汽压要低于溶剂的蒸汽压。当一个与外界绝热的密闭的恒温室中充有某种溶剂的饱和蒸汽，若在两个支持体（通常是热敏电阻）上分别将一滴纯溶剂 1 和一滴含有不挥发性溶质的溶液点 2 置于其上。这时饱和蒸汽压中发生的情况如图 8-3。在溶液滴上由于溶剂在溶液中的饱和蒸汽压低于纯溶剂的蒸汽压。于是就会有溶剂分子从饱和蒸汽相凝聚到溶液点上，或者说溶剂蒸汽分子在溶液分子的凝聚大于溶剂分子的蒸发。当溶剂分子在溶液上凝聚时并放出凝聚热使得溶液滴的温度升高，溶液滴与溶剂液滴间就会产生温差，溶液蒸汽压的降低由温差表现出来。

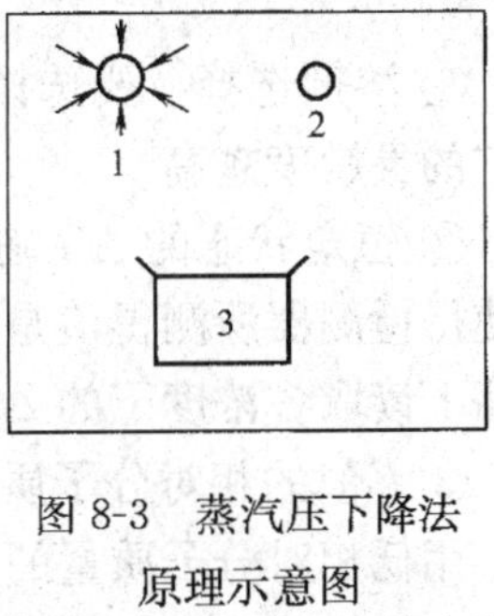

图 8-3　蒸汽压下降法原理示意图

1—溶液滴　2—溶剂滴　3—溶剂

溶液蒸汽压的降低，即：溶液滴与溶剂液滴间的温差，是溶质依数性的反映。由于聚合物溶液为非理想溶液，其依数性由维利展开式表达：

$$\Delta T/c=A/\overline{M}_{r,n}+A_2c+A_3c^2+\cdots \tag{8-6}$$

式中　A——与溶剂、温度有关的常数；

A_2——第二维利系数；

c——溶液的浓度，mg/g；

A_3——第三维利系数；

ΔT——由热敏电阻或热电堆测定的温度差，℃。

测定不同的浓度下的温度差 ΔT，然后以 $\Delta T/c$ 对 c 作图，并外推至浓度为零，从 $(\Delta T/c)_{c\to 0}$ 的值计算相对分子质量。

$$(\Delta T/c)_{c\to 0}=A/\overline{M}_{r,n} \tag{8-7}$$

8.3.2　仪器结构及测试

蒸汽压下降法的装置如图 8-4，它包括恒温室、热敏元件和电测量系统。恒温室要求一般恒温在 10^{-3}℃以内，热敏元件目前多采用热敏电阻，要求溶剂滴和溶液滴的两个热敏电阻很好地匹配。电讯号的测量使用直流电桥。即两只热敏电阻 R_1 和 R_2 组成惠斯顿电桥的两个桥臂，由于温差引起热敏电阻阻值变化从而导致电桥失去平衡，输出的信号即表示检测器的偏转格数 ΔG。由 ΔG 表示 ΔT，式（8-7）变为下式：

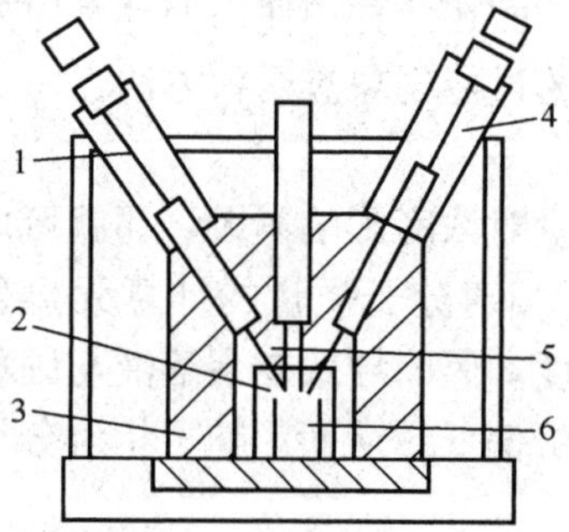

图 8-4　蒸汽压下降仪的结构示意图

1—溶液注射器　2—汽压室　3—加热块　4—溶剂注射器　5—热敏电阻　6—溶剂杯

$$(\Delta G/c)_{c\to 0}=k/\overline{M}_{r,n} \tag{8-8}$$

式中　k——仪器常数，其值与电压、溶剂、温度等有关。

如果已知 k 和溶液浓度，可以通过测定 ΔG 而求得溶质的相对分子质量。通常是测定几个不同浓度的 ΔG，然后外推 $c\to 0$，得到 $(\Delta G/c)_{c\to 0}$，用此值计算出高聚物的数均相对分子质量。

k 值由已知相对分子质量的“基准物”进行 VPO 测定求得。

8.3.3　影 响 因 素

① 溶剂选择　要选择蒸汽压大、蒸发潜热小的溶剂体系。溶剂的蒸汽压越大，VPO 测定的灵敏度越高。

② 恒定状态的 ΔG 确定　由于体系只是达到定态而不是达到完全的热力学平衡，所以使得检测器所测得值是时间的函数，经过一段时间成为一个恒定值。通常试验中用固定时间下读取各浓度下的 ΔG 值。

③ k 值的相对分子质量依赖性　只有在 k 值没有溶质相对分子质量的依赖性的情况下，用低相对分子质量的标准样品标定仪器常数 k 来测定高聚物的相对分子质量时，才不会带来很大误差。在 k 值是否有溶质相对分子质量的依赖性的问题上，有不同的观点。

④ 操作　蒸汽压下降法中每个浓度的溶液所产生的讯号是彼此独立的。因此不能采

取逐步加浓或逐步加稀的方法。应先配好 4～5 个不同浓度的溶液。为了减小零点漂移的影响，应测试一个浓度，测定一次零点。

8.4 膜渗透压法

8.4.1 实验原理

当用半透膜将高聚物溶液与溶剂隔开时，由于纯溶剂的化学势较溶液中溶剂的化学势要大，因此就会有溶剂从纯溶剂池通过半透膜而进入溶液池，从而产生溶液池与溶剂池的液面之差来达到渗透平衡，该液柱压力差称为渗透压 π。如图 8-5 所示。

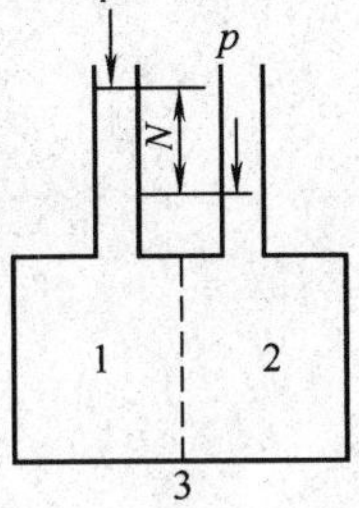

图 8-5 高聚物溶液渗透压原理图

1—溶剂池 2—溶液池 3—半透膜

聚合物溶液是非理想溶液，渗透压 π 与溶液浓度和聚合物数均相对分子质量 $\overline{M}_{r,n}$ 之间的关系如下式：

$$\pi/c = RT/\overline{M}_{r,n} + RTA_2c + RTA_3c^2 + \cdots \quad (8\text{-}9)$$

式中 $\pi=\rho g\Delta h$（Δh 为半透膜两边的液面高度差）

A_2 和 A_3——聚合物的第二、第三维利系数。

测定几个浓度下的渗透压，然后用 π/c 对 c 作图，得一直线并外推至 $c\rightarrow 0$，该值为无限稀释的聚合物溶液的渗透压，可认为是理想溶液的渗透压，从而可以由式 8-10 求出聚合物的数均相对分子质量。

$$(\pi/c)_{c\rightarrow 0} = RT/\overline{M}_{r,n} \quad (8\text{-}10)$$

8.4.2 实验仪器

图 8-6 是 KNAUER 型膜渗透压计结构示意图，半透膜 1 将不锈钢池分成上下两个部分，上部为溶液池，下部为溶剂池。溶液池的体积为 0.2ml，溶剂池通过一根毛细管与金属感压膜连接，当溶剂向溶剂池中渗透时，带动金属感压膜向上偏移，并带动活动电极位移至使电容器电容改变，此电容变化信号与渗透压成正比，并由电容感应检测器检知，再经放大器放大后，输入记录仪中。实验完成后，溶液从溶液排出口排出。

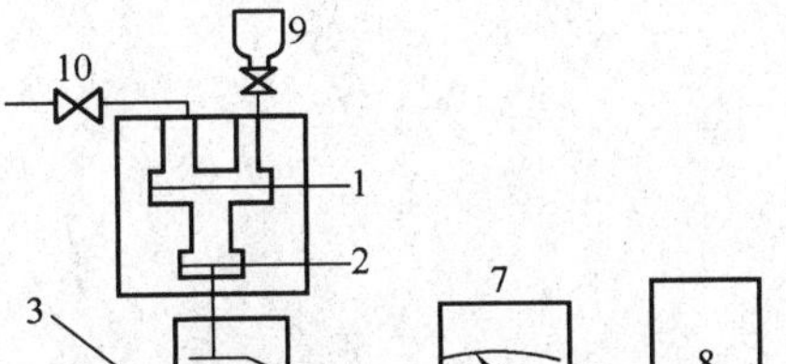

图 8-6 膜渗透压计结构示意图

1—半透膜 2—金属感压器 3—固定电极 4—可动电极 5—电容感应检测器 6—放大器 7—表头 8—记录仪 9—溶液槽 10—溶液出口

8.4.3 影响因素

用渗透压法测定相对分子质量的一个关键问题在于半透膜的选择。半透膜应该使待测高聚物分子不能通过，且与该高聚物和溶剂不发生反应，不被溶解。另外半透膜对溶剂的透过速率要足够大，以便能在一个尽量短的时间内达到渗透平衡。常用的半透膜材料有硝化纤维素（火胶棉膜）、再生纤维素（玻璃纸膜）等。半透膜的渗透性决定了用渗透压法测定相对分子质量之下限。另外，半透膜的状态也是渗透压测定的关键，半透膜应该始终处于溶剂中保存与使用，防止膜的干燥和老化。

溶剂在使用前必须经过严格的过滤并且要用加热的方法进行脱气，将溶剂中溶解的气体排除，否则会使测定池内产生起泡效应，影响测定结果。

上池阀件的密封性以及液柱造成的静压差对数据的重复性也有一定的影响。

这三种热力学方法所使用的仪器普遍的特点是体积小，易操作，容易更换溶剂体系，所以在使用中较为灵活。但是每种仪器都有一定的相对分子质量测试范围，而且测试范围也较小，这就限制了其使用范围，必须是相对分子质量值在这个范围内测试结果才有效，相对分子质量位于测试范围边缘和测试范围之外的其结果误差非常大。在使用这些仪器时首先要根据聚合物的相对分子质量大概在哪个范围内来选择相应的仪器。

第 9 章 光散射法测定质均相对分子质量

1944 年，德拜（Debye）将光散射技术用于聚合物溶液，提出 Debye Plot，求得聚合物的质均相对分子质量。1948 年，Zimm 在一张图上同时将角度和浓度外推到零，提出了著名的 Zimm 作图法。从此，光散射成为测定高分子相对分子质量的一种经典方法。20 世纪 60 年代以后，随着激光技术的日趋成熟和计算机技术的飞速发展，激光光散射技术已成为高分子实验室里的常规测试手段。

通过光散射法，可以得到聚合物的质均相对分子质量 $\overline{M}_{r,m}$、均方末端距 h^2、表征高分子链段间和链段与溶剂分子间相互作用的第二维利系数 A_2。

9.1 基 本 原 理

当一束光通过一不均匀介质时，不仅可以在沿着入射光方向观察到透射光强，在入射方向以外的各个方向也能观察到光强，这种现象称为光散射现象。这种光称为散射光，散射光的产生是由于光作为一种电磁波，具有振动方向相互垂直的电场和磁场，在光电场的作用下，介质中的带电质点被极化，成为偶极子，并随之产生了同频率的受迫振动，而成为二次光波源。向各个方向发射的电磁波，即散射光波。根据溶液光散射理论，散射光的强度可表示为式（9-1）。

$$I(r,\theta)=(4\pi^2/\lambda_0^4 N_A r^2)n^2\left(\frac{dn}{dc}\right)^2\frac{c}{\frac{1}{M_r}+2A_2c}I_0 \tag{9-1}$$

式中 θ——观察角；

M_r——溶质相对分子质量；

A_2——二阶维利系数；

n——溶剂折射率；

dn/dc——溶液折射率与浓度变化比值；

N_A——阿伏伽德罗常数；

λ_0——入射光波长；

r——观察点与散射点之间的距离；

I_0——入射光的强度；

I——散射光的强度。

将式（9-1）整理得：

$$\frac{I(r,\theta)}{I_0}r^2=\frac{4\pi^2}{N_A\lambda_0^4}n^2\left(\frac{dn}{dc}\right)^2\frac{c}{\frac{1}{M_r}+2A_2c} \tag{9-2}$$

定义 $R_\theta=\frac{I(r,\theta)}{I_0}r^2$，称为 Relay 因子；

式中的常数 $4\pi^2(dn/dc)^2n^2/(N_A\lambda_0^4)$ 计作 k。

整理得式（9-3）：

$$kc/R_\theta=1/M_r+2A_2c+\cdots \tag{9-3}$$

聚合物溶液中的光散射，因分子链尺寸与入射光的波长在同一个数量级，每个大分子的各个部分都可以作为散射中心，同一个分子上的不同部分的散射光会产生干涉，使散射光强度减小。干涉程度与光程差有关，而光程差又与观察角 θ 有关，因此散射光强度与观察角有关。在角处散射光强度因干涉而减弱的程度由散射因子（或散射函数）P_θ 表示。θ 为零时，P_θ 为 1。

$$P_\theta=\frac{\text{大分子的散射强度}}{\text{无干涉时的散射强度}} \tag{9-4}$$

在聚合物溶液中，式（9-3）矫正为：

$$kc/R_\theta=1/(M_rP_\theta)+2A_2c+\cdots \tag{9-5}$$

P_θ 的值与大分子的形状、大小及光波的波长有关。对与分子大小为均方末端距 $\overline{h}^2$，分子形状为无规线团，光波为 λ 的聚合物稀溶液，$1/P^\theta$ 值为：

$$\frac{1}{P_\theta}=1+\frac{1}{3}\frac{8\pi^2}{3}\cdot\frac{\overline{h}^2}{\lambda_2}\sin^2\frac{\theta}{2}+\cdots \tag{9-6}$$

带入式（9-5），得：

$$kc/R_\theta=1/M_r\left(1+\frac{1}{3}\frac{8\pi^2}{3}\cdot\frac{\overline{h}^2}{\lambda_2}\sin^2\frac{\theta}{2}\right)+2A_2c+\cdots \tag{9-7}$$

式（9-7）为光散射计算的基本公式。有两种极限情况，即：$\theta\rightarrow0$，$c\rightarrow0$ 时，

$$\left(\frac{kc}{R_\theta}\right)_{\theta\rightarrow0}=\frac{1}{M_r}+2A_2c \tag{9-8}$$

$$\left(\frac{kc}{R_\theta}\right)_{c\rightarrow0}=\frac{1}{M_r}\left(1+\frac{1}{3}\frac{8\pi^2}{3}\cdot\frac{\overline{h}^2}{\lambda^2}\sin^2\frac{\theta}{2}\right) \tag{9-9}$$

在聚合物溶液中，大分子的相对分子质量不相同，光散射强度是各个分子的散射的和。在无限稀释时：

$$\sum(R_\theta)_{\substack{c\rightarrow0\\\theta\rightarrow0}}=k\sum c_iM_{r,i}=kc\frac{\sum c_iM_{r,i}}{\sum c_i} \tag{9-10}$$

即：
$$\left(\frac{kc}{R_\theta}\right)_{\substack{c\rightarrow0\\\theta\rightarrow0}}=\frac{1}{\overline{M}_{r,m}}$$

光散射测得的聚合物相对分子质量是质均相对分子质量。

测试中只需测定几个不同溶液浓度，不同散射角处的散射强度，以 kc/R_θ 对 $\sin^2\theta/2+kc$ 作图，外推 $\theta\rightarrow0$，$c\rightarrow0$，根据式（9-8），其截距为 $1/\overline{M}_{r,m}$，可求得聚合物的质均相对分子质量，见图 9-1。

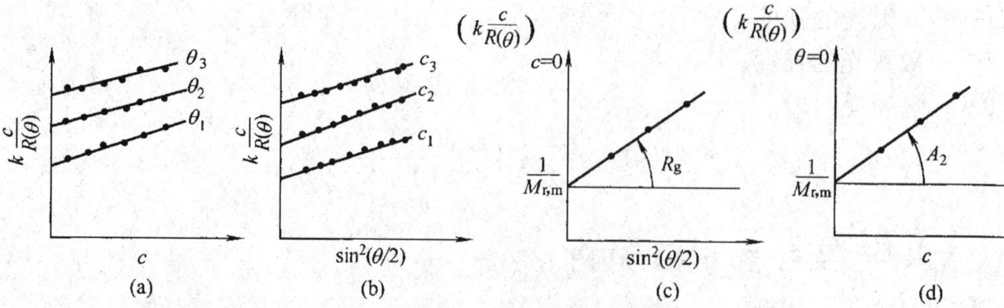

图 9-1　光散射数据处理

在低角度的时候（2°～7°），可以省去角度外推，只进行浓度外推。这就是小角激光光散射（LALLS Low-Angle Laser Light Scattering）的原理。

9.2 仪器结构及影响因素

在这里介绍激光散射仪。激光散射仪光源强，单色性好，准确性高；数据的准确性较好，测定方便，所需时间短。

9.2.1 仪器结构及测试方法

9.2.1.1 小角激光光散射仪的基本结构

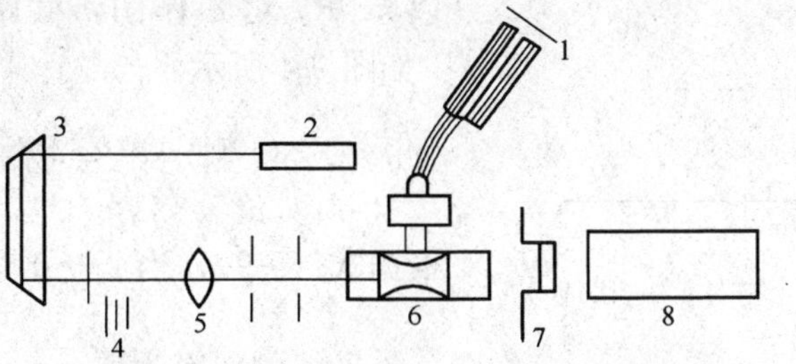

图 9-2 小角激光光散射基本结构示意图

1—注射器 2—激光器 3—倒向镜 4—衰减器

5—透镜 6—试样池 7—固定衰减器 8—光电倍增管

9.2.1.2 浓度示差折光指数仪的结构

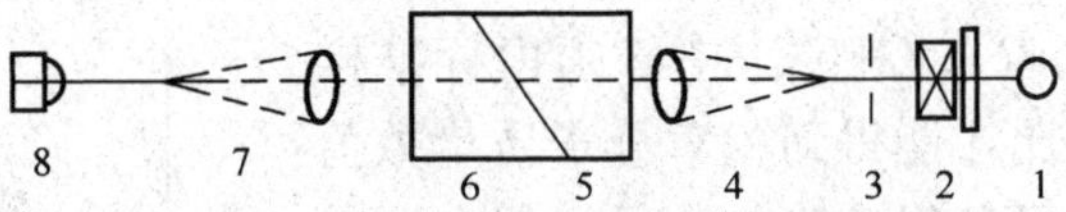

图 9-3 示差折光指数仪结构示意图

1—光源 2—透镜 3—光栅 4—准直镜 5—溶液

6—溶剂 7—成像镜 8—读数显微镜

9.2.1.3 测试方法

光散射法主要测定瑞利比 R_θ 和折射率与浓度变化比值 dn/dc。由 dn/dc 求出 k 值。dn/dc 可在手册中查出或在折光指数浓度增量仪上测出。折光指数浓度增量仪是利用光线在两液体界面的折射原理而制成的。测出入射光和折射光的位移 ΔX，则

$$\Delta n = \Delta X \cdot k \tag{9-11}$$

式中 k——仪器常数，定期用氯化钠溶液进行标定。

测定几个不同浓度溶液的 Δn，以 $\Delta n/c$ 对 c 作图，外推到 $c \to 0$，得 dn/dc。

R_θ 的测量采用间接法，选择一参比物为标准散射法。

9.2.2 影 响 因 素

溶液中的灰尘会产生强烈的光散射，严重干扰聚合物溶液光散射的测量。溶液除尘是

光散射方法成败的关键。首先是溶剂除尘，配制测试样品的溶剂应进行精馏，并经过 0.2μm 超滤膜过滤后方可使用。配好的溶液也要用 0.2μm 的超滤膜过滤。另外，测试中所用的器械，如：注射器等，使用前要用洗液浸泡，清水强力冲洗。

9.3 光散射法的应用

9.3.1 测定绝对质均相对分子质量和第二维利系数

目前可以测定聚合物绝对质均相对分子质量的方法就是光散射法。

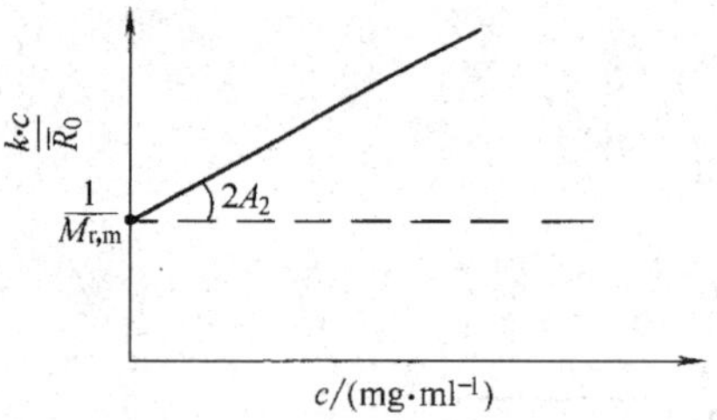

图 9-4 光散射法测定聚合物的 $\overline{M}_{r,m}$ 和 A_2

使用小角激光光散射仪，测定纯溶剂和 4～5 个浓度精确的聚合物溶液的 R_θ。根据公式（9-8）：

以 kc/R_θ 对 c 作图，截距为 $1/M_{r,m}$，斜率为 $2A_2$。如图 9-4 所示。

9.3.2 测定聚合物的均方末端距

根据式（9-9），当 $c\to0$ 时，kc/R_θ，对 $\sin^2\dfrac{\theta}{2}$ 作图，外推线的斜率为 $\dfrac{8\pi^2}{9\lambda^2}\overline{h}^2$，由该斜率得到聚合物的均方末端距。

9.3.3 与 GPC 联机使用

把 GPC 仪与光散射仪连用，由光散射仪连续测定聚合物样品中各个级分的相对分子质量，由 GPC 仪中的浓度示差检测器检测各个级分的浓度，就可以得到聚合物的各种平均相对分子质量。可以省去 GPC 法中必须由标准样品作校正曲线来进行对比才能得到相对分子质量数值的方法。这样既简便又可获得准确的数据。但在联机中还存在一些实际问题，必须首先得到解决，如机器的相互干扰屏蔽作用会影响一些数均的准确性。另外光散射仪的安装和调试是一个非常精细的过程。入射光和不同角度的散射光必须严格地处在同一个平面。同时入射光要垂直地入射散射池并且通过样品池和检测器的旋转中心。另一个重要步骤就是：激光光散射实验中必须对样品严格除尘。制备严格尽可能无尘的样品是得到好的光散射结果的别无选择的先决条件。

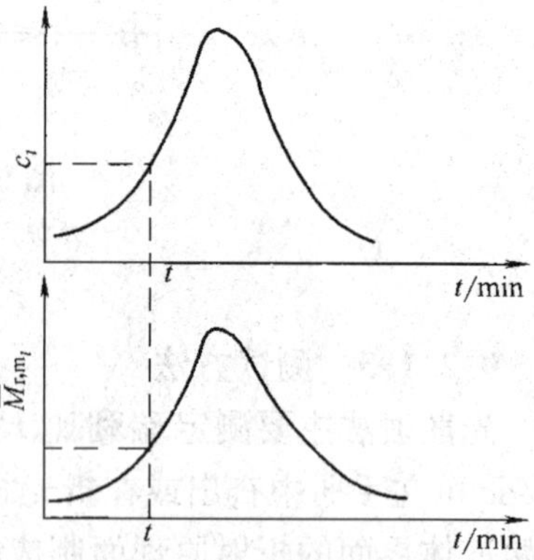

图 9-5 LASSA-GPC 联机测定聚合物的相对分子质量

由 LALLS 静态测试 $\overline{M}_{r,m}$ 的公式：

$$\frac{kc}{R_\theta}=\frac{1}{\overline{M}_{r,m}}+2A_2c$$

可转化为动态测定时从色谱柱中流出的每一个级分的关系：

$$\frac{kc_i}{R_{\theta,i}}=\frac{1}{M_{r,m_i}}+2A_{2,i}c_i$$

由连接的 GPC 测试到各个级分的浓度比例，按照计算公式计算各种平均相对分子质量和相对分子质量分布。

9.3.4　黏度方程中 k、α 的测定

用黏度法测定相对分子质量是一种比较简单的方法，但必须知道试样的 k、α 值。有一些常使用的材料已经有人标定过它们的 k、α 值，可以直接查手册得到，但随着科学技术的发展，出现了越来越多的新型的高性能及功能性材料，各种各样的共聚和共混材料，这些新材料的 k、α 值手册中还查不到，这就限制了它们在黏度法和 GPC 方法中的使用，这时就需要用进行 k、α 值的标定

$$[\eta]=kM_r^{\alpha}$$

两边取对数

$$\lg[\eta]=\lg k+\alpha\lg M_r$$

聚合物的 α 值一般都在 0.5～0.8 之间，所以聚合物的质均相对分子质量与黏均相对分子质量比较接近。配制一系列（7 个以上）单分散性的样品，用光散射法依次测定其质均相对分子质量，近似认为是黏均相对分子质量，用黏度法测定其黏度，以 $\lg[\eta]$-$\lg M_r$ 作图，可以得到一条直线，外推直线得截距 $\lg k$ 和斜率 α，见图 9-6。

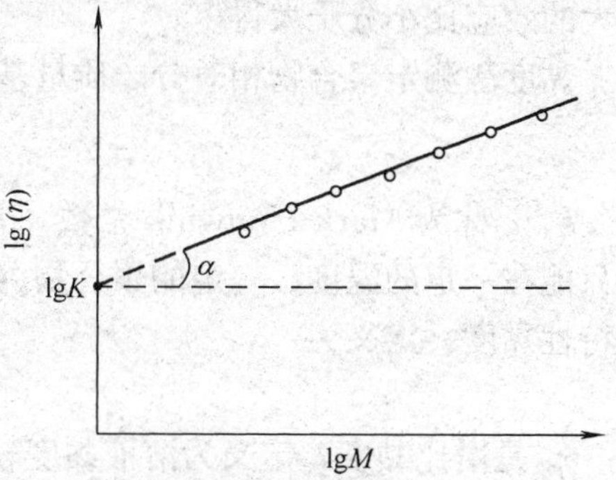

图 9-6　光散射法标定聚合物的 k、α 值

9.3.5　测定聚合物的组成

在研究不同组成比的嵌段共聚物和它们的折射率增量 dn/dc 时发现，dn/dc 相对于不同的组成分数 X 具有很好的加和性。

$$(dn/dc)_0=X_A(dn/dc)_A+(1-X_A)(dn/dc)_B$$

例如对于聚苯乙烯和聚异戊二烯的嵌段共聚物，分别测定具有相同组成比的聚苯乙烯和聚异戊二烯的共混物和共聚物的折射率增量值 dn/dc，发现线性很好。如图 9-7 所示。

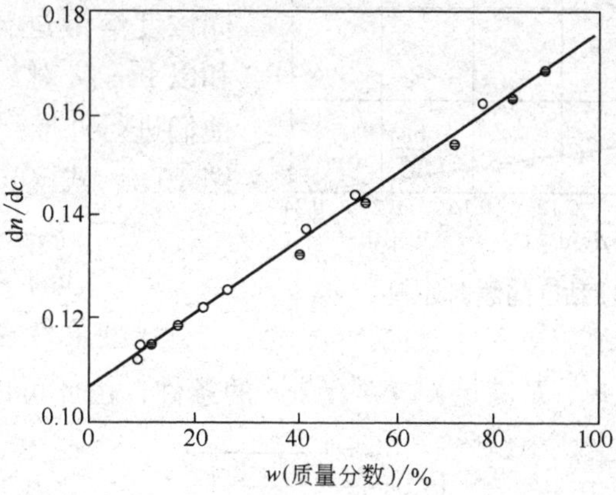

图 9-7　PS-PIP 的关系图

○嵌段　◉共混

第 10 章　黏度法测定聚合物相对分子质量

聚合物溶液的黏度与聚合物相对分子质量之间有一定的关系，利用这种关系可间接地求出聚合物的相对分子质量。用黏度法得到的是聚合物的黏均相对分子质量。

10.1　基 本 原 理

聚合物分子溶入溶剂中，增大了溶剂的黏度。由于聚合物分子的庞大体积，这种黏度增大的效应比小分子大得多。

黏度法测定聚合物相对分子质量基于 Mark-Houwink 经验公式：

$$[\eta]=kM_r^{\alpha} \tag{10-1}$$

k、α 称为 Mark-Houwink 常数。常数 α 代表了聚合物/溶剂体系的影响，所以 k、α 值只能在一定的温度、一定的聚合物/溶剂时，一定相对分子质量范围内是常数。$[\eta]$ 称为特性黏度，定义为：

$$[\eta]=(\eta_{sp}/c)_{c\to 0} \tag{10-2}$$

η_{sp}是增比黏度，定义为溶液黏度较溶剂黏度增加的倍数，见式（10-3）。η_{sp}虽然无因次，但是聚合物溶液浓度增大，η_{sp}增大。

$$\eta_{sp}=(\eta-\eta_0)/\eta_0=\eta_r-1 \tag{10-3}$$

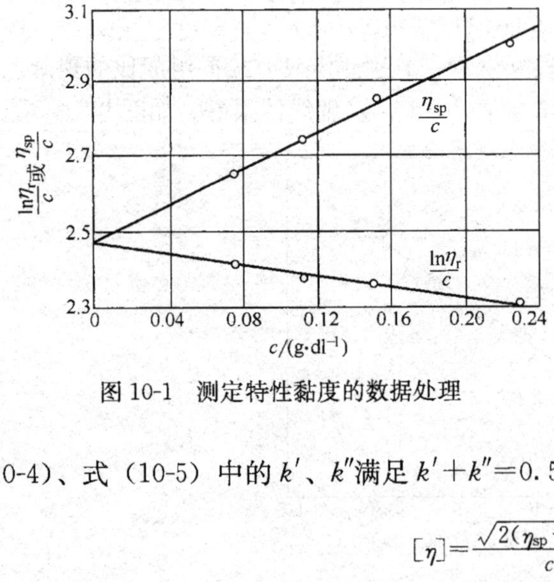

图 10-1　测定特性黏度的数据处理

式（10-3）中，η_0 纯溶剂的黏度，η 聚合物溶液的黏度，η_r 称为相对黏度，其值为 η/η_0。

在特性黏度的测定中，对若干个不同浓度溶液进行测定后，以 η_{sp}/c 对 c 和以 $\ln\eta_r/c$ 对 c 作图，得两条直线，将他们进行外推到 $c\to 0$，截距为 $[\eta]$，见图 10-1，式（10-4）、式（10-5）。

$$\eta_{sp}/c=[\eta]+k'[\eta]^2c \tag{10-4}$$

$$\ln\eta_r/c=[\eta]-k''[\eta]^2c \tag{10-5}$$

线型柔性聚合物在良溶剂中，式（10-4）、式（10-5）中的 k'、k''满足 $k'+k''=0.5$ 的条件，由此可以得到一个一点法公式：

$$[\eta]=\frac{\sqrt{2(\eta_{sp}-\ln\eta_r)}}{c} \tag{10-6}$$

在不要求精度的情况下，利用此公式，不需要外推，便可以得到特性黏度。

在手册中查阅各种聚合物对应的 k、α 值，或者用光散射的方法测定聚合物的 k、α 值，带入式（10-1），即可得到聚合物的相对分子质量。

10.2 黏度计的基本结构及影响因素

10.2.1 黏度计的基本结构及测量

常用的黏度计有两种。

(1) 奥氏黏度计

奥氏黏度计由两根管组成，在此黏度计中驱动压力正比于U型管中两个水平高度之差值（h），要取得重复性好的结果，必须在每次测量中取相同体积的液体。

(2) 乌氏黏度计

乌氏黏度计由三根管组成。具有一根内径为R、长度为L的毛细管，毛细管上端有一根体积为V的小球，小球的上部和下部各有刻线a和b。待测的液体从A管加入，经B管将液体吸至a线以上，使B管通大气，任其自然流下，记录液面流经a线和b线的时间t。这样外加的力就是高度为h的液体自身的重力P。

一般使用的黏度计都装有玻璃恒温水夹套。

液体的绝对黏度测定困难而繁琐。但就使用黏度法测定聚合物的相对分子质量而言，并不需要测定溶液的绝对黏度，只需测定溶液和溶剂的相对黏度η_r即可。使用乌氏黏度计和奥氏黏度计就是通过测定溶液和溶剂在毛细管中的流动速度来确定溶液的相对黏度。

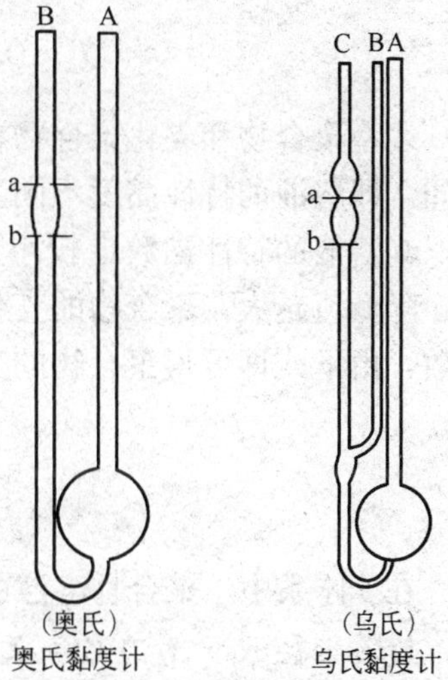

图 10-2　毛细管黏度计的基本结构

假定液体流动时没有湍流发生，即外加力p全部用以克服液体对流动的黏滞阻力，则可将牛顿黏性流动定律应用于液体在毛细管中的流动。得到Poiseuille定律。

$$\eta = A\rho t \tag{10-7}$$

式中　A——仪器常数；

　　ρ——聚合物的密度。

实验时，在恒定条件下，用同一支黏度计测定几种不同浓度的溶液和纯溶剂流出的流出时间t和t_0，使用的溶液的浓度都是在1%以下的稀溶液，由于极稀溶液中溶液和溶剂的密度近似相等，$\rho = \rho_0$，所以

$$\eta_r = A\rho t / A\rho_0 t_0 = t/t_0 \tag{10-8}$$

即根据在同一段毛细管中纯溶剂的流出时间t_0和溶液的流出时间t就可以求出溶液的相对黏度η_r。测定几个不同浓度的η_{sp}，以η_{sp}/c对c或以$\ln\eta_r/c$对c作图，将他们进行外推到$c \to 0$，得［η］。根据式（10-1），进而求出黏均相对分子质量。

10.2.2 影 响 因 素

① 毛细管黏度计的选择　为了避免液体在毛细管内流动由于湍流造成的误差，一般选用的黏度计溶剂的流经时间大于100s。

② 溶液浓度　溶液浓度增加，分子间作用力加强。当浓度超过一定限度时，公式的

线形关系遭到破坏。大量试验证明，溶液的浓度在 η_r 为 1.2～2.0 时较为合适。

③ 测试温度恒定　溶液的黏度受温度影响较大，测试温度的波动直接影响到黏度测试的准确度。测定时，一般将温度控制在±0.02℃内。

10.3　黏度法的应用

聚合物的分子形状对聚合物溶液的黏度有很大的影响，所以黏度法除可以测定聚合物的黏均相对分子质量外，还可以表征聚合物的分子形态。

10.3.1　测定聚合物的支化度

线型聚合物和支化聚合物在溶液中的流体力学体积不同，对溶液黏度的贡献的大小也不同，即溶液的特性黏度不同。相同平均相对分子质量下，支化聚合物的流体力学体积较小，其溶液的特性黏数也较小。随着大分子链的支化程度的增加，溶液的特性黏度值降低，降低值越大，聚合物的支化程度越大。因此，求出支化聚合物和其线型聚合物的特性黏数，由下式即可得聚合物的支化度。

$$G=[\eta]_{支化}/[\eta]_{线型} \tag{10-9}$$

10.3.2　研究聚合物的分子链尺寸

在 θ 体系中，聚合物溶液的特性黏数 $[\eta]_\theta$、相对分子质量和分子无绕尺寸（末端距 h_0，旋转半径 R_0）存在如下关系：

$$R_0=0.62(M_r[\eta]_\theta)^{1/3} \tag{10-10}$$

在非 θ 体系中，聚合物链的有绕尺寸和无绕尺寸存在如下转换关系：

$$R=R_0([\eta]/[\eta]_\theta)^{0.45} \tag{10-11}$$

因此，只要知道聚合物的相对分子质量，测定体系和一般体系中的特性黏数，由式可求得聚合物链的有绕和无绕尺寸。

第 11 章　凝胶渗透色谱

凝胶渗透技术（Gel Permeation Chromatography，GPC）是 20 世纪 60 年代发展起来的一种液相色谱方法，主要用于聚合物材料的相对分子质量及其分布的测定。经过 40 多年的发展，它的应用范围不仅在最初设想的领域内得以深入发展，而且从高分子材料、生物化学、有机化学等领域渗透到其他更多的领域。

近年来，GPC 仪有了长足的发展，出现了高速型、高压型、高效型的仪器，引入了高精度高压流量泵，可自由组合的高效凝胶色谱柱，耐高温体系，高灵敏度、高稳定性的检测器等单元，大大提高了 GPC 技术的高效高分辨率发展方向，其中分离核心单元分离柱的填料载体的发展最为关键，载体的粒度愈小，愈均匀，堆积的愈紧密，柱的分离效率愈高。而且随着仪器的自动化及连续化操作水平的不断提高，数据处理软件功能的升级，都对 GPC 仪器的更广泛使用起到推动作用。因此 GPC 在聚合物相对分子质量及相对分子质量分布测定中起着非常重要的作用，已经成为不可缺少的测定仪器。

11.1　GPC 的基本原理

GPC 虽然也属于一种液相色谱，但是它的分离机理与大多数的液相色谱有所不同。GPC 对分子链进行分级的原理为体积排除（所以 GPC 又被称为体积排阻色谱，Size Exclusion Chromatograpy，SEC）。忽略了溶质和载体之间的吸附效应以及高分子在流动相和固定相之间的分配效应，假设淋出体积仅仅是由高分子的分子尺寸和载体尺寸的大小决定。当高分子稀溶液通过多孔性凝胶固定相时，大尺寸高分子不能进到凝胶空洞中而被完全排阻，只能沿着多孔凝胶粒子之间的空隙通过色谱柱，首先从柱中被流动相洗脱出来；中等大小分子能进入凝胶中的一些孔洞中，但不能进入更小的微孔，在色谱柱中受到滞留，较慢的从色谱柱中被洗脱出来；小分子可进入凝胶的绝大部分孔洞，在柱中受到更强的滞留，会更慢的被洗脱出来。溶解样品中的溶剂、高分子样中的助剂、添加的辅助化学物质增塑剂、抗氧剂等由于相对分子质量小，可进入凝胶的所有孔洞而最后被洗脱出来，从而实现整个样品的分离过程，如图 11-1。由相应的检测器记录整个的分离过程，得到最终的 GPC 谱图。

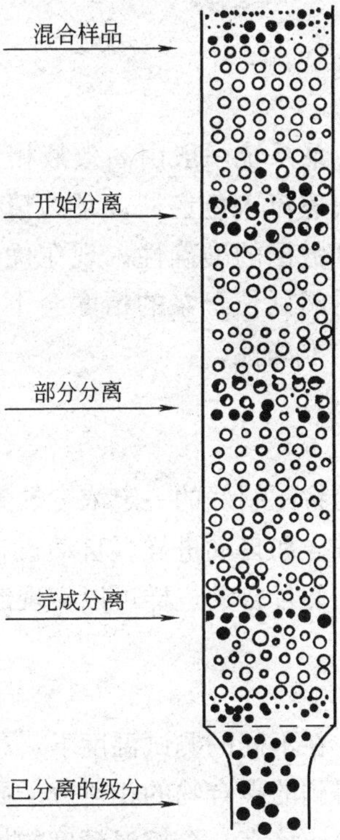

图 11-1　GPC 分离过程

11.2 凝胶渗透色谱仪的基本结构

GPC仪的基本结构与组成大致是相同的。一般由泵系统、进样系统（分为手动进样和自动进样）、凝胶渗透色谱柱系统（包括色谱柱恒温箱）、检测系统及数据采集与处理系统组成，如图11-2。由于所测试的样品种类不同，所选择的实验条件不同，而附加的一些装置有所区别。如高温型GPC必须有加热系统，在线过滤系统及自动进样系统；制备型GPC要使用特殊的制备型色谱柱及样品收集系统。

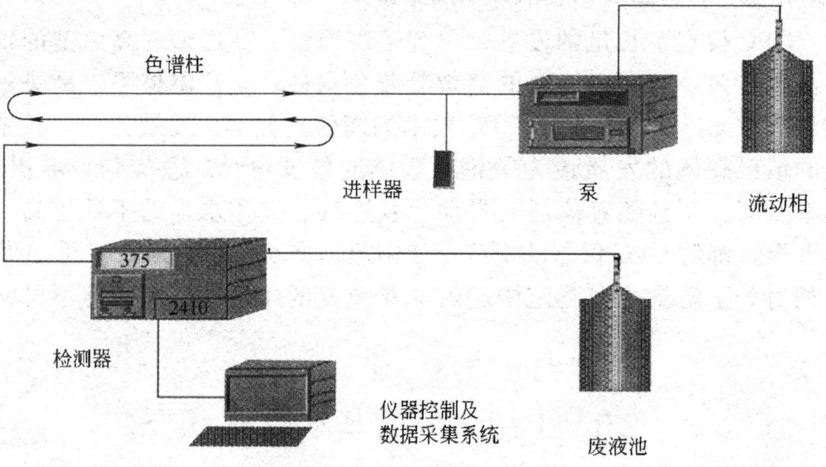

图11-2　GPC仪的基本组成

11.2.1 泵　系　统

泵系统一般由高效液相色谱泵和在线脱气装置组成，其作用是使流动相溶剂以恒定的流速流入色谱柱。泵的精确程度是GPC仪器一个非常重要的技术指标，直接影响到计算数据的准确性。现在优秀的GPC仪器泵的精度误差已经可以低于0.1%。随着使用时间延长，泵的精度会下降，所以在使用过程中要始终注意泵压力的变化及输送流量的准确性。

11.2.2 进 样 系 统

将配制好的一定浓度的聚合物溶液通过微量注射器注入到色谱柱的一个装置，分为手动进样和自动进样。自动进样器由机械传动装置带动取样，进样量精确度要高于手动进样，而且自动进样可以实现连续自动化操作，工作效率高。

11.2.3 加热恒温系统

在不同的测试温度下，聚合物溶液的黏度不同，在色谱系统中的保留时间就不同，因此得到的聚合物的相对分子质量数据就不相同。所以为了得到准确的数据，要求GPC仪器都应该有一个控温精确的加热系统。柱温箱应该具备多点测温与控温功能，温度波动必须低于±0.1℃。

11.2.4 分离系统

分离系统即色谱柱。色谱柱就是在一根不锈钢空心管中加入孔径不同凝胶颗粒作为分离介质。填料的粒度愈小，愈均匀，堆积的愈紧密，柱的分离效率愈高。为了保证分离效果，通常使用多根色谱柱联用。根据凝胶颗粒的孔径体积大小及凝胶颗粒的种类不同，色谱柱分为许多型号，对于不同分子质量范围及不同种类的聚合物材料，要根据实验条件，选择型号合适的色谱柱组合才能达到最佳的分离效果。对于特殊的要求，在选择色谱柱时就更要小心，如制备型色谱要求使用特殊的制备型色谱柱，高温 GPC 也需要使用特殊的耐高温型色谱柱。

对色谱柱中填充的凝胶颗粒的基本要求是不能被流动相溶剂溶解。

① 聚苯乙烯凝胶：苯乙烯和二乙烯基苯交联共聚物，适用于有机溶剂，可以耐高温。

② 无机硅胶：将中和了的硅酸钠和硫酸反应液喷雾，在油相成球，或者用悬浮聚合的方法使正硅酸乙酯水解聚合，获得细颗粒硅球，再经过掺盐高温熔烧扩孔和表面处理，适用于水和有机溶剂。

③ 交联聚乙酸乙烯酯凝胶（乙酸乙烯酯和二元羧酸二乙烯酯共聚）：其特点是软，最高使用温度可以达到 100℃。适用于乙醇、丙酮等极性溶剂体系。

④ 交联聚丙烯酰胺凝胶：适用于水溶性的聚丙烯酰胺，聚丙烯酸及聚丙烯酸钠等类的聚合物以及它们的共聚物。

⑤ 交联葡聚糖凝胶：适用于水溶性的多糖，葡聚糖类聚合物。

⑥ 多孔玻璃、多孔氧化铝：适用于水和无机溶剂。

被测样品的分离效果主要取决于色谱柱的匹配及分离效果。每根色谱柱都有一定的分离范围和渗透极限，即有使用的上限和下限，如图 11-3。

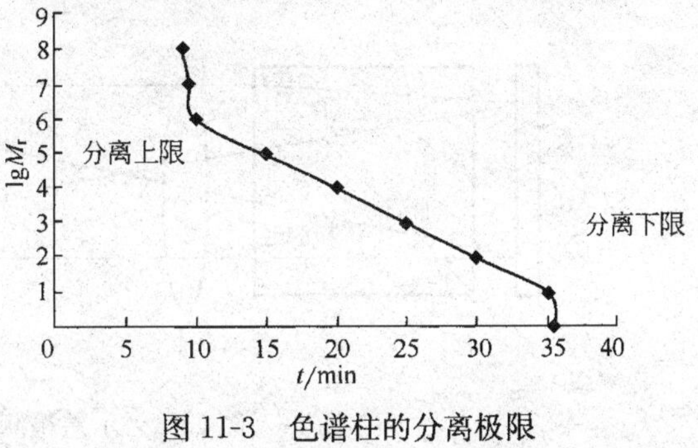

图 11-3　色谱柱的分离极限

色谱柱的使用上限是当被测物中分子链尺寸超过色谱柱中最大的凝胶颗粒尺寸，这部分分子链不能进入凝胶颗粒的孔中，全部从凝胶颗粒之间的空隙流过，没有起到按照分子链尺寸大小进行分离的目的，而且超过色谱柱上限的危险还在于大的分子链有堵塞色谱柱的可能，影响色谱柱的分离效率，降低其使用寿命。同样道理，色谱柱的下限是被测物中分子链尺寸小于色谱柱中最小的凝胶颗粒尺寸，这部分分子链可以进入所有的凝胶孔，也不能起到有效分离的目的。

11.2.5 检测系统

目前 GPC 仪器中使用的检测器种类也越来越丰富，而且精度和灵敏度也有了很大的提高。GPC 的检测根据信号响应性分成两类：通用型和选择型。

通用型对所有检测的样品都有信号反应，可以满足所有样品的检测。除了较早使用的示差检测器，还有黏度检测器、激光光散射检测器、蒸发光散射检测器等。

选择型检测器是只对被测物质的某种物理或化学特性产生信号响应，所以只适用某一类特殊的聚合物。这种检测器包括单一波长紫外检测器，二极管阵列紫外检测器及荧光检测器等。

可以根据需要选择一种检测器使用，或者选择多个检测器联用。目前多检测器联用的技术发展很快，可以得到更多更有价值的实验信息。

现在检测器的发展更延伸到多种仪器的联用。如 GPC 与质谱、红外光谱、核磁共振等技术联用，对色谱的应用起到了非常大的推动作用。

GPC 的原理决定了 GPC 仪中的检测器要对所有的样品都有浓度响应信号，所以必须要有一台通用型检测器。示差检测器一直是 GPC 中必不可少的检测器。下面介绍其特点及原理。

（1）通用型检测器——示差检测器

属于浓度敏感型检测器，所以几乎可以满足所有聚合物材料的测试，最大的缺点就是灵敏度不是很高，低于紫外检测器。另外在使用中对于压力和温度变化非常敏感，所以在使用时对温度要求较为苛刻，一方面检测器本身的控温精度要达到很高（±0.01℃），还要求环境温度恒定（低于检测器设定的温度，如检测器设定 25℃，环境温度必须在 25℃以下），人员流动尽可能少。

聚合物溶液不同，所产生的折射率就不同。这就是示差检测器的检测原理。示差检测器的结构如图 11-4 所示。

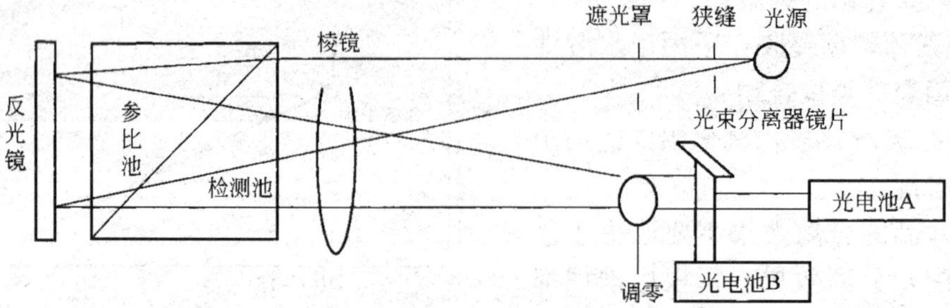

图 11-4　示差检测器结构示意图

检测器光源发出的光，经过狭缝、遮光罩调制准直，成平行光，通过流动池，流动池中有两个小池，用玻璃成对角线隔开。一侧为参比池（内充满流动相），另一侧为检测池（内流经从色谱柱中流出的淋洗液）。光束通过流动池并被流动池后面的反光镜反射，反射光再通过流动池并聚焦在光电探测器（光电管）上，这样就形成了输出电压值，这个值被计算机记录下来。当参比池和检测池中两种液体由于浓度差异而产生折射率差异时，透过流动池的光束就被反射到光电管的不同位置上，这就会引起光电探测器输出电压的变化，这个变化反映的正是从色谱柱中流出液体的浓度变化，从而得到随着淋洗时间延长样品中不同级分含量变化。

（2）选择型检测器

在 GPC 中应用比较多的一种选择型检测器是紫外检测器，适用于有紫外吸收基团的聚合物检测。如含有苯环、共轭双键的聚合物会在紫外检测器上产生明显吸收。紫外检测器的灵敏度比示差检测器高，在液相色谱中，紫外检测器的应用比示差检测器广泛；但是在 GPC 中，由于相当量的聚合物不含有紫外吸收基团，所以紫外检测器不能完全替代示差检测器。示差-紫外检测器联用可以进行苯环，双键含量测定，共聚物组成分布研究等工作，特别是二极管阵列紫外检测器出现以来，可以在线进行多波长检测，如图 11-5，虽然价格比单一波长紫外检测器高，还是得到了推广应用。

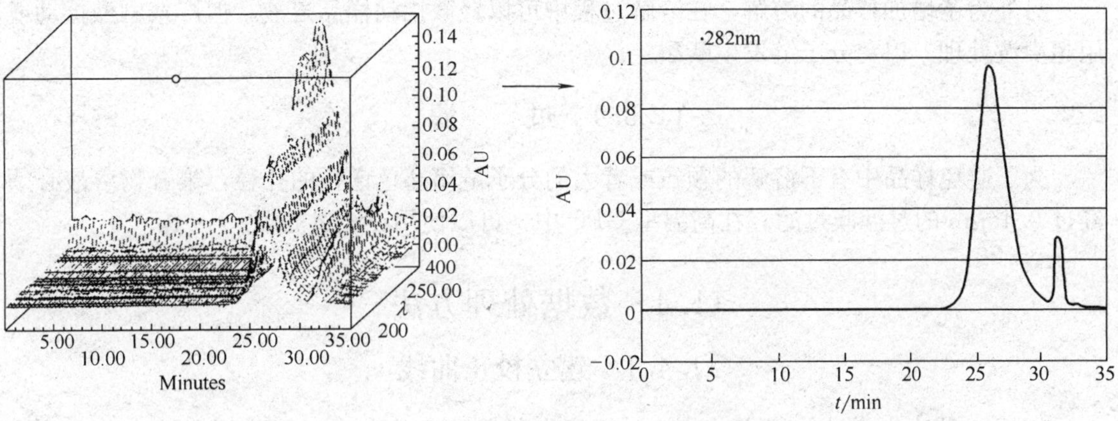

(a) 二极管阵列紫外检测器三维图　　(b) 从二极管阵列紫外检测器三维图上抽取单一波长的谱图

图 11-5　二极管阵列紫外检测器的色谱图

自黏度检测器商品化以来，得到越来越多的应用；示差-黏度检测器联用可以进行聚合物参数 K、α 值的测定、聚合物长分子链支化度的测定等工作。

激光光散射法是一种可以直接测定聚合物绝对质均分子质量的方法，这在前面已经介绍过，但是不能测定分子质量分布；而 GPC 可以得到分子质量分布数值，但分子质量测定原理是相对法。所以如果将激光光散射检测器引入 GPC 系统，即可以得到分子质量的绝对数值，又能同时得到分子质量的分布值。所以一直以来都希望将激光光散射仪引入 GPC 系统，作为一个在线检测器。但是由于激光光散射仪器结构的限制，光散射检测器在 GPC 中的应用在过去的一段时间内一直没能成功推广。近年来由于激光光散射技术更新非常快，已经逐渐成为 GPC 仪中性能优异的一种检测器。

11.3　样品制备方法

11.3.1　干　燥

样品必须经过完全干燥，除掉水分、溶剂及其他杂质。如果干燥不完全，样品中的水分、溶剂及其他杂质也会在色谱图上产生相应的色谱峰，会干扰样品本身的色谱峰。

11.3.2　样品浓度

做 GPC 的样品要以一定的浓度溶解在溶剂中配制成聚合物溶液，溶剂一般与所使用的流动相相同。因为计算公式不会用到样品的浓度，所以并不需要记录溶液的准确浓度，溶液浓度根据相对分子质量大小在 0.05～0.3（质量分数）%之间做适当调节，一般来讲是相对分子质量相对大的样品浓度低些，相对分子质量相对小的样品浓度稍微高些。

11.3.3　溶解时间

因为聚合物在溶剂中的溶解是先溶胀再溶解的过程，所以必须保证充分的溶解时间使聚合物在溶剂中达到完全溶解的状态，相对分子质量越大，所需要的溶解时间越长。一般样品的溶解时间是4～12h，对于橡胶类大分子材料，溶解48～72h才能使分子链完全溶解开。

另外为了增加样品的溶解，在溶解过程中可以轻微扰动样品溶液，但严禁剧烈摇动或用超声波处理，以免分子链发生断裂。

11.3.4 过　　滤

为了避免样品中有不溶解的颗粒或者大的分子链堵塞色谱柱的孔径，聚合物溶液必须经过0.45μm的过滤膜过滤。在高温型GPC中，可以使用在线过滤器。

11.4 数据处理方法

11.4.1 建立校正曲线

GPC方法中以淋洗体积或者淋洗时间代表分子的尺寸大小，所以首先要确定淋洗体积或淋洗时间与相对分子质量之间的关系，即要建立一条两者之间相关联的曲线，就是通常所说的校正曲线。建立方法是取一系列已知相对分子质量的窄分布标样（一般多于10个）配制成聚合物溶液，流经色谱柱，记录标样的出峰时间，通过曲线回归得到校正曲线。在有机物中最常使用的标准样品就是阴离子聚合得到的聚苯乙烯（PS），分散度小于1.05。标准样品的选择要分布在比较宽的范围，一般在色谱柱的上限和下限之间选择不少于5个标准样品来建立校正曲线。为保证数据的准确性，校正曲线应经常更新。

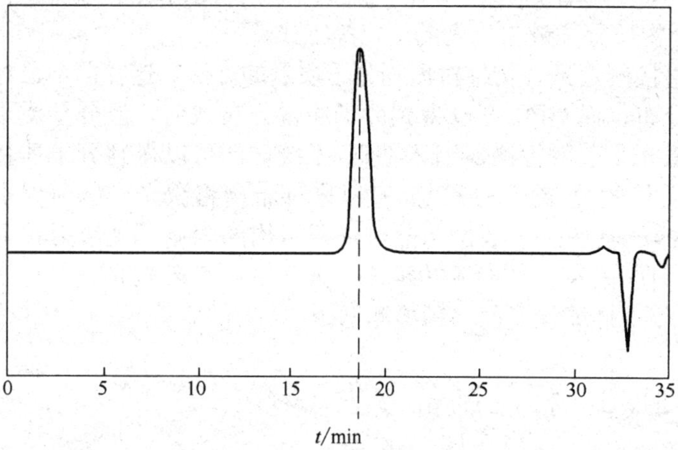

图11-6　标准样品的GPC谱图

图11-6是使用一系列不同相对分子质量的PS标准样品，得到的五次校正曲线。

表11-1　一系列聚苯乙烯标准样品的出峰时间与相对分子质量对应表

	t/min	$\overline{M}_r$	$\lg\overline{M}_r$
1	20.064	1030000	6.01
2	21.368	390000	5.59
3	21.932	240000	5.38
4	22.557	170000	5.23
5	23.309	100000	5.00
6	24.297	50000	4.70

续表

	t/min	$\overline{M}_r$	$\lg\overline{M}_r$
7	25.892	19000	4.28
8	27.283	8500	3.93
9	28.350	4000	3.60
10	30.271	1050	3.02
11	30.850	580	2.76

利用表 11-1 中的数据，通过下面的公式进行五次曲线回归，得到图 11-7 所示的校正曲线。$b_0 \sim b_5$ 为曲线回归参数。

$$\lg\overline{M}_r = b_0 + b_1 t + b_2 t^2 + b_3 t^3 + b_4 t^4 + b_5 t^5 \tag{11-1}$$

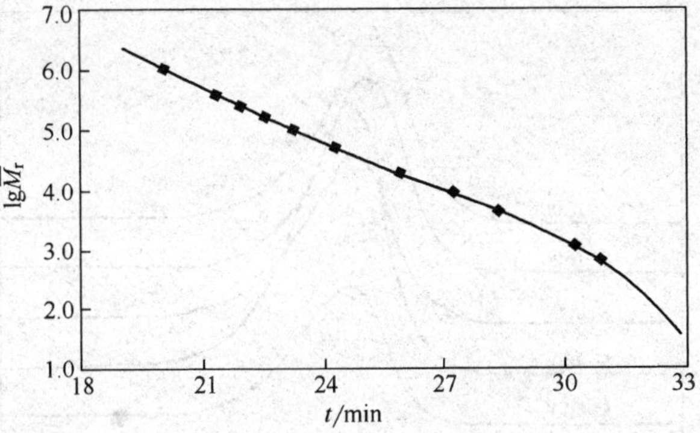

图 11-7　GPC 校正曲线

11.4.2　根据公式计算相对分子质量及相对分子质量分布

如图 11-8，GPC 谱图中的纵坐标为检测器检测到的每一个级分的浓度信号；横坐标为保留时间，对应到校正曲线上就是每一个级分的相对分子质量数值，根据前面介绍的相对数均、质均和 Z 均分子质量及相对分子质量分布的表达式，通过计算可以得到相应的数值。

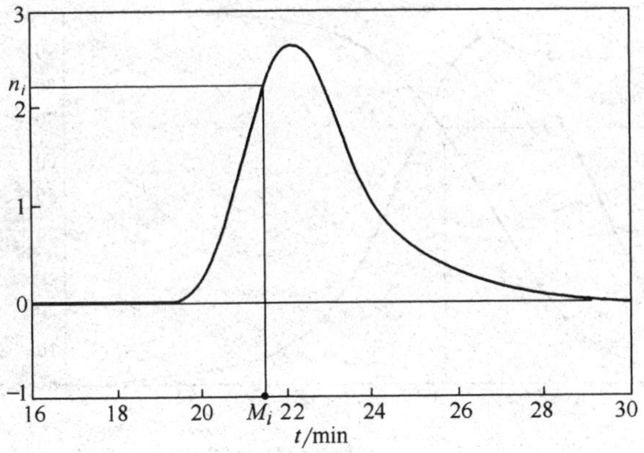

图 11-8　样品的 GPC 谱图

11.4.3　普 适 校 正

在使用校正曲线进行相对分子质量计算时，理论上要求被测聚合物与标样具有相同的化学组成、化学结构及组装结构。实际这很难做到，能够得到标准样品的聚合物种类非常有限，这时就需要使用普适校正。

普适校正的原理是 GPC 对聚合物分子的分离是基于分子流体力学体积的排除。对于相同的分子流体力学体积，在同一个保留时间流出，即两种柔性高分子链的流体力学体积相等。其数学表达式为：

$$[\eta]_1 M_{r,1} = [\eta]_2 M_{r,2} \tag{11-2}$$

依据 Mark-Houwink 方程：

$$[\eta] = K M_r^{\alpha} \tag{11-3}$$

将式（11-3）代入式（11-2）就得到：

$$K_1 M_{r,1}^{\alpha+1} = K_2 M_{r,2}^{\alpha+1} \tag{11-4}$$

K、α 值与聚合物种类、相对分子质量范围、分子链形状，溶剂种类及实验温度等多种因素有关。许多聚合物手册和文献上会给出不同实验条件下的具体数值。可以查阅进行普适校正计算，对于不能查到的 K、α 的聚合物，可以通过使用黏度-光散射-示差检测器联用进行测量。

11.5 GPC 的应用

11.5.1 测定聚合物材料的相对分子质量及分布

聚合度是聚合物性能的一个重要指标，所以在生产中控制其聚合度的稳定性也是现代加工过程中一项重要的工艺。许多高分子材料的牌号是依据其聚合度，即相对分子质量大小来区分的。以聚氯乙烯（PVC）为例，牌号 S-500 的意义就是通过悬浮聚合制备的平均聚合度为 500 的 PVC 原料。在加工中应该时时监控产品的聚合度变化，以确保原料产品质量的稳定性。图 11-9 是一系列不同聚合度的 PVC 样品做 GPC 曲线。

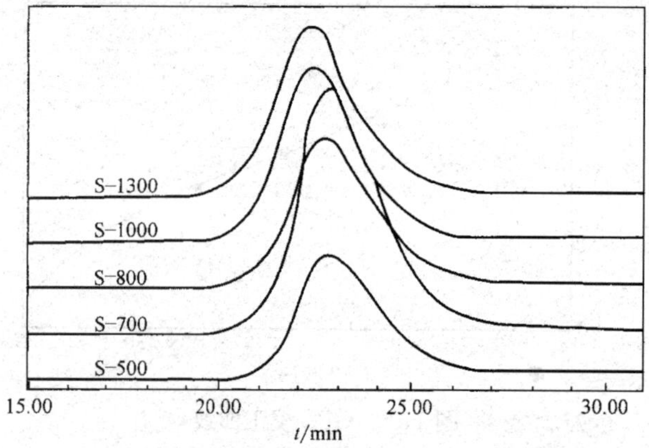

图 11-9　不同聚合度的 PVC 原料的 GPC 谱图

11.5.2 GPC 积分曲线

将相对分子质量计算的数据通过转换，可以得到 GPC 积分曲线，通过积分曲线，可以清楚知道样品中达到某一个相对分子质量值的比例。如图 11-10 为根据对色谱峰面积积分得到的积分曲线。

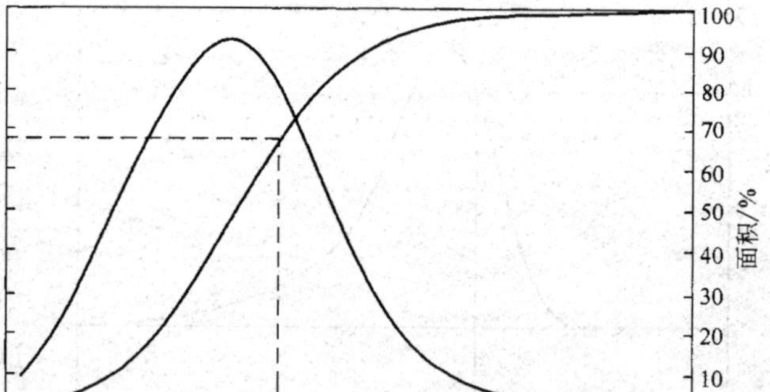

图 11-10　GPC 积分曲线

11.5.3 聚合物中助剂的测定

一般实际中使用的聚合物材料都不是单纯的聚合物，而是添加了各种助剂的混合体。助剂的种类非常多，有增塑剂、稳定剂、抗氧化剂，橡胶中添加的硫化剂及硫化促进剂，还有各种无机填料。正是由于各种性能的助剂的作用，才赋予聚合物材料千变万化的性能。将材料中的各种助剂有效地分离开是材料分析中一个关键的环节，是进一步进行定性及定量分析的前提。色谱的优势就在于可以将混合物分离。聚合物材料中主体树脂一般都是相对分子质量相对较高的材料，而助剂相对主体树脂而言，均为小分子化合物。在 GPC 上主体树脂与助剂的出峰时间不相同，形成各自的色谱峰。因此 GPC 在聚合物分析中是一种非常有效的分离手段。如果再使用二极管阵列紫外、红外、质谱或核磁共振等检测器在线分析，可以同时对各种成分的结构进行解析，工作效率会成倍提高。

以一个简单的例子说明。聚氯乙烯（PVC）是一种通用高分子材料，PVC 制品中的填料种类多达十几种，其中邻苯二甲酸二辛酯（DOP）是最普遍添加的一种增塑剂。如上面介绍，PVC 的聚合度最低也有 500，即相对分子质量在 3 万以上，而 DOP 的相对分子质量只有 391，GPC 谱图上不同保留时间出峰，可以明显区分。如图 11-11，含有 DOP 的 PVC 制品出现 2 个色谱峰，单独用纯的 PVC 和 DOP 样品做 GPC，从其谱图上发现出峰位置可以一一对应。通过对色谱峰积分计算相对分子质量，根据相对分子质量可以确定 PVC 的牌号。

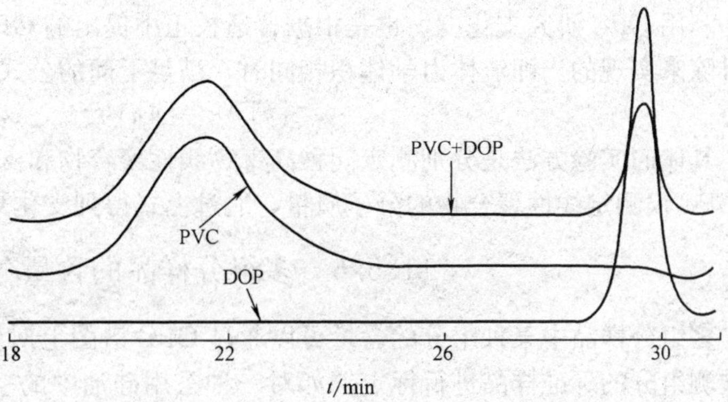

图 11-11　含 DOP 的 PVC 制品，纯 PVC 和纯 DOP 的 GPC 谱图

11.5.4　制备窄分布的聚合物

这里讲的窄分布聚合物样品的制备方法与高分子化学中通过活性聚合得到窄分布的聚合物样品的方法不同，是指通过物理分级的方法分离原本相对分子质量分布比较宽的样品。使用的仪器是制备型 GPC，制备型 GPC 的结构与原理与通常使用的分析型 GPC 基本相同。有所区别的是泵的流速要高，色谱柱的管径要粗一些，进样浓度和进样量都要大，因为制备型 GPC 的流量要大。另外最主要的区别在于一般的 GPC 样品流过检测器之后就作为废液收集，而制备型 GPC 是在样品流过检测器之后通过一个级分收集器按时间间隔收集。淋洗液流经一个自动的多通道阀门，此处的电子开关将淋洗液分别输送到特殊的选择收集瓶中，实现宽分散样品的分级。通过这种方法，可以反复多次将分离出来的一个级分再通过色谱系统进行分级，直到得到分布非常窄的聚合物组分。

11.5.5　研究支化聚合物

GPC 方法对不同分子质量的组分进行分离，其实是按照分离不同尺寸的分子进行的。所以其基本条件是都是线性分子，尺寸相同分子质量也相同。高聚物发生支化后，支化分子在溶剂中的构型较线性分子更致密，因此，支化分子的均方回转半径比线性分子小，相同尺寸的支化分子的分子质量应该比线性分子的分子质量大。这时如果还使用 GPC 的方法测定出的支化分子链的分子质量比实际值要小，应进行校正。表现在物理性质的差异上，就是支化分子链的特性黏度比线性分子链的特性黏度要小。

$$G=\frac{[\eta]_g}{[\eta]_l} \tag{11-5}$$

$$g=\frac{(r_g^2)_g}{(r_g^2)_l} \tag{11-6}$$

式中　r_g^2——分子链的均方末端距；

G 和 g——支化因子，支化程度越高，G 和 g 越小；

下标 g——支化分子；

下标 l——线性分子。

利用 GPC 研究支化度，也是根据普适校正中提出的 GPC 是通过对不同尺寸的分子体积排除来实现的。即流体力学体积相同时，满足下面的公式：

$$[n]_g M_g = [n]_l M_l \tag{11-7}$$

具体的实验方法是分别测定同种高聚物线性聚合物和支化聚合物的特性黏度，然后使用 GPC 仪测定线性聚合物的分子质量，通过上式得到支化聚合物的分子质量。

11.5.6　多组分样品的含量分析

多组分样品中某种组分的含量可以通过 GPC 谱图上对应的峰面积得到。但是需要通过被测组分的标准样品进行标定。如对一种医用硅油中的一种小分子成分 RMN3 的含量进行标定的具体过程如下。

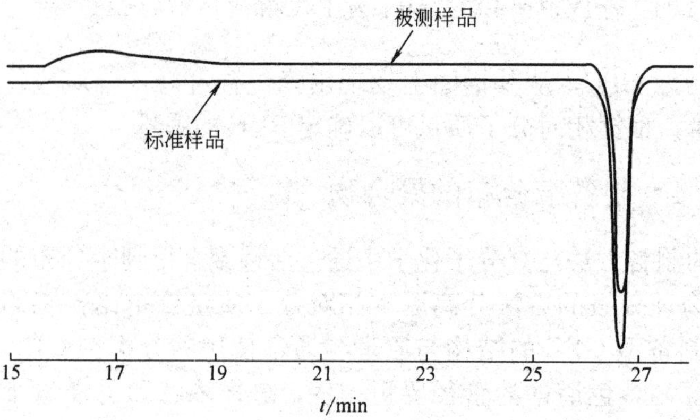

图 11-12　医用硅油与标准物 RMN3 的 GPC 谱图

在分析天平上准确称取一定量的 RMN3 标样及被测样品分别放入 20mL 样品瓶中，用移液管准确量取一定量的四氢呋喃（THF）溶液，加入到样品瓶中，密封。溶解时间在 3h，确保样品充分溶解。

取上面配制好的溶液做 GPC，色谱图如图 11-12。

根据对色谱图上 26～27min 之间的色谱峰进行积分计算，分别得到各自的峰面积，如表 11-2。

表 11-2　医用硅油与标准物 RMN3 的 GPC 中 RMN3 组分对应的色谱峰面积

	样品量/mg	溶剂 THF 的体积/mL	浓度/(g/mL)	GPC 谱图上对应的峰面积
RMN3 标样	47.7	20	0.0024	661453
被测样品	147.7	10	0.0147	605819

根据公式，

$$\rho_{\mathrm{RMN3,sample}} = \frac{\rho_{\mathrm{RMN3,STD}}}{A_{\mathrm{RMN3,STD}}} \cdot A_{\mathrm{RMN3,sample}} = \frac{0.0024}{661453} \cdot 605819 = 0.00218\ (\mathrm{g/mL})$$

式中　$\rho_{\mathrm{RMN3,sample}}$——被测样品中 RMN3 的浓度；

$\rho_{\mathrm{RMN3,STD}}$——RMN3 标准样品的浓度；

$A_{\mathrm{RMN3,sample}}$——被测样品中 RMN3 在 GPC 谱图上对应的色谱峰面积；

$A_{RMN3,STD}$——RMN3 标准样品在 GPC 谱图上对应的色谱峰面积。

计算得到被测样品的 THF 溶液中 RMN3 的含量为：

$$\frac{0.00218}{147.7}\times 100\% = 14.79\%$$

11.5.7 聚合反应跟踪及动力学研究

11.5.7.1 聚乳酸（PLA）降解过程跟踪

PLA 是一种可以降解的生物高分子材料，在降解反应过程中，取不同降解时间（0 到 60 天之间）的样品，做 GPC 谱图，从图 11-13 和图 11-14 可以明显观察到随着时间的延长，这种 PLA 材料的相对分子质量逐渐下降。

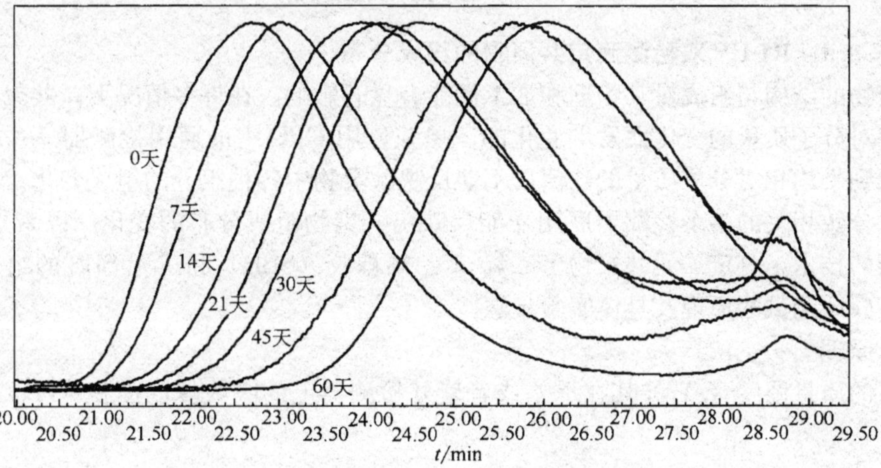

图 11-13 一种聚乳酸材料降解反应过程中的 GPC 谱图

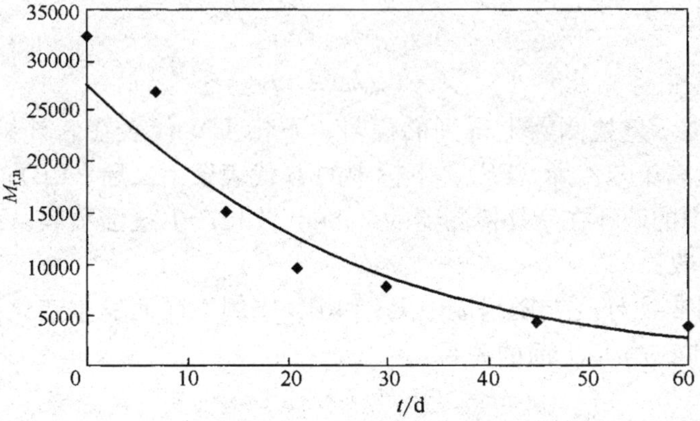

图 11-14 一种聚乳酸材料降解反应过程中相对数均分子质量随时间的变化

11.5.7.2 酚醛树脂固化过程跟踪

一种酚醛树脂样品，在室温条件下保存，在不同时间取样品进行 GPC 测定，从图 11-15 的 GPC 谱图上可以看出，在第一天，样品中主要由单分散的小分子部分组成，到第二

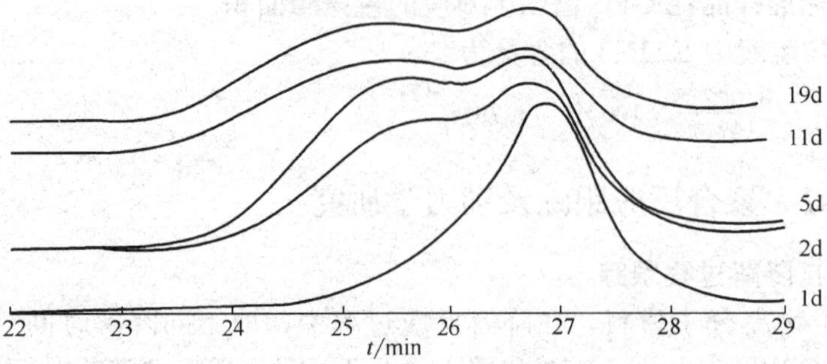

图 11-15　一种酚醛树脂样品在室温条件放置过程中的 GPC 谱图

天，样品中出现双峰，小分子部分和相对分子质量增大的部分同时存在，随着时间的延长，相对分子质量较大的部分所占的比例逐渐增加，开始时相对分子质量增加明显，到 10 天以后相对分子质量增长速度变缓。

11.5.8　共聚物的组成分布

11.5.8.1　RI-UV 双检测测定共聚物的组成分布

共聚物的结构与组成对其物理和加工性能有显著影响。在许多情况下，共聚物的组成是随着相对分子质量的变化而发生变化的。单独使用 GPC 中的通用检测器——示差检测器只能得到平均相对分子质量的数值，不能反映共聚物中各种组分的组成变化。因此必须使用与组分数相关的多个检测器联用才能反映出共聚物组成分布的变化。以紫外-示差检测器联用的技术，测定二元共聚物丁二烯-苯乙烯橡胶（SBR）和三元 SBS 的组成分布变化为例，介绍测试的原理及具体实验步骤。

（1）原理

样品的质量浓度（ρ）与其在示差或者紫外检测器上的吸收峰的面积（A）存在下面的关系：

$$A_{RI,S}=k_{RI,S}\cdot\rho_S \tag{11-8}$$

$$A_{RI,B}=k_{RI,B}\cdot\rho_B \tag{11-9}$$

$$A_{RI,C}=k_{RI,C}\cdot\rho_C \tag{11-10}$$

$$A_{UV,S}=k_{UV,S}\cdot\rho_S \tag{11-11}$$

$$A_{UV,C}=k_{UV,C}\cdot\rho_C \tag{11-12}$$

下标 RI 代表在示差检测器上得到的信号；下标 UV 代表在紫外检测器上得到的信号；下标中的 S 代表聚苯乙烯（PS）；下标中的 B 代表聚丁二烯（PB）；下标中的 C 代表共聚物 SBR；PS 中的苯环在紫外检测器的 258nm 波长产生最强吸收。而 PB 在紫外检测器上不产生紫外吸收。

共聚物的比例常数 $k_{RI,C}$ 与随组成中 PS 和 PB 比例不同而发生变化。$k_{RI,C}$ 与 PS，PB 的比例常数 $k_{RI,S}$ 和 $k_{RI,B}$ 呈下面的关系：

$$k_{RI,C}=(1-w_S)\,k_{RI,B}+w_S k_{RI,S} \tag{11-13}$$

w_S 为 PS 链段在 SBR 共聚物中的质量分数。即：

$$w_S=\frac{\rho_S}{\rho_C} \tag{11-14}$$

对于 SBR 共聚物中的每一个组分，存在下面的关系：

$$(w_S)_i=\left(\frac{\rho_S}{\rho_C}\right)_i \tag{11-15}$$

利用（11-12）/（11-10），再带入（11-15）式，得到：

$$\left(\frac{A_{UV,C}}{A_{RI,C}}\right)_i=\frac{k_{UV,C}}{k_{RI,C}}(w_S)_i \tag{11-16}$$

将（11-13)式代入（11-16）式，得：

$$(w_S)_i=\left(\frac{A_{UV,C}}{A_{RI,C}}\right)_i\frac{k_{RI,B}}{k_{UV,S}-(k_{RI,S}-k_{RI,B})\left(\frac{A_{UV,C}}{A_{RI,C}}\right)_i} \tag{11-17}$$

利用式（11-17）可以计算出 SBR 中苯乙烯的平均含量。

$$\overline{w}_S=\frac{\sum(w_S)_i}{n} \tag{11-18}$$

式中　n——级分数。

确定了参数 $k_{RI,C}$，$k_{RI,B}$和$k_{UV,S}$之后，根据式（11-17），由示差和紫外检测器对每一个级分的检测信号得到样品中每一个级分中 PS 的含量，即（w_S）$_i$。

（2）方程中 3 个参数的确定

根据公式（11-8）到（11-12），要配制一系列浓度的 PS 和 PB 的样品才能确定上面公式中的 $k_{RI,S}$，$k_{RI,B}$和$k_{UV,S}$的值。这样做不但麻烦，而且由于样品配制过程中会带入浓度误差，导致回归计算得到的线性程度并不好。

自动进样器的定量环可以自动而准确地确定样品的进样量。对一个固定浓度的样品变换不同的进样量，换算成相同溶质量的浓度，来代替配制不同浓度的样品。通过对这两种方法的对比，发现改变注射量的方法既简便，又准确。

（3）滞后时间的确定

GPC 仪器的流路系统中紫外检测器在示差检测器之前，所有同一个级分的样品是先流入紫外检测器，后流入示差检测器，所以在信号上示差检测器比紫外检测器存在一个滞后时间。具体的滞后时间值（Δt）在不同的 GPC 系统中是不相同的，可以通过测定窄分布 PS 样品在示差检测器和紫外检测器上对应的峰位的淋洗时间的差异来确定这个 Δt 值。可以测定多个不同相对分子质量的 PS 样品，测定出滞后时间值，然后取平均值。

（4）组成分布计算

利用 GPC 处理软件将 SBR 共聚物在示差检测器和紫外检测器上 258nm 处的谱图分别进行积分计算，根据数据表中给出的每一个固定时间间隔的片段面积值，在含量计算中，取示差检测器上滞后 Δt 的片段面积与紫外监测器上的信号一一对应。依据式（11-17）计算得到 SBR 的组成分布曲线，图 11-16 为苯乙烯的平均含量为 23.5％的无规共聚 SBR 的分子质量分布曲线和苯乙烯的含量组成分布；图 11-17 为苯乙烯的平均含量为 35％的三嵌段 SBS 共聚物的分子质量分布曲线和苯乙烯的含量组成分布。

从图 11-16 看出 SBR 无规共聚物中多数分子链中 St 的含量在 22％～24％之间；在相对低分子质量部分 St 含量降低。分析原因是在 SBR 聚合过程中，生成了分子质量相对比较低的 PS 所导致。从图 11-17 的三嵌段 SBS 组成分布图中看出，在相对高和低分子质量部分 St 含量都比较高。

11.5.8.2　共聚物中均聚物及杂质成分分析

共聚物材料的性能不仅仅依赖于共聚物的相对分子质量和组成，而且也与共聚物的纯度有关，在聚合的过程中，往往由于聚合条件控制的因素，单体纯度的差异以及其他杂质

的影响而产生均聚物，使得最终的产物为共聚物和均聚物的混合物，从而影响产品的质

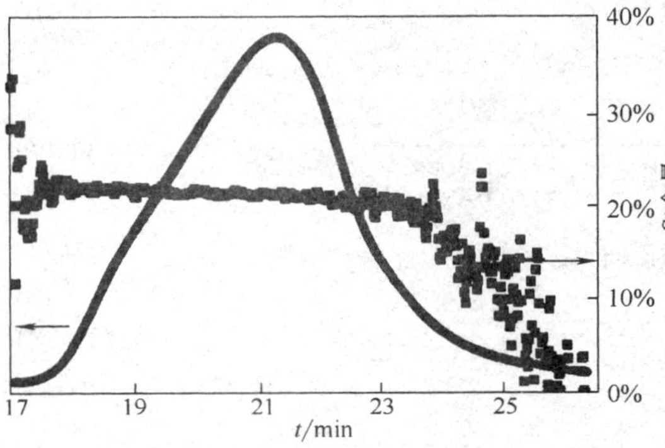

图 11-16　无规共聚物 SBR 的相对分子质量分布曲线及其中的苯乙烯的组成分布

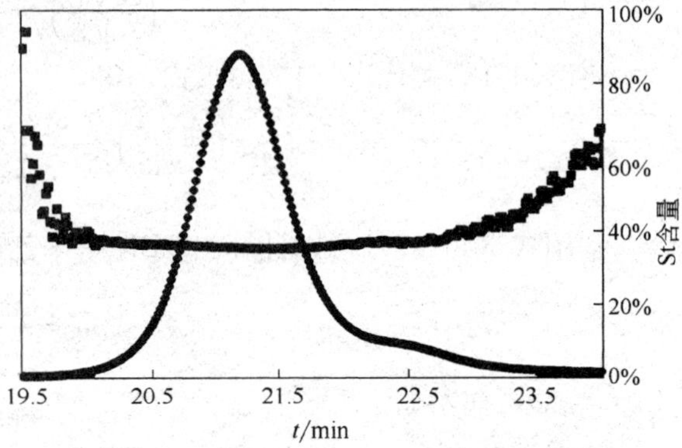

图 11-17　嵌段共聚物 SBS 的相对分子质量分布曲线及其中的苯乙烯的组成分布

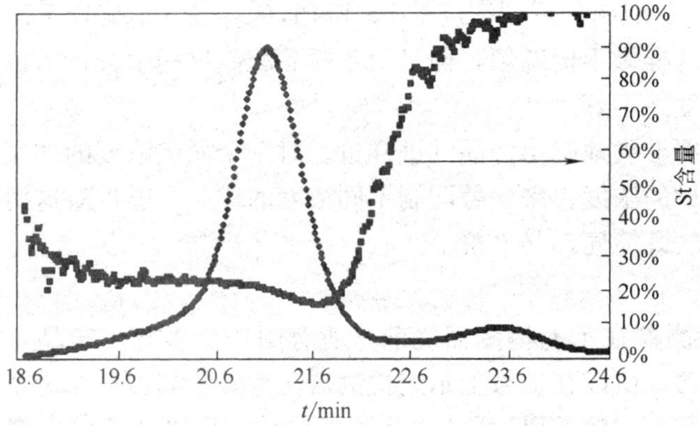

图 11-18　SBS 的嵌段共聚物的 GPC 谱图及 St 含量计算图

量。以一种 SBS 的嵌段共聚物为例，其 GPC 谱图的 RI 检测器得到的是双峰分布的产物，但只能说明这两部分的产物的分子质量存在差异，并不能反映其组成分布的差异，通过上面介绍的方法利用双检测器计算产物的组成分布，确定样品中分子质量大的一个组分为 SBS 嵌段共聚物，苯乙烯的含量在 22%～24%之间，组成分布比较均匀，而分子质量比较小的一个组分为苯乙烯的均聚物，如图 11-18。这是聚合工艺造成的。

11.5.9　弹性体中双键分布的分析

和上面介绍的共聚物的组成分布的原理相同，由于双键结构在紫外检测器上产生明显吸收，利用紫外-示差双检测器联用可以测定共聚物中双键的组成分布。如对异丁烯-异戊二烯共聚物组成中双键的组成和分布可以通过上面的方法确定。

习　题

1. 测定数均相对分子质量的方法有几种，其原理各是什么，分别适合测定的相对分子质量的范围是多少？

2. 利用光散射仪如何测定聚合物材料的第二维利系数和均方末端距？

3. 说明 GPC 测试中普适校正应用的条件及原理。

第3篇　热　分　析

热分析是经典的方法，它的起源可追溯到1887年chatelier开创的差热分析，但热分析技术广泛应用于聚合物材料，仅仅是30多年前才开始。

现代热分析是指在程序控温下，测量物质的物理性质随温度变化的一类技术。人们通过检测样品本身的热物理性质随温度或时间的变化，来研究物质的分子结构、聚集态结构、分子运动的变化等。

热分析把物质的各种各样的性质变化，温度和热焓的变化、质量的变化、尺寸的变化、声性特性的变化、力学特性的变化、光学特性的变化以及电学、磁学特性变化等，广义定为"物理性质"。

按照上述热分析定义，国际热分析联合会（ICTA）建议，主要的热分析方法分类如下：

测定样品的物理性质	所用方法名称
热量变化	差示扫描量热法、差热分析法
质量变化	热重法
挥发产物	溢出气分析
尺寸变化	线膨胀法和体膨胀
热 -力分析	静态热机械法和动态热机械法
热-电分析	热释电流法
热-光分析	热释光分析
磁学性质	热磁学法

应用最多的热分析仪器是功率补偿型DSC、热流式DSC、差热式DTA、热重TG、热机械分析DMA。它们能够测量物质的晶态转变、熔融、蒸发、脱水、升华、吸附、解吸、吸收、玻璃化转变、液晶转变、热容的变化、燃烧、聚合、固化、催化反应、模量、阻尼、热化学常数、纯度等性质的转变与反应，从而获得物质微观结构热变化的根源，寻找出微观与宏观性能内在的联系，为事先指定性能的材料设计，提出所需加工合成的方法及条件的确定，打下可靠的基础。因此该仪器几乎成为从事材料工作实验室必备的仪器。

下面概述所用的各种热分析仪器，国内外主要生产厂家产品的型号和主要性能见下表：

国别厂家	型号名称	主　要　性　能	备　注
北京光学仪器厂	WCT-1 热重差热同步机	室温～1000℃，TG量程1～500mg DTA量程±10～1000μV，真空度2.7×10^{-2}Pa 三路气氛　微机控制处理	
	PCR-2差热仪	室温～1400℃　DTA量程±10～1000μV	
	PRT-2热天平	室温～1400℃　TG量程2～250mg	

续表

国别厂家	型号名称	主 要 性 能	备 注
上海天平仪器厂	WRT-1 微量热天平	室温～1000℃ 精确度 10μg	
	CRY-1 差热仪	室温～1200℃ DTA 量程±10～1000μV	
	CRY-32P 高温差热	室温～1500℃ DTA 量程±10～1000μV 升温速率 0.1～40℃/min 温度显示 0.1℃	
美国 Perkin Elmer	DSC-7 差示扫描量热仪	−170～725℃ DSC 量程 1μW～750mW 升降速率 0.1～500℃/min 温度精度±0.1℃	功率补偿型
	Pyris-1DSC 差示扫描量热仪	−170～725℃ DSC 量程 0.2μW～800mW 升降速率 0.01～500℃/min	功率补偿型计 算机功能强
	Pyris-1 TG 热重分析仪	室温～1000℃ 天平灵敏度 0.1μg	
美国 TA Instruments	DSC-2920	−150～725℃ MDSC-70～400℃ 升温速率 0.01～200℃/min MDSC 0.01～10℃/min	热流式 DSC 调制 MDSC
	TGA-2950	室温～1000℃天平灵敏度 0.1μg 高分辨分析软件 加热速率 0.1～50℃/min	
	TGA-2050	室温～1000℃天平灵敏度 0.2μg 天平准确率 ±0.1%速率 0.1～50℃/min	
德国 Netzsch	TG 209 热天平	室温～1000℃ 天平灵敏度 1μg 速率 0.1～80℃/min 真空结构 10^{-2}mbar	
	DSC-204 差热扫描分析仪	−170～700℃ 灵敏度 3～4.5μV/nw 温度准确度 ±0.1℃，升温速率 0.1～99℃/min 传感器时间常数 0.6～2.8s	热流式
	STA-449 同步热分析仪	−120～1650℃ *Cp* 测定到 1400℃ 速率 0.1～50℃/min 加热炉可更换低温 −120～750℃ 高温 R.T～1500℃超高温 R.T～1650℃	TG-DTA TG-DSC
瑞士 Mettler- Toledo	DSC-821 差热扫描分析仪	−150～500℃ 温度重复性±0.1℃ 传感器 28 对金/金靶热电偶 速率 0.001～100℃/min 灵敏度 0.3～0.7μW	热流式
	TGA-SDTA 850 同步热分析仪	室温～1100℃ 解析度 0.1μg 噪音(RMS)<0.1μg STDA 解析度 0.005℃ STDA 噪音(RMS)0.01℃	
美国 RST 流变 科学仪器公司	DSC-SP	−150～600℃ 量热范围±1mW—±100mW 速率 0.1～100℃/min	热流式
	TGA1000M	室温～1000℃ 天平灵敏度 0.5μg 升温速率 0.2～999℃/min	

热分析仪器的品种繁多，上面仅介绍了一小部分，但就其组成而言，大致可分成四部分，如图 1 所示，由物性测量单元、程序控温单元、显示记录系统以及气氛控制单元

组成。

性能指标反映了仪器的质量和应用的范围，通过比较可以发现优劣，一般来说，购买仪器首先应根据测试要求和目的来选择，不要盲目追求高性能指标的仪器，如果作为科研为目的，在有条件的情况下，应尽可能选择灵敏度高、动态量程范围宽、量热精度高、测温准确、扫描速率宽，测温范围宽以及信号响应快等，还有软件功能是否齐全，都应当作为考虑的范畴。

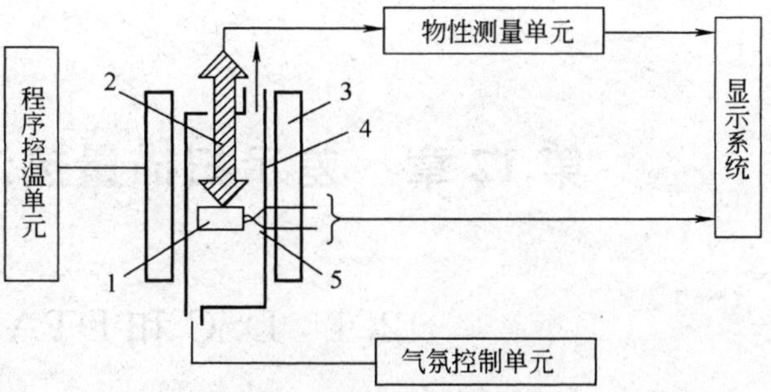

图 1　热分析仪器组成

1—试样　2—传感器　3—炉子　4—密封装置　5—测温元件

第 12 章　差示扫描量热法和差热分析法

12.1　DSC 和 DTA 基本原理

12.1.1　差示扫描量热仪（DSC）的基本原理

差示扫描量热仪分功率补偿型和热流型两种，都获得国际热分析协会的认可。两者的最大差别在于结构设计原理上的不同，下面分别加以介绍。

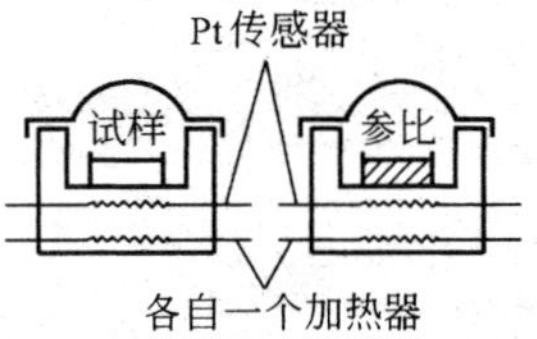

图 12-1　功率补偿型 DSC 仪器

功率补偿型的 DSC 是内加热式，装样品和参比物的支持器是各自独立的元件，如图 12-1 所示，在样品和参比物的底部各有一个加热用的铂热电阻和一个测温用的铂传感器。它是采用动态零位平衡原理，即要求样品与参比物温度，不论样品吸热还是放热时都要维持动态零位平衡状态，也就是要维持样品与参比物温度差趋向零（$\Delta T \Rightarrow 0$）。DSC 测定的是维持样品和参比物处于相同温度所需要的能量差 ΔE，反映了样品热焓的变化。

$$\Delta E = \frac{\mathrm{d}Qs}{\mathrm{d}t} - \frac{\mathrm{d}Qr}{\mathrm{d}t} = \frac{\mathrm{d}H}{\mathrm{d}t} \tag{12-1}$$

式中　$\frac{\mathrm{d}Qs}{\mathrm{d}t}$——单位时间给样品的热量；

$\frac{\mathrm{d}Qr}{\mathrm{d}t}$——单位时间给参比物的热量；

$\frac{\mathrm{d}H}{\mathrm{d}t}$——热焓的变化率或称热流率。

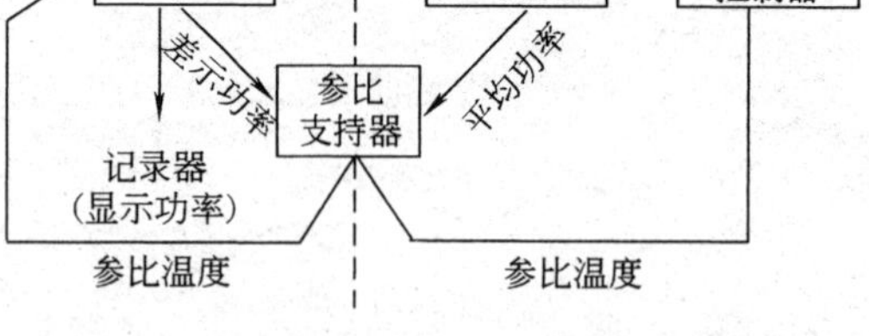

图 12-2　功率补偿型 DSC 仪器原理图

DSC 仪器的工作原理如图 12-2 所示。图中第一个回路是平均温度控制回路，它保证试样和参比物能按程序控温速率进行。检测的试样和参比物的温度信号与程序控制提供的程序信号在 TA 放大处（平均温度放大器）相互比较，如果程序温度高于试样和参比物的平均温度，则由放大器提供更多的热功率给试样和参比物以提高它们的平均温度，与程序温度相匹配，这就达到程序控温过程。第二个回路是补偿回路，检测到试样和参比物产生温差时（试样产生放热或吸热反应），能及时由温差 ΔT 放大器输入功率以消除这一差别。

热流型 DSC 是外加热式，如图 12-3 所示，采取外加热的方式使均温块受热然后通过空气和康铜做的热垫片两个途径把热传递给试样杯和参比杯，试样杯的温度由镍铬丝和镍铝丝组成的高灵敏度热电偶检测，参比杯的温度由镍铬丝和康铜组成的热电偶加以检测。由此可知，检测的是温差 ΔT，它是试样热量变化的反映。根据热学原理，温差 ΔT 的大小等于单位时间试样热量变化$\frac{dQs}{dt}$和试样的热量向外传递所受阻力 R 的乘积，即

$$\Delta T = R\frac{dQs}{dt} \tag{12-2}$$

式中 R 和热传导系数与热辐射、热容等有关，且强烈依赖于实验条件和温度，因此 ΔT 不是一个很确定的量，它反映热量，但不一定与热量成正比。这是 DTA 定量性不良的症结所在。

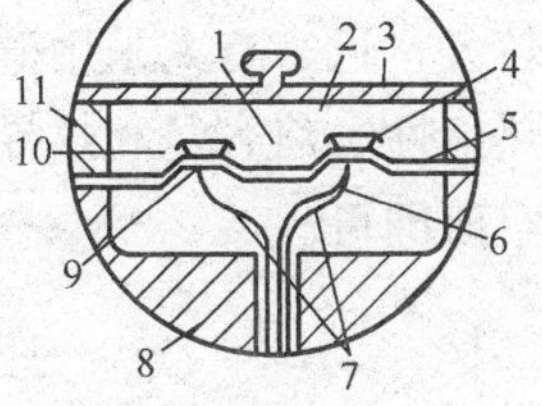

图 12-3 放热式 DSC 仪器
1—气体清洗出口 2—动态样品室 3—盖 4—试样杯 5—热电片 6—镍铝丝 7—镍铬丝 8—均温块 9—热电偶接点 10—参比杯 11—银环

解决的办法，一是采用高灵敏度的热电偶对试样和参比物的温差进行精确的测量；二是采用高导热率材料制成的圆盘把热流快速均匀地传给试样和参比物；三是对热阻进行温度校正，即所谓的多点校正法（有的仪器采用 20 个点），在测试的温度范围内，随温度不断升高，获得热阻 R 与温度的非线性函数关系，以不断修正的 R 值作为常数，就能按照热流公式（12-2）将检测的 ΔT 转换成能量。

12.1.2 差热分析仪（DTA）的基本原理

将试样与惰性参比物并放在一金属块（均温块）的适当位置上，见图 12-4 所示，此块放在加热炉的中部，按一定速度升温或降温。通过均热块使试样和参比物处于同一温度物中。在试样和参比物没有发生物理和化学变化时，无热效应发生，试样池和参比池的温度相等，示差热电势始终等于一个定值，此时记录的 DTA 曲线为一直线，我们称没有热效应的 DTA 曲线为基线。基线不一定是零线。

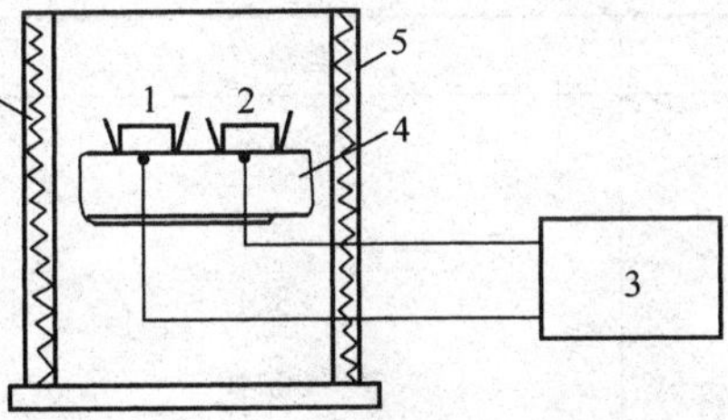

图 12-4 DTA 主要部分示意图
1—试样 2—参比物 3—差热放大器 4—均温块 5—加热器

当试样在某一温度下发生物理或化学变化，则会放出或吸收一定的热量，此时示差电动势（ΔE）就会偏离基线，出现差热峰。DTA 谱图的横坐标为温度 T（或时间 t），纵坐标为试样与参比物的温差 ΔT，所得到的 ΔT 和 T（或 t）曲线称差热曲线。

12.2 实验技术

12.2.1 试样的制备

除气体外，固态液态或黏稠状样品都可以用于测定。装样的原则是尽可能使样品均匀、密实分布在样品皿内，以提高传热效率，填充密度，减少试样与皿之间的热阻。因此

要把较大样品剪或切成薄片或小粒，并尽量铺平。一般使用的是铝皿，分成盖与皿两部分，样品放在其中间，用专用卷边压制器冲压而成。挥发性液体不能用普通试样皿，要采用耐压密封皿。

聚合物样品一般使用铝皿，使用温度应低于500℃，否则铝会变形。当温度超过500℃时，可用金、铂、石墨、氧化铝皿等，但要注意，铂皿与熔化的金属会形成合金，也易被P、As、S、Cl_2、Bt_2 等侵蚀。

DTA常用经高温焙烧的 α-Al_2O_3 作参比物，由于 Al_2O_3 与聚合物的比热容和热导率相差较大，近来有人采用硅氧烷、间苯二酸，甚至用聚四氟乙烯等作参比，用参比物的原则是热惰性、热容量和热导率以及重量应与试样匹配。DSC可不用参比物，只在参比池放一空皿即可。

12.2.2 基线、温度和热量的校正

仪器在刚开始使用或经过一段时间使用后都需进行这三项校正，以保证谱图数据的准确性。

基线校正是在所测温度范围内，当样品池和参比池都未放任何东西时，进行温度扫描，得到的谱图应当是一条直线，如果有曲率或斜率甚至出现小吸热或放热峰，则需要进行仪器的调整加以修正和炉子的清洗，使基线平直，否则仪器不能进行测试。

温度和能量校正，需采用标准纯物质来校正，某些纯物质的熔点和熔融热如表12-1所示。

表12-1　几种纯物质的熔点和熔融热

纯物质名称	熔点/℃	熔融热/(J/g)
偶氮苯	34.6	21.6
硬脂酸	69	47.5
铟	156.6	28.47
钖	231.96	60.49
铅	327.5	23.03
锌	419.58	108.4
K_2SO_4	585	33.2

由于峰面积 A 与热量 ΔH 成正比

$$\Delta H = k\frac{A}{m} \tag{12-3}$$

式中　m——样品质量；

k——仪器常数。

功率补偿型DSC，由于采用动态零位平衡原理，即始终保持样品与参比物的温差为0，所以仪器常数 k 与温度变化无关，k 为常数。这样能量校正时只需单点校正，如用金属铟测其熔融热应与标准物铟熔融热28.45J/g相符，即可用于其他温度范围。温度校正

一般采用两点校正，即在测试范围内找两个标准物质，使实测与标准物熔融转变温度相同。

热流式 DSC 它是通过热流公式把检测的样品与参比物的温差转换成热流，前已述需在测试温度范围内进行多点校正，才能保证转换热流的准确性，这部分工作现在大多由生产厂家调试完成。

12.2.3 主要影响因素

12.2.3.1 样品量

样品量少，样品的分辨率高，但灵敏度下降，一般根据样品热效应大小调节样品量，一般 3～5mg，如图 12-5。

另一方面，样品量多少对所测转变温度也有影响。图 12-6 所示是铟的量变化，随样品量增加，峰起始点温度基本不变，但峰顶温度增加，峰结束温度也提高，因此，如同类样品要相互比较其差异，最好采用相同的量。

12.2.3.2 升温速率

通常升温速率范围在 5～20℃/min。一般来说，升温速率越快，灵敏度提高，分辨率下降。灵敏度和分辨率是一对矛盾，人们一般选择较慢的升温速率以保持好的分辨率，而适当增加样品量来提高灵敏度。

由图 12-7 和图 12-8 可知，随升温速率的增加，熔化峰起始温度变化不大，而峰顶和峰结束温度提高，峰形变宽。由此可见，测试时若改变升温速率，就必须重新校正温度是必不可少的工作。

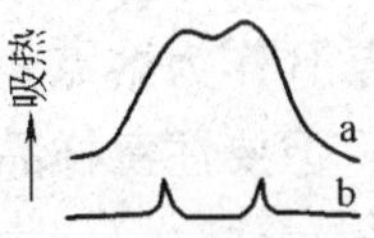

图 12-5 不同样品量对测定结果的影响示意图

a：样品较多 b：样品较少

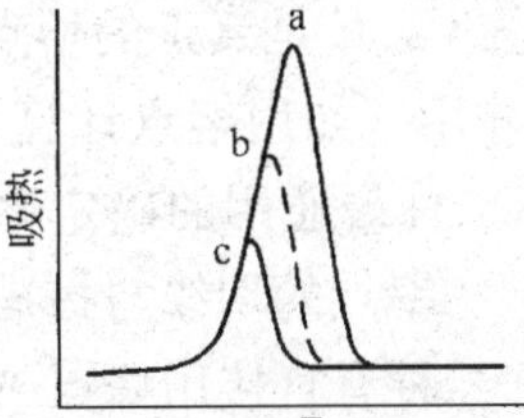

图 12-6 铟的量对峰温度的影响示意图

a：10mg b：5mg c：2.5mg

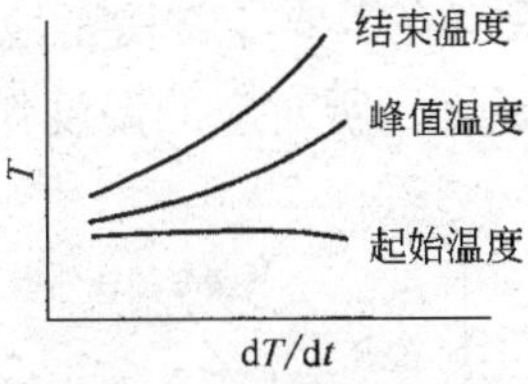

图 12-7 升温速率对峰位置的影响示意图

12.2.3.3 气氛

一般使用惰性气体，如 N_2、Ar、He 等，就不会产生氧化反应峰，同时又可减少试样挥发物对检测器的腐蚀。气流流速必须恒定，（控制在 10ml/min），否则会引起基线波动。

气体性质对测定有显著影响，要引起注意。如 He 气的热导率比 N_2、Ar 气的热导率大约 4 倍，所以在做低温 DSC 用 He 作保护气时，冷却速度加快，测定时间缩短，但因 He 热导率高，使峰检测灵敏度降低，约是 N_2 中的 40%，因此在 He 中测定热量时，要先用标准物重新标定核准。在空气中测定时，要注意氧化作用的影响。有时可通过比较 N_2 和 O_2 中的 DSC 曲线，来解释某些氧化反应。

12.2.4 熔点和玻璃化转变温度的确定

(1) 熔点的确定

聚合物的熔点都是有一定宽度的吸热峰，如图 12-9 中（b）所示，如何确定熔点至今没有统一的规定，但根据要求不同确定熔点有以下三种方法。

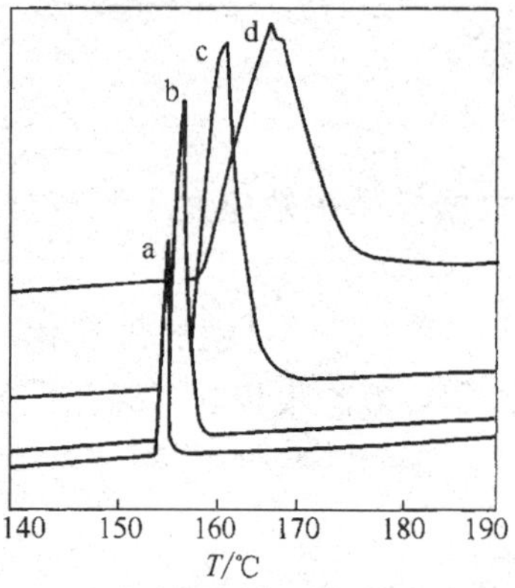

图 12-8 铟在不同升温速率下的 DSC 曲线

a：5℃/min b：20℃/min c：60℃/min

d：120℃/min 温度校正在 20℃/min 下进行

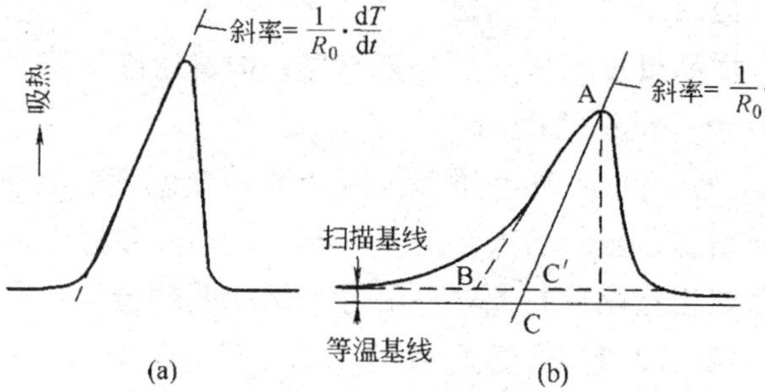

图 12-9 典型的 DSC 熔融曲线及熔点的确定

（a）高纯铟的熔融峰 （b）高分子熔融曲线及熔点的测定

第一种是从样品的熔融峰的峰顶作一条直线，其斜率为金属铟熔融峰前沿的斜率 $\frac{1}{R_0}\cdot\frac{dT}{dt}$，其中 R_0 是试样皿和样品支持器之间的热阻，它是热滞后的主要原因，如图 12-9（a）所示。该直线与等温基线相交为 C，C 是真正的熔点，其测定误差不超过±0.2℃。这只有在需要非常精密地测定熔点时才用（如用熔点计算物质的纯度）。一般与扫描基线的交点 C′所对应的温度作为熔点。第二种最通用的确定熔点的方法，是以峰前沿最大斜率点的切线与扫描基线的交点 B 作为熔点。第三种有直接用峰点 A 点为熔点，但要注意样品量升温速率不同对峰温的影响。

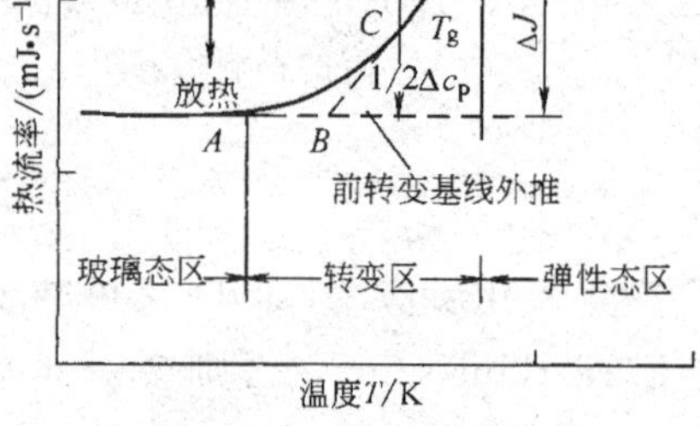

图 12-10 玻璃化转变的 DSC 曲线

(2) 玻璃化转变温度的确定

玻璃化转变温度是基于在 DSC 曲线上基线的偏移，出现一个台阶。如图 12-10 所示转变温度 T_g 的确定，一般用曲线前沿切线与基线的交点 B 或用中点 C，个别情况也有用交点 D，较明显易读准。

由于玻璃化转变是一种非平衡过程，因此，操作条件对实验结果也有很大的影响，主要影响因素有：

① 升温速率。升温速率越快，玻璃化转变越明显，测得的 T_g 也越高。

② 推荐采用的升温速率为 10～20℃/min。

③ 样品中残留的水分或溶剂。水或溶剂等小分子化合物的存在利于高聚物分子链的松弛，使测得的 T_g 偏低。因此实验前，应将样品烘干，彻底除尽残留的水分或溶剂。

④ 样品的热历史。具有不同热历史的同一样品，测得的 T_g 不同。为保证同类样品玻璃化转变温度的可比性，需消除热历史的影响。采用的方法是将样品进行退火处理，退火温度应高于样品的玻璃化温度。

除了对非晶态聚合物玻璃化转变的研究外，DSC 还可用于研究聚合物分子链的解缠结过程以及聚合物的交联和降解程度。

12.3 应　　用

12.3.1 聚合物玻璃化转变的研究

玻璃化温度（T_g）是聚合物的特征温度之一。非晶态聚合物的玻璃化转变是一种松弛现象，是高聚物从玻璃态转变为高弹态的过渡阶段。在玻璃化温度以下，分子链处于冻结状态，到达玻璃化温度后，链段解冻并开始运动。高聚物的玻璃化转变类似于热力学二级转变，表现为自由体积、比热容和线膨胀系数等的突变。

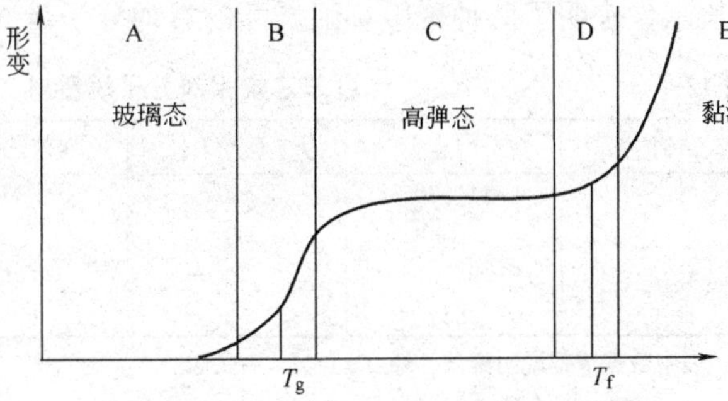

图 12-11　聚合物典型温度-形变曲线

12.3.1.1 化学结构对 T_g 的影响

具有僵硬的主链或带有大的侧基的聚合物将具有较高的 T_g；链间具有强吸引力的高分子，不易膨胀，有较高的 T_g；在分子链上挂有松散的侧基，使高分子结构变得松散，即增加了自由体积，而使 T_g 降低。

表 12-2　　聚合物侧基对 T_g 的影响

聚合物	T_g/℃	聚合物	T_g/℃
聚乙烯	−68(−120)	聚 1,4 顺式丁二烯	−108(−95)
聚丙烯(全同)	−10(−18)	聚甲基丙烯酸甲酯	115(105)
聚苯乙烯	100	聚苯醚	220(210)
聚氯乙烯	87	尼龙 6	50(40)

从表 12-2 可以看出，无侧基碳链聚合物，聚乙烯、顺式 1,4 聚丁二烯具有很低的 T_g。带有取代基、苯基、氯基或带有甲酯基等立体效应使主链运动困难而使 T_g 升高。

表 12-3　　侧基柔性对聚甲基丙烯酸酯类 T_g 的影响

n	1	2	3	4	5	12
T_g/℃	105	65	35	20	−5	−65

从表 12-3 可以看出，聚甲基丙烯酸酯类聚合物由于含有柔性酯侧基，随着侧基的增大，使分子间距加大，相互作用减弱，将产生“内增塑”作用，所以 T_g 反而下降。

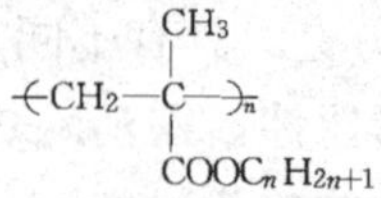

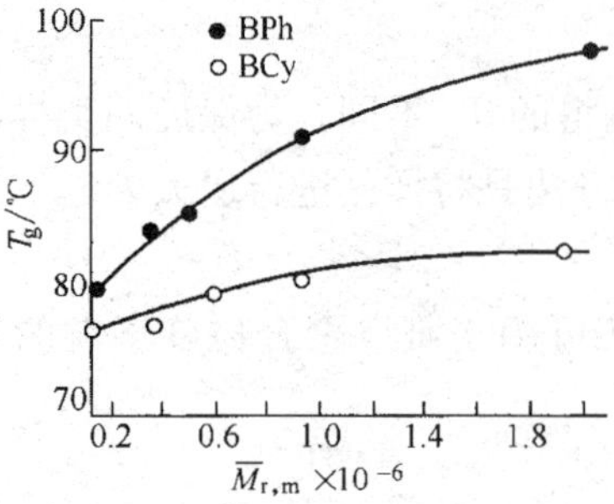

图 12-12　几个级分聚甲基丙烯酸对叔丁基酯（BPh，·）和聚甲基丙烯酸对丁基环己酯（BCy，。）的玻璃化转变温度 T_g 与重均分子量$\overline{M}_{r,m}$的关系（升温速率 16℃/min）

12.3.1.2　相对分子质量对 T_g 的影响

随相对分子质量增加，一般 T_g 升高，当相对分子质量超过一定程度后，T_g 不再随相对分子质量的增加而明显增加。因为分子链两头各有一端基链段，它的活动能力比两边受牵制的链段来得大。它将贡献一定的自由体积，相对分子质量越低，端基链段比例越高，所以 T_g 越低，随相对分子质量增大，端基链段减少，所以 T_g 逐渐增大。如图 12-12所示，表明了两种聚甲基丙烯酯的重均分子量（$\overline{M}_{r,m}$）对 T_g 的影响。

表 12-4　　聚苯乙烯相对分子质量对 T_g 的影响

聚苯乙烯体系	$\overline{M}_{r,n}$	T_g/℃	聚苯乙烯体系	$\overline{M}_{r,n}$	T_g/℃
A	111000	100	E	2740	43
B	10400	83	F	1530	43
C	5400	70	G	650	−25
D	3630	53			

注：表中数据清楚说明聚苯乙烯 T_g 与$\overline{M}_{r,n}$有关。

12.3.1.3　结晶度对 T_g 的影响

不同聚合物随结晶度的提高对 T_g 有不同的影响。如：聚对苯二甲酸乙二醇酯、等规聚苯乙烯、聚 ε-己内酰胺、等规甲基丙烯酸甲酯等，结晶度的提高，认为是填料增多，增加无定形分子链运动的阻力，从而使 T_g 升高。对聚 4-甲基戊烯-1 的 T_g 随结晶度的增加而降低。因提高结晶度使“低 T_g”等规部分增加，而“高 T_g”间规部分减少，从而使 T_g 降低。有些聚合物如：等规聚丙烯、聚三氟氯乙烯等结晶度对 T_g 的影响可以忽略。可能是结晶度的提高并不影响该聚合物无定形部分软硬程度。

12.3.1.4　交联固化对 T_g 的影响

聚合物交联一般引起 T_g 的升高。如图 12-13 是一种环氧-酸酐体系经不同预固化温度固化后测得的 DSC 升温曲线，由于固化温度不同，交联程度不同，在 400K 以下固化的试样，随固化温度升高交联度增加，使 T_g 升高应有剩余效热。在更高的温度予以固化，T_g 反而降低，推测是由于高温裂解，使交联密度降低，致使 T_g 降低。

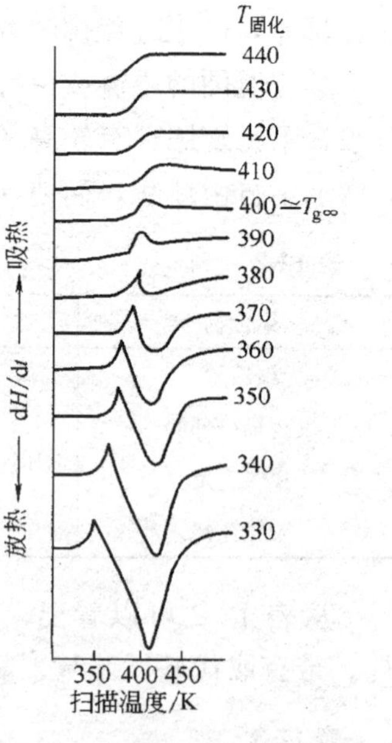

图 12-13　在不同温度完成预固化的环氧-酸酐试样 8℃/min 升温 DSC 曲线预固化温度如曲线所示

12.3.1.5 样品历史效应对 T_g 的影响

(1) 热历史

制备样品时，如果冷却速率较小，加热速率大于冷却速率，会出现吸热的“滞后峰”，反之则出现放热峰，只有冷却速率与测定加热速率相同时，才有标准的转变曲线如图 12-14 所示。

热历史对 T_g 的影响，可以用比热容-温度曲线来说明（图 12-15）。多方研究受热历史影响的 T_g 变化范围为 10～30℃。当加热速率与冷却速率相近时（图中曲线 1 和 3），不出现明显的热效应；当加热与冷却速率不同时（图中曲线 2 和 4），出现放热式吸热峰，热历史被记录下来。

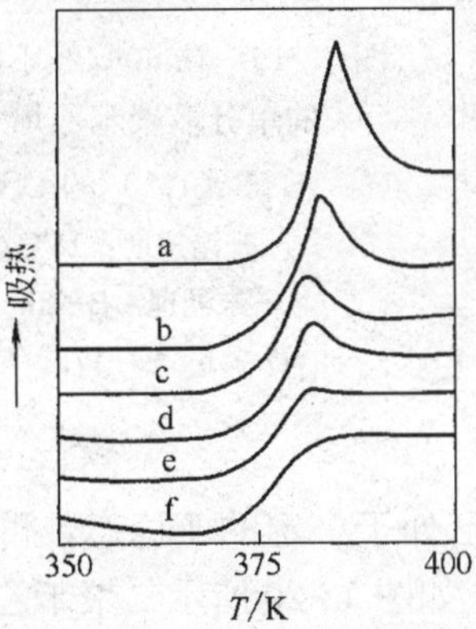

图 12-14 聚苯乙烯 DSC 曲线中的玻璃化转变区

升温速率为 0.09℃/s；制样的冷却速率（℃/s）分别为

a—1.4×10^{-4} b—3.2×10^{-3} c—1.81×10^{-2}

d—4.13×10^{-2} e—8.7×10^{-2} f—5

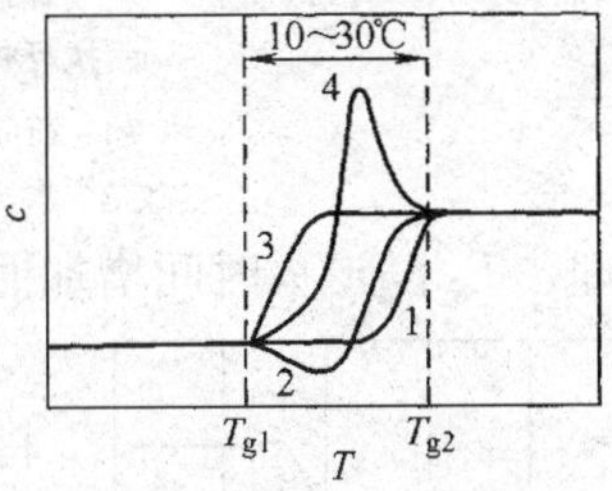

图 12-15 在玻璃化转变区比热容与温度的关系

1—快冷却，快加热 2—快冷却，慢加热

3—慢冷却，慢加热 4—慢冷却，快加热

(2) 应力历史

储存在样品中的应力历史，在玻璃化转变区会以放热式膨胀的形式释放。如图 12-16 所示，制样压力越大，释放的放热峰越大。零压力的滞后吸收峰是由于慢冷却的热历史造成的。随压力增加，T_g 起始转变温度降低，但结束温度却没有变化，从而转变区加宽。

(3) 形态历史

当样品的表面积与体积之比很大时，样品的形态变得很重要。如图 12-17 所示是三种不同尺寸的粉末状聚苯乙烯样品，尺寸越小的样品 T_g 开始的温度大为降低，而结束温度基本不变，使转变区变宽。这与样品导热快慢有关，因此测定粉末样品时，要注意形态的效应。

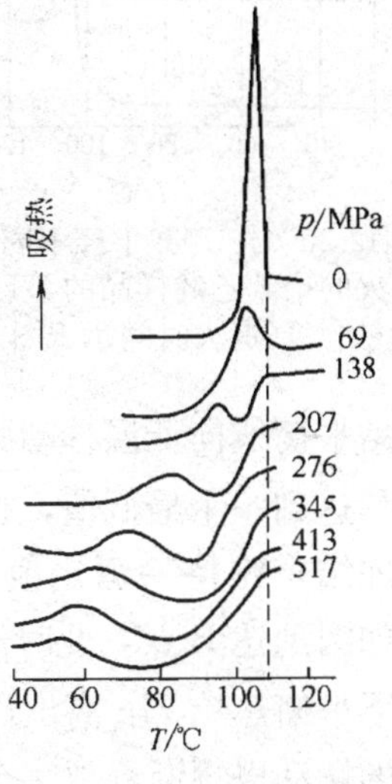

图 12-16 聚苯乙烯的 DTA 曲线

加热速率为 5℃/min；制样时冷却速率均为 0.08℃/min；制样压力示于图上

(4) 退火历史

当样品从熔融态迅速降至低于 T_g 转变温度下退火，不同温度或相同温度不同退火时间将会有不同的热效应。如图 12-18 和图 12-19 所示，聚氯乙烯随退火温度的升高，T_g 起始温度逐渐提高。聚苯乙烯在相同温度下经不同退

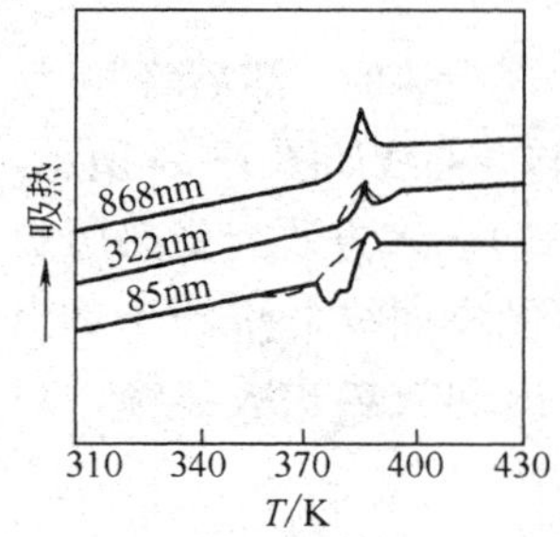

图 12-17　三种尺寸的珠状聚苯乙烯的热容-温度曲线

（珠粒尺寸示于图上）

——第一次扫描；----第二次扫描

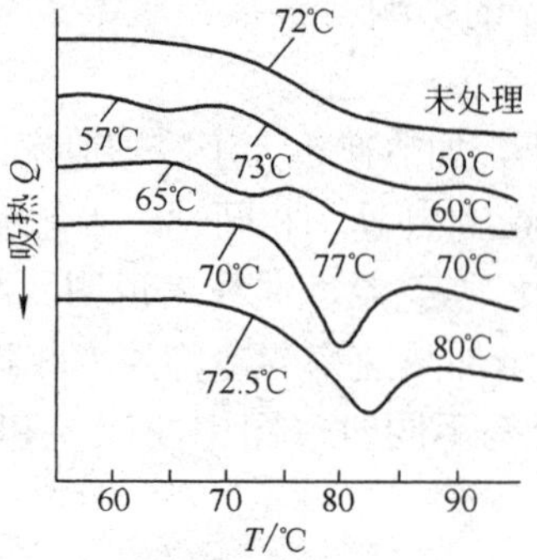

图 12-18　聚氯乙烯薄膜（$M_n=6.3\times10^4$）DSC 曲线随热处理的变化

未处理试样是指在 DSC 试样容器中于 130℃保持 5min 后快速冷至室温的试样；热处理是在图中所示的温度下进行了 4h；升温速度 8℃/min

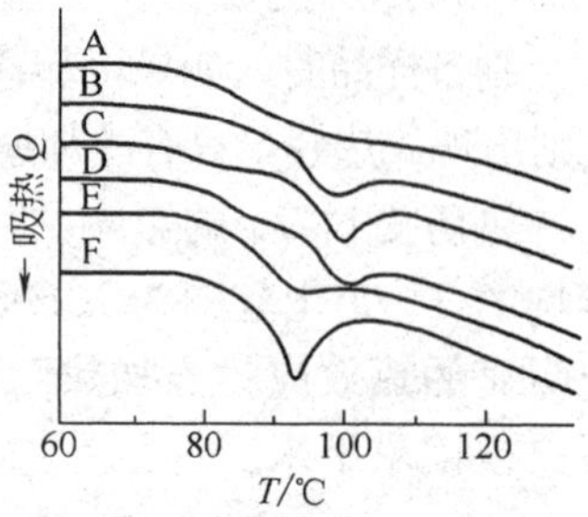

图 12-19　在 60℃经不同时间处理的单分散聚苯乙烯（$M_n=1.03\times10^4$）的 DSC 曲线

升温速度：16℃/min

A—未处理　B—2h　C—3h

D—4h　E—17h　F—29h

火时间处理，T_g 随退火时间增加而移向高温。

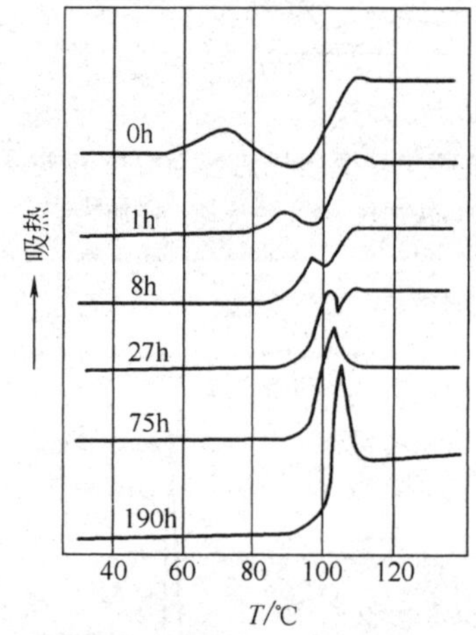

图 12-20　在 70℃下经不同时间退火的聚苯乙烯样品的 DTA 曲线[104]（退火时间示于图上）

如果样品分子链段已处于一定的亚稳态，再加上退火将叠加上新的历史效应。如图 12-20 所示，聚苯乙烯不同退火时间对 T_g 的影响，起先观察到应力历史被释放出来，不同结构会在不同退火时间中解冻；经长时间退火应力历史被消除，出现慢冷却快加热出现的滞后吸热峰。

总的来说，玻璃化转变区的历史效应相当复杂，如果从现象论加以解释，以不同的外作用对应不同的松弛状态加以理解。认为非晶态聚合物熔体施以静压或切变压缩制成样品，再经过不同的热处理，则各种不稳定的构象被冻结，程序升温时在低于 T_g 时由于局部地向稳定构象转变，故出现吸热峰。如果从热焓变化的理论也可以加以解释，如图 12-21 所示，开始样品假如落在温度高于 T_g 的热焓平衡线上 A 点，此时温度为 T_A，热焓为 H_A。开始冷却时，样品分子链仍有不错的运动性，能沿着热焓平衡线向低温移动到 G 点此时 T_g 为玻璃化转变温度，G 点温度以下样品变硬，自由体积达到一个最低值，在玻璃态下，链段运动和自由体积也被冻结，维持一恒定值。继续降温，就会偏离热平衡位置，如图到达 B 点，此时温度为 T_B，热焓为 H_B，H_B 比该温度下平衡热焓 H_E 高出许多，自然不稳定，分子链将进行微小的蠕动以逐渐释放多余能量，随时间的增加，沿着 BC、CE 向热平衡线上靠近。不同样品由于热历史不同，将从不同位置开始升温，其 DSC 曲线就会不同。若由 B 点升温，有可能在 T_g 之前有机会先吸收一些能量以靠近 GB 线，在

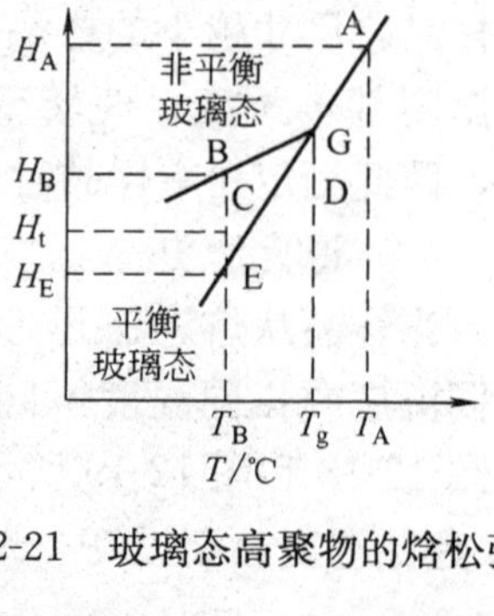

图 12-21　玻璃态高聚物的焓松弛

抵达 G 点前已很接近热焓平衡线了，到达 G 点时有标准的玻璃化转移曲线。若由 C 点升温，沿 CDG 变化因已很接近平衡热焓，自由体积很小，升温不久就跨越热焓平衡线，此时热焓低于平衡热焓，且越接近 T_g 转变温度的热焓与平衡热焓的差值越大，故到达 T_g 时，链运动使自由体积突然增大，热焓也就急剧增大，自然需从外界吸收热能，产生吸热峰。

12.3.2 聚合物熔融/结晶转变的研究

12.3.2.1 测定聚合物的熔点 T_m 和平衡熔点 T_m^0

熔点是物质从晶相到液相的转变温度。用 DSC 测定聚合物熔点具有简单、方便、准确等诸多优点，测量精度可达±0.1℃。样品的性质、操作条件等是影响测定结果的主要因素。升温速度越快、样品的用量越大，则产生的热滞后越显著，测定的熔点也越高。样品经退火、淬火处理，或样品中含有溶剂、增塑剂、填料等，都会对其熔点产生一定影响。

平衡熔点 T_m^0 定义为具有完善晶体结构的高聚物的熔融温度，在实验上无法直接测得，只能通过外推的方法测定。T_m^0 和 T_m 的关系可用 Hoffman-Weeks 方程来表示：

$$T_m = T_m^0(1-\eta)+\eta T_c \tag{12-4}$$

式中：参数 η 反映了晶体热稳定性，数值在 0 至 1 之间，数值越小，表明晶体热稳定性越高；T_c 为样品的结晶温度。

测定 T_m^0 的方法如下：测定样品在不同结晶温度下等温结晶所对应的 T_m，以 T_m 对 T_c 作图，并将 T_m 对 T_c 关系外推到与 $T_c=T_m$ 直线相交，其交点即是该样品的 T_m^0。依据的原理为聚合物晶体的完善程度与结晶温度有关，结晶温度越高，生成的晶体越完善，其相应的熔融温度也越高。图 12-22 为聚偏氟乙烯（PVDF）/聚丁二酸己二醇酯（PBA）共混体系中不同组分的 Hoffman-Weeks 曲线。

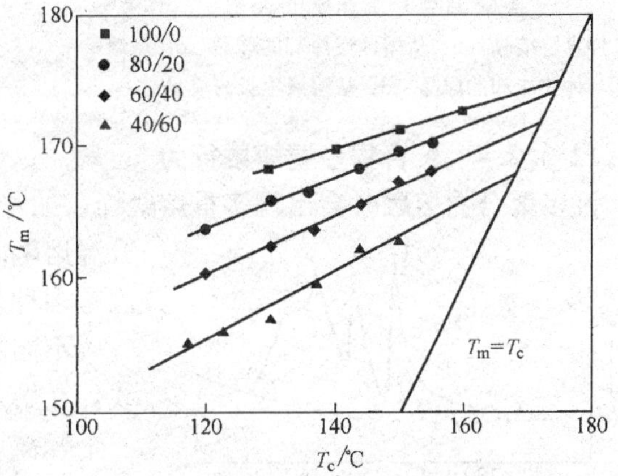

图 12-22 PVDF 与 PBA 共混物的 Hoffman-Weeks 曲线

12.3.2.2 结晶形态对熔点的影响

图 12-23 表示不同制备条件下，聚乙烯具有不同的结晶形态，其熔点和升温速率的关系。由图中可见，伸直链结晶的熔点最高，由溶液生成的单晶熔点最低，不同形态的聚乙烯结晶熔点可相差多达 25℃。有一种测定 T_m^0 的方法，是在高压下结晶制备伸直链的晶体样品，该晶体非常接近热力学平衡条件，在缓慢加热条件下，能得到与平衡熔点非常接近的熔点值。

12.3.2.3 晶片厚度对熔点的影响

晶片越厚，熔点越高。晶片厚度一般用 X 光衍射获得。人们已导出高分子熔点与晶片厚度的关系式：

$$T_m = T_m^0[1-(2\sigma_e/l \cdot \Delta H_f)] \tag{12-5}$$

式中 σ_e——比表面自由能，kJ/mol；

l——晶片厚度，mm；

ΔH_f——熔融热，kJ/mol。

测定不同厚度样品的熔点，外推到晶片无限厚（即 $1/l \to 0$）即得到 T_m^0。实验证明：高分子晶片厚度是由结晶温度决定，对高分子单晶，厚度随结晶温度增加基本上按指数规律增加。见图 12-24。

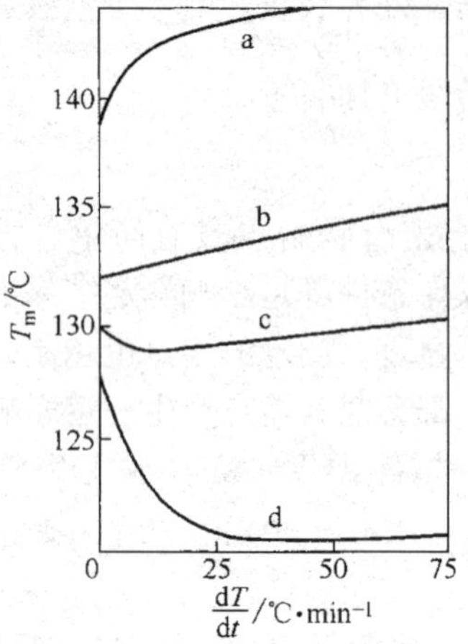

图 12-23　不同结晶形态的聚乙烯的熔融峰温与升温速率的关系

a：伸直链结晶　b：从熔体慢冷却的球晶　c：从熔体快冷却的球晶　d：从溶液生长的单晶

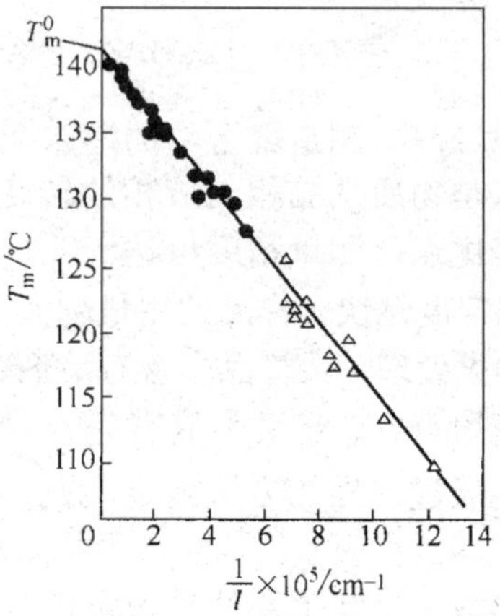

图 12-24　聚乙烯晶片厚度与熔点的关系

晶片厚度由 X 射线衍射求得，图中三种实验点分别由不同实验室测得

12.3.2.4　聚合物多重熔融行为

许多聚合物熔融时会出现多重熔融峰，如聚乙烯经过等温结晶或退火后淬火冷却，再升温熔融时有两个熔融峰。出现多重熔融现象的原因是多种多样的，要通过其他仪器测试加以验证。

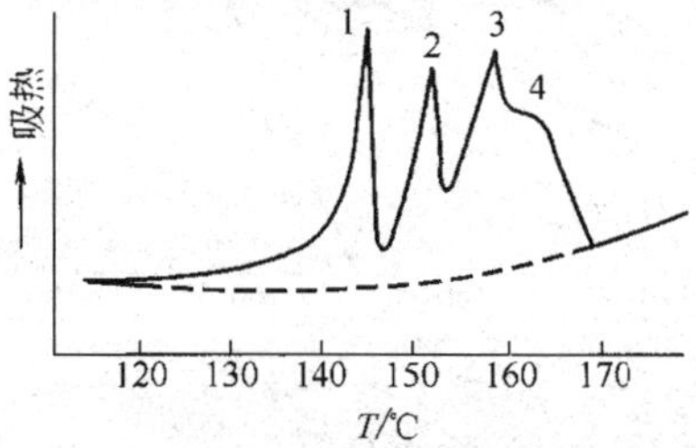

图 12-25　用 6%～10%喹吖啶成核剂结晶的聚丙烯的 DSC 曲线

升温速率 5℃/min

不同晶型的解释如全同聚丙烯挤出物的 DSC 曲线，在熔点附近出现四个峰，如图 12-25 所示，第一个峰被认为是 β 晶型的结晶熔融峰，β 晶型结晶熔融后再结晶给出第二个峰，剩下两个峰是对应于 α 晶型的。不同晶型导致多重峰的聚合物，还有聚 1-丁烯、聚异戊二烯等。

不同成核方式的解释，Holden 用 DSC 研究加热条件对聚乙烯熔融行为的影响，在非等温结晶样品中观察到双重峰，认为是由非均相核和均相核两种不同方式成核结晶引起的双峰。对全同聚氧化丙烯的研究也有同样的结论。

也有人认为多重峰的出现，是不同形态和不同完善程度的结晶引起的。Hoashi 研究线型聚乙烯时，从熔体结晶或在 110℃热处理时都观察到双峰，低温峰比重峰低 10～20℃。有趣的是把这种样品在低温峰温附近再次退火处理，结果低温峰分裂成两个峰，一个峰比原来的峰温更高，而另一个峰则更低。他认为是一部分结晶形成更完善更厚的晶片，而另一部分结晶因从熔化冷却至该温度过程中形成更小、更不完善的结晶。

12.3.2.5　历史效应对熔点的影响

熔融并不是结晶的逆过程，结晶包括成核和生长两步，这两步都需要适当的过冷，因此都可能产生历史效应。

（1）热历史

一个结晶高分子的最初历史是与成核和结晶动力学有关。常规是冷却速率越快，结晶越小越不完善，其熔点越低。实际上聚合物结晶总是处于各种亚稳态。高分子材料的生产或加工过程中常经过各种热处理，相当于退火。小分子结晶很易退火到平衡完善化而消除热历史，但高分子结晶很少能退火到这个程度，这意味着退火是在原先热历史（可能还有应力历史、形态历史和结构历史）上叠加退火历史。这样使实际的聚合物材料的 DSC 曲线相当复杂，如：尼龙 6 在不同温度下结晶 16h，从 DSC 图上可看到不同热历史，最多能观察到五个峰，其结晶温度 T_c 与熔点 T_m 的关系如图 12-26 所示。曲线 3 和 4 是原样品中存在的 α 和 γ 两种晶型结晶的正常熔融；曲线 1 和 2 是原样品中没有 α 和 γ 晶型晶体重组后产生的结晶熔融；曲线 5 是个小的“退火峰”，它总是出现在比结晶温度高约 4℃的地方，表明结晶后从结晶温度冷却至室温，已经“二次结晶”，在原结晶间产生了小晶粒的熔融。有人将同一聚乙烯样品依次在不同温度下退火，每隔 10℃退火 1h，结果升温时出现一系列小退火熔融峰，每一退火峰熔融温度均比退火温度高 10℃左右，见图 12-27 所示。

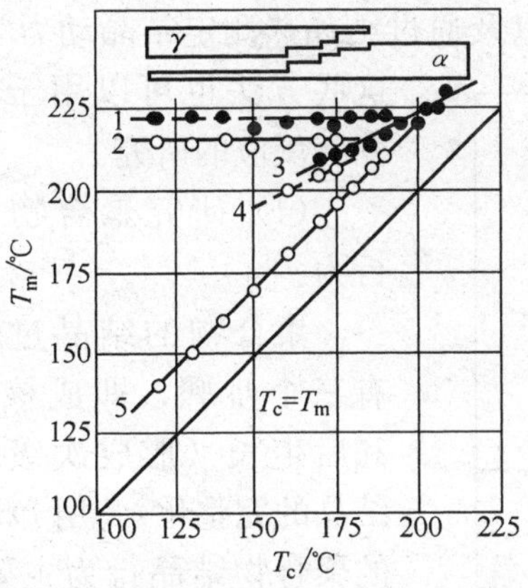

图 12-26　尼龙 6 的熔融峰温与结晶温度的关系

晶型由 X 射线衍射测定，DSC 升温速率为 8℃/min

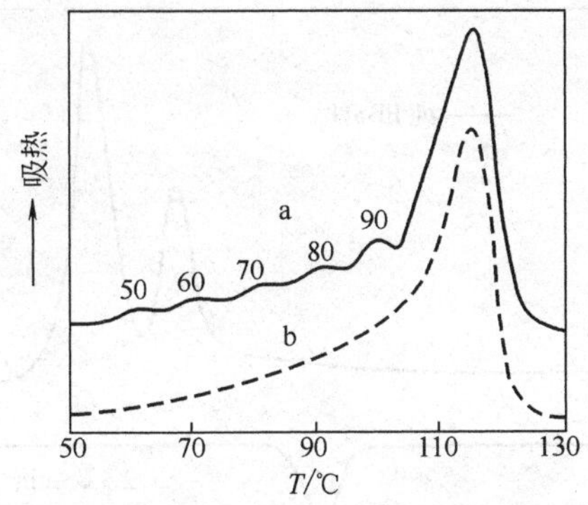

图 12-27　经退火处理的聚乙烯的 DSC 曲线

a：退火后，退火温度示于图上　b：退火前

（2）应力历史

结晶聚合物材料经过取向，其熔点升高。图 12-28 所示是取向聚乙烯例子，从图中可知，拉伸后熔点明显增加许多。有人认为，这是由于在无定形相中分子取向的亚稳定性。证据是如果把聚合物中无定形相蚀刻掉，剩下晶区，则熔点下降与结晶尺寸相当。样品自由收缩和固定长度，有不同熔融行为，说明不是平衡态。图 12-29 所示拉伸 PE 熔化热与拉伸比 λ 的关系；图 12-30 所示是拉伸 PE 熔化热 ΔH_f 与拉伸比的关系；结果表明由 DSC 测得的 T_m 和 ΔH_f 是随拉伸比的增加而增高。

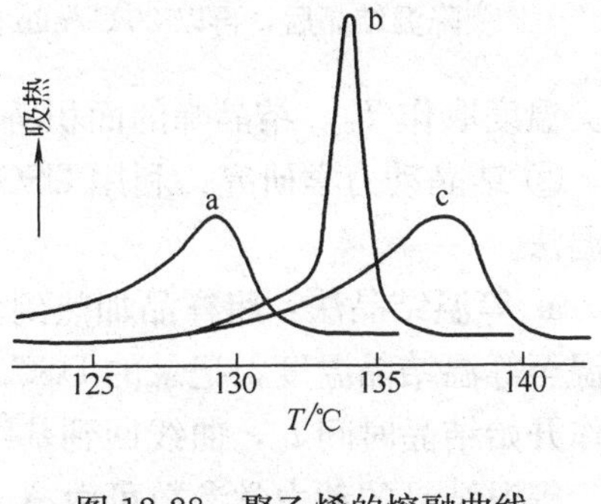

图 12-28　聚乙烯的熔融曲线

a：未拉伸　b：拉伸 13 倍，测定时自由收缩　c：拉伸 13 倍，测定时固定长度所有曲线的加热速率均为 2℃/min

12.3.2.6　对结晶聚合物的研究

测量 DSC 峰面积，可以定量计算转变热或者反

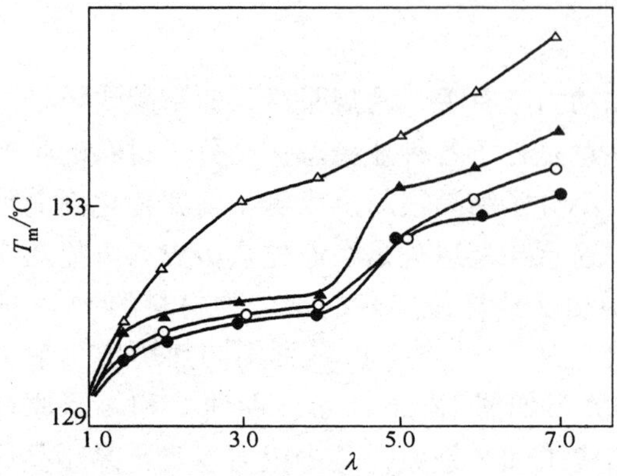

图 12-29 拉伸聚乙烯试样熔点 T_m 与拉伸比 λ 的关系

(—△—△—) 64℃/min (—▲—▲—) 32℃/min

(—○—○—) 16℃/min (—●—●—) 8℃/min

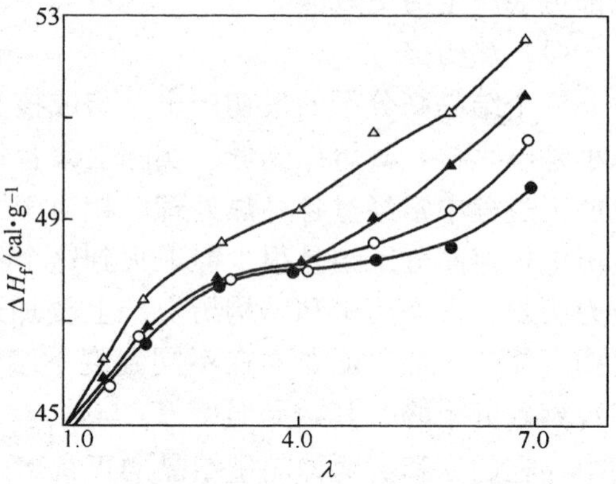

图 12-30 拉伸聚乙烯试样的熔化热 ΔH_f 与拉伸比 λ 的关系

实验点符号所代表的升温速率同图 12-28

注：1cal＝4.186kJ

应热。下面只介绍通过熔融热测定样品的结晶度，以及通过结晶热测定结晶动力学参数。这些方法也可以用于其他转变和反应的研究。

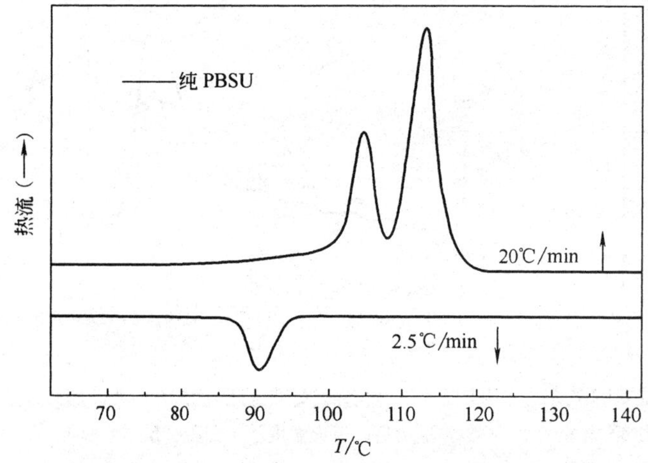

图 12-31 聚丁二酸丁二醇酯（PBSU）消除热历史后以 2.5℃/min 降温结晶后，再以 20℃/min 升温的 DSC 曲线

（1）研究聚合物的结晶行为

聚合物的结晶过程一般有三个步骤，即成核、生长和后生长（形成次级结晶和结晶的完整化）。用 DSC 研究的聚合物结晶行为主要包括：结晶温度 T_c、结晶焓 ΔH_c 及结晶动力学等。

① T_c 和 ΔH_c 的测定及应用：T_c 和 ΔH_c 用等速降温方法测定。通常将结晶峰的峰尖温度取作 T_c，结晶峰的面积所对应的热焓取作 ΔH_c。如图 12-31 所示。

② 结晶动力学研究：利用 DSC 研究聚合物的结晶动力学有两种方法，即等温法和非等温法。

a. 等温结晶法：将样品加热到其 T_m 以上 20～30℃，恒温数分钟消除热历史后迅速降温至等温结晶温度，记录的 DSC 曲线上出现的结晶放热峰。曲线开始偏离基线的时间取作开始结晶时间 t_0，曲线回到基线的时间取作结晶结束时间 t_∞。

等温结晶的动力学参数可由 Avrami 方程求得：

$$1-X_t=e^{-kt^n} \tag{12-6}$$

式中 X_t——结晶分数；

k——结晶速率常数；

n——与晶体成核和生长方式有关的参数。

将方程两边取对数，得：

$$\lg(-\ln(1-X_t))=\lg k+n\lg t \tag{12-7}$$

用 $\lg(-\ln(1-X_t))$ 对 $\lg t$ 作图，得到一条直线，其斜率为 n，截距为 $\lg k$。

令结晶完成50%的时间为半结晶时间（$t_{1/2}$），由式（12-6）得

$$\frac{1}{2}=1-X_t=\exp(-kt^n) \tag{12-8}$$

$$t_{1/2}=(\ln 2/k)^{\frac{1}{n}}=(0.693/k)^{\frac{1}{n}} \tag{12-9}$$

以聚偏氟乙烯（PVDF）从熔体等温结晶为例。如图12-32，图12-33所示。

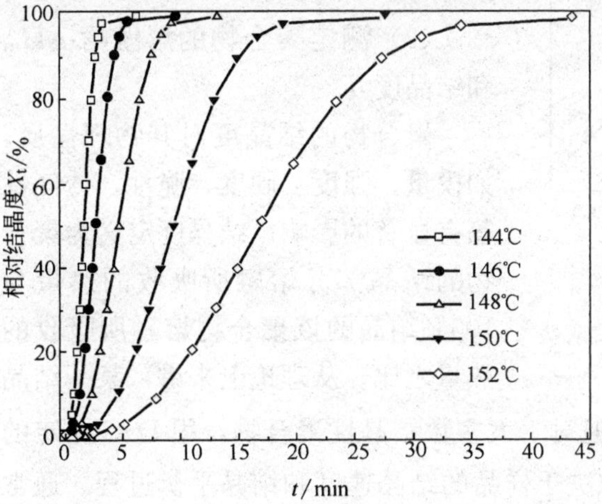

图12-32　PVDF的相对结晶度随时间的变化曲线

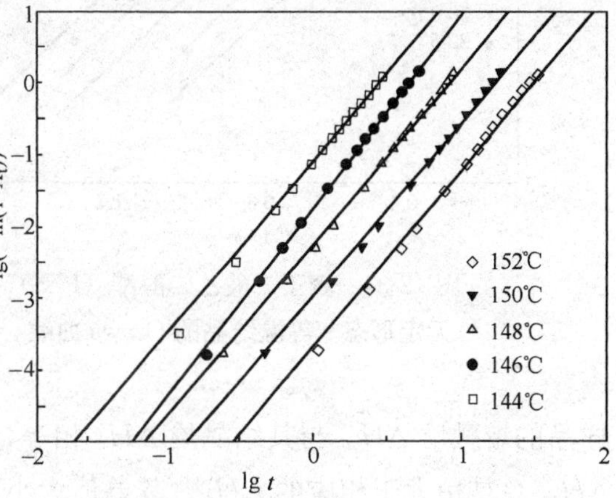

图12-33　PVDF的Avrami曲线

b. 非等温结晶法：非等温结晶过程是指在变化的温度场下的结晶过程。根据温度场的变化规律，还可分为等速升、降温过程和变速升、降温过程。在测定结晶动力学参数方面，非等温结晶一般在DSC上通过等速升温或等速降温的实验方法实现。在高分子材料加工过程中，结晶过程都是在非等温条件下进行的。因此，研究非等温结晶动力学更具有实际意义。目前提出的研究非等温结晶动力学的方法有很多种，现介绍其中主要的几种：

Jeziorny 法

Jeziorny法是直接把Avrami方程推广应用于解析等速变温DSC曲线的方法。也就是先把非等温结晶DSC曲线看成等温结晶过程来处理，并将得到的结晶速度常数 k 可进行修正。假设非等温结晶样品的冷却速度 ϕ 为恒定值，则相应的修正后的结晶速度常数 k_c 可用下式表示：

$$\lg k_c=\frac{\lg k}{\phi} \tag{12-10}$$

Ozawa 法

Ozawa假设非等温结晶过程是由无限多个微小的等温结晶步骤组成的，并将Avrami方程扩展，用于描述非等温结晶过程，所提出的方程如下：

$$1-X_{(T)}=\exp[-k_{(T)}/\phi^m] \tag{12-11}$$

式中　$X_{(T)}$——结晶温度为 T 时的相对结晶度；

$K_{(T)}$——冷却函数；

ϕ——冷却速度；

m——Ozawa 指数，是与成核机理和晶体生长维数有关的常数，即 Avrami 方程中的指数 n。

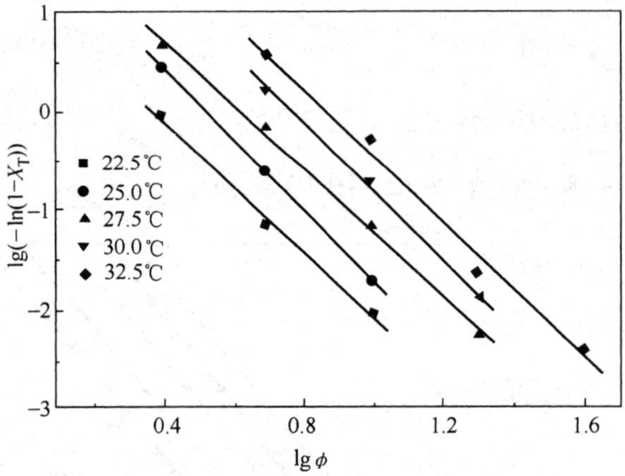

图 12-34　聚丁二酸乙二醇酯（PES）无定形态非等温结晶的 Ozawa 曲线

在给定的结晶温度 T_c 下，以 lg(−ln(1−$X_{(T)}$)) 对 lgϕ 作图，其截距为 $K_{(T)}$，斜率为指数 m。如图 12-34 所示。

（2）测定聚合物的熔融焓 ΔH_m 和结晶度 T_c

聚合物的结晶度对其物理性质，如模量、强度、硬度、脆性、透气性等有显著的影响。结晶度定义为聚合物的结晶部分熔融所吸收的热量与100%结晶的该聚合物熔融所吸收的热量之比。从理论上来讲，某一结晶样品的熔融焓 ΔH_m 与其结晶焓 ΔH_c 相等，但对于大多数结晶性聚合物，用 DSC 测定的 ΔH_m 总是稍大于相应的 ΔH_c。其差值大小取决于样品的结晶速度和结晶平衡过程。通常都采用 ΔH_m 来计算结晶度 X_c：

$$X_c=\frac{\Delta H_m}{\Delta H_m^0}\times 100\% \tag{12-12}$$

式中，ΔH_m^0 为样品 100%结晶的熔融焓，不能通过实验直接测得，但可通过外推的方法得到。ΔH_m^0 的数值一般可由以下两种方法获得：

a. 从文献手册或工具书中查找；

b. 取不同结晶度（用其他方法测得如 WAXD、密度法等）的系列样品，用 DSC 测定其相应的 ΔH_m，以 ΔH_m 对结晶度作图，并将所得的曲线外推到 100%结晶度，求得相应的 ΔH_m^0。

（3）研究聚合物的双重或多重熔融行为

在某些聚合物的 DSC 曲线上会出现双重或多重熔融峰。峰的个数、位置、形状等往往与试样的结构、热历史及测试条件等有关。图 12-35 为聚 β 羟基丁酸酯（PHB）/聚丁二酸丁二醇酯（PBSU）体系非等温结晶后的熔融行为，该共混体系呈现出复杂的熔融行为。

对于某些接枝或嵌段共聚物，如果共聚组分均可结晶，则相应的 DSC 曲线也会出现双重的熔融峰，并可由峰的面积（对应于熔融焓）粗略估算出共聚物的组成。

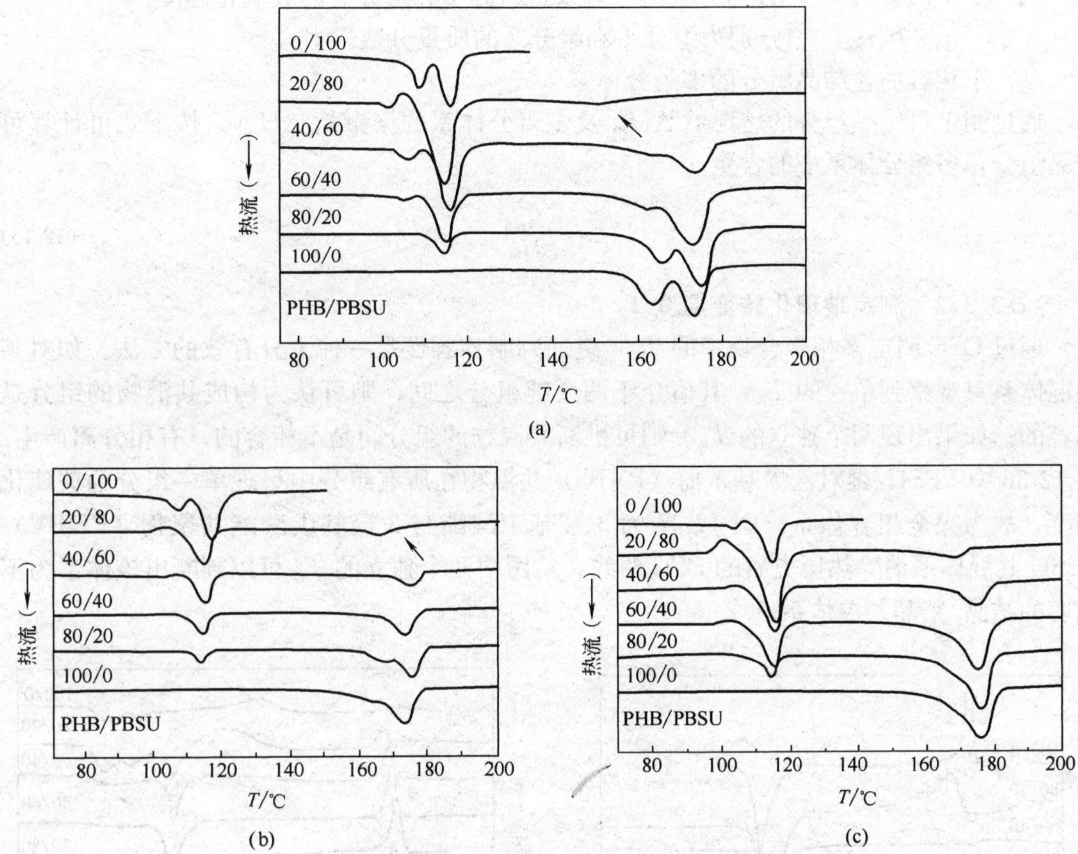

(a)

(b)

(c)

图 12-35 PHB/PBSU 共混物以不同降温速率进行非等温结晶后再以 10℃/min 的升温速率升温的熔融曲线

(a) 2℃/min，(b) 5℃/min 和 (c) 10℃/min

12.3.3 对多组分聚合物的研究

12.3.3.1 测定多组分体系的组成

(1) 不相容的非晶相多组分体系

通过测定各组分在玻璃化转变区的比热容可以定量确定不相容、非晶相多组分体系的组成。非晶相多组分体系中某一组分 i 的含量 X_i 按下式计算：

$$X_i = \frac{c_{pi}}{\Delta c_{pi}} \tag{12-13}$$

式中 Δc_{pi}——纯组分 i 在玻璃化转变区的比热容增量；

c_{pi}——多组分体系中组分 i 在玻璃化转变区的比热容增量。

(2) 相容的非晶相多组分体系

根据 Fox 方程确定：

$$\frac{1}{T_g} = \frac{w_1}{T_{g1}} + \frac{w_2}{T_{g2}} \tag{12-14}$$

式中　T_g、T_{g1}和 T_{g2}——分别为多组分体系、组分 1 和组分 2 的玻璃化温度；

w_1 和 w_2——分别为组分 1 和组分 2 的质量分数。

（3）不相容的含结晶组分的多组分体系

通过测定可结晶组分的熔融焓 ΔH_m 及多组分体系的熔融焓 ΔH_{mb}，按下式可计算可结晶组分在多组分体系中的含量 x，

$$x=\frac{\Delta H_{mb}}{\Delta H_m} \tag{12-15}$$

12.3.3.2　测定玻璃化转变温度 T_g

通过 DSC 测定多相聚合物中的 T_g，进而判断相容性是一种十分有效的方法。如对某共混体系只观察到单一的 T_g，其值介于两个纯组分之间，则可认为构成共混物的组分是相容的；如果出现两个独立的 T_g，则可推断共混物的组分间是不相容的，有相分离产生。图 12-36 中 PBSU/聚对乙烯基苯酚（PVPh）共混物在所有组分中呈现单一组分的玻璃化温度，故为完全相容体系。图 12-37 为 3-羟基丁酸酯与 3-羟基戊酸酯共聚物（PHBV）/PBSU 共混体系消除热历史后的 DSC 曲线，从图中两个独立的 T_g 可以判断出该体系为不相容的结晶/结晶共混体系。

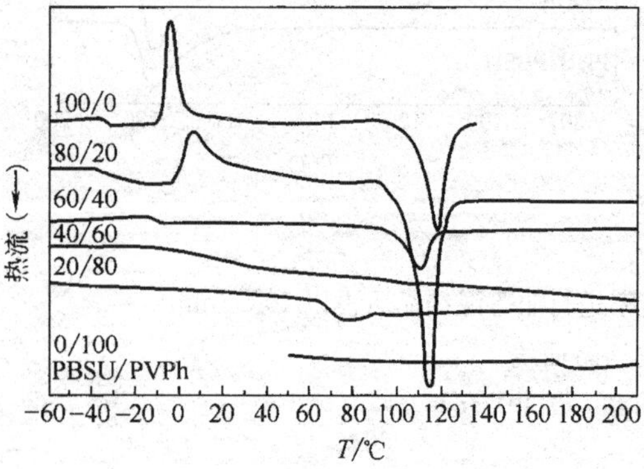

图 12-36　PBSU/PVPh 共混物消除热历史后以 20℃/min 升温的 DSC 曲线

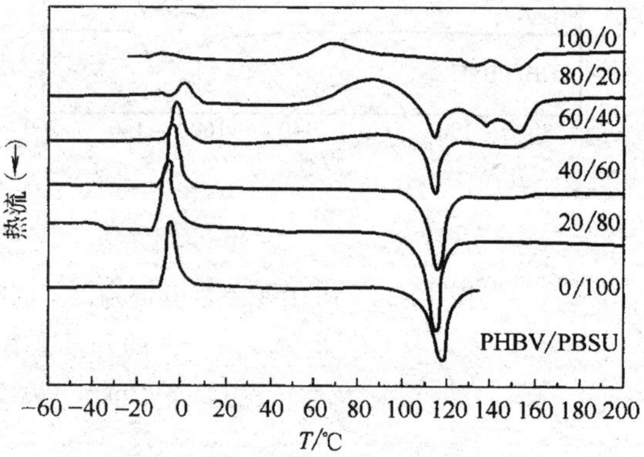

图 12-37　PHBV/PBSU 共混物消除热历史后以 20℃/min 升温的 DSC 曲线

利用 T_g 作为多组分体系相容性的判据时应注意以下两点：（a）如两组分的 T_g 相近，则相应双组分体系可能只有一个 T_g。如转变区比较宽，则对样品进行退火处理或对 DSC 谱图进行微商处理，可能会得到两个 T_g。这样的体系不要误认为是相容体系；（b）若体系的分散相尺寸很小，用 DSC 可能检测不出其 T_g，这样的体系也容易误认为是相容的。应辅以其他表征手段（如偏光显微镜等），才能做出正确的判断。

对于相容的聚合物共混物，可用不同的理论和经验方程描述相容共混物 T_g 与组成的关系。

（1）Fox 方程

见式（12-14）。

（2）Gordon Taylor 方程

$$T_g = \frac{w_1 T_{g1} + k w_2 T_{g2}}{w_1 + k w_2} \tag{12-16}$$

式中，k 与玻璃化转变前后的热容增量有关。

Fox 方程和 Gordon-Taylor 方程的应用如图 12-38 所示。

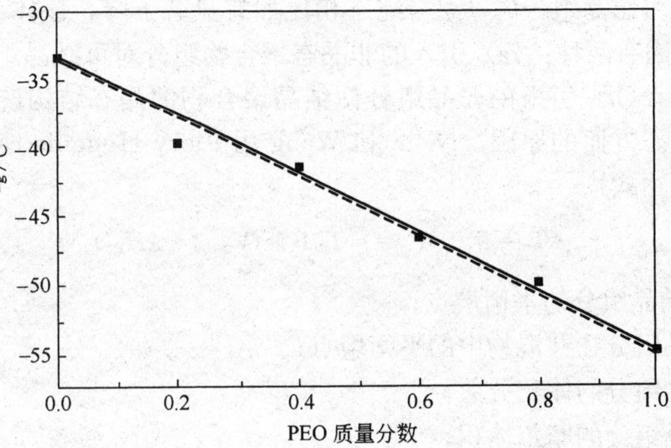

图 12-38 PBSU/聚氧化乙烯（PEO）共混物的玻璃化转变温度随 PEO 含量的变化曲线（实线对应的是 Gordon-Taylor 方程，虚线对应的是 Fox 方程）

（3）Kwei 方程

$$T_g = \frac{w_1 T_{g1} + k w_2 T_{g2}}{w_1 + k w_2} + q w_1 w_2 \tag{12-17}$$

式中　k 和 q——拟合常数。

Kwei 方程可用于分子间存在特殊作用如氢键相互作用的聚合物体系。如图 12-39 所示。k 和 q 可通过非线性最小二乘法拟合获得。q 与氢键强度有关，反映的是混合物中一个组分内氢键的解离和两组分分子间氢键形成的平衡。

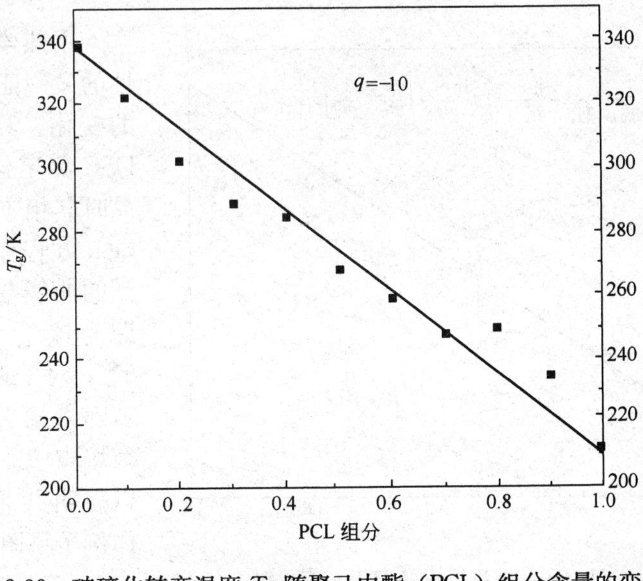

图 12-39 玻璃化转变温度 T_g 随聚己内酯（PCL）组分含量的变化曲线（实线对应的是 Kwei 方程）

12.3.3.3 测定熔点 T_m、结晶温度 T_c、结晶度 X_c 和结晶速率

若多组分体系中含有一种或一种以上结晶性聚合物时，可以通过测定体系中结晶聚合物的 T_m、T_c、X_c 和结晶速率等参数的变化来判断体系的相容性。

(1) T_m 下降

多组分体系中可结晶组分的 T_m 与纯态相比如有显著下降，该体系可能为相容体系。导致 T_m 下降的原因有两种：(a) 引入的非晶态聚合物组分对可结晶组分有稀释作用，即热力学方面的原因；(b) 引入的非晶组分使结晶聚合物的晶态结构产生了缺陷、或使片晶厚度下降，即形态方面的原因。Nishi 和 Wang 用 Flory-Huggins 理论导出了聚合物共混物熔点降低的表达式：

$$\Delta T_m = T_m^0 - T_m = -T_m B \phi_1^2 (V_{m,2u} - \Delta H_{2u}) \tag{12-18}$$

式中 T_m^0——纯结晶组分的平衡熔点；

T_m——结晶组分在共混物中的平衡熔点；

ϕ_1——非晶组分的体积分数；

$V_{m,2u}$——结晶组分的摩尔体积；

ΔH_{2u}——纯结晶组分的熔融热焓；

B——共混体系的相互作用能密度，可写成以下形式：

$$B = \frac{-RT\chi}{V_2} \tag{12-19}$$

式中 R——气体常数；

T——热力学温度；

χ——表征体系的相容性及相容程度的参数，$\chi \leqslant 0$ 的体系为相容体系，χ 越小，体系相容的程度越高。如图 12-40 所示，对于所有组分相互作用参数 χ 均为负，表明该体系是热力学相容的。

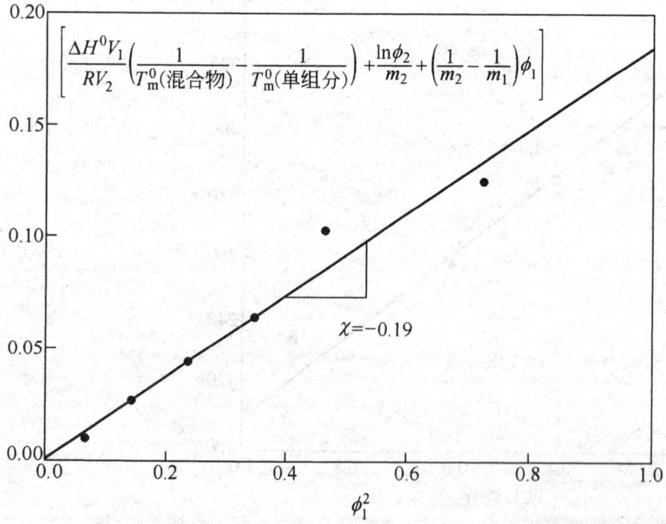

图 12-40 根据 Flory-Huggins 方程得出的 PVF_2 随共混组分 ϕ 的熔点变化曲线，纵坐标为图中所示关系式

用热学方法可判定相容性的又一证据—平衡熔点 T_m^0 的变化。具体方法如下：用 DSC 测定样品在不同 T_c 结晶时其相应的 T_m 并用 Hoffman 方程作 $T_m \sim T_c$ 图。得到的曲线与 $T_m = T_c$ 的交点即为该组分下的平衡熔点 T_m^0。对于两组分的共混物，若随着第二组分的加入，平衡熔点 T_m^0 下降，则同样可以表明共混物是相容的。具体例子见图 12-41。

(2) 结晶速度下降

相容性结晶/非晶共混体

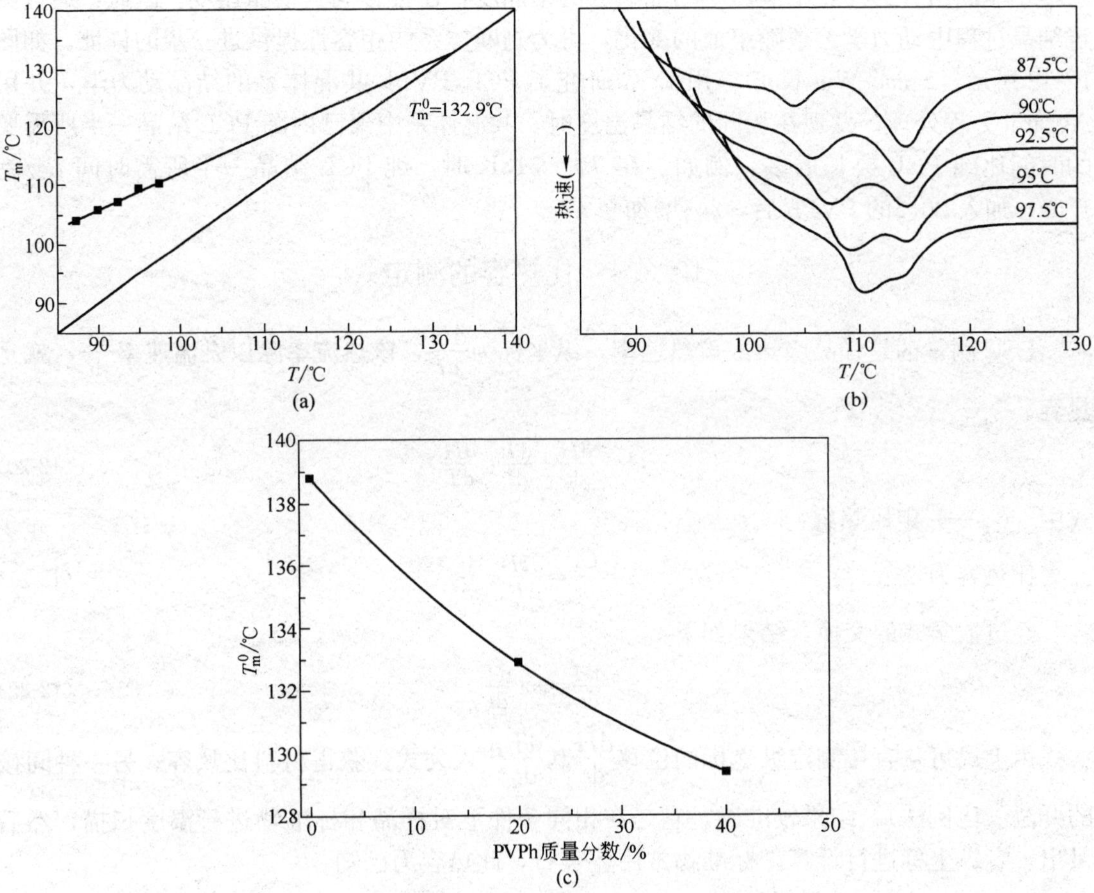

图 12-41　(a) 组分配比为 80/20 的 PBSU/PVPh 共混物在不同结晶温度下等温结晶后的熔融曲线，(b) 80/20 共混物确定平衡熔点的 Hoffman-Weeks 曲线　(c) PBSU/PVPh 共混体系的平衡熔点随 PVPh 含量的变化曲线

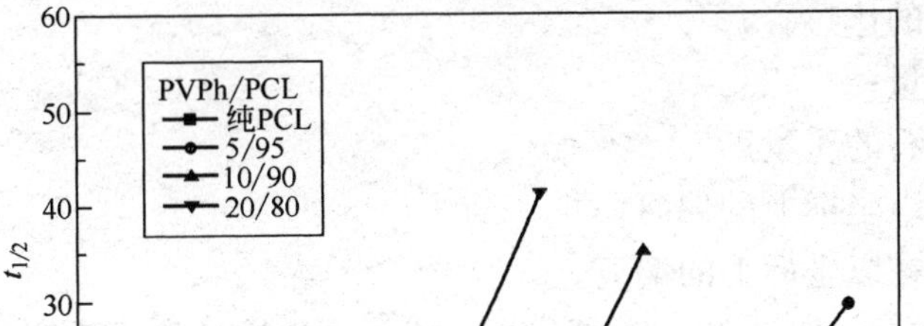

图 12-42　不同组分的 PVPh/PCL 共混体系中 $t_{1/2}$（半结晶时间）的温度依赖性

系中，非晶组分的存在不但影响结晶组分的结晶度，还会影响其结晶速度。因此，通过测定结晶过程中动力学参数随组成的变化，可为判断体系的相容性提供进一步的佐证。如图12-42所示，Shiao-Wei Kuo 等用 DSC 研究了 PCL/PVPh 共混体系的结晶动力学，并用 Avrami 方程处理，发现在相同的结晶温度时，共混体系中聚已内酯 PCL 结晶一半所需要的时间比纯 PCL 要长的多。例如，在 $T_c=313K$ 时，纯 PCL 结晶一半所需时间 $t_{1/2}=1.5s$，加入20%的 PVPh 后，$t_{1/2}$增加至42s。

12.3.4 比热容的测定

DSC 测量的是样品吸热或放热速率，纵坐标为$\frac{dH}{dt}$，该热流率除以升温速率$\frac{dT}{dt}$，就是热容。

$$C_p=\frac{dH}{dt}\div\frac{dT}{dt}=\frac{dH}{dT} \tag{12-20}$$

式中 C_p——定压热容。

比热容为

$$c=\frac{C_p}{m}=\frac{dH}{dT}\cdot\frac{1}{m} \tag{12-21}$$

经过数学式的交换，结果如下：

$$\frac{dH}{dt}=cm\frac{dT}{dt} \tag{12-22}$$

由上式可从直接测定纵坐标的位移$\frac{dH}{dt}$和$\frac{dT}{dt}$代入公式，获得材料比热容。另一种间接的办法（比例法），结果较准确。它是在相同条件下对样品和标准物进行温度扫描，然后量出二者纵坐标进行计算。标准物常用蓝宝石，此热容为已知。

把样品的热焓变化率$\frac{dH}{dt}=y=cm\frac{dT}{dt}$除以蓝宝石的热焓变化率$\frac{dH}{dt}=y'=c'm'\frac{dT}{dt}$可得到：

$$\frac{c}{c'}=\frac{ym'}{y'm}$$

式中 c——样品比热容；

c'——蓝宝石的比热容；

m——样品质量；

m'——为蓝宝石的质量；

y——样品在纵坐标上的偏离；

y'——蓝宝石在纵坐标上的偏离。

如图12-43所示，量取 y'和 y 高度代入上式可算出样品的比热容。

12.3.5 聚合物的化学转变的研究

一些聚合物的氧化、分解、交联在热谱图上均有很明显的反映，氧化、交联反应会出现放热峰，而分解反应则出现吸热峰。对这类反应，既可用升温法也可用等温法试验。如用 DSC 研究环氧树脂固化可以采用恒温、升温以及先在烘箱中作不同温度和时间固化，然后再作等速升温扫描以观察固化完全程度等三种方法。图12-44所示是部分固化环氧树脂的重复 DSC 谱图。由 a 扫描线可见，在373K 附近有 T_g，基线向吸热侧移动，随后样品中尚未固化部分继续固化出现放热峰。由 b 到 e 是将样品 a 反复作温度扫描所得曲线，可以看出，T_g 随加热次数增加而移向高温，因为由 b 开始在曲线上看不到有放热的迹象，T_g 的增高可能是加热后交联网络重排使结构更为致密之故。

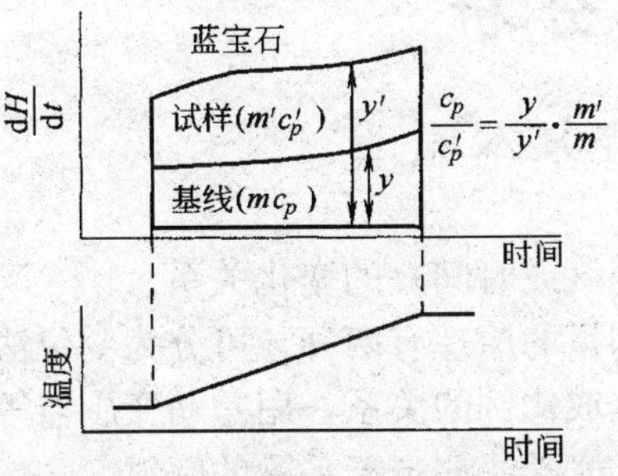

图 12-43　用 DSC 比例法测定比热容

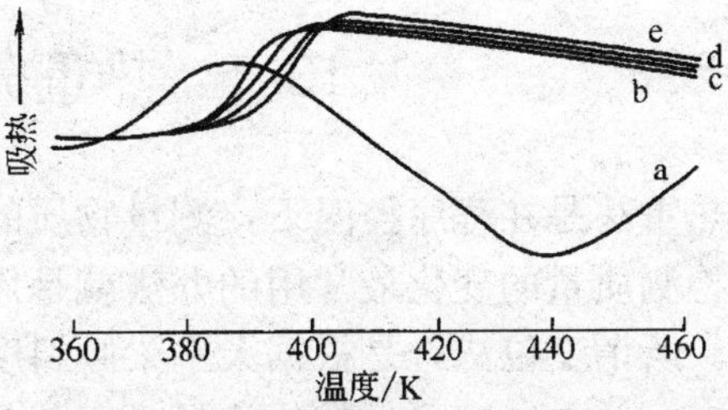

图 12-44　部分固化环氧树脂的重复 DSC 图谱

第 13 章　热 重 分 析

13.1　热重分析仪 TG 基本原理

热重法是在程序控温下，测量物质的质量随温度（或时间）的变化关系。

检测质量的变化最常用的办法就是用热天平，测量的原理有两种，可分为变位法和零位法。所谓变位法，是根据天平梁倾斜度与质量变化成比例的关系，用差动变压器等检测倾斜度，并自动记录。零位法是采用差动变压器法、光学法测定天平梁的倾斜度，然后去调整安装在天平系统和磁场中线圈的电流，使线圈转动恢复天平梁的倾斜，即所谓零位法。由于线圈转动所施加的力与质量变化成比例，这个力又与线圈中的电流成比例，因此只需测量并记录电流的变化，便可得到质量变化的曲线，其原理见图 13-1 所示。

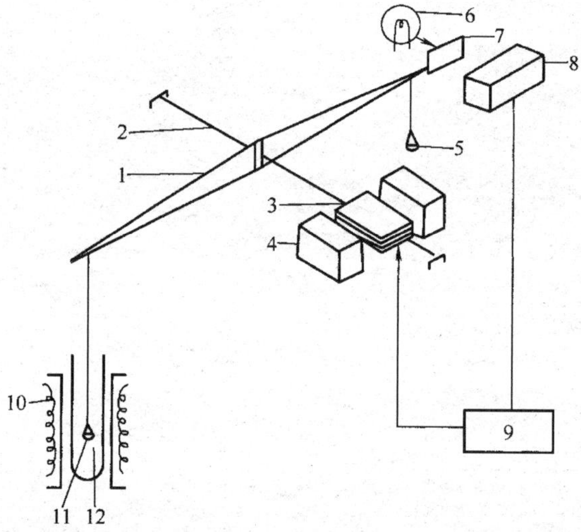

图 13-1　电磁式微量热天平示意图

1—梁　2—支架　3—感应线圈　4—磁铁　5—平衡砝码盘　6—光源　7—挡板
8—光电管　9—微电流放大器　10—加热器　11—样品盘　12—热电偶

热重分析仪的简单工作原理以 P-E 公司生产的 TGS-2 为例加以说明，如图 13-2 所示。

图中左边部分的试样在程序控温下工作。它是把程序发生器发生的控温信号与加热炉中控温热电偶产生的信号相比较，所得偏差信号经放大器放大，再经过 PID（比例、积分、微分）调节后，作用于可控硅触发线路以变更可控硅的导通角，从而改变加热电流，使偏差信号趋于零，以达到闭环自动控制的目的，使试验的温度严格地按给定速率线性升温或降温。图中右边为天平检测部分，试样质量变化，通过零位平衡原理的称重变换器，把与质量变化成正比的输出电流信号，经称重放大器放大，再由记录仪或微处理机加以记录。图中其他为热重天平辅助调节不可缺少的部分，温度补偿器是校温时用的；称量校正

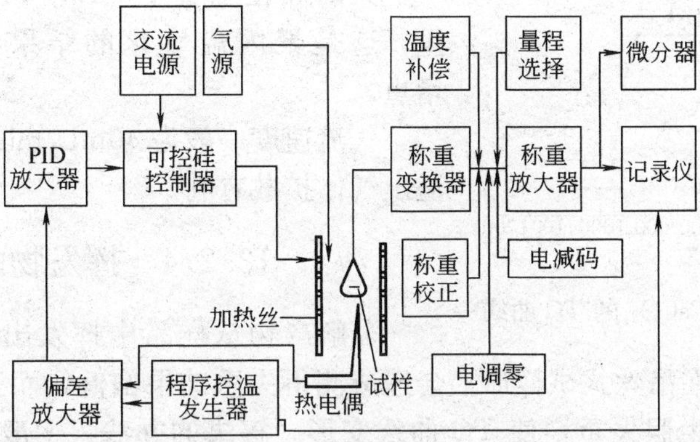

图 13-2　热重分析仪框图

器是校正天平称量准确度用的；电调零为自动清零装置；电减码为如需要可人为扣除试样重量时用；微分器可对试样质量变化作微分处理，得到质量变化速率曲线。

13.2　实验技术

13.2.1　试样量和试样皿

热重法测定，试样量要少，一般 2～5mg。一方面是因为仪器天平灵敏度很高（可达 0.1μg），另一方面如果试样量多，传质阻力越大，试样内部温度梯度大，甚至试样产生热效应会使试样温度偏离线性程序升温，使 TG 曲线发生变化，粒度也是越细越好，尽可能将试样铺平，如粒度大，会使分解反应移向高温。

试样皿的材质，要求耐高温，对试样、中间产物、最终产物和气氛都是惰性的，即不能有反应活性和催化活性。通常用的试样皿有铂金的、陶瓷、石英、玻璃、铝等。特别要注意，不同的样品要采用不同材质的试样皿，否则会损坏试样皿，如：碳酸钠会在高温时与石英、陶瓷中的 SiO_2 反应生成硅酸钠，所以像碳酸钠一类碱性样品，测试时不要用铝、石英、玻璃、陶瓷试样皿。铂金试样皿，对有加氢或脱氢的有机物有活性，也不适合做含磷、硫和卤素的聚合物样品，因此要加以选择。

13.2.2　升温速率

升温速度越快，温度滞后越严重，如聚苯乙烯在 N_2 中分解，当分解程度都取失重 10%时，用 1℃/min 测定为 357℃，用 5℃/min 测定为 394℃相差 37℃。升温速度快，使曲线的分辨力下降，会丢失某些中间产物的信息，如对含水化合物慢升温可以检出分步失水的一些中间物。

13.2.3　气氛的影响

热天平周围气氛的改变对 TG 曲线影响显著，图 13-3 所示是 $CaCO_3$ 在真空、空气和 CO_2 三种气氛中的 TG 曲线，其分解温度相差近 600℃，原因在于 CO_2 是 $CaCO_3$ 分解产物，气氛中存在 CO_2 会抑制 $CaCO_3$ 的分解，使分解温度提高。

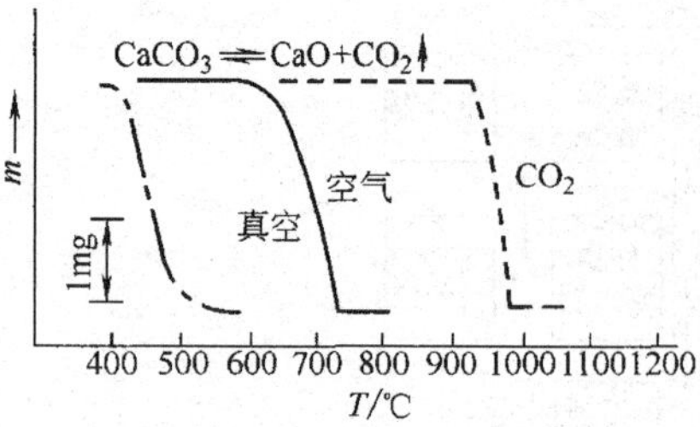

图 13-3 各种气氛下 $CaCO_3$ 的 TG 曲线

聚丙烯在空气中，150～180℃下会有明显增重，这是聚丙烯氧化的结果，在 N_2 中就没有增重。

气流速度一般为 40mL/min，流速大对传热和溢出气体扩散有利。

13.2.4 挥发物的冷凝

分解产物从样品中挥发出来，往往会在低温处再冷凝，如果冷凝在吊丝式试样皿上会造成测得失重结果偏低，而当温度进一步升高，冷凝物再次挥发会产生假失重，使 TG 曲线变形。解决的办法，一般采用加大气体的流速，使挥发物立即离开试样皿。

13.2.5 浮　　力

浮力变化是由于升温使样品周围的气体热膨胀从而相对密度下降，浮力减小，使样品表观增重。如：300℃时的浮力可降低到常温时浮力的一半，900℃时可降低到约 1/4。实用校正方法是做空白试验，(空载热重实验)，消除表观增重。

13.2.6 TG 失重曲线的处理和计算

13.2.6.1 TG 曲线关键温度表示法

失重曲线上的温度值常用来比较材料的热稳定性，所以如何确定和选择十分重要，至今还没有统一的规定。但人们为了分析和比较的需要，也有了一些大家认可的确定方法。如图 13-4 所示，*A* 点叫起始分解温度，是 TG 曲线开始偏离基线点的温度；*B* 点叫外延起始温度，是曲线下降段切线与基线延长线的交点。*C* 点叫外延终止温度，是这条切线与最大失重线的交点。*D* 点是 TG 曲线到达最大失重时的温度，叫终止温度。*E*、*F*、*G* 分别为失重率为 5%、10%、50%时的温度，失重率为 50%的温度又称半寿温度。其中 *B* 点温度重复性最好，所以多采用此点温度表示材料的稳定性。当然也有采用 *A* 点的，但此点由于诸多因素一般很难确定。如果 TG 曲线下降段切线有时不好划时，美国 ASTM 规定把过 5%与 50%两点的直线与基线的延长线的交点定义为分解温度；国际标准局（ISO）规定，把失重 20%和 50%两点的直线与基线的延长线的交点定义为分解温度。

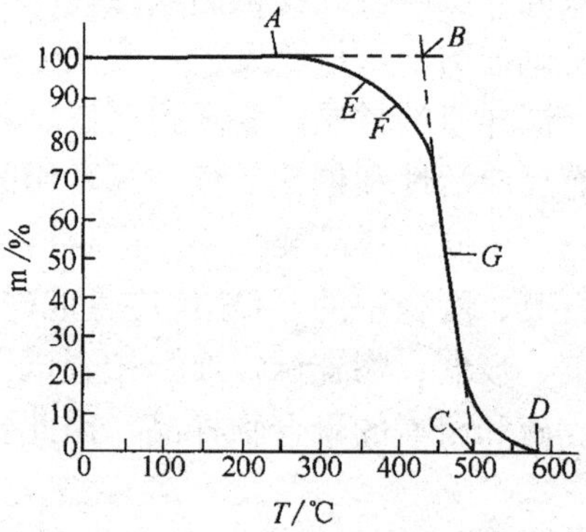

图 13-4 TG 曲线关键温度表示法
A—起始分解温度 *B*—外延起始温度
C—外延终止温度 *D*—终止温度
E—分解 5%的温度 *F*—分解 10%的温度
G—分解 50%的温度（半寿温度）

13.2.6.2 TG 曲线失重量表示方法

如图 13-5 所示

A 点至 *B* 点温度失重率为：

$$\frac{99.5-50}{100}=49.5\%$$

C 点至 D 点温度失重率为：

$$\frac{50-24.5}{100}=25.5\%$$

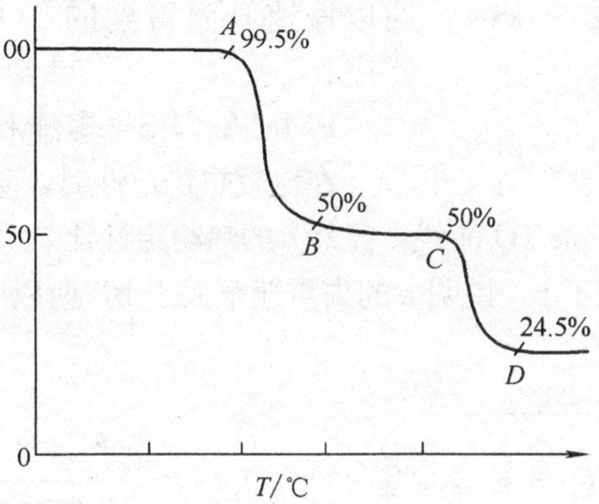

图 13-5　TG 曲线

13.2.6.3　微商曲线（DTG）表示和意义

在普通记录 TG 曲线对温度或时间的一阶导数，也就是重量的变化率与温度成时间的函数关系被连续记录下来，DTG 曲线是一个峰形曲线。

图 13-6 是一般 TG 和 DTG 模式曲线的比较微商热重曲线的获得，在分析时有重要作用，它不仅能精确反映出样品的起始反应温度，达到最大反应速率的温度（峰值）以及反应终止的温度，而 TG 曲线很难做到；而且 DTG 曲线峰面积与样品对应的质（重）量变化成正比，可精确的进行定量分析；又能够消除 TG 曲线存在整个变化过程各阶段变化互相衔接而不易分开的毛病，以 DTG 峰的最大值为界把热失重阶段分成两部分，区分各个反应阶段，这是 DTG 的最大可取之处；另外，如果把 DTG 和 DTA 的同一样品谱图进行比较，能判断出是重量变化引起的峰还是热量变化引起的峰，TG 就办不到这一点。

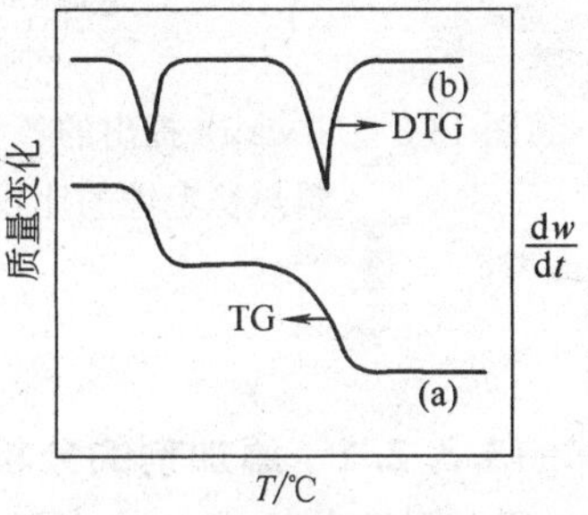

图 13-6　热重（TG）曲线（a）与微商热重（DTG）曲线（b）的比较

13.3　应　　用

13.3.1　聚合物热稳定性的评价

评价聚合物热稳定性最简单、方便的方法，是做不同材料的 TG 曲线并画在一张图上比较。如图 13-7 测定了五种聚合物的热重曲线，由图可知，PMMA、PE、PTFE 都可以完全分解，但热稳定性依次增加。PVC 稳定性较差，第一步失重阶段是脱 HCl，发生在 200～300℃，脱 HCl 后分子内形成共轭双键，热稳定性提高（TG 曲线下降缓慢），直至较高温度约 420℃时大分子链断裂，形成第二次失重。PMMA 分解温度低是分子链中叔

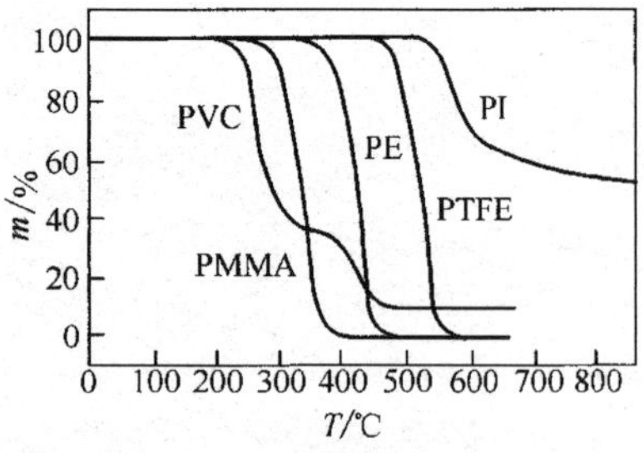

图 13-7　几种高分子材料的 TG 曲线

碳和季碳原子的键易断裂所致，PTFE 是由于链中 C—F 键键能大，故热稳定性大大提高。聚酰亚胺 PI 由于含有大量的芳杂环结构，需 850℃才分解 40%左右，热稳定性较强。

图 13-8 是六种聚合物在 N_2 中先快速升至 340℃，再以慢速升温得到的 TG 曲线，其热稳定性的相对次序：

PMMA＜PS＜聚酯和尼龙＜PE＜PC

在比较热稳定性时，除了失重的温度外，还需比较失重速率，如比较图 13-9 三条 TG 曲线，显然 c 的热稳定性比 a、b 强，而 a 与 b 虽然失重的起始温度相同，但 a 的斜率大于 b，说明 a 的失重速率大于 b，所以 a 的热稳定性最差。

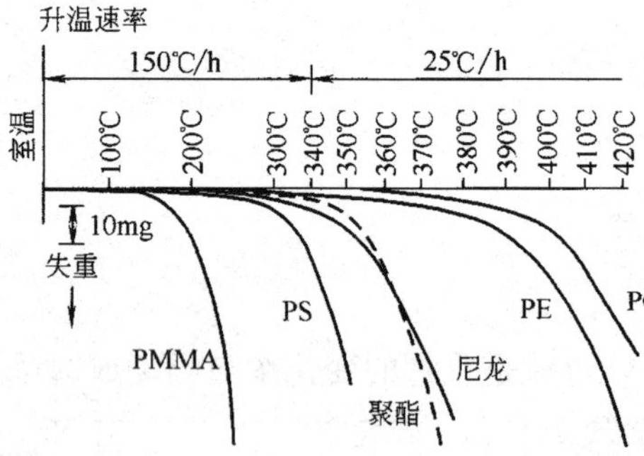

图 13-8　Newkirk 提出的各类高分子材料热稳定性的比较

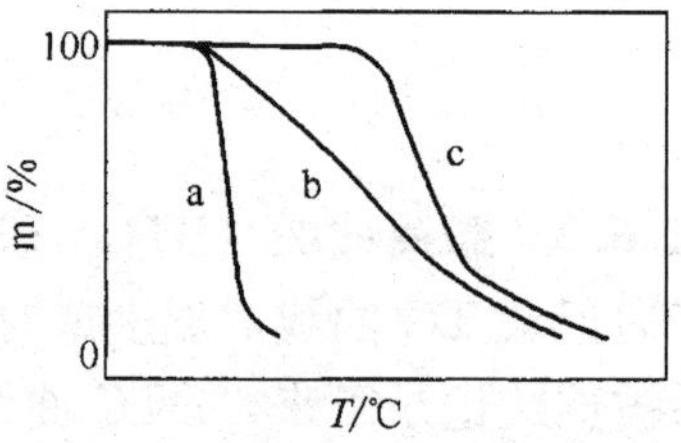

图 13-9　热稳定性比较示意图

13.3.2　组成的剖析

13.3.2.1　添加剂的分析

TG 用于分析聚合物中各种添加剂和杂质有独到之处，即快速简便。

图 13-10 是玻璃钢成分分析曲线，有三个拐点，分别对应失水（100℃附近失水 2%），和在 400～600℃之间的两步分解（树脂共失重 80%），最后不分解的是玻璃，失重率为 18%。

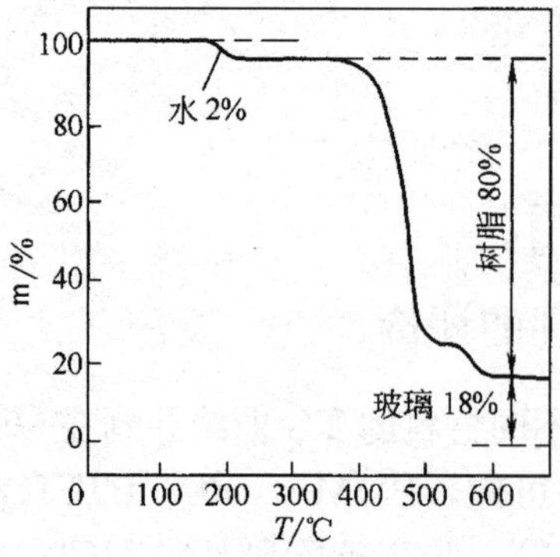

图 13-10　玻璃钢的 TG 曲线

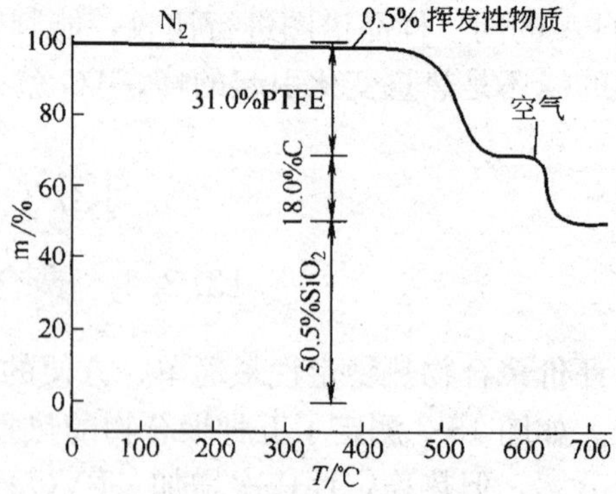

图 13-11　聚四氟乙烯的 TG 曲线样品 10mg，5℃/min

图 13-11 是用 SiO_2 和炭黑填充的聚四氟乙烯的 TG 曲线，先在 N_2 中加热至 600℃，再切换成空气继续加热到 700℃，烧掉炭黑，就能分别对炭黑和 SiO_2 进行定量。

图 13-12 是填充了油和炭黑的乙丙橡胶的 TG 和 DTG 曲线。首先在 N_2 中测定乙丙共聚物和油的含量（升温到 400℃左右），再切换成空气烧掉炭黑（升温到 600℃左右），从而又可获得炭黑的含量和残渣量。

13.3.2.2　共聚物和共混物的分析

共聚物的热稳定性总是介于两种均聚物热稳定性之间，而且随组成比的变化而变化。如图 13-13 所示，为苯乙烯均聚体与 α-甲基苯乙烯的共聚物（包括无规和本体共聚）的热稳定的实验。

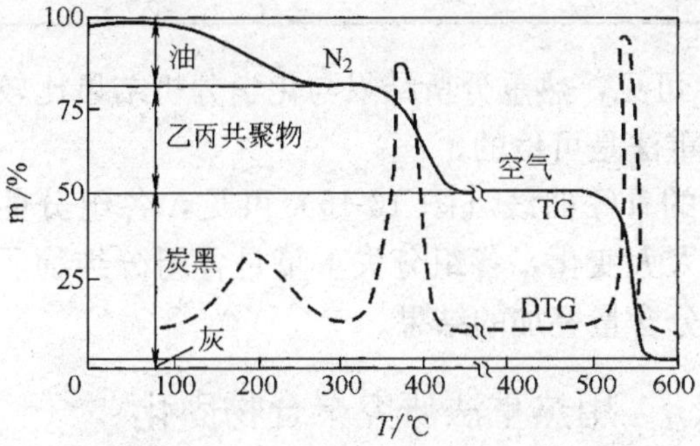

图 13-12　乙丙橡胶的 TG 和 DTG 曲线

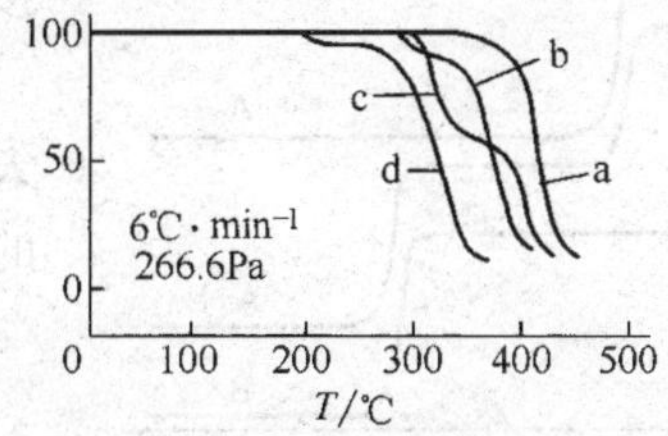

图 13-13　苯乙烯-α-甲基苯乙烯共聚物的热稳定性

a—聚苯乙烯　b—苯乙烯-α-甲基苯乙烯的无规共聚体

c—苯乙烯-α-甲基苯乙烯的本体共聚体

d—聚 α-甲基苯乙烯

结果可以看到，无规共聚物 TG 曲线 b 介于 a 和 d 之间，且只有一个分解过程；嵌段共聚物 c 曲线也介于 a 和 d 均聚物之间，但有二个分解过程，因此该热重分析能快速、方便的判断是无规共聚还是嵌段共聚物。

有些共聚物还可以通过 TG 曲线获得组成比，如图 13-14 是乙烯-乙酸乙烯酯的共聚体 TG 曲线，初期失重，是释放乙酸，每摩尔乙酸乙烯酯释放 1 摩尔乙酸，共聚物中乙酸乙烯酯的含量，可通过下式求得：

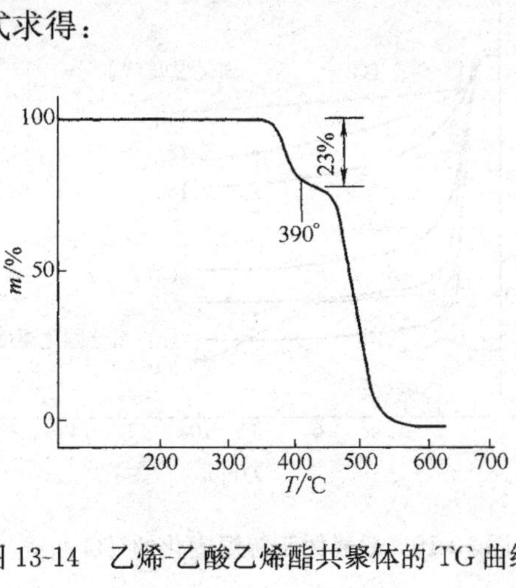

图 13-14　乙烯-乙酸乙烯酯共聚体的 TG 曲线

$$乙酸乙烯酯含量\% = \frac{乙酸乙烯酯相对分子质量}{乙酸相对分子质量} \times TG曲线第一阶段失重量$$

表 13-1　　EVA 的 TG 和化学分析结果的比较

乙酸乙烯含量/%(化学分析)	乙酸的失重率/%(TG)	乙酸乙烯含量/%(TG)	绝对偏差/%
4.3	3.2	4.6	0.3
8.3	5.8	8.3	0.0
11.2	7.6	10.9	0.3
14.9	10.2	14.6	0.3
27.1	18.9	27.1	0.0
31.1	21.7	31.1	0.0

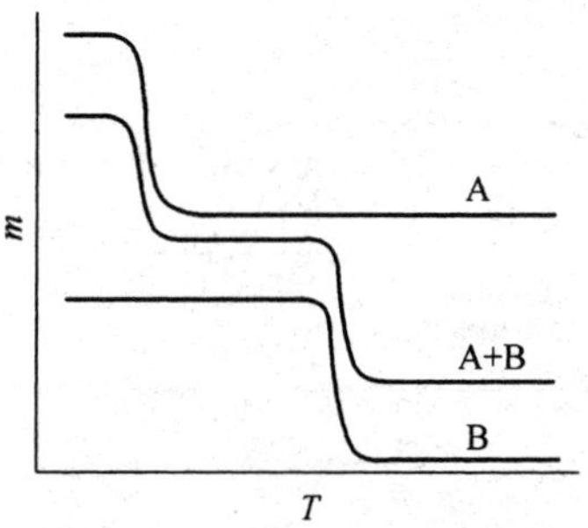

图 13-15　共混物的 TG 曲线

由表 13-1 可见，热重分析结果与化学分析结果比较接近，说明热重法是可信的。

从共混物的 TG 曲线（图 13-15）可见，各组分的失重温度没有太大变化，各组分失重量是各组分纯物质的失重乘以百分含量叠加的结果。

13.3.3　用热重法研究聚合物固化

对固化过程中失去低分子物的缩聚反应，可用热重法研究。如图 13-16 是酚醛树脂固化 TG 曲线，在 140～240℃一系列等温固化过程中，固化程度随固化温度的提高而增加，而在 260℃时固化程度反而下降。这是利用酚醛树脂固化过程中生成水，测定脱水失重量最多的固化温度，其固化程度必然最佳，从而确定 240℃为该树脂最佳固化温度。另外还可以从图中看出，不同固化温度的酚醛树脂，相同固化时间，其热稳定性的优劣次序，自上而下热稳定性逐渐提高。

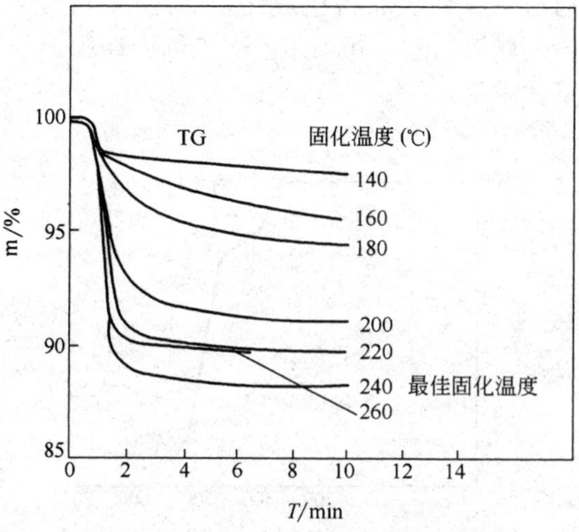

图 13-16　酚醛树脂等温固化的 TG 曲线

13.3.4 用热重法研究聚合物中添加剂的作用

① 聚合物中常用的添加增塑剂，其用量和品种不同，对材料作用效果不同。图 13-17 和图 13-18 是测定 PVC 中邻苯二甲酸二辛酯（DOP）增塑剂的含量，也可以确定 PVC 的组成比。两种材料虽然同是 PVC，但软硬不同，用途不同，增塑剂含量差别很大，前者为 29%后者为 8%。

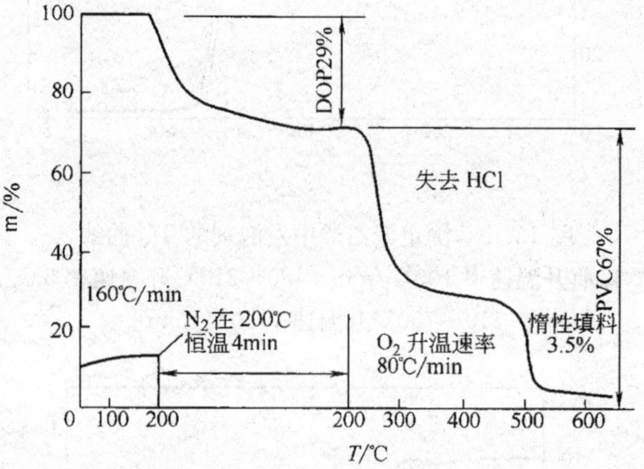

图 13-17 测定聚氯乙烯中邻苯二甲酸二辛酯的 TG 曲线

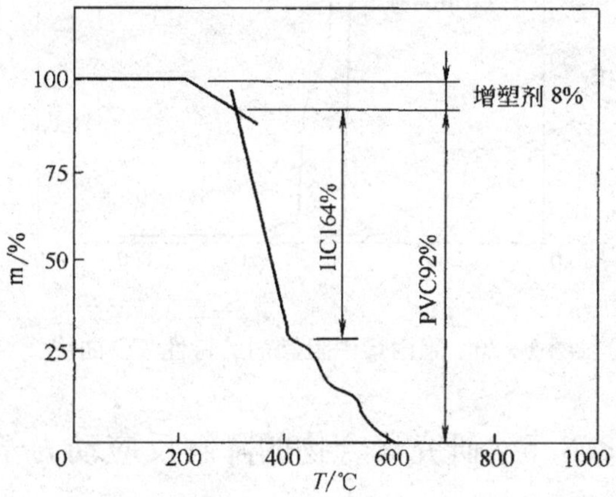

图 13-18 测定聚氯乙烯中增塑剂的 TG 曲线

② 发泡剂的性能和用量直接影响泡沫材料的性能和制造工艺条件。图 13-19 是两种 PE 泡沫塑料的 TG 曲线，两种泡沫材料所用发泡剂相同（CBA）但用量不同，分别为 5.5%和 14.5%。除测定发泡剂含量外，还可以获得适宜的发泡成型温度条件，图中可见，在 200℃左右的温度是该发泡剂发泡成型的最佳温度。

③ 阻燃剂在聚合物材料中有特殊效果，阻燃剂的种类和用量选择适当，可大大改善聚合物材料的阻燃性能。图 13-20 是不含和含阻燃剂的聚丙烯 TG 曲线。加阻燃剂的聚丙烯从分解温度看明显高于不加阻燃剂的，加阻燃剂的 PP 热稳定性大大提高，而阻燃剂的用量却只有 0.5%。

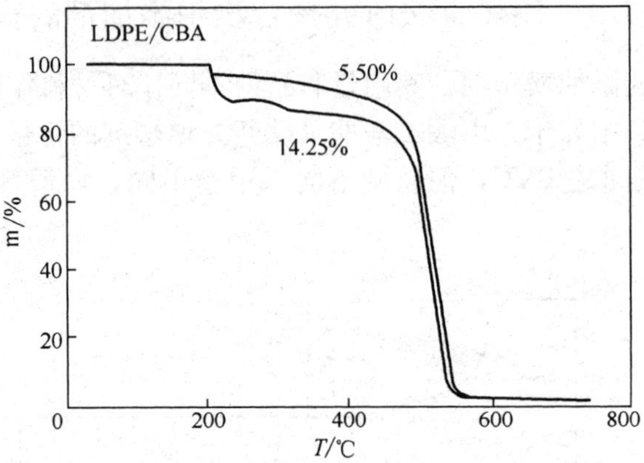

图 13-19 测定聚乙烯中发泡剂的 TG 曲线
180℃以前升温速率 100℃/min 180～210℃升温速率 5℃/min
210～700℃升温速率 50℃/min

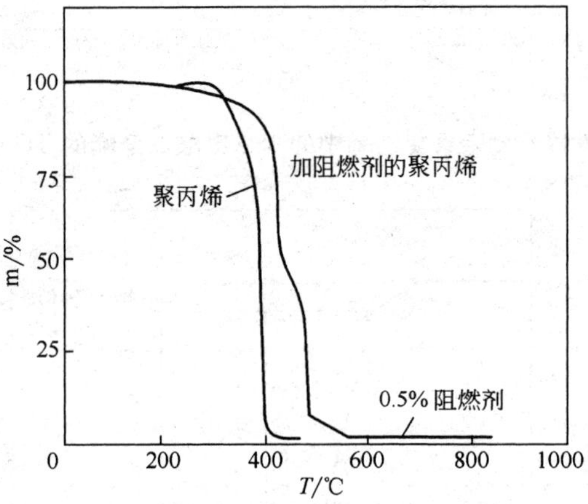

图 13-20 聚丙烯中阻燃剂的特性 TG 曲线

13.3.5 研究聚合物的降解反应动力学

13.3.5.1 化学反应动力学的基本概念

化学反应动力学是研究化学反应的速度随时间、浓度、温度变化的关系，最终求出活化能和反应级数并对该反应机理进行解释。

化学反应速度与浓度的关系，即质量作用定律：

$$v=Kc^n \tag{13-1}$$

或

$$v=K(1-x)^n \tag{13-2}$$

式中 K——反应速度常数，它是温度的函数，如果温度不变，K 是常数；

c——反应物浓度；

x——反应产物浓度；

n——是反应级数；

v——反应速度。

反应速度常数 K 与温度的关系是阿伦尼乌斯（Arrhenius）方程：

$$K=Ae^{-E/RT} \tag{13-3}$$

上式取对数得：

$$\ln K=\ln A-\frac{E}{R}\cdot\frac{1}{T} \tag{13-4}$$

式中 E——活化能；

A——频率因子；

R——气体常数其值为 8.31J/kmol。

$\ln K$ 对 $\frac{1}{T}$ 作图为一直线，可获得斜率 $\frac{E}{R}$，截距 $\ln A$，其中 E、n、A 称为动力学参数。

另一重要概念在热重法计算时称失重率，即变化率 α，以下式表示：

$$\alpha=\frac{\Delta m}{\Delta m_{\infty}}$$

式中 Δm_{∞}——最大失质量；

Δm——$T(t)$ 时的失质量。

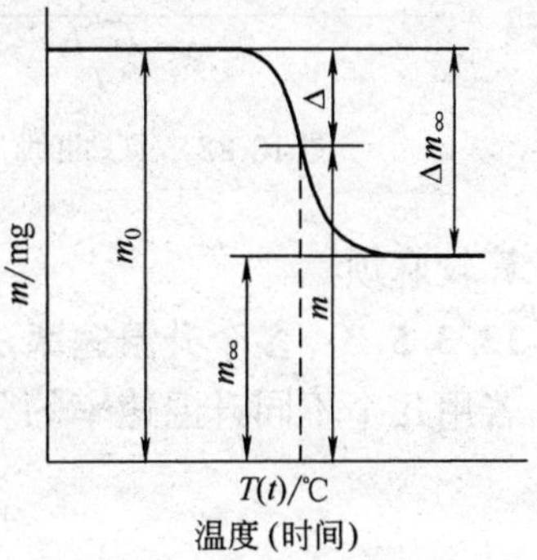

图 13-21　从 TG 曲线计算失重率

图 13-21 所示中

$$\Delta m=m_0-m$$

$$\Delta m_{\infty}=m_0-m_{\infty}$$

式中 m_0——初始质量；

m——$T(t)$ 时的质量；

m_{∞}——最终时剩余量，$m_{\infty}=0$ 叫完全分解。

热分析动力学基本关系式为：

$$\frac{d\alpha}{dt}=K(1-\alpha)^n \tag{13-5}$$

$$K=A\exp(-E/RT) \tag{13-6}$$

$$\frac{d\alpha}{dt}=Ae^{-E/RT}(1-\alpha)^n \tag{13-7}$$

把升温速率 $\phi=\frac{dT}{dt}$ 代入上式得到

$$\frac{d\alpha}{dT}=\frac{A}{\phi}e^{-E/RT}(1-\alpha)^n$$ （微分式）(13-8)

把上式变量分离可写成下式

$$\frac{d\alpha}{(1-\alpha)^n}=\frac{A}{\phi}e^{-E/RT}dT$$ （积分式）(13-9)

上面两式是热重动力学微商法和积分法的最基本式，由此出发可以导出各种动力学式。下面介绍几种方法。

13.3.5.2 Newkirk 法

它采用一条 TG 曲线求得分解反应的速率常数，如图 13-22 所示，失重曲线上点 1 和点 2 作切线可得到反应速率$\frac{d\alpha_1}{dt_1}$和$\frac{d\alpha_2}{dt_2}$，以及对应样品剩余质量为（$1-\alpha_1$）和（$1-\alpha_2$）。如果是一级反应 $n=1$，则可以由$\frac{d\alpha}{dt}=K(1-\alpha)$式代入已知值求出各反应速率常数 K_1，K_2；然后由 $\ln K=\ln A-\frac{E}{R}\frac{1}{T}$式作 K 的对数与$\frac{1}{T}$的图像是一条直线，从斜率和截距可求得 E 和 A。此法缺点是求切线斜率误差较大，$n\neq1$ 时计算较麻烦。

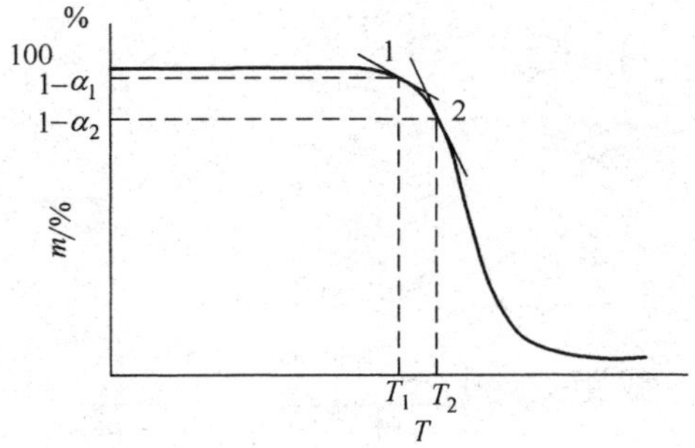

图 13-22　TG 曲线

13.3.5.3 多个升温速率法

若用几个不同升温速率的 TG 曲线求解动力学参数，为此把方式（13-8）变换成：

$$\ln\left[\phi\left(\frac{d\alpha}{dT}\right)\right]=\ln[A(1-\alpha)^n]-\frac{E}{RT} \tag{13-10}$$

因为已假设（$1-\alpha)^n$ 只与α 有关，所以当 α 为常数（不同升温速率 TG 曲线取相同的失重率 α），则（$1-\alpha)^n$ 也为常数，这样，对不同的 ϕ 值，在给定的 α 值下，作 $\ln\left[\phi\left(\frac{d\alpha}{dT}\right)\right]$对$\frac{1}{T}$作图是一条直线，由斜率求出活化能 E，再根据

$$\ln[A(1-\alpha)^n]=\ln A+n\ln(1-\alpha) \tag{13-11}$$

以（13-11）式中截距对 $\ln(1-\alpha)$ 作图，就可求出反应级数 n 和频率因子 A。

13.3.5.4 Coast-Redfern 法

这是一种近似积分法求解动力学参数。它是从积分式（2-9）出发得

$$\int_0^\alpha \frac{d\alpha}{(1-\alpha)^n}=\frac{A}{\phi}\int_{T_0}^T e^{-E/RT}\,dT$$

左边
$$\int_0^\alpha \frac{d\alpha}{(1-\alpha)^n}=\begin{cases}-\ln(1-\alpha) & 当\ n=1\\ \dfrac{(1-\alpha)^{1-n}-1}{n-1} & 当\ n\neq1\end{cases}$$

根据 Doyle 近似积分关系：

$$\frac{A}{\phi}\int_{T_0}^T e^{-E/RT}\,dT=\frac{AE}{\phi R}p(y) \tag{13-12}$$

$$p(y)=\frac{e^{-y}}{y^2}\left(1+\frac{2!}{y}+\frac{3!}{y^2}+\cdots\right) \tag{13-13}$$

其中 $y=-\frac{E}{RT}$

若使用 $p(y)$ 近似式的前三项，可以得到

$$\frac{[1-(1-\alpha)^{1-n}]}{1-n}=\frac{ART^2}{\phi E}\left[1-\frac{2RT}{E}\right]e^{-E/RT} \tag{13-14}$$

两边取对数得到

$$\lg\left\{\frac{1-(1-\alpha)^{1-n}}{T^2(1-n)}\right\}=\lg\left\{\frac{AR}{\phi E}\left[1-\frac{2RT}{E}\right]\right\}-\frac{E}{2.3RT} \tag{13-15}$$

作 $\lg\left\{\frac{1-(1-\alpha)^{1-n}}{T^2(1-n)}\right\}$ 对 $\frac{1}{T}$ 图，斜率 $-\frac{E}{2.3R}$ 可求 E。

当 $n=1$ 时，(13-14) 式变成

$$\frac{-\ln(1-\alpha)}{T^2}=\frac{AR}{\phi E}\left[1-\frac{2RT}{E}\right]e^{-E/RT}$$

取对数：

$$\lg\left[\frac{-\ln(1-\alpha)}{T^2}\right]=\lg\frac{AR}{\phi E}\left[1-\frac{2RT}{E}\right]-\frac{E}{2.3R}\cdot\frac{1}{T} \tag{13-16}$$

作 $\lg\left[\frac{-\ln(1-\alpha)}{T^2}\right]$ 对 $\frac{1}{T}$ 图，由斜率可求 E。

该方法的前提 n 需假定，只要假设 n 正确，求出的 E 就很准确，且需在反应过程中 n 不能变化，否则会得出错误的结论。

第 14 章　动态力学热分析

材料的动态力学行为是指材料在振动条件下，即在交变应力（或交变应变）作用下作出的力学响应。测定材料在一定温度范围内动态力学性能的变化就是所谓的动态力学热分析（Dynamic Mechanical Thermal Analysis，简称 DMTA）或动态力学分析（Dynamic Mechanical Analysis，简称 DMA）。

相对其他力学实验来说，动态力学热分析主要有如下优点。

① 在振动条件下使用的材料或制品，动态力学性能比静态力学性能更能反映实际条件下的性能。例如橡胶轮胎在行驶中，齿轮在转动中，传运带在传动中，吸音、减震材料在工作中，均受到周期性外力作用。对于这些材料来说，动态力学性能的研究显得尤为重要。

② 动态力学性能能同时提供材料的弹性性能与黏性性能，能提供因物理与化学变化所引起的黏弹性变化及热膨胀性质，能直接提供材料在所关心的频率范围内的阻尼特性。

③ 动态力学热分析需要的样品小，能在宽阔的温度范围或频率范围内进行连续测试，因而可以在较短的时间内获得材料的刚度与阻尼随温度、频率和时间的变化。

④ 在测定高分子材料 T_g 和次级转变方面灵敏度远高于 DTA、DSC 之类的仪器，因而在研究分子热运动，评价材料耐热性与耐寒性，研究共混高聚物的相容性与混溶性，树脂固化体系的固化过程，复合材料中的界面特性和高分子运动机理等方面意义重大，对于研究高分子科学与材料工程方面有着重要的指导意义。

14.1　动态力学分析基础

14.1.1　材料的黏弹性

固体材料如金属、陶瓷（包括玻璃）等，在力学性能上有一个共性，那就是具有弹性。外力作用下立即产生形变，外力除去后，形变立即回复，形变对外力的响应是瞬间的。但这种弹性形变很小，常小于 1%。形变较大时，金属材料可能产生不可回复的塑性形变，陶瓷材料可能发生脆性断裂。高聚物固体材料在小形变下也具有上述弹性。这种普遍存在的弹性称为普弹性。

理想弹性体的应力-应变关系服从虎克定律，即应力与应变成正比，比例系数为弹性模量：

$$\sigma = E\varepsilon \tag{14-1}$$

式中　σ——应力（Pa）；

ε——应变；

E——弹性模量（Pa）。

这种应力-应变关系如图 14-1 中直线所示。直线的斜率即为弹性模量，它表示材料的刚度，即材料抵抗变形的能力。材料弹性模量越高，抵抗变形的能力就越强。当受到恒定外力作用时，理想弹性体的应变不随时间发生变化，如图 14-2，去除外力，其应变立即完全回复。外力对它所做的功全部以弹性能的形式储存起来。根据材料形变模式的不同，弹性模量有拉伸模量、压缩模量、弯曲模量、剪切模量和体积模量之分。

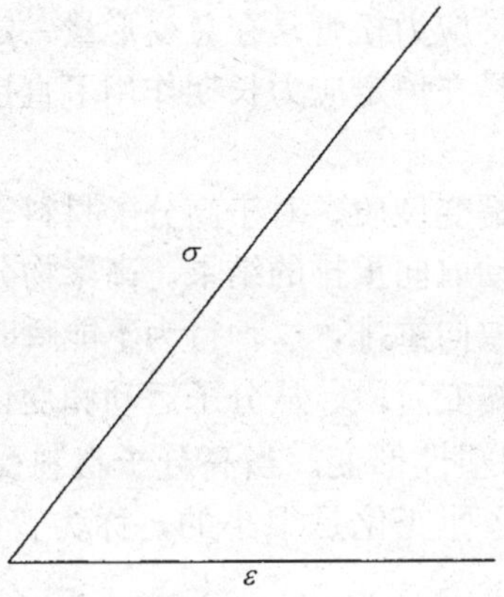

图 14-1　理想弹性体应力与应变的关系

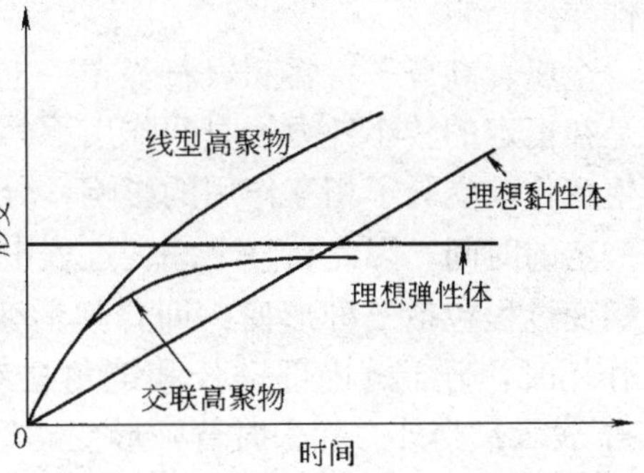

图 14-2　不同性质材料形变与时间的关系

理想黏性流体的流变行为服从牛顿定律，即应力与应变速率成正比，比例系数为黏度。以剪切为例，牛顿定律表达式为：

$$\tau=\eta\frac{\mathrm{d}\gamma}{\mathrm{d}t}=\eta\dot{\gamma} \tag{14-2}$$

式中　τ——剪切应力（Pa）；

$\dot{\gamma}$——切变速率（s^{-1}）；

η——切黏度（Pa·s）。

受到外力作用时，理想黏性体的应变随时间线性增加，去除外力后，产生的形变完全不可回复。外力所做的功全部以热能的形式消耗掉了，用以克服分子间的摩擦力从而实现分子间的相对迁移。

对于黏弹性材料，其力学行为既不服从虎克定律，也不服从牛顿定律，而是介于两者之间，即应力同时依赖于应变和应变速率。当受到外力作用时，黏弹性材料的应变随时间作非线性变化，去除外力，所产生的形变随时间逐渐且部分回复，其中弹性形变部分可以回复，黏性形变部分不能回复。外力对黏弹体所做的功一部分以弹性能的形式储存起来，另一部分则以热能的形式消耗掉了。

聚合物是典型的黏弹性材料，兼有黏性流体和弹性固体的某些特性。当聚合物作为结构材料使用时，主要利用它的弹性和强度，要求它在使用温度范围内有较大的储能模量。当聚合物作为减震和吸音材料使用时，主要利用它的黏性，要求在一定频率范围内有较高的阻尼。当作为轮胎使用时，除应具有良好弹性外，内耗不能过高，以防生热脱层爆胎，但也需要有一定内耗，以增加轮胎与地面的摩擦力。

14.1.2 静态黏弹性与动态黏弹性

材料的静态黏弹性主要表现在蠕变和应力松弛两个方面。蠕变（creep）是指材料在恒定应力下，形变随时间增加而增加的现象。应力松弛（stress relaxation）指高聚物试样在恒应变下应力随时间衰减的现象。蠕变和应力松弛两种现象的实质是相同的，都是高温下随时间发生的非弹性变形的积累过程。所不同的是应力松弛是在总变形量一定的特定条件下一部分弹性变形转化为非弹性变形；而蠕变则是在恒定应力长期作用下直接产生非弹性变形。

金属、高分子材料和岩石等在一定条件下都具有蠕变性质。对于高分子材料，蠕变机理是在恒定的较小外力长时间作用下，大分子链段运动取向重排的结果。高聚物分子构象发生变化，受分子相互作用的影响，分子相对移动而取向重排，这种行为不能瞬时完成而需一定的时间，因此在整个蠕变过程中表现出不同的蠕变阶段。从分子运动和变化的角度看蠕变过程包括三种形变：即普弹形变、高弹形变和塑性形变。当高分子材料受到应力 σ_0 作用时，分于链内部键长和链角立刻发生变化，这种变化是很小的，称为普弹形变，用 ε_1 表示：当外力除去时普弹形变立刻完全回复。

$$\varepsilon_1 = \sigma_0 / E_1 \tag{14-3}$$

式中　E_1——弹性模量。

当外力作用时间和链段运动所需要的松弛时间有相同的数量级时，链段的热运动和链段间的相对滑移使卷曲的分子链逐渐伸展开来，这种形变值很大，称为高弹形变。用 ε_2 表示。除去外力，高弹形变也逐渐恢复。

$$\varepsilon_2 = \sigma_0 / E_2 (1 - e^{t/-\tau}) = \varepsilon_2(\infty)(1 - e^{t/-\tau}) \tag{14-4}$$

式中　E_2——高弹模量；

τ——蠕变推迟时间；

$\varepsilon(\infty)$——$t(\infty)$ 的平衡应变值。

如果分子间没有化学交联，当外力作用时间与整个分子链的松弛时间有相同的数量级时，则会产生分子间的相对滑移，称为塑性形变，用 ε_3 表示。外力除去后，塑性形变是不能恢复的。

$$\varepsilon_3 = \sigma_0 / \mu_0 t \tag{14-5}$$

式中　μ_0——本体黏度。

由于高聚物有链段长度分布和分子量的多分散性，所以受外力作用时，以上三种形变是同时发生的，材料的总形变为：

$$\varepsilon = \varepsilon_1 + \varepsilon_2 + \varepsilon_3 \tag{14-6}$$

如图 14-3 为聚合物材料典型蠕变及回复曲线。

同一材料在不同的应力水平或不同温度下，可处在不同的蠕变阶段。通常温度升高或应力增大会使蠕变加快。研究材料的蠕变性质对安全而经济地设计结构和机械零件具有重要意义。

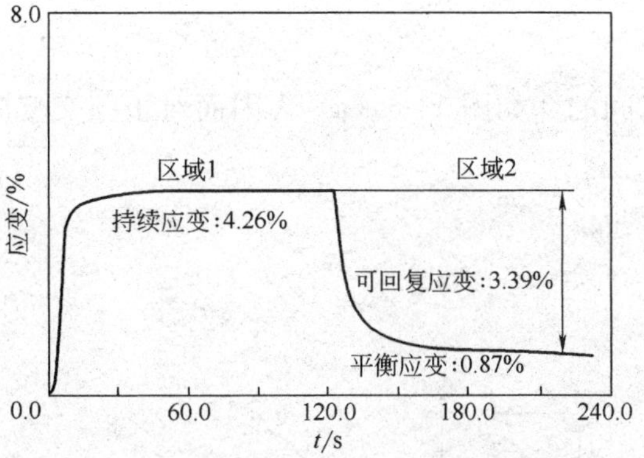

图 14-3　聚合物材料蠕变及其回复曲线

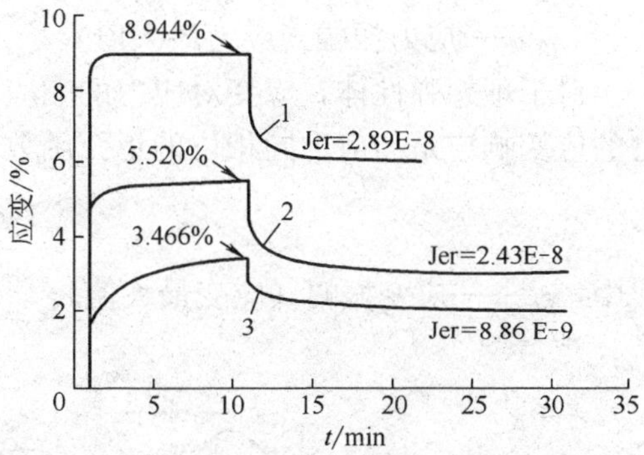

图 14-4　三种包装薄膜蠕变及回复曲线

在热成型工艺中，薄膜被送入热模形成所需形状的。采用蠕变-恢复模式可以用来预估薄膜产品制造的稳定性。图 14-4 是用蠕变实验表征包装薄膜质量的曲线。在回复阶段，平衡回复柔量 Jer 可以计算得到。如果样品柔量太高，也就是说 Jer 的值高，那么在成型温度下材料的弹性可能太低以至于无法保持我们希望的形状。从图中曲线可以预测，三种薄膜中，线 3 表示的 PTFE/PP/PE 薄膜尺寸稳定性最好，线 2 表示的 PTFE/PP 薄膜尺寸稳定性次之，线 1 表示的 PTFE/PP 薄膜尺寸稳定性最差。

应力松弛（stress relaxation）指高聚物试样在恒应变下应力随时间衰减的现象，是高聚物独特的松弛现象之一。应力松弛不仅反映高聚物的结构特征，而且可帮助了解在实际生产中，塑料制品成型之后形状不稳定（翘曲、变形、应力开裂）的原因及寻求稳定产品质量的工艺方法。例如高温下的紧固零件，其内部的弹性预紧应力随时间衰减，会造成密封泄漏或松脱事故；生产上常采用退火的办法来消除塑料制品的内应力，来实现稳定制品形状的目的。退火过程实际上就是维持固定形状而促进应力松弛的过程。

橡胶的应力松弛按其产生机理可分为两部分。一部分是由于橡胶分子运动滞后于应力而产生的，这种松弛称为物理松弛。另一部分是由于分子断裂，交联点密度下降引起的，这种松弛称为化学松弛。在实际问题中物理松弛和化学松弛往往交织在一起。图 14-5 为聚合物典型应力松弛曲线。

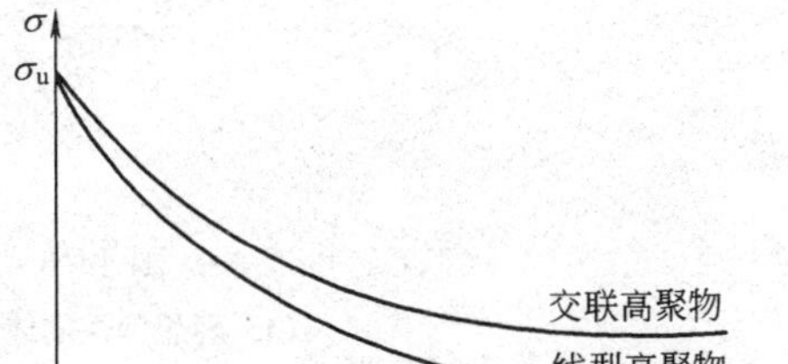

图 14-5　典型应力松弛曲线

动态黏弹性即我们所说的动态力学性能，是我们本章讨论的重点。

14.1.3　动态力学性能测量原理

当材料受到交变外力作用时，所作出的应变响应随材料的性质而不同。以最常用的正弦交变应力为例，如果给试样施加一个正弦交变应力

$$\sigma(t)=\sigma_0 \sin\omega t \tag{14-7}$$

式中　ω——为角频率（单位为弧度）；

t——时间；

σ_0——应力振幅（应力最大值）。

对于理想弹性体，应变对应力的响应是瞬间的［如图 14-6（a）］，因而对正弦交变应力的应变响应是与应力同相位的正弦函数：

$$\varepsilon(t)=\varepsilon_0\sin\omega t$$

式中　ε_0——应变振幅（应变最大值）。

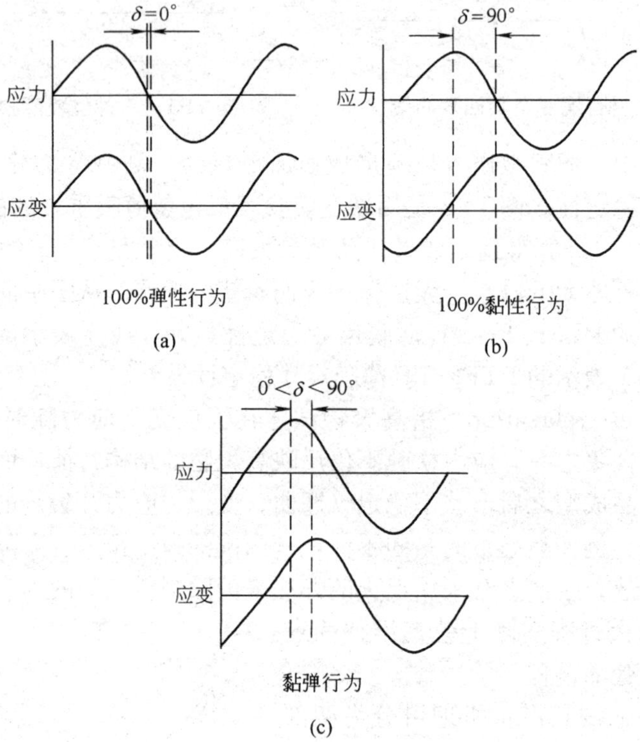

图 14-6　应力应变与频率的关系

（a）理想弹性固体　（b）理想黏性液体　（c）黏弹体

对于理想黏性体，应变响应滞后于应力 90°相位角［如图 14-6（b）］

$$\varepsilon(t)=\varepsilon_0\sin(\omega t-90^\circ) \tag{14-8}$$

对于黏弹性材料，应变将始终滞后于应力一个 0°～90°的相位角 δ

$$\varepsilon(t)=\varepsilon_0\sin(\omega t-\delta)(0^\circ<\delta<90^\circ) \tag{14-9}$$

式中　δ——应力或应变相位角差值（滞后相位角）。

将上式展开为：

$$\varepsilon(t)=\varepsilon_0\cos\delta\sin\omega t-\varepsilon_0\sin\delta\cos\omega t \tag{14-10}$$

可见，其应力由两部分组成：一部分 $\varepsilon_0\cos\delta\sin\omega t$ 与应变同相位，峰值为 $\varepsilon_0\cos\delta$，与储存的弹性能有关；另一部分 $\varepsilon_0\sin\delta\cos\omega t$ 与应变相差 $\pi/2$，峰值为 $\varepsilon_0\sin\delta$，与能量的损耗

有关。我们定义储能模量（E'），损耗模量（E''）和力学损耗（$\tan\delta$）分别为：

$$E'=(\sigma_0/\varepsilon_0)\cos\delta \tag{14-11}$$

$$E''=(\sigma_0/\varepsilon_0)\sin\delta \tag{14-12}$$

$$\tan\delta=\frac{\sin\delta}{\cos\delta}=\frac{E''}{E'} \tag{14-13}$$

复数模量可表示为：

$$E^*=E'+iE'' \tag{14-14}$$

式中 E'——与应变同相的模量，称为实数模量，它表征材料在形变过程中由于弹性形变而储存的能量，所以又叫储能模量；

E''——与应变异相的模量，称为虚数模量，它表征材料在形变过程中因黏性形变而以热的形式损耗的能量，所以又叫损耗模量；

$\tan\delta$——损耗角正切，又叫损耗因子。

E'、E''、$\tan\delta$ 的关系如图 14-7 所示。

需要指出的是，材料的动态模量与静态模量在数值上是不相同的。在静载荷作用下，由于外载的恒定，材料变形响应充分，不仅有弹性范围内的瞬间变形，还有流动发生的黏弹变形；而在动载作用下载荷周期变化、材料变形响应的滞后，使得模量值有所增大。试验结果表明：动态模量一般为静态模量的 1.5～2.0 倍，并且随着载荷的增加，动、静模量的差别逐渐减小。

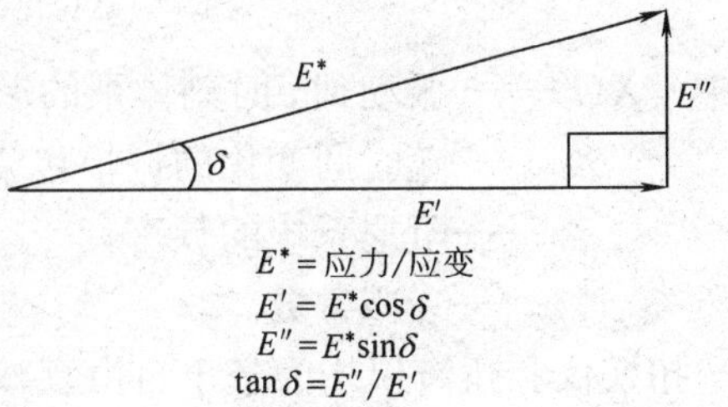

图 14-7 黏弹性材料 E'、E''、$\tan\delta$ 的关系

我们研究材料的动态力学性能的目的，就是要精确测量各种因素（包括材料本身的结构参数及外界条件变化）对动态模量 E'、E''及损耗因子 $\tan\delta$ 的影响。

14.2 动态力学分析技术

聚合物动态力学试验方法很多，按照形变模式可分为拉伸、压缩、弯曲（包括单悬臂梁、双悬臂梁、三点弯曲和S形弯曲等）、扭转、剪切（包括夹芯剪切和平行板剪切）等。测得的模量取决于形变模式，因而弹性模量有拉伸模量、压缩模量、剪切模量、体积模量之分。

按照振动模式可分为四大类：(1) 自由衰减振动法；(2) 强迫共振法；(3) 强迫非共振法；(4) 声波传播法。本章重点介绍强迫非共振法，由于它能实现多种变形方式，因而是最常用的动态力学试验方法。

14.2.1 自由振动法

自由振动是指将初始扭转力作用于体系，然后除去外力使该体系自由地发生形变或形变速率 $X(t)$ 随时间逐渐衰减，然后根据振动频率与振幅衰减速率计算体系的刚度和阻尼的振动。自由衰减运动中振动体系形变或形变速率随时间的变化如图 14-8 所示。

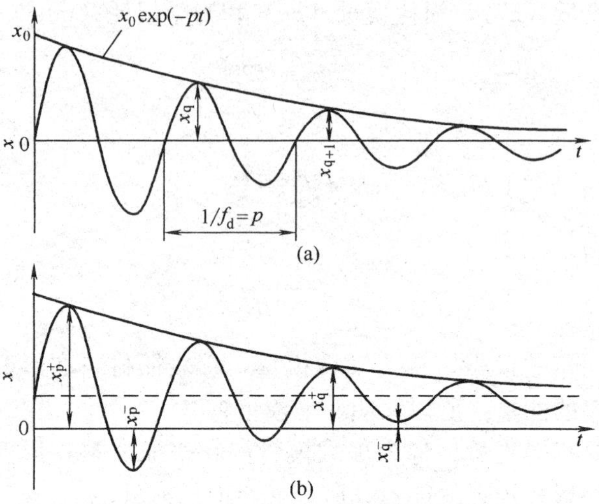

图 14-8　自由衰减曲线

(a) 基线无漂移　(b) 基线有漂移

$$X(t)=X_0\exp(-\beta t)\sin 2\pi f_d t \tag{14-15}$$

式中　$X(t)$——振动到 t 时刻体系的形变或形变速率；

X_0——随时间变化的振幅包络线外推到零时刻的形变值；

f_d——阻尼系统的频率；

β——衰减常数。

扭摆仪和扭辫仪均为基于自由衰减振动原理而设计的仪器。

扭摆仪由我国科学家葛庭燧发明，最初主要应用于通过测定各类固体材料机械振动能吸收谱，研究固体结构相变和缺陷弛豫运动的内部形成机制和变化规律。高阻尼金属材料的研究兴起以后，扭摆仪成为国内测量金属材料阻尼特性的主要手段。扭摆仪的结构如图 14-9 所示，主要工作部分由样品、夹头和惯性体（平衡杆加平衡锤）组成，试样的一端夹具固定，另一端通过夹具与能够自由转动的惯性体相连。施加外力使惯性体扭转一个角度时，释放外力后，由于试样的弹性回复力使惯性体开始按一定周期作扭转自由振动。

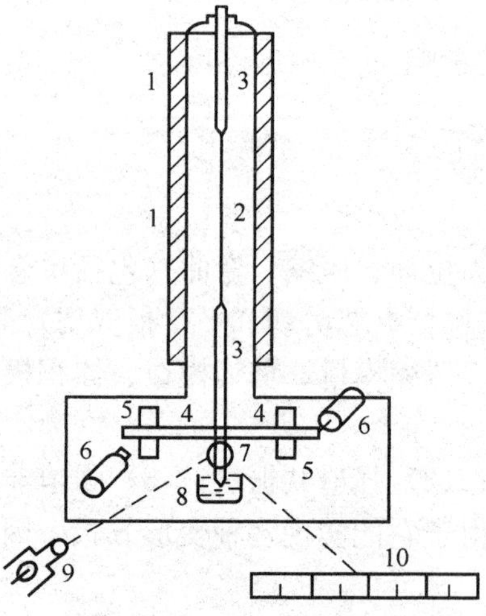

图 14-9　扭摆仪原理图

1—无磁场管式炉　2—样品　3—夹头
4—平衡杆　5—平衡锤　6—电磁铁
7—反射镜　8—阻尼油
9—平行光管　10—标尺

由于试样的内摩擦作用，振动受到阻尼衰减，振幅随时间延长而减小，由振幅、频率测量装置测出振幅变化及振动周期 T。由于试验是在真空中进行的，所以振幅的衰减是试样的力学损耗所致。

扭摆仪的特点是结构比 DMTA 简单，测试方法多样，可以按照自由衰减法和强迫次共振法进行测量。但是由于扭摆仪的工作部分增加了一个惯性体，所以关于扭摆仪的测试精度有待于更多的实验来验证。

扭辫仪实际上是扭摆仪的扩展，两者的原理、数据测量、处理基本相同。两者的主要区别在于样品的制备方法上，被测样品要制成溶液或熔体，然后将其浸渍在多股（3000根以上）玻璃丝编成的辫子上，再抽真空将溶剂除掉，得到被测材料与支撑物组成的复合样品，供测试用。由于这种方法使用的试样是复合体，其几何形状不规则，所以测不出试样切变模量的绝对值，仅为相对刚度，一般以 $1/P^2$ 表示，因此不能与其他仪器测得的模量数据相比较，这是TBA仪的缺点。但它最大优点是试样用量少（100mg以下），试样制备简单，采用玻璃纤维做支撑物，能在 −180～600℃ 温度范围内研究材料的多重转变，试样可以从液态、凝胶态、橡胶态一直研究到玻璃态，它能成为一种既能研究聚合物的物理转变又能研究其化学转变的新型分析仪器。

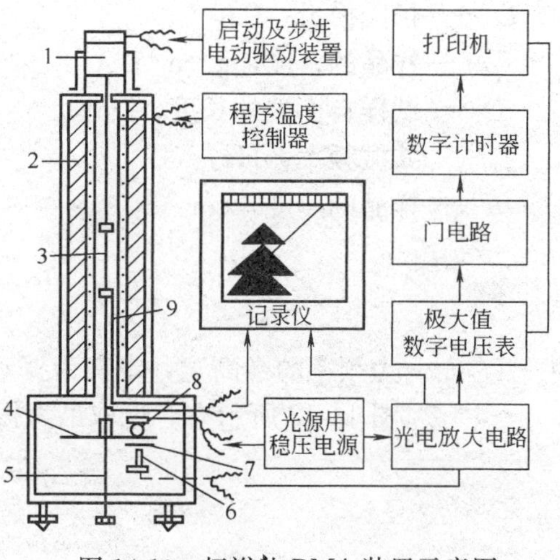

图 14-10　扭辫法 DMA 装置示意图
（自动记录和数字打印双功能）
1—步进电机　2—加热或冷却炉　3—试样
4—摆盘及起偏振片　5—摆盘脱去拉杆　6—光电二极管　7—检偏振片　8—光源　9—测温电偶

扭辫仪的示意图如图14-10所示。该仪器把试样挂在炉中，上有步进马达来启动扭摆运动，下有检测系统，用光通过45°交叉的上下偏振片组成的换能器，透过它们的光强与它们之间的相对位移存在一线性关系，光强变化通过硅光电池转换成电讯号加以记录。

14.2.2　强迫共振法

强迫共振法是将一个周期变化的力或力矩施加到片状或杆状试样上，监测试样所产生的振幅，试样振幅是驱动力频率的函数，当驱动力频率与试样的共振频率相等时，试样的振幅达最大值。一旦测得试样的共振频率 f_r，即可以从已知经典公式算出试样模量以及试样阻尼。强迫共振法仪器有很多种，如振簧仪、Du Pont980型动态力学分析仪、B&K复数模量仪等。

14.2.2.1　（固定-自由）振动仪器——振簧仪

振簧仪见示意图14-11所示片状试样一端自由，另一端夹持在一特制的电磁振动器上，该电磁振动器由一可变频率的振荡器策动，当改变振动频率时，试样随着产生同频率的振动，当调节到激振频率达到试样的固有频率时，试样自由端的振幅通过一极大值，振幅大小可采用各种类型检测器如：读数显微镜、电磁拾振器、光电拾振器、电容拾振器等测得。

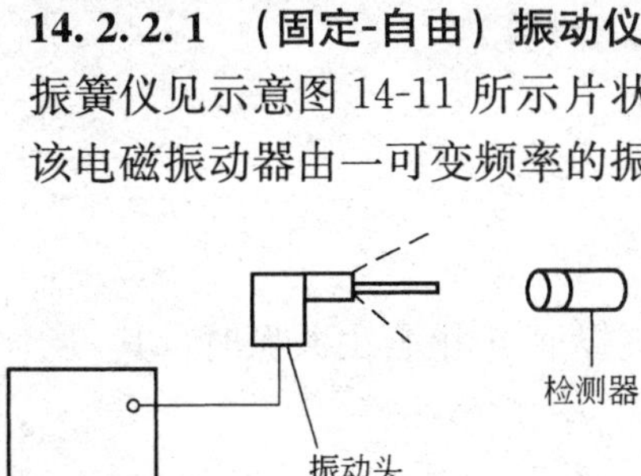

图 14-11　振簧技术示意图

模量可由下式计算：

$$E'=\frac{3.824\rho L^4}{h^2}f_r \tag{14-16}$$

式中　E'——杨氏模量，Pa；

　　ρ——样品的密度，g/cm^3；

　　L——试样自由端的长度，cm；

　　f_r——共振频率，Hz；

　　h——样品的厚度，cm。

$$\tan\delta=\frac{\Delta f_r}{f_r} \tag{14-17}$$

式中　Δf_r——为频率的半高宽，定义为振动的振幅等于最大振幅 $1/\sqrt{2}$时两个频率之差，图 14-12 所示有时也取最大振幅的一半时两个频率之差。

$$\Delta f_r=f_4-f_3 \tag{14-18}$$

或

$$\Delta f_r=f_2-f_1 \tag{14-19}$$

$$E''=E'\tan\delta \tag{14-20}$$

该仪器 1964 年由中科院化学所研制成功，后经过改进有各种类型这种仪器出售。国外丹麦 Brüel 和 Kjaer（B&K）实验室出售的复数模量仪，实际上是一台大型振簧仪，它可以在 10～10000Hz 频率范围内测量，试样尺寸可为（2～4）mm×（10～15）mm×（100～200）mm，测试温度范围为－150～250℃。

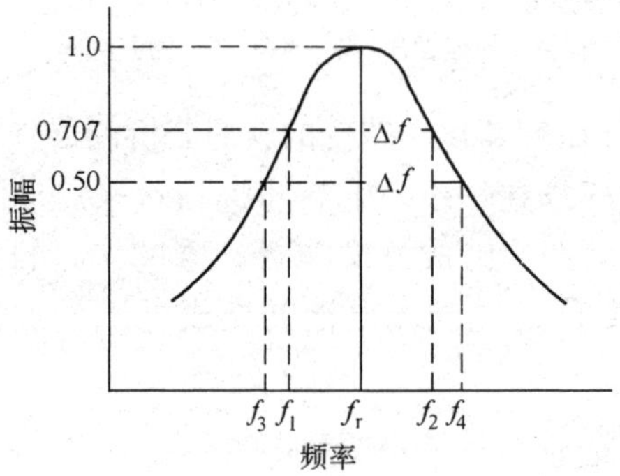

图 14-12　自由端的共振曲线

上述（固定-自由）振动的大小两种振簧仪都使试样一端受到夹持，造成“夹持误差”，试样越硬及损耗越小，测得的 E' 的误差就越大。实际上同一根试样当夹持力不同时，测得 f_r 亦不同，也影响 E' 的数值，因而夹试样最好用可测力矩的扳手来拧紧夹试样的螺钉，以保持夹持力的恒定，这在定量测定不同试样并相互比较是不可忽视的。

14.2.2.2　（自由-自由）振动仪器

所谓“自由-自由”振动是指试样两端处于无夹持的自由状态。试样的支撑或悬挂位置为试样的波节线，波节线离试样末端的距离 Ln 按下式计算：

$$Ln=0.66\frac{L}{2n+1} \tag{14-21}$$

式中　L——试样总长；

　　n——振动阶数。对于一阶共振 $L_1=0.224L$。

一根矩形截面试样在一阶弯曲共振的波节线受到支撑而自由-自由共振时，其

$$E'=9.85\times10^{-10}\frac{\rho L^4}{n^2D}f_r^2\,(\text{Pa}) \tag{14-22}$$

式中各参数物理意义和量纲与（14-16）式相同。

图 14-13 所示是北京航空航天大学制作的“自由-自由”弯曲共振黏弹仪主体结构示意图。

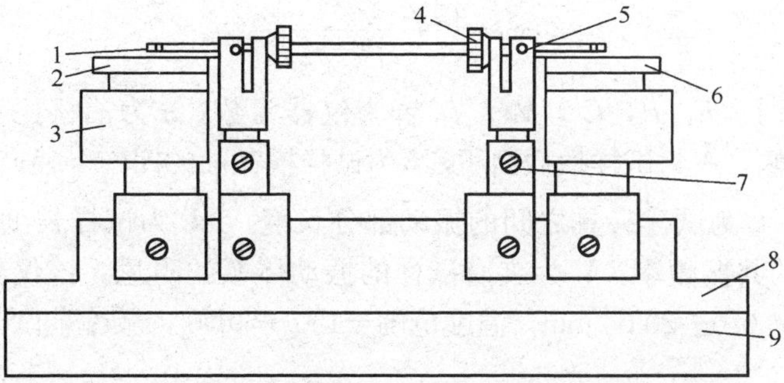

图 14-13　黏弹仪主体结构示意图

1—试样　2—激振器　3—传感器　4—转轴　5—锁紧螺钉

6—拾振器　7—试样架　8—滑轨　9—底座

此种仪器由于不存在夹持误差，故较适合高刚性，低损耗的材料。该仪器最适用的模量范围是 $1\sim10^{11}$（Pa），阻尼范围是 0.1～0.01，频率范围为 200～2000Hz。这种共振技术不能直接用于刚度太小、阻尼太高的材料，否则它们的共振峰将宽到难以分辨的程度。

14.2.2.3　（固定-固定）振动仪器——DMA 982

由美国杜邦公司生产的 Du Pont DMA 982 属于固定-固定共振类型仪器，图 14-14 所示为仪器的几何图形，图 14-15 为仪器的示意图，仪器由电-力振动、驱动和数字显示部分组成。仪器的心脏部分是附装在摩擦阻力很小的支点上的振动臂。一定形状的试样垂直或水平夹在两臂之间，当不夹试样时，整个系统共振频率为 2Hz 左右，夹持试样后，驱动臂围绕着支点产生少量的转动，使试样产生极小的位移，这样就使试样受到弯曲应力。当应力除去时，储存在试样中的位移应力使试样本身产生共振振动，共振的频率和振幅由可变线性微分器（LVDT）检测出来。通过驱动臂用 1 秒钟的门电路，用 LVDT 监测 1 秒钟振动数（频率）和试样系统的振幅，可用下式计算：

$$E'=2(1+\sigma)\left[\frac{8\pi^2 Jf^2-2k}{B^2}\right]\frac{L+\Delta L}{A}\left[\alpha+\frac{(L+\Delta L)^2}{24k^2(1+\sigma)}\right]\beta(f) \tag{14-23}$$

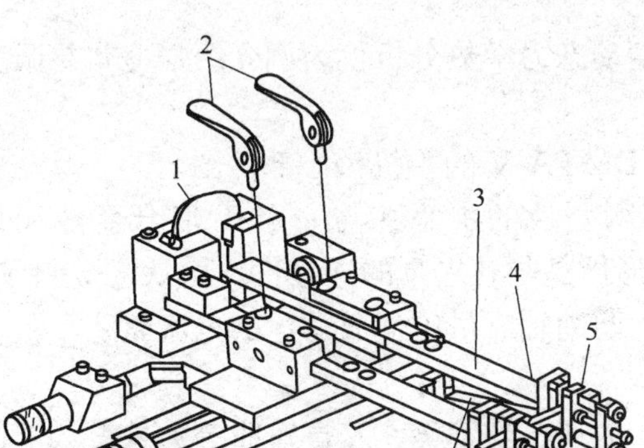

图 14-14　Du Pont DMA 982 振动系统示意图

1—激振装置　2—锁紧销　3—振动臂

4—试样　5—垂直夹头　6—热电偶

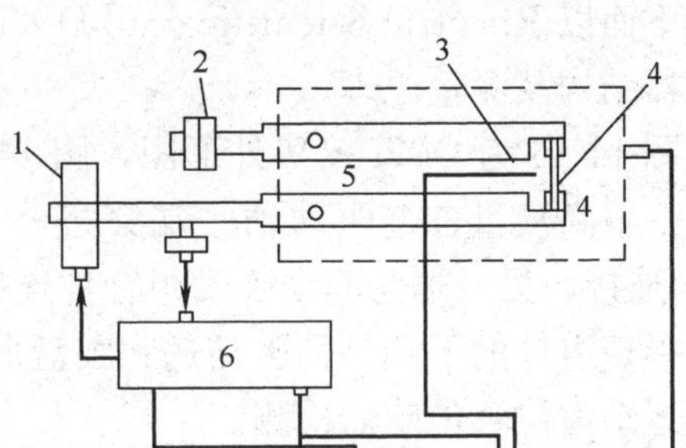

图 14-15　DMA 的电路方框图

1—电-力转换器　2—平衡重量　3—热电偶

4—样品　5—活动支点　6—驱动器　7—频率显示

8—阻尼显示　9—记录仪　10—程序控制器

$$\tan\delta=\frac{C'}{a}\frac{V-V_i(f\cdot\alpha)}{f^2-f_0^2} \tag{14-24}$$

式中 $\beta(f)$，α，J，k，B，C'，V_i，f_0 皆为仪器常数，σ 为泊松比（由其他方法测定的已知值），a 为振幅，A 为试样横截面积，k 为试样横截面的回转半径，对板材试样 $k=T/\sqrt{2}$，T 为试样厚度，L 为试样夹具之间的振动部分长度，ΔL 为试样长度的校正项，f 为夹有试样的振动体系的共振频率，V 为夹有试样的振动体系的阻尼。该仪器测量范围0～10^{11} dyen/cm^2，升温速率 0.5～20℃/min，温度范围－150～500℃，频率范围 3.5～150Hz。

14.2.3　强迫非共振法

强迫非共振法是指强迫试样以设定频率振动，测定试样在振动中的应力与应变幅值以及应力与应变之间的相位差，这些信号经过微处理就可以得到实模量 E'、虚模量 E''、损耗因子 tanδ 等。

与前述几类动态力学试验方法相比，强迫非共振法具有如下优势：

① 有多种变形方式：可实现拉伸、压缩、弯曲（单悬臂梁、双悬臂梁、三点）、剪切等受力方式。

② 可同时测定材料的剪切模量和杨氏模量：由于可以实现不同的受力方式，所以此方法可以同时测定材料的剪切模量和杨氏模量。

③ 测试频率范围宽：近年生产的动态力学分析仪一般测试频率范围均达到 10^{-5}～200Hz，少数型号仪器频率上限可达到 800Hz，可以实现无级调频。

④ 测试样品模量范围宽：由于配备了适用于不同材料的夹具，因此可以测定模量小到 10^3 Pa 的流体，大到 10^{12} Pa 的金属和复合材料。

⑤ 所测试样形状各异：根据试样量的多少以及试样模量大小，试样可以制成片、板、膜、柱、凝胶等进行测试。

⑥ 有多种操作模式：温度扫描、频率扫描、时间扫描、动态应力-应变扫描、蠕变及其回复模式、TMA 模式。

14.2.3.1　仪器结构与测量原理

下面以 Rheotric Scientific 公司 DMTA V 型动态力学热分析仪为例介绍强迫非共振法的仪器结构及测量原理。

图 14-16 为 DMTA V 外形图，图 14-17 为 DMTA V 的主机核心部件图。

一根高模量合金驱动轴一端穿过一个环形陶瓷块的中心孔与一个 T 形合金件（T-bar）连接，另一端与驱动弹簧组合件连接。T 形件是与各夹具的连接件，由钛合金制成。驱动弹簧组件的下端是伺服马达和圆盘形弹簧，驱动轴靠供给伺服马达的电流驱动，驱动轴的运动由位移传感器检测。

仪器工作时，样品通过夹具（拉伸、压缩、剪切、悬臂梁、三点弯曲等夹具）、T-bar 与驱动器、应力传感器和位移检测器连接，试样在恒定的预张力（最大值：15N）作用下由驱动器施加一固定频率的正弦伸缩振动。预张力的作用是使试样在受到伸缩振动时始终产生张应力。应力传感器和位移检测器分别检测到同样振动频率的正弦应力和应变讯号，经仪器信号处理器的比较得出应变滞后于应力的相位角，然后根据计算中心计算储能模量 E'、损耗模量 E''和损耗因子 tanδ。

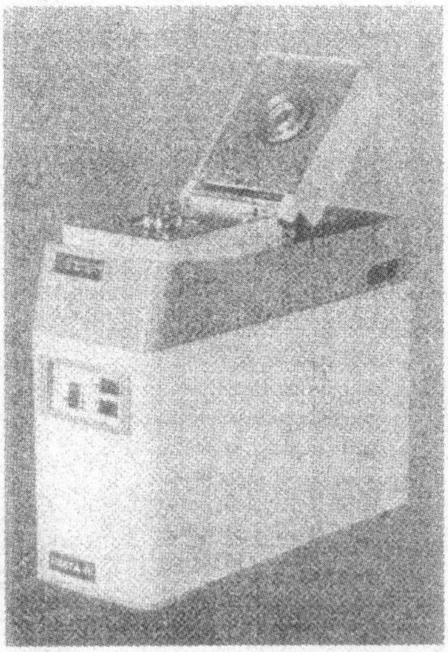

图 14-16　DMTA V 主机外形图

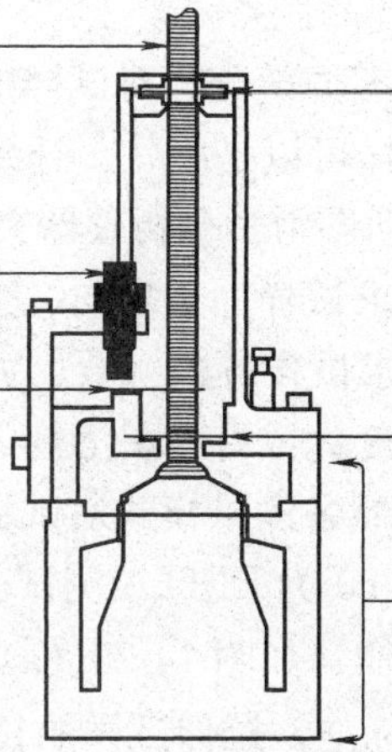

图 14-17　DMTA V 主机内部结构图

除 DMTA V 外，较早的此类仪器还有法国 METRAVIB 公司 MAK-04 动态黏弹谱仪，近年生产的美国 TA 公司 Q800、德国 GABO 公司 EPLEXOR 500N、法国 01dB-Metravib 公司高级动态力学分析仪 50N、德国 NETZSCH 公司 DMA242C 等。

图 14-18 为美国 TA 公司 Q800 DMA 仪器结构图，它的特点是驱动轴靠八个多孔碳结构空气轴承支撑，采用空气轴承可以减小系统摩擦，同时不依靠步阶马达。该仪器基于 CMT（驱动器与传感一体化）技术设计，利用非接触式线性驱动技术确保了精准的应力控制。

图 14-18　美国 TA 公司 Q800 DMA 仪器结构图

图 14-19　01dB-Metravib 公司 50N 动态力学分析仪局部外形图

图 14-19 为法国 01dB-Metravib 公司 50N 动态力学分析仪局部外形图，该款仪器的最大特点是设备的力值和频率范围较宽，力值可由 0.002N 到 450N，其最高频率可达 1000Hz。

14.2.3.2 实验技术

（1）样品制备

① 动态力学分析对试样的要求

a. 试样可以是膜状、纤维状、片状、柱状、凝胶状等。试样大小没有统一规定，不同厂家的动态力学分析仪器夹具大小、力值范围不一样，所以对试样尺寸有不同的要求。

b. 要求试样加工均匀、无杂质、表面平整、无气泡等。

c. 要求试样各边（长、宽、厚）精确平行和垂直，尺寸公差不超过±0.1%。

d. 湿度大或有滞留溶剂的试样，必须预先进行干燥。

② 按照各测量模式对试样的尺寸要求制备试样

图 14-20 为 DMTA 测试时各受力方式实物图。

a. 拉伸：如图 14-20（a）所示，拉伸模式适用于薄膜、纤维及 T_g 以上的橡胶试样。按照国际标准，拉伸试样的长度应大于宽度的 6 倍，这样可以忽略夹头对试样自由横向收缩的限制。

b. 压缩：如图 14-20（b）所示，压缩模式适用于 T_g 以上的橡胶及软质泡沫塑料、凝

(a) (b) (c) (d) (e) (f)

图 14-20 DMTA 各形变模式实物图

（a）拉伸 （b）压缩 （c）双悬臂弯曲 （d）三点弯曲 （e）夹层剪切 （f）可浸泡式

胶等低模量材料。压缩试样一般为厚度大于 4mm 的圆柱状或立方体、长方体试样。由于压缩测试时试样是置于两平等平板间，所以一定要保证试样上、下平面严格平行，否则会对实验结果产生很大影响。

c. 弯曲：弯曲模式包括单/双悬臂梁弯曲和三点弯曲。如图 14-20（c）所示单/双悬臂梁弯曲适用范围非常宽，适用于除薄膜、纤维外的所有高分子材料；如图 14-20（d）所示三点弯曲适用于测定如金属、碳纤维/环氧树脂复合材料等刚性材料。用于弯曲模式的试样一般为片状。国际标准中规定单/双悬臂梁模式跨/厚比（L_a/d）>16（跨为中心加载点到每一端支点的距离），三点弯曲要求 $L_a/d>8$，以尽量减小弯曲形变中剪切分量的影响。另外，为保证挠度的精确测量，对于模量大于 50GPa 的高模量材料，尽量用长而薄的试样，对于模量小于 100MPa 的低模量材料，则尽量用短而厚的试样，以保证作用力测量的精度。

d. 剪切：如图 14-20（e）所示，夹层剪切适合于较软的材料（模量 0.1～50MPa），如软塑料、橡胶、凝胶等。夹层剪切试样为尺寸完全相同的两个矩形或圆形试样。为了避免试样在剪切形变中出现因弯曲而引入的误差，国际标准推荐每个试样在加载方向的尺寸应超过厚度的 4 倍。

e. 固-液相互作用模式：如图 14-20（f）所示该夹具下部为一圆形容器，盛装液体，样品固定于上部夹具。该模式主要用于研究不同液体环境对材料的影响。

（2）影响实验结果的因素

影响动态力学热分析实验结果的主要因素有升温速率、频率、应变模式、应变水平等。此外，环境（液体或气体）对决定动态力学性能的影响也很重要，它们既影响材料的最终使用性能，也影响工艺控制条件。

① 升温速率的影响：动态力学性能温度谱的测量是最常用，同时也是最有意义的一种测量方式，材料的各种特征温度都是通过温度谱的测量获得的。进行温度扫描时，一般都采用程序升温的方式进行。升温速率的大小会在很大程度上影响特征温度的测试值，而对储能模量测试值的影响则很少。升温速率越大，热滞后越严重，各特征温度（特别是玻璃化转变温度）的测试值越高。升温速率对不同材料的影响程度不一样。例如对于环氧树脂和碳纤维/环氧树脂复合材料，在试样尺寸及其他测试条件完全相同的条件下，将升温速率从 2℃/min 升高到 10℃/min，纯环氧树脂的 T_g 提高 4℃，碳纤维/环氧树脂复合材料的 T_g 则提高了 17℃。

图 14-21 为碳纤维/环氧树脂预浸料分别以 1℃/min、5℃/min、10℃/min 的扫描速率固化温度谱，从温度谱所得预浸料的凝胶点分别为 156.55℃、192.28℃、215.9℃，可见升温速率提高一个数量级，凝胶点上升了 59℃之多。当我们需要较准确获得试样转变温度时，升温速率应小于 2℃/min，若只是为了系统比较其他因素对转变温度影响，为了节省时间，则一般选择 3～10℃/min。升温速率的选择还取决于试样的大小，试样越大，要求升温速率就越低，以便试样内外温度一致。

② 频率的影响：根据时-温等效原理，对于所测定的动态力学行为，升高温度与延长时间或降低频率具有相同的效果。因而随着频率增加，DMTA 特征温度的测试值将往高温方向移动。对于大多数聚合物，频率每增加一个数量级（10 倍），T_g 及阻尼峰温增加约 7℃。图 14-22 为 PBT 分别在 0.5、5、50Hz 的频率下储能模量及损耗因子随温度变化

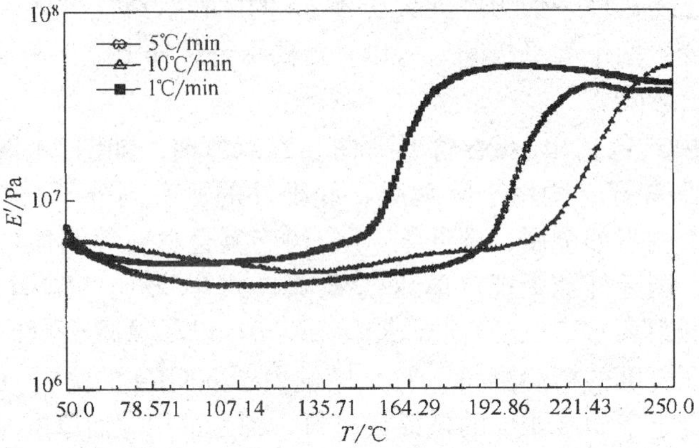

图 14-21　升温速率对树脂固化曲线的影响

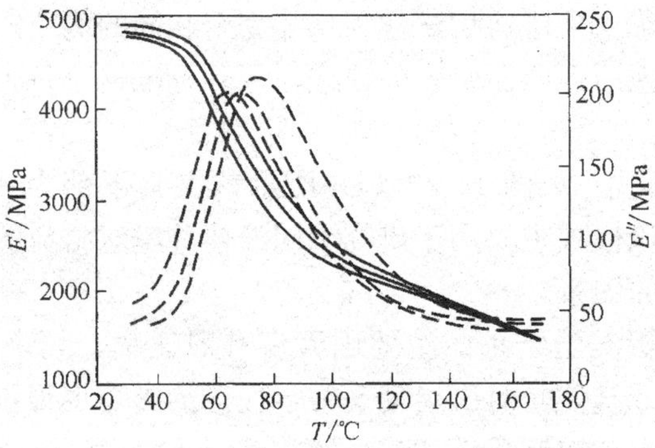

图 14-22　PBT 在不同频率下的 DMTA 温度谱

的曲线；频率的变化对储能模量测试值的影响很小。进行温度扫描时，频率一般选择在 0.1～10Hz 的范围内，更常用 1Hz。

③ 形变模式的影响：形变模式主要影响储能模量的测试结果，对特征温度的结果基本无影响。研究发现，材料刚度越大，形变模式对储能模量的影响越大。例如某种碳纤维/环氧树脂复合材料，同样在弯曲模式下测量，三点弯曲测得的储能模量值最大，双悬臂梁弯曲次之，单悬臂梁弯曲最小。用双悬臂梁模式测得的储能模量为三点弯曲时的 60%，单悬臂梁测得的储能模量仅为三点弯曲时的 20%。

④ 应变水平的影响：动态力学热分析仪可以设计为应变控制，也可以是应力控制。应变控制是指测试过程中应变水平始终保持不变，应力随着试样模量变化而发生变化。应力控制与之类似，应力始终保持不变，变化的是试样的应变。不管是应力控制还是应变控制的仪器，都要求动态力学性能测试在该材料的线性黏弹区域内进行。所谓线性黏弹区是指施加的应力能产生成比例的应变：应力增大一倍，应变随之增大一倍。只有在线性黏弹区的测量才可以获得物质的特性常数，材料的微观结构才不至于受到破坏。因此在做其他动态力学扫描（如温度扫描、频率扫描）之前，必须首先确定所测材料的线性黏弹区，以选择合适的应力或应变水平。

DMTA 测试中所设应变或应力应保证以下两点要求：

第一，实验所设应力或应变水平必须落在应力-应变曲线的起始线性段内，即线性黏弹区域内，以防止试样在测试过程中受力和形变过大而破坏试样内部结构。因此，对于任何待测材料，在进行动态力学测试之前，首先进行一次动态应变扫描是十分必要的。图14-23为硅橡胶、有机玻璃和环氧玻璃钢的应力-应变曲线。因此，对于刚性材料，如图14-23中的环氧玻璃钢，实验所设应变值应非常小；对于低模量材料，如 T_g 以上的橡胶，泡沫塑料等，应变水平则可以大一些。

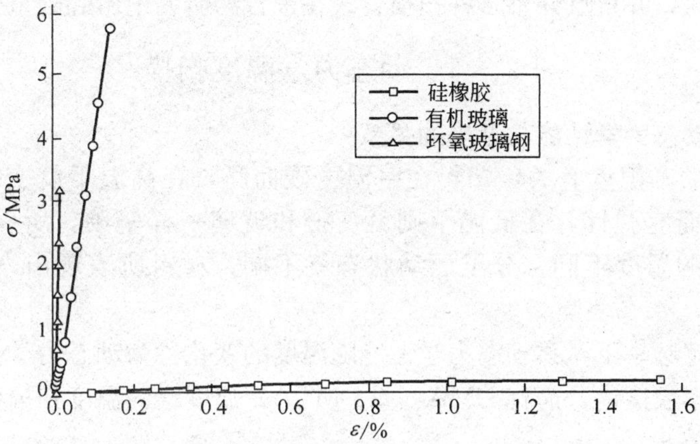

图 14-23　三种材料 DMTA 应力-应变曲线

第二，由于每台仪器均有最大承载范围，因此，实验时应变水平的设定必须保证试样所受的动载荷与静载荷落在仪器安全承载能力范围内，以免因为受力过大而损坏仪器。

⑤ 湿度的影响：聚合物的动态力学性质受湿度的影响。我们把水看作是极性聚合物的一种增塑剂，所以水的存在使大多数聚合物 T_g 往低温方向移动。如 Woodward 等研究发现水分使尼龙66主转变损耗峰峰位随着水分含量的增加而降低，同时作为温度函数的动态模量也有大幅度的下降。聚乙烯醇（PVA）的研究也得出相似结果，图14-24为水合作用对PVA动态力学性能温度曲线的影响。从图中可以看出，在干燥样品中，PVAα 峰位于75℃附近。随着吸附水分的增加，α 峰明显移向低温，其值分别为15℃，－8℃，－20℃。这是因为吸附的水在非晶区内起到了增塑剂的作用，从而提高了分子链的柔性，使玻璃化转变温度向低温移动。

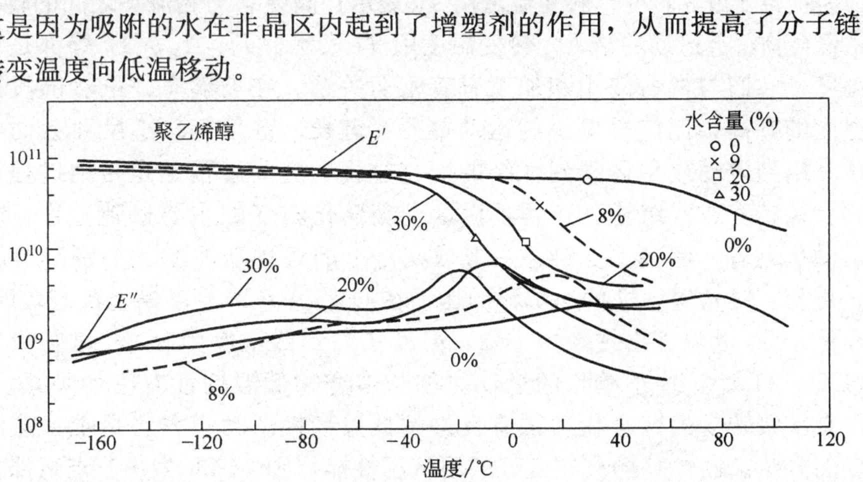

图 14-24　水合作用对聚乙烯醇动态力学温度曲线的影响

注：dyn＝10^{-5}N

14.3 动态力学分析法在聚合物研究中的应用

表征材料动态力学性能的基本参数有 E'、E''、$\tan\delta$ 等，对于聚合物及其复合材料，这些参数与温度、频率、时间、应力/应变水平等有关。下面分别介绍动态力学测试时常用的几种扫描方式，并重点介绍各种扫描方式在聚合物研究中所起的重要作用。

14.3.1 动态力学温度扫描

14.3.1.1 动态力学性能与温度的关系

聚合物的性质与温度有关，塑料在室温下硬而脆，在高温下就变得柔软而有弹性；橡胶在室温下软而有弹性，在低温下则就变得和玻璃一样坚硬。所以，对于同一种聚合物，如果所处的温度不同，分子运动状态就不同，材料所表现出来的宏观性能也大不相同。

高聚物在固定频率下考察动态力学性能随温度的变化称为动态力学性能温度扫描，所得曲线称动态力学温度谱，简称 DMA（或 DMTA）温度谱。温度扫描模式是动态力学分析中最常使用的模式。

14.3.1.2 温度扫描模式的应用

动态力学的温度谱不仅可以得到聚合物 T_g、T_f、T_m、T_β、T_γ、T_δ 等特征温度，同时还可以得到模量、阻尼以及分子结构方面的丰富信息，所以应用越来越广泛。

（1）研究聚合物材料的主转变和次级转变

图 14-25 为典型均相非晶态聚合物动态力学温度谱。从图中看出，随着程序温度的升高，储能模量曲线出现若干个跌落，$\tan\delta$ 曲线则相应的出现多个损耗峰，E' 下降越快，$\tan\delta$ 出峰越明显。随着温度的升高，非晶态聚合物呈现三种力学状态，即玻璃态、高弹态和黏流态。其中玻璃态和高弹态之间的转变称为玻璃化转变，它是聚合物从坚硬的玻璃态向柔软的橡胶态的转变，从分子运动来看，是聚合物链段发生由冻结到自由的转变，这个转变称为主转变或 α 转变，转变温度用 T_g 表示；高弹态与黏流态之间的转变为黏流转变，它是聚合物整链运动的结果。转变温度用 T_f 表示。T_f、T_g、T_b 等都是聚合物材料的特征温度，它们与材料使用和加工有着密切关系。在玻璃态，虽然链段被冻结，但是随着温度的升高，比链段更小的运动单元（键长、键角等）小尺寸运动单元同样可以发生从冻结到运动或从运动到冻结的变化过程，这些过程也是松弛过程，通常称为高聚物的次级转变或次级松弛过程，以区别玻璃化转变的主要松弛过程。链段以下的小尺寸运动单元有：侧基、支链、主链或支链上的各种功能团、个别链节和链段的某一局部、键长、键角等。这些小单元的运动在 DMTA $\tan\delta$ 温度谱上都有较明显的出峰，表现为在低于 T_g 的温度出现数个小峰，温度从高到低依次为 β、γ、δ 转变，对应温度标为 T_β、T_γ、T_δ。这些小单元的运动往往与聚合物低温韧性有密切关系。在低于 T_g 的温度具有次级转变的聚合物通常有良好的低温韧性。动态方法是唯一能测出聚合物次级转变的方法。乙烯基酯具有良好的耐低温性能，图 14-26 为用三点弯曲方法得到的乙烯基酯 DMTA 曲线。曲线中 200.72℃、101.27℃、−89.55℃的损耗峰分别对应乙烯基酯的 α、β 和 γ 转变。

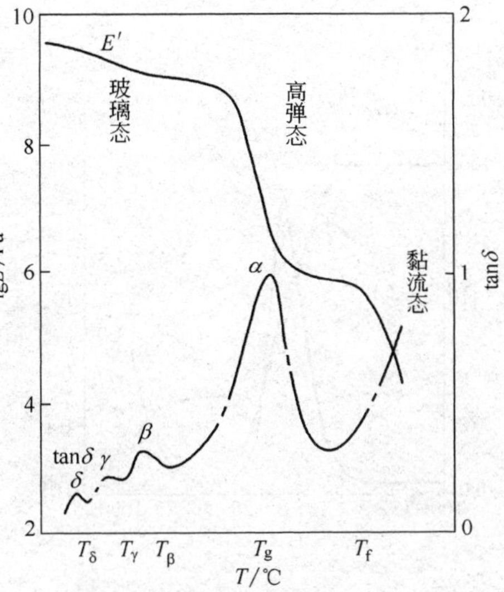

图 14-25 典型均相非晶态聚合物动态力学温度谱

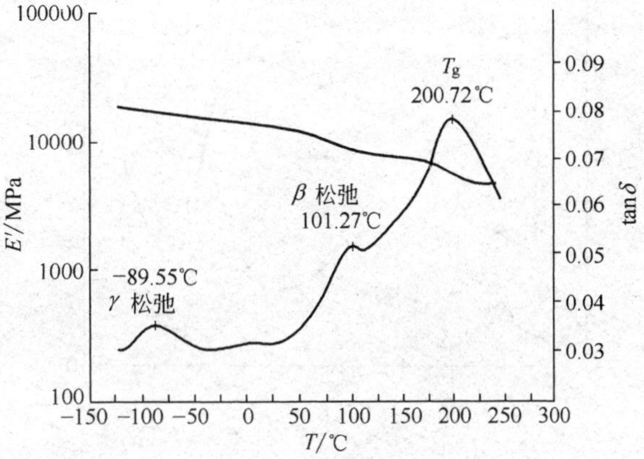

图 14-26 乙烯基酯 DMTA 温度谱

(2) 评价材料耐热性和耐寒性及低温韧性

通过测定热塑性聚合物的各种特征温度（T_m、T_g、T_β 等），可评价其耐热性、耐寒性和低温韧性。

玻璃化温度是非晶态热塑性塑料最高使用温度和加工中模具温度的上限值，是表征非晶态塑料耐热性的温度参数。DMTA 能非常方便的测出聚合物的 T_g 值。图 14-27 为典型非晶态聚合物的玻璃化转变温度扫描曲线，从图中可以看出，均态非晶态聚合物在发生玻璃化转变时，模量发生急剧下降。聚合物玻璃态时储能模量典型值为 1～10GPa，非晶态聚合物玻璃化转变过程储能模量将下降 3～4 个数量级，到高弹态时储能模量大约为 1～10MPa；对于结晶性高聚物，其耐热性指标用熔点 T_m 表示，所以它的刚性在熔融过程中才会大幅下降。视结晶度大小不同，部分结晶聚合物玻璃化转变前后其储能模量下降 1.5～3 个数量级。

在动态力学分析曲线中，有三种方法可以确定 T_g。第一种方法是根据实模量曲线确定，如图 14-28 所示作切线，两切线的交点即为 T_g；第二种方法是根据虚模量曲线确定，将虚模量玻璃化转变峰对应温度定义为 T_g；第三种方法是将 tanδ 峰对应峰值温度定义为 T_g。三种方法得到的 T_g 值依次升高，图中三种方法确定的 T_g 分别为 −30.60℃、−28.58℃、−2.04℃。国际标准建议以第二种方法，即损耗模量峰对应温度为 T_g，但实际测量中一些材料损耗模量出峰并不明显，确定其峰位有困难。习惯上，对于结构材料，当需要用 T_g 表征其使用温度范围时，多用第一种方法定义 T_g，这样可以确保模量在使用温度范围内不出现大的变化，以保证其尺寸和形状的稳定性。当研究阻尼材料时，tanδ 值常用 tanδ 峰对应温度作为 T_g。

一般在工程上则常采用热变形温度、维卡软化点、马丁耐热温度等的测定来表征材料耐热性。这些方法的局限性在于它们只能得到该温度点的数值，至于低于或高于该温度点时材料的力学性能变化情况却无从知道。与上述方法相比，通过测定 DMTA 温度谱，不

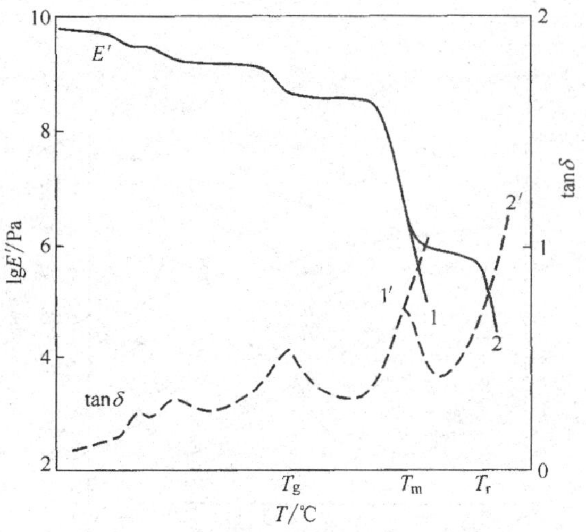

图 14-27　结晶性聚合物动态力学温度谱

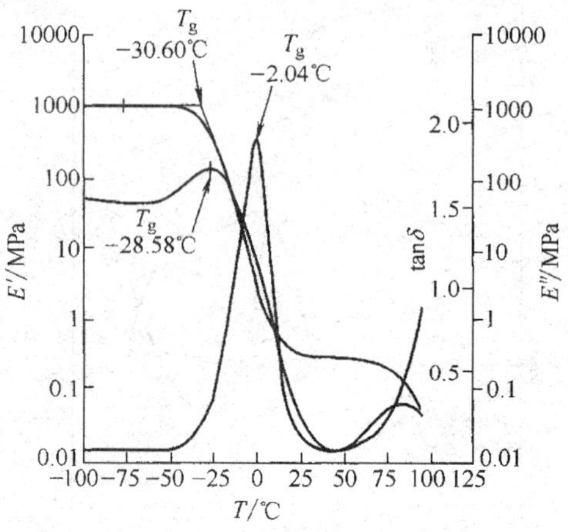

图 14-28　动态力学温度谱上确定 T_g 的不同方法

仅可以得到 T_g、T_m 等特征温度，还可以在宽阔的温度范围内考察材料的模量和阻尼变化，因而更方便、准确和直观。例如，用热变形仪测得的尼龙 6 热变形温度为 65℃，PVC 为 80℃，所以从热变形温度数据判断 PVC 耐热性应优于尼龙 6。但是我们从图 14-29 尼龙 6 和 PVC 的 DMTA 储能模量-温度曲线可以看出，虽然 80℃时 PVC 和尼龙 6 储能模量基本相同，但对于 PVC 而言，80℃意味着玻璃化转变，所以在该温度附近，模量急剧变化，E'下降了几个数量级。而尼龙 6 为典型结晶性聚合物，65℃只是尼龙 6 非晶区的玻璃化转变，模量下降幅度非常有限，此温度下其晶区部分仍保持规整排列，所以此时尼龙 6 仍有相当的刚性。随着温度继续升高，直到 220℃附近晶区熔融时，储能模量才急剧下降。从上面分析可以知道，尼龙 6 的耐热性远高于 PVC，所以用 DMTA 的方法测定 T_g 同时结合模量的变化来综合评价材料的耐热性更加科学。

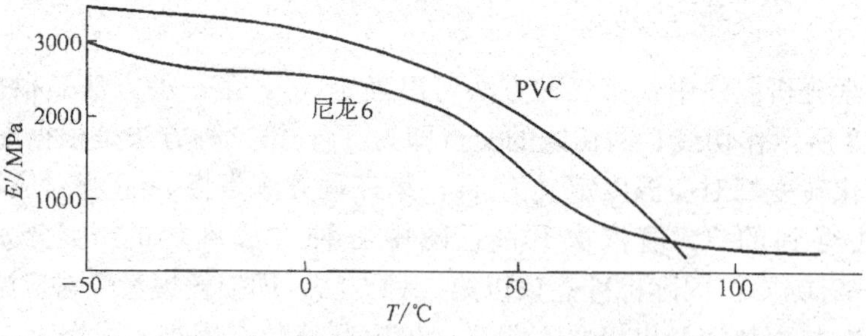

图 14-29　尼龙 6 和 PVC 动态力学温度谱

我们知道，对于弹性体而言，柔性是其最重要的使用性能。当温度降低到其玻璃化温度以下时，材料就变成硬而脆的玻璃态。因此，玻璃化温度是决定弹性体最低使用温度的参数。通过 DMTA 温度谱测定其玻璃化转变温度，即可非常方便的确定其耐寒温度。图 14-30 为丁腈橡胶（NBR）的动态力学温度扫描曲线。图中所标示 −48.903℃、−54.328℃分别为由 E''和 tanδ 曲线确定的 NBR 玻璃化转变温度。

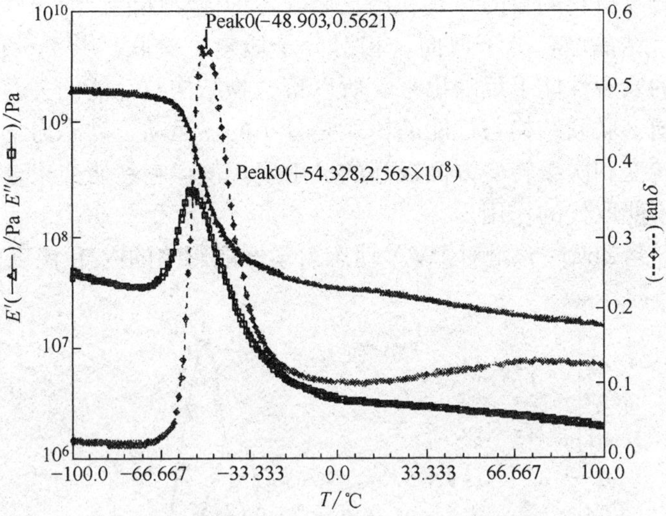

图 14-30　丁腈橡胶动态力学温度谱

人们在实际使用中发现，一部分非晶性聚合物即使温度降到玻璃化温度以下，仍然具有一定的韧性。研究发现，这类聚合物的 DMTA 温度谱上，在比玻璃化转变温度更低的区域均有次级转变的存在。所以人们把聚合物的低温韧性与次级转变的存在联系了起来，一般具有良好韧性的聚合物，在玻璃化温度以下均有次级转变的存在。在玻璃化温度以下，虽然链段运动已经“冻结”，但比某些比链段更小的运动单元仍具有运动能力，在外力作用下，可通过这类小单位的局部松弛运动而发生形变，吸收一部分作用于材料上的机械能，从而削弱外力的破坏作用。分子链柔性越好，其次级转变温度越低。次级转变温度 T_β 非常接近用冲击试验获得的脆化温度 T_b。所以，当试样量不足以做一次冲击实验时，可用通过测定 DMTA 温度谱确定 T_β 的方法来估计其脆化温度 T_b。如图 14-31 为淀粉聚合物动态力学温度谱，从图中 tanδ 曲线可以看出，淀粉聚合物除在 117℃有很强的主转变峰外，在−50.4℃还有一个次级转变峰，正是由于此峰的存在，才使其在玻璃化温度以下较宽的区域内仍然保持柔软的特性。

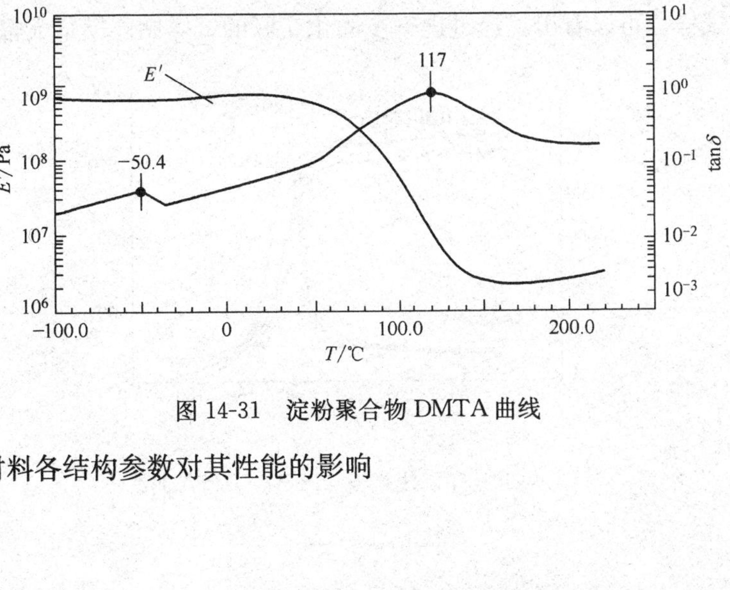

图 14-31　淀粉聚合物 DMTA 曲线

（3）研究材料各结构参数对其性能的影响

我们研究聚合物材料的目的，是利用它们的各种优异性能，而这些性能又是材料微观结构的外在表现。结晶度、分子取向、相对分子质量、交联、共混、固化等结构上的变化，均会在材料的宏观性能上反映出来。所以聚合物结构与性能的关系一直是材料工作者们研究的重要方向。联系结构与性能的桥梁是分子的热运动，动态力学分析方法在测定聚合物材料玻璃化转变和次级转变方面极高的灵敏度，使得它在研究聚合物结构与性能的关系上有其他方法不能取代的作用。

图 14-32 为研究 $ZnCl_2$ 含量对 PVA 动态力学性能影响的内耗-温度曲线。

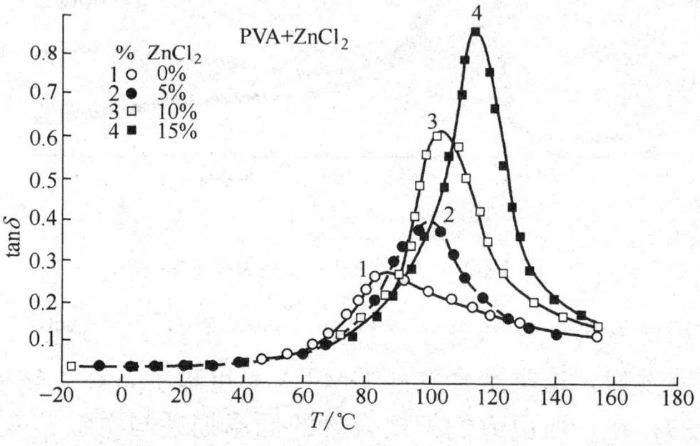

图 14-32　不同 $ZnCl_2$ 含量的 PVA 内耗-温度曲线

从图中可以看出，空白 PVA 试样（$ZnCl_2$ 含量为 0%）玻璃化转变发生在 80℃左右。随着 $ZnCl_2$ 含量的增加，PVA 玻璃化转变温度逐渐向高温移动，同时损耗峰逐渐增强。分析其原因，是因为 $ZnCl_2$ 的存在破坏了 PVA 的结晶，从而使其结晶度下降，相应地，PVA 中无定型部分增加，因而玻璃化转变损耗峰峰高逐渐增强。

印刷线路板（PCB）一般由玻璃纤维和热固性树脂固化层压而成。由于使用的树脂量很少，因此表征 PCB 的 T_g 常常很困难。用动态力学的方法可以非常清晰的表征 PCB 中树脂的松弛峰。图 14-33 为 PCB 用单悬臂梁模式所得的动态力学温度谱，图中虚线所示为在较低压力、较短时间内固化的试样动态力学曲线，实线所示为在较高压力、较长时间内固化交联的试样。可以看出，经过进一步固化交联的试样储能模量大幅增加，玻璃化转

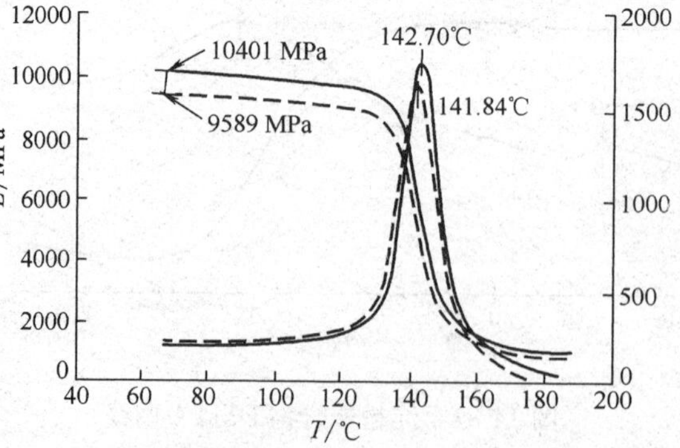

图 14-33　印刷线路板（PCB）DMTA 曲线

变温度也有所上升，说明树脂的进一步固化交联能有效提高 PCB 力学性能和耐热性。

对于热固性树脂及树脂基复合材料浸料，固化完全与否及固化程度的大小会直接影响制品的力学性能和耐热性。图 14-34 为某粉末涂料在 120℃时经不同时间固化后，将这些具有不同预固化度的样品进行二次扫描得到的一组 DMTA $\tan\delta$-T 曲线。从图中可以看出，随着样品固化程度的提高，损耗峰逐渐减弱。与此同时，样品的玻璃化转变温度（用 $\tan\delta$ 峰温表示）明显向高温方向移动，表明其耐热性显著提高。同时，随着预固化度的提高，其刚性也会大幅提高。

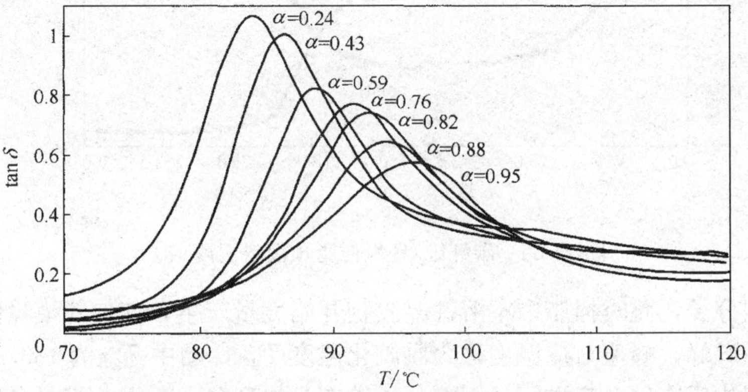

图 14-34　不同预固化度的某粉末涂料 $\tan\delta$-T

（4）预浸料或树脂的固化工艺研究和质量控制。

在国内外，不少航空、航天的复合材料构件都是采用预浸料成型的。所以预浸料是其中一个非常关键的中间产品，它的性能好坏、质量的稳定性直接影响着复合材料制品的质量。一旦选定预浸料的类型和铺陈方法后，预浸料的固化过程便是整个生产工艺中最关键的部分，因为其中的树脂和纤维正是在这一过程中成为复合材料的。同样的预浸料在不同的条件下固化可以形成性能相差极大的复合材料。固化工艺对复合材料高温力学性能的影响更加明显。

传统上，研究固化的一些化学手段的灵敏度和功能在固化的最后阶段急剧下降，然而这个固化阶段通常在很大程度上决定交联高聚物的最佳性能。研究固化的物理手段在理论上的缺点是不甚了解被测体系物理性能和化学性能之间的联系，以及难于应用一个单独的实验在整个固化过程中进行监测。然而，DMTA 技术却可以弥补这些缺陷，它只用一个试样就可以监测和研究聚合物的整个固化历程，且其灵敏度并不随固化反应转入到凝固相内进行而下降，而且它还可以揭示固化体系的力学性能和化学转变间的某些联系，特别是用来选择固化条件十分简便。

图 14-35 为用单悬臂梁弯曲模式得到的碳纤维/环氧树脂预浸料等速升温曲线。从图上可以看出，体系的储能模量在经历短暂的缓慢下降后随温度升高急剧下降，这是分子量还不高的树脂软化引起的，此时内耗曲线出现第一个驼峰，对应的温度称为软化温度，用 T_s 表示，图中 T_s 为 25.025℃；随后储能模量曲线变得比较平坦，这是由于升温既会使树脂的黏度及模量继续下降，又会导致聚合物的链生长和支化，从而使树脂的模量增大，两种作用使模量处于一个比较平衡的状态；当温度上升到某一温度时，线型的和支化的分

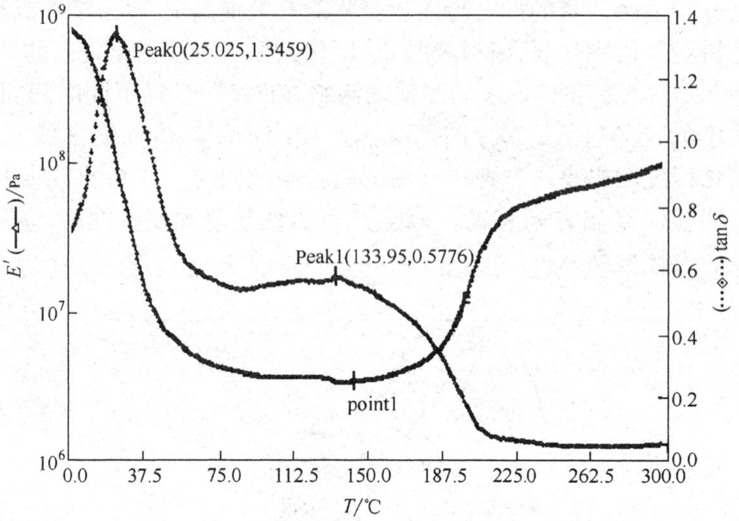

图 14-35 碳纤维/环氧树脂预浸料温度谱

子开始转向网型分子，此时树脂中不溶性凝胶物开始大量产生，使储能模量曲线上拐，内耗曲线上出现一肩峰，峰值对应温度称为凝胶化温度 T_{gel}，图中 T_{gel} 为 133.95℃。随着温度继续升高，固化反应进一步进行，网型分子转变为体型分子，因此模量急剧提高，并且在内耗出现第二个驼峰的温区模量的增长速率经历了一个最大值，它标志着树脂的交联达到了相当高的程度，可以称此时树脂硬化了，相应的温度称为硬化温度 T_h；在 T_h 以上，随着交联密度的增加，分子运动受到的抑制也增加了，已形成的体型大分子将未反应的官能团包围在交联结构中，使它们相互作用的可能性大为减小，并且随着固化反应进行，活性官能团的浓度也逐渐降低，所以在高于 T_h 时，储能模量的增长速度逐渐减小，最后趋于平衡。

T_s、T_{gel}、T_h 可以作为确定预浸料工艺参数的参考温度。例如，固化温度应选择在 T_{gel}附近，但为了使固化比较完整，并为了提高生产效率，固化温度也可以选在比 T_{gel}稍高一点的温度；后处理温度可取在 T_h 附近或略高于 T_h；为了通过链生长和支化从而使树脂增黏，可以选择 T_s 以上数十度至 T_{gel}之间某个温度恒温预固化一段时间，同时在此时间内加压。如果加压温度选在 T_s 以下或 T_{gel}以上，会由于树脂太硬，压力加不上，造成孔隙率大；如果加压温度选在 T_s 附近，则会导致流胶和贫胶。

预浸料在使用之前，一般是在低温或室温存放的，在存放过程中，特别是在室温环境存放时，树脂会发生链生长、支化、部分凝胶化等化学变化，导致软化温度 T_s 上升，凝胶温度 T_{gel}下降，结果 T_{gel}-T_s 温区变窄，使预浸料的成型工艺性变差。存放温度越高、存放时间越长，预浸料越容易失效。因此，为确保复合材料制品的质量，在预浸料使用之前，一般都要用 DMTA 进行适用期的检测。所谓适用期是指在一定温度下预浸料存放时固化度不超过规定指标的时间。预浸料适用期可以用 T_{gel}-T_s 来评价。例如美国某生产部门要求所用预浸料应具有如图 14-36 中实线所示的 tanδ-T 曲线，即 T_{gel}-T_s 为 96℃。如果收到一批 tanδ-T 曲线如图中虚线所示预浸料时，则说明这批预浸料适用期太短，判断该批预浸料为不合格产品。

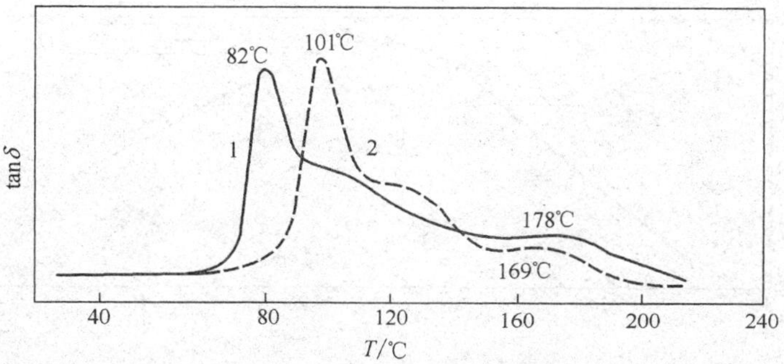

图 14-36 某预浸料 tanδ-T 曲线

(5) 评价材料消音、减震性能和阻尼特性

由于现代武器装备的发展日趋高速化、大功率化及高精确化，导致了极为严重的振动和噪声的产生，这些严重的振动和噪声不仅恶化了人机工作环境，而且宽频带随机激振引起的多共振峰响应使电子器件失效，仪器、仪表失灵和机械部件的结构疲劳，严重时可引发灾难性后果。另外，振动和噪音还污染环境，危害人们的身心健康。因此，减振降噪，改善人机工作环境是一个亟待解决的问题。

人们从 20 世纪 40 年代开始研究阻尼材料和材料的阻尼性能，几十年来已经取得了较大的研究成果。所谓阻尼（damping）是指材料在振动中由于内部原因引起机械振动能消耗的现象。阻尼性能通常又称为减振性能，是材料的一种功能特性。高聚物力学阻尼材料是一种能消除振动和噪声、以聚合物为基质的功能材料。当聚合物处于玻璃化转变温度（T_g）区域时，其链段运动不能完全跟上振动的速度而产生分子链内摩擦，吸收一部分振动能，再以“热”的形式而耗散，这样就起到减少振幅或降低振幅的作用。

对于均聚及无规共聚物来说，玻璃化转变区只有 20～30℃。但在实际应用中要求通用型高分子阻尼材料至少要有 60～80℃的有效阻尼温域。因此，高分子阻尼材料的设计原则就是尽量扩大玻璃化转变温度范围及提高损耗因子值。

制备高分子阻尼材料的常用方法包括直接共混（橡胶与橡胶共混、橡胶与塑料共混、橡胶与纤维共混）、共聚（接枝、嵌段）、填充（改性、补强）等。从理论上讲，阻尼复合材料温域不可能超过两组分的 T_g 的上、下限的温度区域，再考虑到形成复合体系后，T_g 的内移效应，因此，两组分的 T_g 相隔要足够远。高聚物共混物玻璃化转变的特征主要取决于两组分的混容性。两组分完全不混容则有两个分别对应于两组分的玻璃化转变温度，若两组分完全混容，则只有一个玻璃化转变温度。如图 14-37 为丁基橡胶/树脂硫化体系阻尼材料的 DMA 曲线，从图中可以看出，该阻尼材料在－30～50℃宽阔的温度范围内，始终保持 0.6～1.3 的较高阻尼系数，是比较好的阻尼材料。

除用传统方法制备阻尼材料以外，近年来逐渐研究出了一些新型阻尼材料。新型阻尼材料包括互穿网络结构阻尼材料、氢键网络结构阻尼材料、多组分或梯度分布阻尼材料等等。其中具有多分布或梯度分布结构的阻尼材料能较好的调和阻尼性能与材料其他使用性能，可以获得宽温域、高性能的阻尼材料。图 14-38 为利用硫磺原位改性橡胶技术制得的一种梯度材料与不同硫磺含量 SBR 硫化胶的损耗因子（tanδ）温度谱。从图中可以看出，与普通 SBR 硫化胶相比，制得的梯度材料 tanδ 峰值较小而转变区较宽，梯度材料的 tanδ

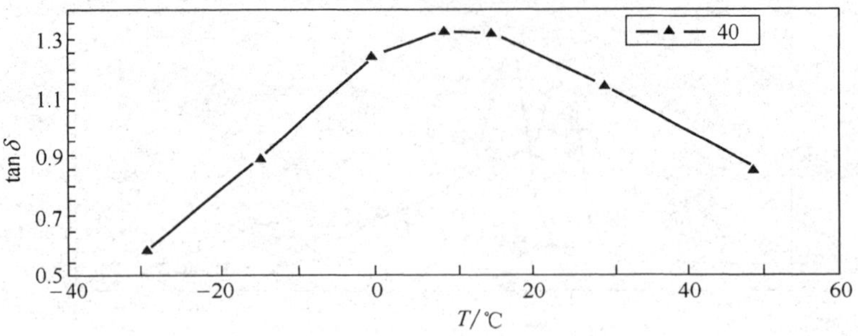

图 14-37　丁基橡胶/树脂硫化体系阻尼材料的 DMA 曲线

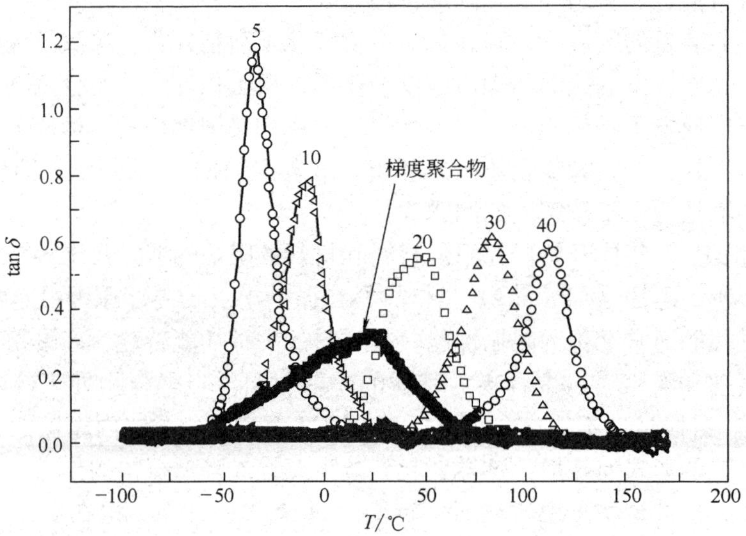

图 14-38　梯度材料和不同硫磺含量 SBR 硫化胶的 tanδ 与温度的关系

温度范围为－60～76℃，大于 100℃，半峰宽约 69℃，是一种较理想的阻尼材料。

（6）研究填充物对聚合物材料的影响

许多高分子材料中除聚合物以外，还含有填料或增强剂之类的填充剂，加入填料的目的，一是降低成本，二是提高性能。当填充剂与基体间形成新的界面层时，将会在其动态力学性能上有所反映。

图 14-39 为炭黑填充丁苯胶（SBR）动态力学温度谱。可以看出，添加炭黑提高了 SBR 的储能模量，尤其是高弹态储能模量的绝对值，从而极大地提高了 SBR 的力学性能，炭黑的添加还同时提高了 SBR 的玻璃化转变温度，使其耐寒性有所下降。

图 14-40 为分别经 A、B 两种处理剂处理的不同含量多壁碳纳米管（MWNT）填充 PI 的动态力学 tanδ-T 曲线，表 14-1 为两组试样玻璃化转变温度值。可以看出，对于 MWNT-PI-A 和 MWNT-PI-B，在低含量（0.1%～1.5%）下，随着 MWNT 含量的增加，复合材料的 tanδ 峰均逐渐减弱，表明薄膜的内耗下降，黏弹行为由类液体向类固体变化。同时可以看出，随着 MWNT 含量的增加，复合材料 T_g 值增加，表明基体与填料间发生

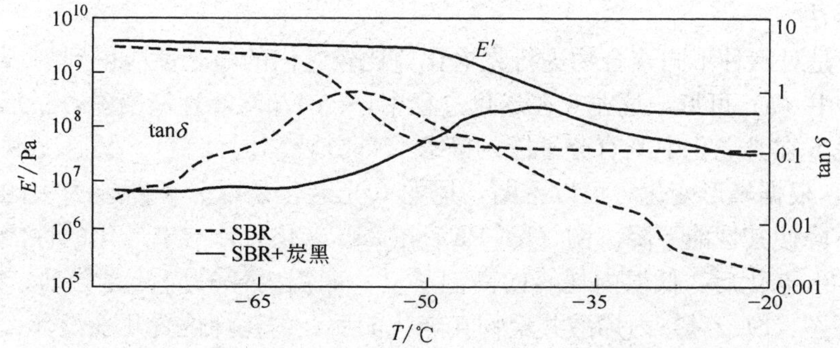

图 14-39　炭黑填充丁苯胶（SBR）动态力学温度谱

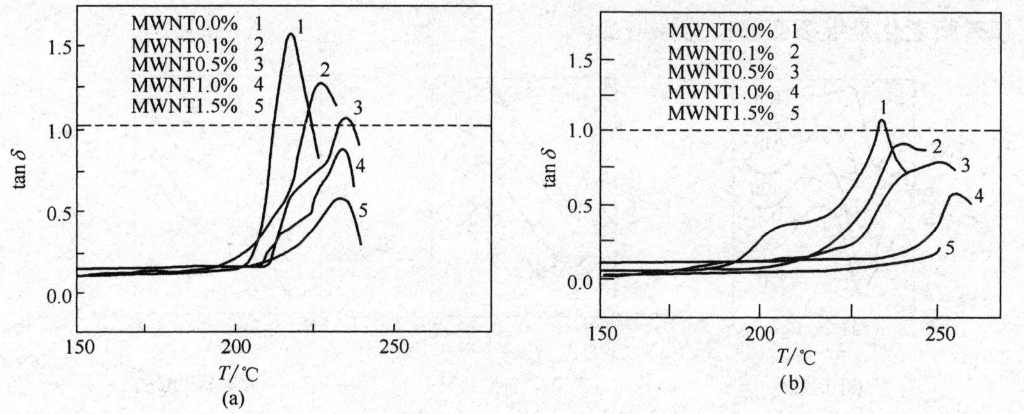

图 14-40　不同含量 MWNT 填充 PI 的 tanδ 温度谱

（a）PIA　（b）PIB

表 14-1　不同含量 MWNT 填充 PI 的玻璃化转变温度

MWNT 含量/%（质量分数）	T_g/℃	
	MWNT-PI-A	MWNT-PI-B
0.0	219	241
0.1	227	248
0.5	233	260
1.0	235	265
1.5	236	—

了明显的相互作用。与 MWNT-PI-A 相比，MWNT-PI-B 玻璃化温度升高幅度更为明显，作者认为这很可能是因为 MWNT 充当了宏观交联作用而导致次级网络结构的形式。

（7）研究聚合物材料的老化机理

聚合物材料老化，性能下降的原因在于结构发生变化。这种结构变化往往是大分子发生了交联或致密化或分子断链产生新的化合物。体系中各种分子运动活性受到抑制或加速，在动态力学谱图中都可以加以体现。如材料的交联或致密，使大分子链柔性或某些运动单元活性降低，使 T_g 转变移向高温；断链使单元活性增加，使 T_g 转变移向低温，次级转变峰高上升；发生化学变化时，就会有新的峰产生。所以动态力学方法也是一种快速择优选材的方法。

图 14-41 是对六种不同聚合物进行光老化，比较它们的耐光性能得到的 tanδ-T 谱图。

图 14-41 中（a）可见，尼龙 6 在老化过程中，tanδ75℃峰逐渐变宽，最后分立为两个峰，说明尼龙 6 在光老化中既有分子链的断裂（部分峰移向低温），又有交联发生（部分峰移向高温），根据峰形变化，可以推断，尼龙 6 光老化是以分子断裂为主的变化，相对分子质量的下降使其性能下降。图（b）PET 在 24h 老化后，与未老化的性能相比没有多大变化，但 48h 老化后，低温内耗峰向高温移动，高温内耗峰向低温移动，必引起 PET 性能的变化。图（c）乙烯/丙烯酸共聚物在老化前后，内耗峰位置几乎没什么变化，说明该材料耐老化。图（d）PES 老化试样的试验在中途停止，是由于 PES 老化过程中出现微裂纹造成测试过程中断裂，试验无法进行。图（e）水基聚氨基甲酸酯树脂老化前后 tanδ-T 谱变化不大。图（f）UV-固化硫醇树脂老化前后，高温主转变峰向高温移动 40℃，可判定该树脂老化是继续交联使脆性增加。

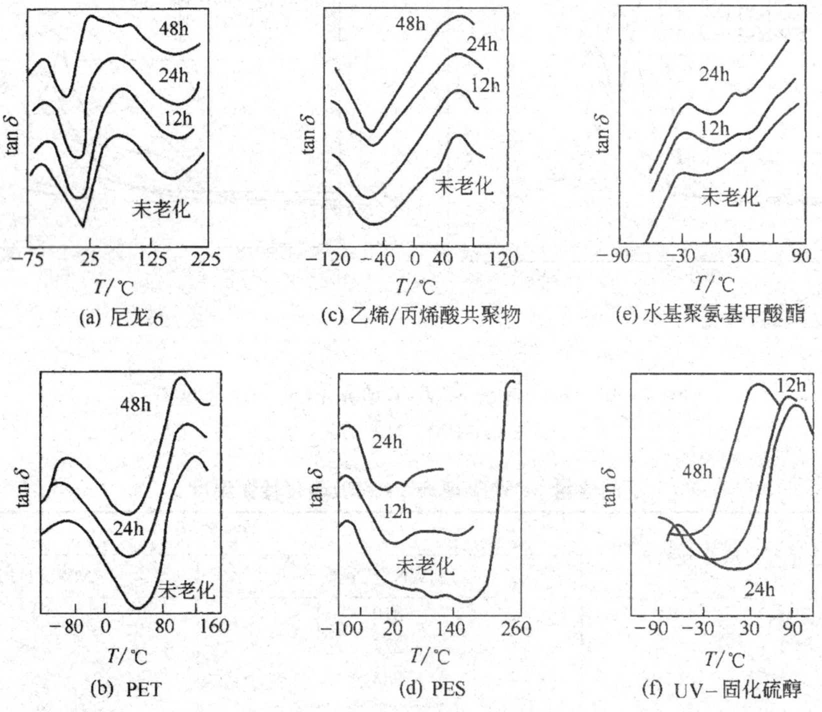

图 14-41　六种待选材料 tanδ-T 谱

从上述谱图分析，可得出结论，乙烯/丙烯酸共聚物和水基氨基甲酸树脂适合于作灯光系统的薄膜；尼龙 6 和 PET 比较易老化，只能短期使用，UV-固化硫醇树脂和 PES 根本不能选用。

（8）未知聚合物的初步剖析

对未知材料进行一次 DMTA 温度扫描，将所得 DMTA 曲线与已知材料的 DMTA 曲线进行对照，便可初步确定待测材料的类型。例如对某种透明塑料，想知道它是 PS，还是 PMMA、PC，作出 DMTA 曲线一比较便一目了然。再如对于 ABS，国内外生产的 ABS 品种很多，虽然基本成分都是苯乙烯-丙烯腈-丁二烯，但不同来源的 ABS 性能相差很大，有耐低温的、高韧性的、耐热的、高刚度的等。由于其基本成分相同，用红外光谱的方法很难进行不同ABS的鉴别，用DMTA温度谱却可以非常方便揭示造成某些性能差异的原因。图14-42给出了三种ABS的tanδ-T曲线。从图中可以看出，它们的低温内耗峰分别出现在−80℃、−40℃和−5℃。不难预料，三种ABS的耐寒性顺序为ABS1＞ABS2＞ABS3。三种材料都是两相体系，但作为分散相的橡胶相组成却不相同，分别为丁二烯、丁苯橡胶和丁腈橡胶。假如在−30℃测定三种材料的冲击强度，对于ABS1来说，由于分散相处于良好的橡胶状态，能吸收较多的能量，因此橡胶相对ABS有良好的增韧作用，冲击强度最高。ABS2在−30℃时橡胶相已接近玻璃化转变温度，它对塑料的增韧作用相当有限，所以冲击强度较低。ABS3在−30℃时连续相和分散相都已经处于玻璃态，本身已呈脆性，对塑料起不到任何增韧作用，因而冲击强度最低。

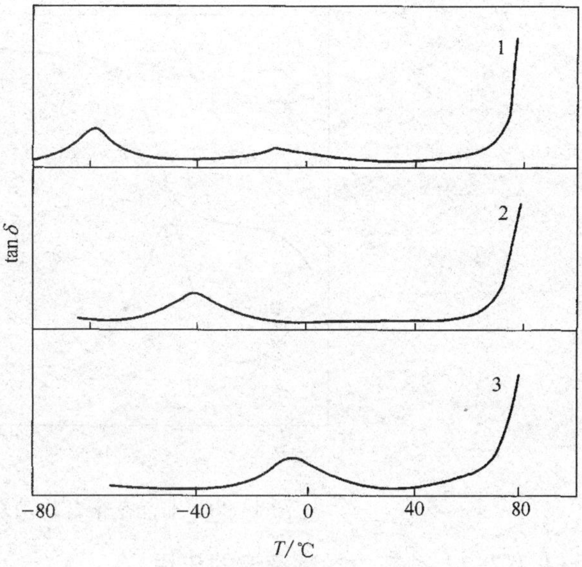

图14-42　三种ABS的tanδ-T曲线

14.3.2　动态力学频率扫描

14.3.2.1　动态力学性能与频率的关系及时-温叠加原理

聚合物材料的性质不仅与温度有关，还与外力作用的频率和时间有关。外力作用频率增加相当于降低温度或减少作用力的时间，使材料刚性提高；相反，频率降低与升高温度或延长作用力时间具有相同效果，使材料刚性降低。所以，研究材料性能随频率的变化十分必要。

在恒定温度下考察材料动态力学性能随频率的变化称为动态力学性能频率扫描，所得曲线称为动态力学频率谱，简称DMA（或DMTA）频率谱。

图14-43为非晶态聚合物DMA频率谱，对比图14-25可以看出，它与其温度谱具有镜像关系。从温度谱上可以观察到的松弛过程，如果频率范围足够宽，在其频率谱上依然可以观察到。非晶态聚合物的各级转变，频率由低到高分别为α、β、γ、δ，对应的特征频率分别为f_α、f_β、f_γ、f_δ…如果对各转变的特征频率取倒数，可得到各重转变的松弛时间，分别为τ_α、τ_β、τ_γ、τ_δ。研究发现，当频率变化一个数量级（10倍）时，其温度谱曲线随材料活化能不同将会位移7～10℃，也就是说，频率变化三个数量级相当于温度位移21～30℃，也就是说，相对于温度谱，频率谱具有“放大”功能。因此与温度相比，通过频率谱可以更细致地观察较小的次级转变。此外，虽然温度扫描因其在技术上比较容易实现，是最常采用的动态力学扫描模式，但当研究材料的分子运动活化能和当材料作为消音减震阻尼材料使用时，其动态力学频率谱就显得尤为重要。

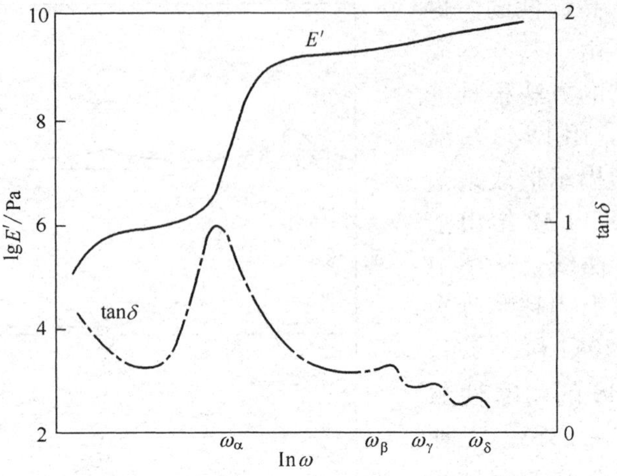

图 14-43 非晶态聚合物动态力学频率谱

14.3.2.2 动态力学频率谱的应用

(1) 研究聚合物分子运动活化能

通过测定动态力学频率谱，可求得聚合物玻璃化转变、次级转变等各种松弛过程的表观活化能，由此可推测与分子结构相对应的各结构单元的运动。由损耗角正切（$\tan\delta$）的峰温 T(K) 与频率 f(Hz) 的关系，按下式可求出表观活化能 ΔE：

$$\Delta E = R\frac{\mathrm{d}\ln f}{\mathrm{d}\left(\frac{1}{T}\right)} = 2.303R\frac{\mathrm{d}\lg f}{\mathrm{d}\left(\frac{1}{T}\right)} \tag{14-25}$$

式中 f——频率（Hz），ΔE 为相应运动单元的活化能（kJ/mol）；

R——摩尔气体常数（$=8.3145\mathrm{J\cdot mol^{-1}\cdot K^{-1}}$）；

T——温度（K）。

在一系列不同温度下测定 DMTA 频率谱，将损耗模量峰或损耗因子峰对应的频率为特征频率 f，可得到不同温度下的一组特征频率，将 $\ln f$ 对温度的倒数 $1/T$ 作图可得一直线，由其斜率求得该转变的表观活化能 ΔE。也可通过在一系列频率下作温度扫描，$\ln T$ 对频率的倒数 $1/f$ 作图得一直线，其斜率仍然可以表示该转变的表观活化能 ΔE。

图 14-44 为聚甲基丙烯酸甲酯在 13 个不同频率下 $\tan\delta$ 随温度变化的一组曲线，图中的损耗峰为玻璃化转变。从图 14-45 中直线斜率求得其玻璃化转变过程表观活化能为 399.5kJ/mol。

(2) 模拟动态力学主曲线

我们知道，每种动态力学测试技术其测试频率范围都是有限的，例如强迫共振约为 $10^{-1}\sim10^{4}$Hz，强迫非共振为 $10^{-3}\sim200$Hz，波传导为 $10^{3}\sim10^{7}$Hz。所以，如果想通过一次实验得到跨越宽阔频率范围的（十几个数量级）动态力学频率谱几乎是不可能的。实际应用中我们一般根据时-温叠加的原理，用同一种方法在较窄的相同频率范围内测定不同温度的一组频率谱，然后通过水平位移和垂直位移将这组频率曲线转换为宽广频率范围内的动态力学主曲线。

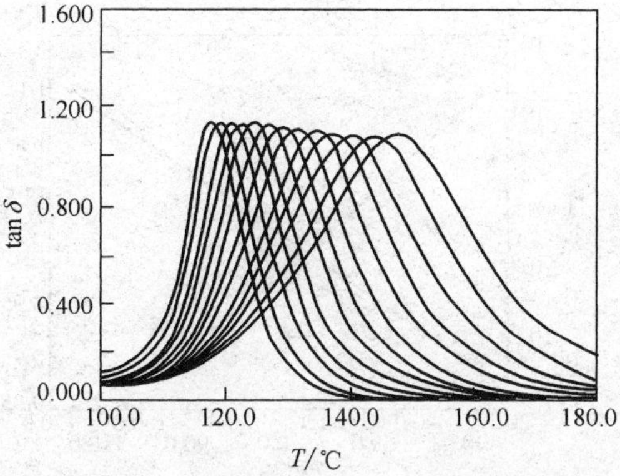

图 14-44　PMMA 的 α 损耗峰的 tanδ 曲线

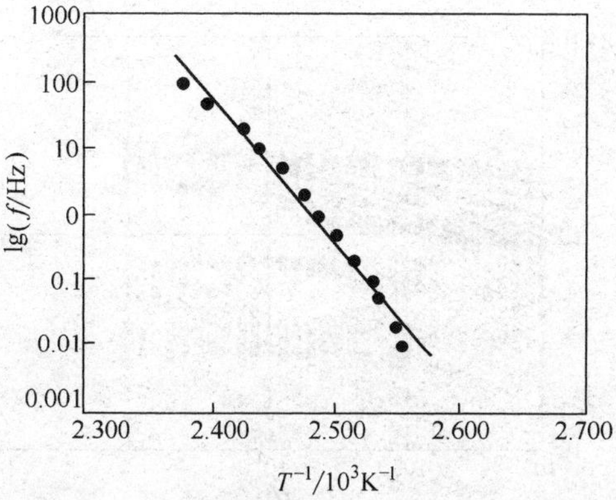

图 14-45　PMMA 的 α 损耗峰 lg$f$ 与 $1/T$ 的关系

对于聚合物的分子运动和黏弹行为，升高温度和延长时间是等效的，也就是说，对于同一种力学松弛现象，我们既可以在较高的温度下、较短的时间内观察到，也可以在较低温度、较长时间内观察到，这就是时-温等效原理。根据这个原理，对于非晶性聚合物，在不同温度下获得的黏弹性数据，包括蠕变、应力松弛、动态力学试验，均可以通过沿着时间（或频率）轴平移叠加在一起，成为相应的主曲线。其中横向平移因子 α_T 由 Williams-Landel-Ferry 方程（WLF 方程）：

$$\log\alpha_T=\frac{-C_1(T-T_g)}{C_2+(T-T_g)} \tag{14-26}$$

式中　T_g——所研究试样的玻璃化转变温度；

C_1，C_2——经验常数，随参考温度而变。

若取高聚物 T_g 为参考温度，则取 $C_1=17.44$，$C_2=51.6$。WLF 方程的适用范围为高聚物的 $T_g \sim T_g+100$℃。纵向移动因子 β_T 由下式：

$$\beta_T=\rho T/\rho_r T_r \tag{14-27}$$

获得，其中 ρ 是高聚物在温度 T 时的密度，ρ_r 为高聚物在参考温度 T_r 时的密度。

由于聚合物材料在相当的温度范围内密度变化较小，所以当利用自带 TTS 软件进行主曲线叠加时，一般采用 $\beta_T=\rho T/\rho_r T_r$ 来计算纵向平移因子。

拟合主曲线的基本步骤为，通过在间隔相同的一组温度下、在仪器允许的有限频率范围内进行动态力学参数的频率扫描，得到一组频率曲线，然后选择一个参考温度，参考温度的频率曲线位置不变，其他温度的频率曲线根据式 14-26，式 14-27 分别得到的横向、纵向平移因子 α_T 和 β_T 移动相应距离，将这些频率曲线连接起来，就可以得到宽阔频率范围的动态力学参数主曲线。图 14-46（a）为某弹性体 25～115℃每隔 5℃所作的 0.1～100Hz 的频率扫描曲线。图 14-46（b）为时-温叠加中的平移因子与温度的关系，图 14-46（c）为参考温度为 65℃时根据图 14-46（b）中平移因子移动后得到的 E'、E''和 tanδ 的频率主曲线。

可以看出，叠加后的主曲线频率范围由原来的 0.1～100Hz 扩展到了 10^{-3}～10^4 Hz，E'随频率增加而单调上升，E''和 tanδ 则随频率增加呈现先上升再下降再上升的变化规律。

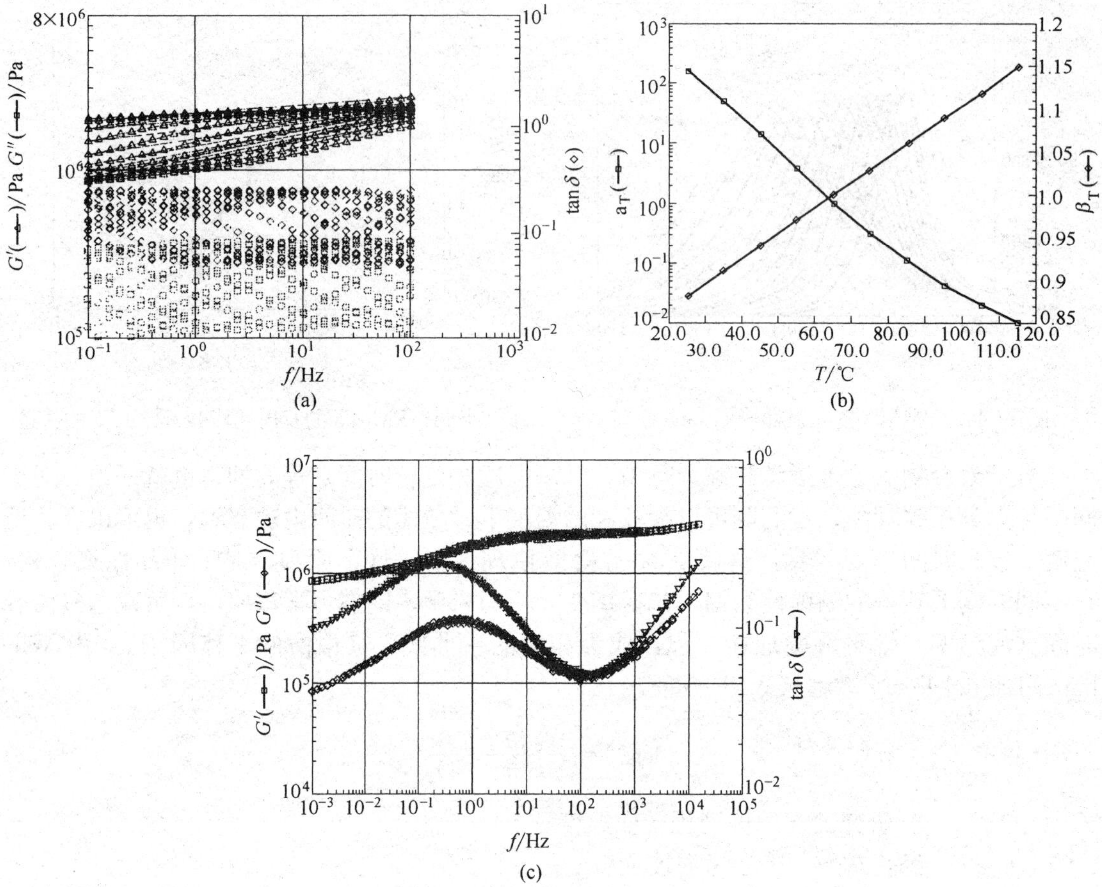

图 14-46　橡胶材料频率-温度扫描曲线

(a) 实验得到的信息　(b) 时-温叠加中平移因子-温度关系曲线

(c) 参考温度为 65℃时的动态力学主曲线

图 14-47 为 PET 薄膜以其玻璃化温度（75℃）作为参考温度的 E' 主曲线，从拟合后的主曲线可以看出，PET 玻璃化转变过程跨越了宽达十几个数量级的频率范围。

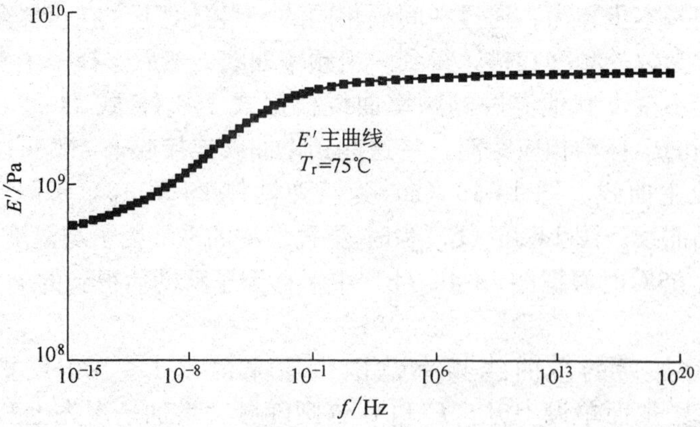

图 14-47　PET 薄膜动态力学主曲线（T_r＝75℃）

14.3.3 动态力学时间扫描

动态力学时间扫描是在恒温、恒频率下测定动态力学性能随时间的变化。用于研究动态力学性能的时间依赖性。

实际应用中动态力学时间扫描模式常用于热固性树脂及其复合材料的固化过程研究，可以得到固化动力学参数 t_{gel}（凝胶时间）、$H_{固化}$（固化反应活化能）、β（凝胶系数）等，这些参数为最佳固化工艺条件的选择提供直接的依据。

图 14-48 为单向铺陈碳纤维/环氧树脂预浸布动态力学时间谱。从储能模量曲线可以看到，在实验的最初，由于体系相对分子质量低，在该温度下体系处于流动态，所以模量很低。一定时间以后，随着固化过程的进行，体系模量开始上升，到达凝胶点后，模量随时间迅速上升，然后趋缓，直到固化完成，模量达到较高值并走平。图中两条切线的交点横坐标 764.52s 为预浸布凝胶时间 t_{gel}。凝胶时间是评价树脂-固化剂体系的重要工艺指标，热固性树脂基复合材料成型加工时，常将凝胶时间作为加压时间，此时树脂仍有一定流动性，能充分浸润纤维，又不至于树脂流动性太大而损失树脂。

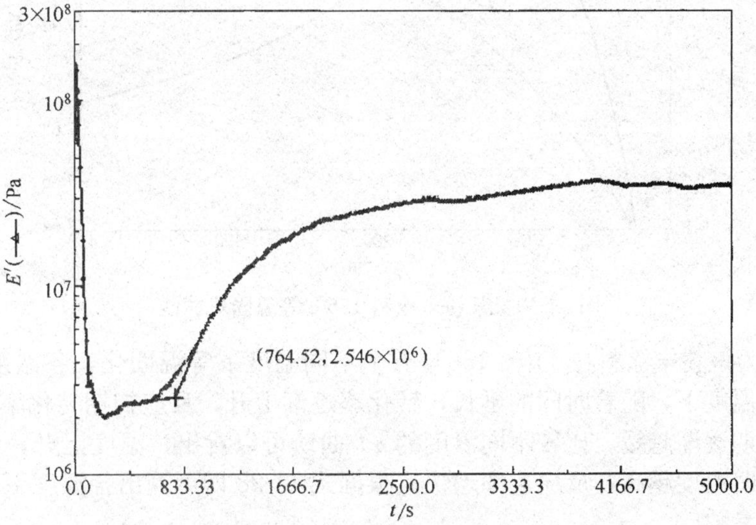

图 14-48 碳纤维/环氧树脂预浸布动态力学时间谱

14.3.3.1 动态力学时间谱的应用

利用树脂或预浸料的等温固化曲线，可以很方便地进行固化动力学的研究。根据公式：

$$\ln t=\ln\left[\frac{g(\alpha)}{k_0}\right]+\frac{E}{RT}=A+\frac{E}{RT} \tag{14-28}$$

式中 E——固化活化能；

k_0——频率因子；

R——气体常数；

T——温度；

t——时间；

$A=\ln[g(\alpha)k_0]$——对应不同转化率的常数。

$g(\alpha)$ 由下式决定：

$$g(\alpha)=\int_0^{\alpha}\frac{d\alpha}{f(\alpha)} \tag{14-29}$$

转化率 α 由下式：

$$\alpha_{DMTA}=\frac{E'_t-E'_0}{E'_\infty-E'_0} \tag{14-30}$$

或：

$$\alpha_{\tan\delta}=\frac{\Delta\tan\delta_t}{\Delta\tan\delta_\infty} \tag{14-31}$$

式中 E'_0、E'_t、E'_∞ 分别为未固化时，t 时刻和完全固化时样品的储能模量；$\Delta\tan\delta_t$、$\Delta\tan\delta_\infty$ 分别是 t 时刻和完全固化时 $\tan\delta$ 曲线下面积。

X. Raman 等分别用 DMTA、TMA 和 DSC 研究了某粉末涂料的等温固化动力学。图 14-49 为该粉末涂料等温固化动态力学曲线。

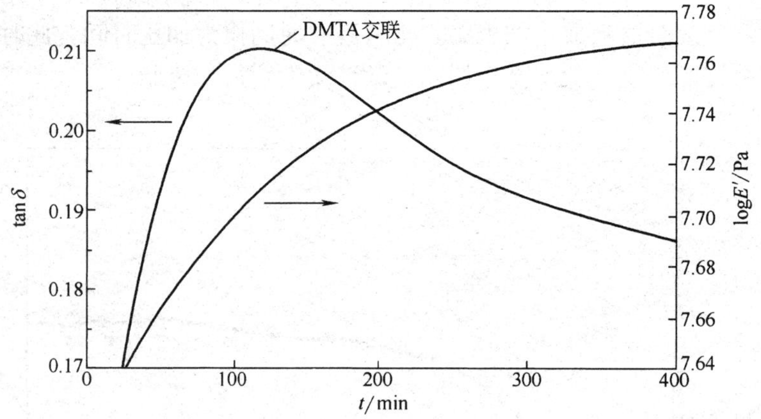

图 14-49 某粉末涂料 125℃等温固化曲线

图 14-50 为该粉末涂料在 110～150℃五个不同温度下等温固化，各温度下转化率-时间曲线。同一温度下，随着时间的延长，转化率逐渐上升，反应初期转化率随时间上升较快，到反应后期逐渐趋缓。比较不同温度的 α-t 曲线可以看出，温度上升，转化率随时间逐渐加快，说明温度越高，反应速率越快。根据式 14-28 即可算出各温度下不同转化率时的固化动力学参数。

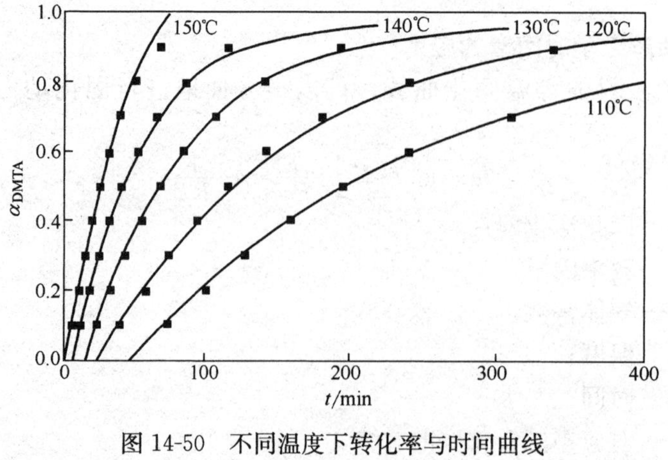

图 14-50 不同温度下转化率与时间曲线

表 14-2 列出了某温度的固化动力学参数，表中同时列出了用 TMA 和 DSC 的方法得到的固化动力学参数。

表 14-2　　某温度下分别用 DMTA、TMA 和 DSC 法得到的固化动力学参数

α	DMTA(E')		DMTA(tanδ)	
	E/(kJ/mol)	r	E/(kJ/mol)	r
0.1	74.0	0.999	79.1	0.998
0.2	68.7	0.999	74.1	0.997
0.3	68.0	0.999	70.7	0.999
0.4	67.4	0.999	66.1	0.999
0.5	67.1	0.999	64.2	0.997
0.6	66.6	0.999	62.4	0.991
0.7	67.7	0.999	61.0	0.990
0.8	70.2	0.999	60.3	0.981
0.9	73.3	0.995	60.8	0.982
α	TMA		DSC	
	E/(kJ/mol)	r	E/(kJ/mol)	r
0.1	57.8	0.995	120.3	0.983
0.2	58.1	0.998	110.5	0.990
0.3	60.7	0.999	106.0	0.991
0.4	62.5	0.999	103.3	0.992
0.5	64.9	0.999	102.4	0.993
0.6	69.1	0.997	103.0	0.993
0.7	73.5	0.995	104.2	0.992
0.8	78.4	0.995	106.4	0.990
0.9	85.2	0.998	107.8	0.985

14.3.4　TMA 模式

DMTA 除可以在交变应力作用下研究材料的动态力学性能随温度、频率和时间的变化外，还可以将作用力设置为恒定力，作蠕变、应力松弛及热机械分析（TMA）等研究。

热机械分析是测定试样在等速升温和恒定应力作用下应变随温度的变化，即测定试样的形变-温度曲线。通过热机械分析可获得材料的软化点（热畸变温度 HDT）及热膨胀系数等。图 14-51 为典型聚合物 TMA 曲线。

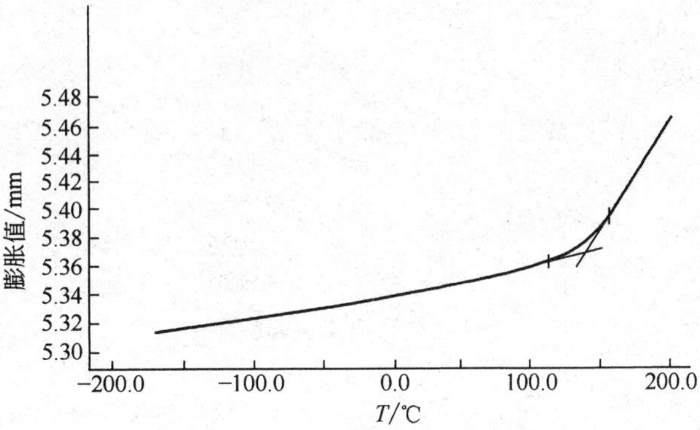

图 14-51　典型聚合物 TMA 曲线

习　　题

1. 样品用量和升温速率对 DSC 曲线会有怎样的影响？
2. 热天平室中气氛条件的改变对 TG 曲线会有怎样的影响？
3. DMTA 中有几种扫描模式，得到的 DMTA 曲线分别为什么？

第4篇　高聚物流变性能

高分子材料因具有各种优越性能，所以在各行各业中得到了越来越广泛的应用。绝大多数高聚物的成型加工都是在高聚物被熔融后进行的，例如挤出、注射、吹膜及涂覆压延等加工过程，都经历了高聚物首先被升温熔融，然后流经挤出机、注射流道等再成型。高聚物熔体在流动中都伴随着形变，所以聚合物材料熔融态时的流态性能直接影响其加工性能，从而最终影响着产品的外观及使用性能，例如在注射过程中由于充模不足而造成的产品缺陷即影响产品外观，更重要的是使产品强度降低，影响使用。

高分子熔体由于其链状的发展结构而具有独特的平衡和动态流动性——在流动中伴随着形变。高分子液体与小分子液体相比，最明显的区别是高分子具有黏弹性。高分子非牛顿黏弹性产生于其分子链松弛动力学的滞后性。正是因为高分子的本体黏弹性和本构性质直接支配聚合物的加工行为，所以高分子科学的一个中心任务就是要对高分子的流动行为取得根本的认识和了解。聚合物流变学测量即测定高分子材料流动和变形性质的技术。

第 15 章　旋转式流变仪

15.1　仪器结构及原理

旋转式流变仪具有不同的测量头系统，最常见的有三种形式：同轴圆筒、平行平板和锥板式测量头系统。旋转式流变仪一般的使用方式有两种：一种是控制输入应力，测定产生的剪切速率，这类仪器命名为“控制应力流变仪（CS)”，具体的工作方式就是先施加在转轴上一定的扭矩，然后测定样品为抵抗这个外加的扭矩而产生的剪切速率；另一种是控制输入剪切速率，测定产生的剪切应力，这类仪器命名为“控制速率流变仪（CR)”，其工作方式是试样以固定的速率转动，然后测定为维持这个速率所需要的外加扭矩值。现在有些新型的流变仪有能力以这两种方式工作。

15.1.1　同轴圆筒黏度计

聚合物试样被放置于内筒和外筒的缝隙之间，其中一个圆筒以恒定速率相对于另一个圆筒转动。通过一定的角速度 ω（度/s、弧度/s）来旋转内筒或外筒，使试样发生剪切。一般是外圆筒是固定的，便于用夹套控制温度；内圆筒由马达控制。

15.1.2　平行平板黏度计

与同轴圆筒式相类似，也是固定一个平板，另一个平板作相对转动，聚合物样品被放置在上下两个平行平板之间。

15.1.3　锥板黏度计（锥板流变仪）

锥板式流变仪可以用来测定许多黏性聚合物液体如聚合物熔体的黏度。聚合物熔体被放置在锥板和圆形平板之间的缝隙内。锥角 α 指的是锥体表面和水平板表面间的夹角。锥角 α 通常是很小的（1°～5°）。锥板流变仪也是固定一个板不动，另一个板在恒定的角速度（ω）下旋转。由于锥角很小，可以近似认为锥板间的液体中剪切速率处处相等。

常用的一种旋转黏度计就是配有可拆装的大小圆筒、不同直径的平行平板以及不同锥度角和直径的锥型板。而扭矩等数值的检测使用相应的传感器，在通过计算机根据不同的测试方法，代入不同的计算公式，得到样品的黏性和弹性数值。由于测量头的结构易于更换，可以根据样品的黏弹性选择适宜的测试方法。旋转式流变仪的优点是具有灵活多变的使用性能，既可以测定中等黏度的样品也可以测定黏度非常高的样品。但是旋转式流变仪一般都是在较低的剪切速率下测定，对于高剪切速率就应该使用毛细管流变仪，旋转流变仪不再适用。

一般水、饮料、涂料类材料常使用旋转流变仪。

三种不同的测量头的结构与使用范围见表 15-1。

表 15-1　　旋转黏度计测量头的类型

	同轴圆筒黏度计	平行平板黏度计	锥板黏度计
示意图	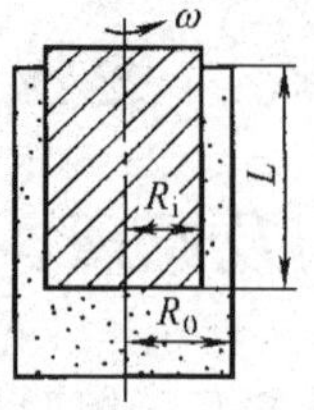	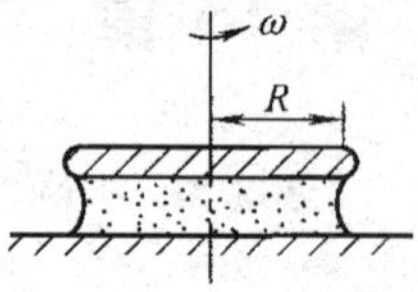	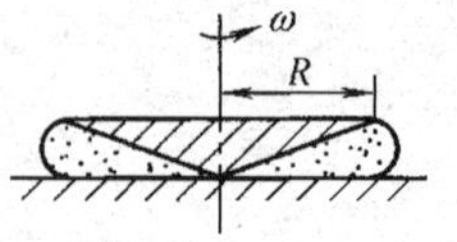
公式 M:转矩(g·m) $\dot{\gamma}$:剪切速率(s^{-1}) τ:剪切应力(Pa) ω:转子角速度	$\dot{\gamma}=\frac{R_0^2+R_i^2}{R_0^2-R_i^2}\cdot\omega$ $\tau=\frac{R_0^2+R_i^2}{4\pi l\cdot R_0^2\cdot R_i^2}\cdot M$	$\dot{\gamma}=\frac{R\cdot\omega}{D}$ $\tau=\frac{2M}{\pi R^3}$	$\dot{\gamma}=\frac{\omega}{\alpha}$ $\tau=\frac{3M}{2\pi R^3}$
使用范围	用于中等黏度的液体	用于测试高黏度样品及具有一定屈服值的样品	用于高剪切速率的实验

15.1.4　门尼黏度计

门尼黏度计也是一种常用的旋转式黏度计，它主要用于测定橡胶的流变性能。门尼黏度是在一定温度（通常为 100℃）和一定转子转速下，测定未硫化胶（生胶料）对转子转动的阻力。通常的表示方法为 $M_{t_1+t_2}^{100}$，例如 M_{3+4}^{100}，表示 100℃下预热 3min 转动 4min 的测定值。

门尼黏度计不属于精密的测试仪器，而且其测试范围有限，但由于其方便、快捷，在实际生产中得到了很广泛的应用。

15.2　应　　用

15.2.1　一种金属着色漆树脂原液黏度随温度的变化

磷化膜是钢铁制件经酸式磷酸盐水溶液处理而形成的保护膜，为装饰目的，需对磷化膜进行着色处理。水溶性丙烯酸树脂具有优异的耐候性、耐化学药品性、光泽、附着力和保色性，可望形成色彩饱满、韧性好、硬度高的着色磷化膜。这种树脂的黏度与使用的温度有关，利用圆筒型旋转流变仪测定其在不同温度下的黏度值，溶液温度使用超精级恒温水浴槽控制。得到的结果如图 15-1。

15.2.2　法向应力差的测定

聚合物溶液与小分子溶液具有一个显著的区别，其现象为：如果用一转轴在液体中快速旋转，高聚物熔体或溶液与小分子液体的液面变化明显不同。小分子液体受到离心力的作用，中间部位液面下降，器壁处液面上升。高分子熔体或溶液受到向心力的作用，液面在转轴处是上升的，在转轴上形成相当厚的包轴层。高聚物熔体或溶液的这种包轴现象又称韦森堡效应，如图 15-2。

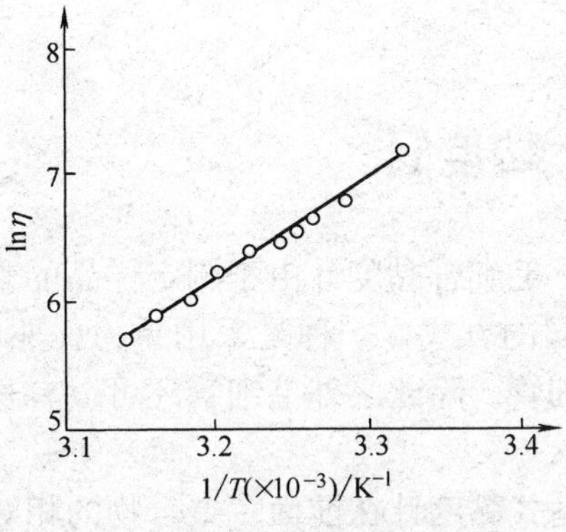

图 15-1　树脂原液黏度和温度的关系

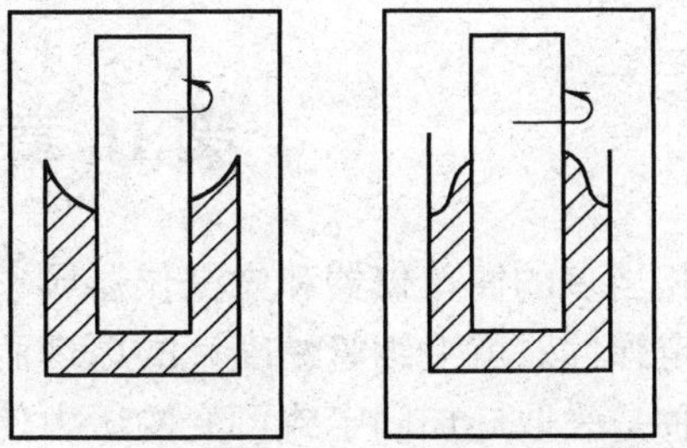

图 15-2　聚合物的韦森堡效应

韦森堡效应是由于聚合物的弹性所引起的。由于靠近转轴表面的线速度较高，分子链被拉伸取向缠绕在轴上。距离转轴越近的高分子拉伸取向的程度越大。取向了的分子，其链段有自发恢复到卷曲构象的倾向，但此弹性回复受到转轴的限制，使这部分弹性性能表现为一种包轴力，把熔体分子沿轴向上挤，形成包轴层。从受力的情况来看，就是切向和法向受力不同，形成了应力差。

利用锥板式流变仪可以测定法向应力差值，由锥板流变仪测定转矩 M 和轴向力 F，第一法向应力差 F_1 可以表示为：

$$F_1 = 2F/\pi R^2 \tag{15-1}$$

由于流线方向（切向）受张力，外缘的液体必然向内挤压，结果造成对锥板和平板表面的压力。中心处最高，沿半径递减，外缘处为零。总的轴向力 F 则为这一压力的总和。

第 16 章　毛细管黏度计

相当多的简单仪器和先进仪器属于这种黏度计。毛细管黏度计由于测定样品的黏性而不测定弹性。就毛细管黏度计的原理而言有两种不同的方式，一种是采用重力作驱动力，另一种是采取施加固定或可变的压力使流体流过毛细管。除此之外毛细管还可以有长短不同、毛细管的长径比不同的区别。

乌氏黏度计属于一种重力毛细管黏度计，这种乌式黏度计在前面“聚合物的相对分子质量及其相对分子质量分布”一篇中有所介绍，可以测得聚合物的特性黏度。一般测定黏度值较低的样品，而且是在较低的剪切速率下测定。

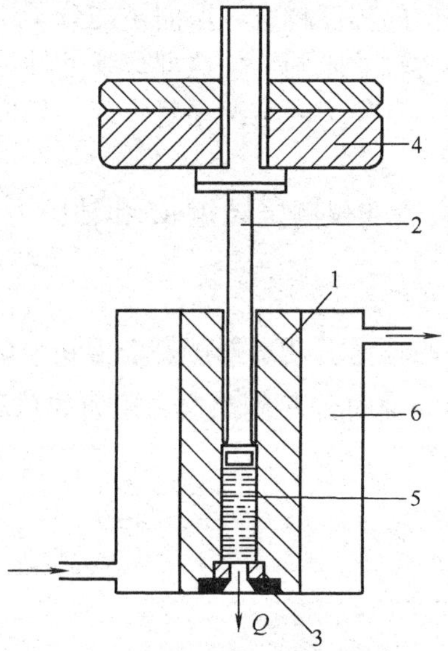

图 16-1　一种常见的熔融指数仪的结构
1—套筒　2—活塞　3—模具　4—加重物
5—聚合物样品　6—温度控制部分

熔融指数仪属于一种固定压力型的毛细管流变仪，结构如图 16-1。这种毛细管黏度计相当简单，使用方便，价格比较低，主要用于对聚合物熔体黏度进行分档，在聚合物工业中的应用是很普遍的。但它的测试一般限制在聚乙烯或聚苯乙烯等加工特性比较简单的聚合物。对原料和化合物保持高水平质量控制和实验室研究中已经应用的不多。

将高聚物在柱状储料器中加热到一定温度，使之完全熔融，然后加上一定负荷，使高聚物从长度很短的毛细管（通常 L/D 为 10/1 或更小）中流出，这种毛细管不足以保证毛细管入口与出口之间稳态层流的边界条件。单位时间（一般以 10min 计）流出的高聚物质量数即为高聚物的熔体流动速率，常用 MFR 表示。

对于同一种高聚物，在相同的条件下，流出量越大，熔体流动速率就越大，说明其流动性越好。但对于不同的高聚物，由于测定时所规定的条件不同，因此，不能用熔体流动速率的大小来比较它们的流动性。

熔体流动速率测定仪通常用于非牛顿聚合物。熔体流动速率的表达方法是 $MFR_{温度/负荷量}$，以高密度聚乙烯为例，在 190℃、2160g 荷重条件下测得的熔体流动速率可表示为 $MFR_{190/2160}$。不同的加工条件对高聚物的熔体流动速率有不同的要求，一般来讲，注射成型要求树脂的熔体流动速率值要高一些，即流动性较好；挤出成型用的树脂，其熔体流动速率值较低为宜；吹塑成型使用的树脂，其熔体流动速率值应介于以上两者之间。

可变压力型的毛细管流变仪在实验室测试中及应用最广泛，这种流变仪设计精确，在测定高聚物熔体黏度时应用最广泛，与其他测定高聚物黏度的仪器相比，它的优点是可以在较宽的范围调节剪切速率和温度，得到十分接近于加工条件的流变学物理量，而且仪器结构简单，易于操作。除了测定黏度外，毛细管流变仪还可以用来观察高聚物的熔体弹性和不稳定流动现象。对高聚物熔体流动中产生的各种现象进行进一步深入的定量研究。毛细管流变仪的结构一般为柱塞式。通过在柱塞上施加一定的压力，使料筒中的高聚物熔体发生流动。下面主要介绍这种流变仪。

16.1 仪器结构组成及原理

以一种较为常见的可变压力型的毛细管流变仪（Instrall-3211 型毛细管流变）为例，介绍其基本的组成。一台可变压力型毛细管流变仪的结构如图 16-2，一般由以下几个主要部分组成。

（1）主体部分　毛细管、料筒、压杆（柱塞）、加热炉、测力传感器。

（2）温控装置　热电偶、温控仪表。

（3）机械传动　电机、齿轮箱、速度控制。

（4）记录　记录仪、计算机数据采集与处理。

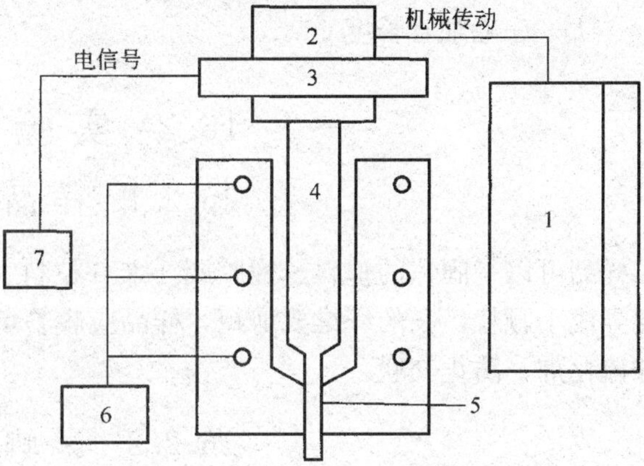

图 16-2　毛细管流变仪的结构组成

1—压杆速度控制系统　2—齿轮箱　3—测力传感器　4—压杆　5—毛细管　6—控温系统　7—记录仪及数据处理系统

试样装入料筒中，上加柱塞，试样恒温后，柱塞以恒速下降施加荷重于试样，使试样从毛细管中挤出，试样黏滞阻力的大小由施加的荷重反映，其荷重由测力传感器检测，并加以记录。柱塞压下速度 v 乘以柱塞横截面积 S 可得体积流速 Q，荷重 F 除以柱塞横截面积 S 得压强 p。（$Q=vs$，$p=F/S$）

高聚物的流动行为由黏度来表征。牛顿流体的黏度只与温度有关，高聚物多数不是牛顿流体，其黏度不仅与温度有关，还依赖于剪切速率，毛细管流变仪检测到的是不同柱塞下降速度 v（cm/min）时所施加的挤压载荷 F。

（1）牛顿流体剪切应力 $\tau_{牛}$ 与 F 的关系

$$\tau_{牛}=\frac{D}{\pi\cdot d_p^2\cdot L}\cdot F \tag{16-1}$$

（2）剪切速率 γ 与柱塞下降速度 v 关系

$$\dot{\gamma}_{牛}=\frac{2}{15}\cdot\frac{d_p^2}{D^3}\cdot v \tag{16-2}$$

（3）非牛顿指数 n

$$n=\frac{d\lg\tau_{牛}}{d\lg\gamma_{牛}}=\frac{\Delta\lg\tau_{牛}}{\Delta\lg\gamma_{牛}}=\frac{\lg\tau_{牛,\,i+1}-\lg\tau_{牛,\,i}}{\lg\gamma_{牛,\,i+1}-\lg\gamma_{牛,\,i}} \tag{16-3}$$

式中 $n=1$ 牛顿流体

$n>1$ 胀塑体　切力变稠

$n<1$ 假塑体　切力变稀

（4）非牛顿切变速率 $\dot{\gamma}_{非牛}$

$$\dot{\gamma}_{非牛}=\frac{3n+1}{4n}\cdot\dot{\gamma}_{牛} \tag{16-4}$$

（5）表观黏度 η_a

$$\eta_a=\frac{\tau_{牛}}{\dot{\gamma}_{非牛}} \tag{16-5}$$

式中 d_p——柱塞直径 cm；

D——毛细管直径 cm；

v——柱塞下降速度 $cm\cdot min^{-1}$；

L——毛细管长度 cm。

16.2 实验技术

16.2.1 样品要求

样品可以是固体的塑料、橡胶或纤维（粒料、粉料均可），样品要尽量小，大块的样品要弄成小颗粒，长的纤维要剪短，样品应容易填实，间隙中的空气易被排除。橡胶中不能加硫化剂，防止交联。

16.2.2 影响因素

（1）每次装填的物料量要基本相同（通常为 12～15g） 加料要逐步少量加入，并且边加料边压实，以排除物料间的空气。并且填满后要进行预压，预压力为 10kg 左右。

（2）装填结束后要进行预热　一般预热 10～15min 使物料受热均匀，减小料筒中间与边壁的温度差并达到所测试的温度；但预热时间不能过长，防止物料降解或交联。实验表明，预热时间不同其测试结果是不同的。

（3）选择适宜长径比的毛细管　毛细管长径比的选择原则有两个。一是根据样品的黏度。二是尽量接近实际加工条件。一般来说从料筒经入口被挤入毛细管存在入口损失，因此必须进行入口校正。如果长径比大于 40 时可以忽略其入口损失。

（4）清洗料筒　一般每进行一次测试都要清洗料筒，防止剩余物料在毛细管中固化或交联，产生阻力。一般使用聚乙烯 PE（易流动，熔点低）置换原来的测试样品。

（5）避免自重影响，及时剪断已经挤出的高聚物。

16.3 毛细管流变仪的应用

16.3.1 流变性质与分子结构的关系——指导合成

由于聚合物流变性质与主链分子结构、相对分子质量、相对分子质量分布，支化及交联等均有密切关系，所以对合成加工性能优良的高聚物具有指导意义。

例如顺丁橡胶具有冷流性，在储存和运输中都有许多不便，如果提高长支链支化度和相对分子质量，即可改善顺丁橡胶的冷流性。

通过对不同相对分子质量分布的样品进行流变实验，结果发现，相对分子质量分布宽的样品，流动性好，如图 16-3，加工时包辊性好。这是因为宽分布的样品中小分子的部分起了内增塑的作用。

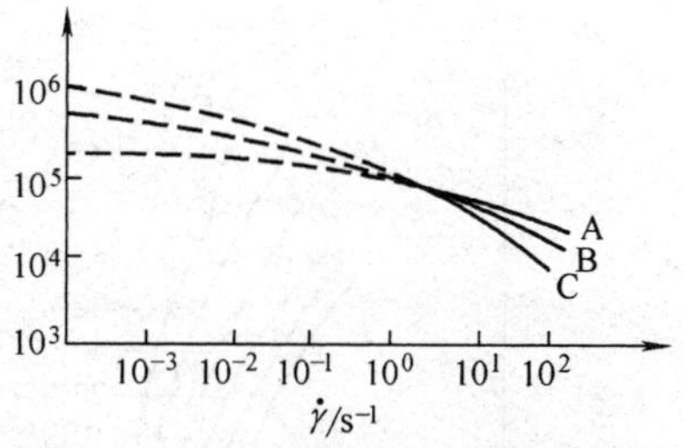

图 16-3　三种相对分子质量分布不同的聚丁二烯样品的流变曲线

相对分子质量分布：A<B<C

16.3.2　研究添加剂对原材料流变性能的影响

16.3.2.1　橡胶中主要添加剂——炭黑的性能及含量对橡胶性能的影响

众所周知，在橡胶中加入各种配合剂可以有效地改变胶料的性能。在橡胶的各种添加剂中，炭黑是必不可少的，而且添加量也较大。有些橡胶虽然具有自补强性（NR，CR），在未填充炭黑之前，其纯硫化胶的模量、耐磨性及抗剪切破坏性能也远不能适应在高负荷动态条件下使用（如轮胎、运输带等）。而对于一些通用合成橡胶（BR，SBR），未经炭黑补强实际就没有多大的使用价值。

橡胶制品生产简易工艺流程：

生胶
炭黑及其他添加剂 } →塑炼→（炭黑胶料）→混炼→返炼→压延或注射

所以炭黑胶料的流动性在工艺上是很重要的，它影响着各步反应，从而最终决定制品性能。

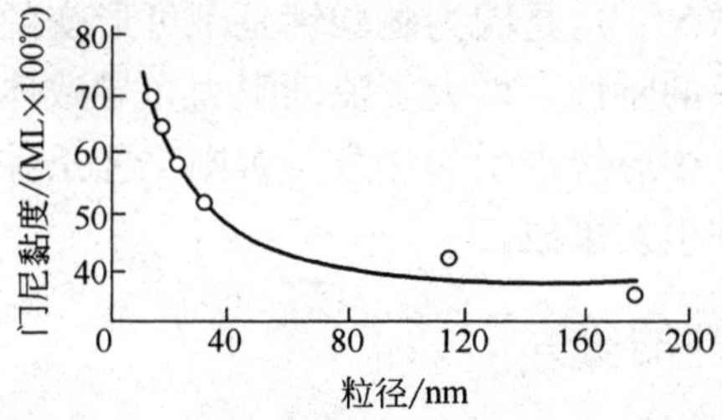

图 16-4　炭黑粒径对胶料流变性能的影响

注：HAF——高耐磨炉黑

从图 16-4 中可以看出，同种炭黑在用量相同的情况下，炭黑的粒径越小，体系的黏度就越大。产生这种实验现象的原因是炭黑粒子表面能吸附分子链形成缠结点，炭黑与胶料形成包容胶和网状结构，使流动困难，黏度增加；黏度越小，炭黑总的表面积越大，吸附的橡胶分子链越多，流动阻力越大。

如图 16-5，从实验结果可以看出：炭黑分数增加，体系黏度随之上升，其原因也是由于炭黑粒子吸附的分子链数增多而使体系的流动阻力升高。

从上面两张图中还可以看出，随着剪切速率和剪切力的提高，炭黑胶料的黏度均成下降趋势，这是由于在高的剪切速率和剪切力的作用下，炭黑与胶料形成的网络结构被破坏，致使炭黑胶料黏度下降。

16.3.2.2　塑料中添加剂对材料加工性能和制品实验性能的影响

在塑料加工中最常用的一种添加剂就是碳酸钙。将碳酸钙填充到树脂中不仅可以大大节约树脂用量，而且能提高制品的刚性、热变形温度、耐蠕变性、尺寸稳定性及热收缩性能等。以碳酸钙填充聚丙烯的体系为例，说明碳酸钙对聚丙烯流变性能的影响。

从图 16-6 中可以看出：相同碳酸钙含量时，体系的表观黏度随剪切速率的增加而减

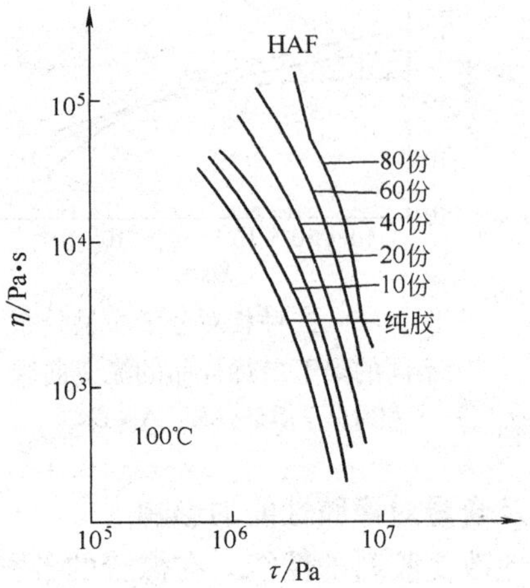

图 16-5　炭黑含量对胶料流变性能的影响

HAF 的份数：1-0 份　2-10 份　3-20 份

4-40 份　5-60 份　6-80 份

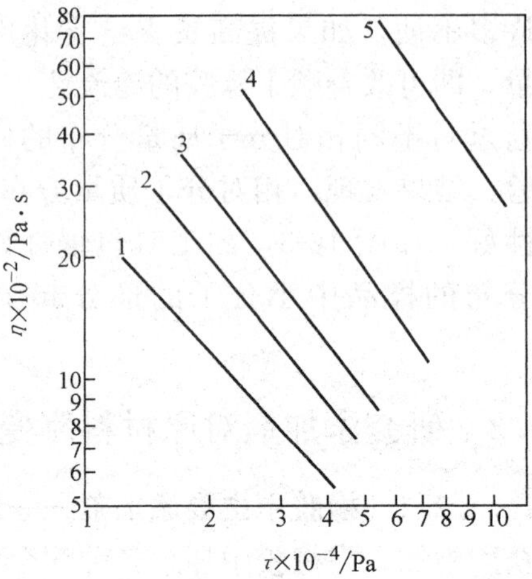

图 16-6　聚丙烯中添加不同份数的碳酸钙各组分的流变曲线

碳酸钙的份数：1-10 份　2-20 份

3-30 份　4-40 份　5-70 份

小；而且在高的剪切速率下黏度降低得更为迅速，说明在高的剪切速率下体系的非牛顿性更为明显。

随着碳酸钙含量的增加，曲线向上移动，黏度增大。这是因为碳酸钙是不可形变的固体颗粒，其流动性能很差。碳酸钙的加入增加了体系的刚性，增大了流动阻力，导致体系黏度迅速上升。因此，填充塑料这一特点在成型加工中应特别引起注意，否则工艺条件选择不当可能因为黏度过高、压力过大而损坏设备，并引发事故。

16.3.3　聚合物黏弹性的研究

高聚物的黏弹性除了前面介绍的韦森堡效应外，另外两种明显表现是：挤出胀大效应（Barus 效应）和熔体破裂效应（不稳定流动）。

16.3.3.1　挤出胀大效应（Barus 效应）

挤出胀大是高聚物黏弹性的一种表现。其表现是高聚物熔体在通过狭长流道从模口挤出后不保留直线型流动，而是发生膨胀，如图 16-7，一般认为由两方面因素引起。其一是高聚物熔体在外力作用下进入窄口模，在入口处流线收敛，在流动方向上产生速度梯度，因而高聚物分子受到拉伸力产生拉伸弹性形变。这部分形变一般在经过模孔的时间内还来不及完全松弛，那么到了出口之后，外力对分子链的作用解除，高分子链就会受到拉伸的伸展状态重新回缩为卷曲状态，发生出口膨胀。另一个原因是高聚物在模孔内流动时由于切应力的作用，表现出法向应力效应，法向应力差所产生的弹性形变在出口模后恢复，因而挤出物的直径胀大。当模孔长径比较小时，前一个原因是主要的；当模孔的长径比较大时，后一个原因是主要的。

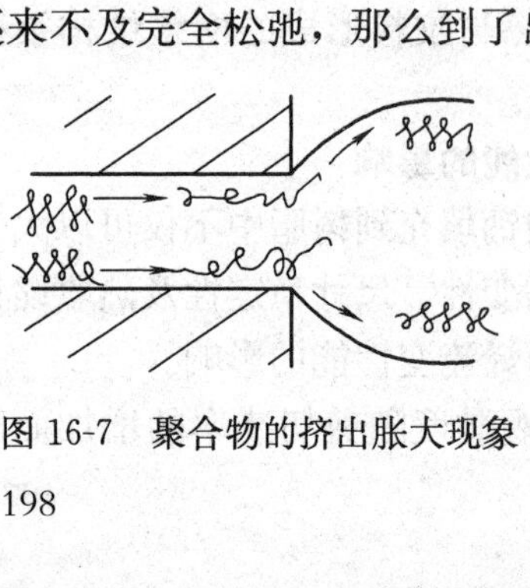

图 16-7　聚合物的挤出胀大现象

高分子熔体最突出的特征是分子链在分子水平上的缠结，所以分子链越长，弹性越好，挤出胀大效应就越明显。挤出胀大效应影响产品的尺寸稳定性及表面光滑状况。挤出胀大的程度可以用挤出胀大比 B 值来表示，B 值可以通过照相法或激光扫描法测定。

$$B=\frac{D_{max}}{D_0}$$

式中 D_0——口模直径；

D_{max}——出口膨胀处最大直径。

B 值的大小受很多因素影响。如填料的含量，填料的弹性性能，及其剪切速率、加工温度等许多因素都会影响 B 值的大小。

在橡胶胶料中如果炭黑含量增加，B 值会降低，这是因为炭黑吸附橡胶分子链，使橡胶分子链的柔性降低，熔体弹性降低。

聚氯乙烯-丁腈胶（PVC-NBR）的共混物在受到的剪切速率增大时，胀大比 B 值直线上升。如图 16-8，这是因为丁腈胶为弹性较好的橡胶，用它来改性 PVC 所得熔体具有较大的弹性，挤出物会因弹性记忆而胀大。当剪切速率增大时，作用在熔体上的频率增加，作用时间缩短，熔体来不及松弛就被挤出，所以 B 值增加。

图 16-9 是 PVC-NBR 在不同温度下的挤出胀大比 B 值，可以看出 B 值随温度升高而减小，这是因为温度升高，熔体的松弛时间缩短，引起的弹性减小，所以 B 值减小。

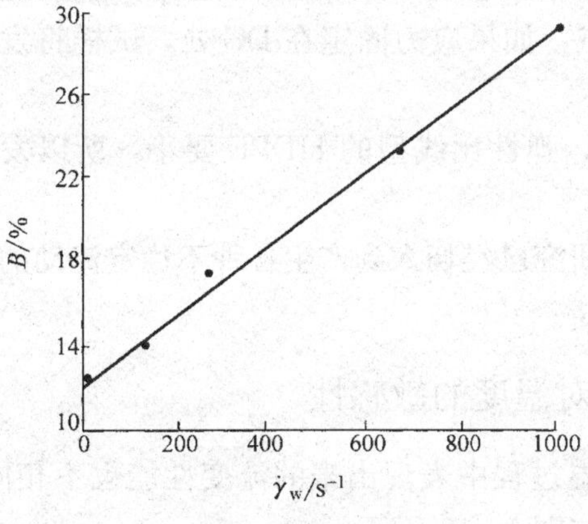

图 16-8　剪切速率对胀大比的影响

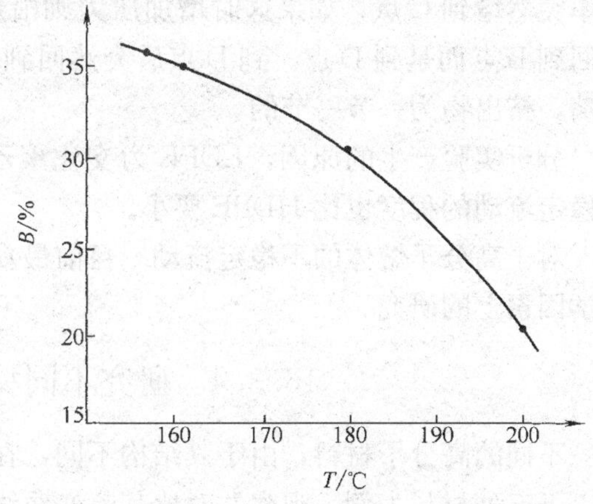

图 16-9　温度对胀大比的影响

研究挤出胀大比 B 值可以指导挤出机口型设计及流道设计。例如现在有些挤出机头设计成喇叭口型等，就是为了减少出口压力。

16.3.3.2　熔体破裂现象——不稳定流动

高聚物熔体在挤出时，如果剪切速率过大超过一个极限值时，从口模处理的挤出物不再是平滑的，而会出现表面粗糙、起伏不平、有螺纹状波纹、挤出物扭曲甚至为碎块状物，这种现象称为不稳定流动或熔体破裂，如图 16-10。

高分子材料的不稳定流动会影响其加工行为，并导致产品外观缺陷及使用性能下降。有多种原因造成熔体的不稳定流动。其中一个主要的原因就是熔体的弹性。

对于小分子，液体运动的动能达到或超过克服黏滞阻力的流动能量时，则发生湍流；对于高分子熔体，黏度高，黏滞阻力大，在较高的剪切速率下，弹性形变增大，当弹性形变的储能达到或超过克服黏滞阻力的流动能量时，导致不稳定流动的发生。这种有弹性形变所储存的能量称为高能湍流。

以 HDPE 与 LDPE 为例，二者虽然为同一种材料，但由于结构上存在差异，导致其流变曲线并不相同，如图 16-11。

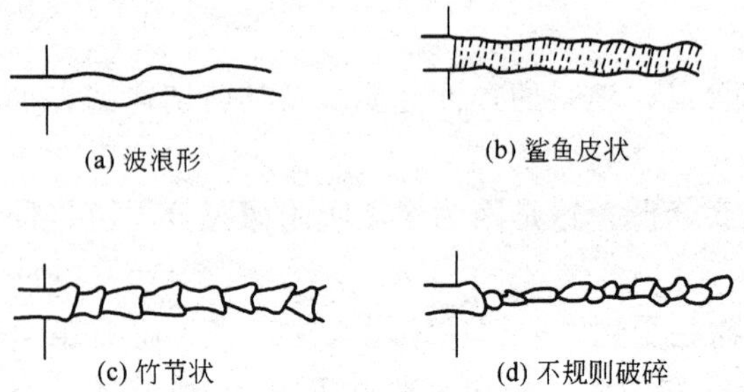

图 16-10 熔体不稳定流动的类型

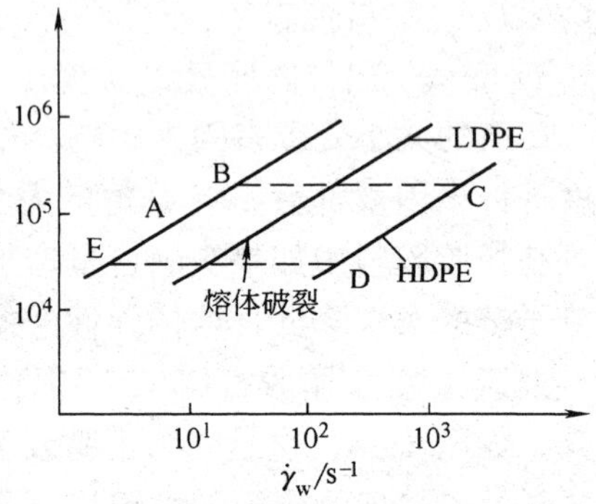

图 16-11 LDPE 与 HDPE 的流变曲线

LDPE 的流变曲线为一条直线，没有不连续和转折，箭头所指处是破裂开始。

HDPE 受到剪切时，当剪切应力达到 A 点后挤出物出现破裂现象。到达 B 点后剪切速率突然增到 C 点，如果这时增加压力则沿新曲线上升；如果此时减小应力，挤出速率不回到 B 点而是到 D 点。到 D 点后突然回到 E 点，如果应力固定在 DC 处，试样将发生振荡，挤出物为一节一节的。

分析实验产生的原因，LDPE 为支化聚乙烯，弹性比线型的 HDPE 要小，所以发生不稳定流动的程度也比 HDPE 要小。

对于高分子熔体的不稳定流动，目前最新的研究已经切入到产生各种不稳定流动的动力学因素上的研究。

16.3.4 研究不同材料对温度的敏感性

不同的高分子材料，由于其结构不同，在升温过程中表现出来的流变性能也不相同，以以下五种材料为例，观察并对比其流变曲线，如图 16-12 所示。

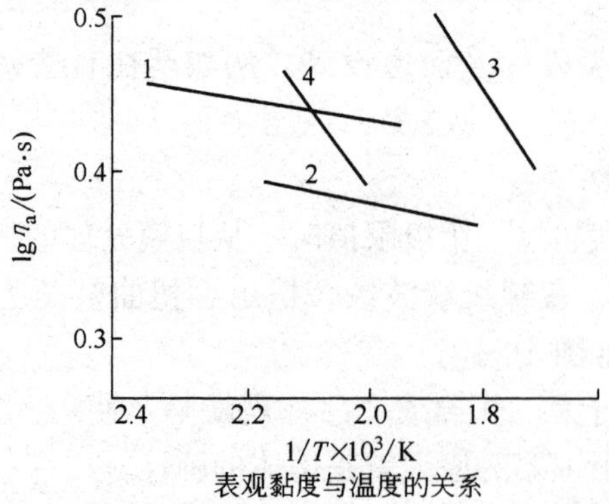

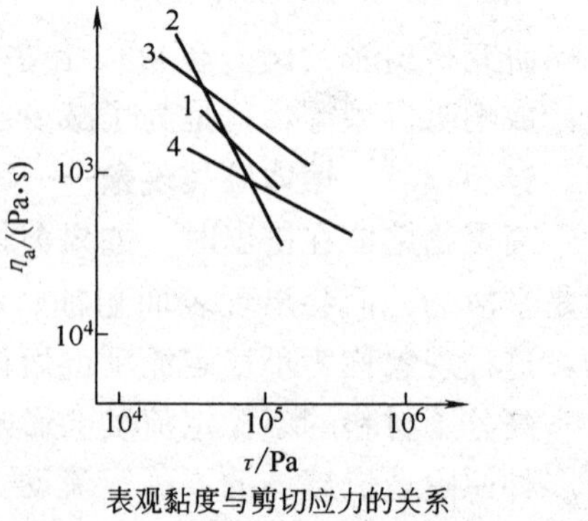

图 16-12 几种材料的流变曲线

1—聚乙烯（PE） 2—聚甲醛（POM） 3—聚碳酸酯（PC） 4—聚甲基丙烯酸甲酯（PMMA）

我们通常把随温度变化时黏度变化大的材料称为温敏性材料；把温度变化时黏度变化小的材料称为切敏性材料。对切敏性材料，显然只通过升温的方法是不合适的，既浪费能源，又没有达到提高加工性能的目的。所以在加工中不能只单纯提高温度，应通过改变剪切速率或改变配方等方法来改善加工性能。

高分子材料都是在熔融状态下加工的，所以首先应选择加工温度。加工的温度必须使物料完全熔融，流动性好，易于加工；但是温度又不能高于物料的分解温度。所以在对一种物料进行加工之前，首先应进行流变性能测试，观察物料在几个不同温度下的流变性能，以选择最适宜的加工温度。

16.3.5 剪切诱导结晶与压力突增现象

在生产中发现，有时有些高聚物在高剪切速率下，通过收敛型流道（如长径比较大的毛细管、注射机）时会产生黏度增加或压力突增现象，这在生产中是极危险的，易导致重大事故。

研究发现这种高聚物一般都是规整性较高，易结晶的高聚物，受到强剪切作用后，大分子伸展，取向。规整排列，产生晶体结构，即通常说的剪切诱导结晶。一旦形成晶体结构，就极不宜破坏，所以体系稳定，黏度上升，导致压力升高。

天然橡胶是由顺式的聚异戊二烯组成，顺式异戊二烯的含量越高，越容易产生晶体结构，剪切诱导结晶现象越明显，如图 16-13。

在高分子材料中添加一些助剂时，有时会发生压力突增的现象，如图 16-14，在聚丙烯中添加填料碳酸钙（$CaCO_3$）时，压力突增现象发生。随着 $CaCO_3$ 的含量增加，压力突增现象发生的越早。

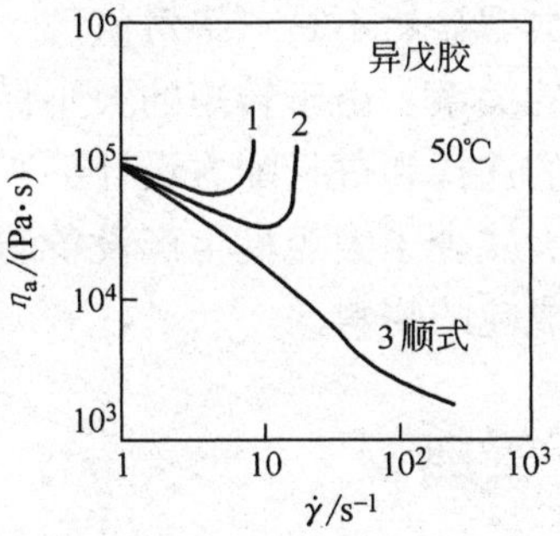

图 16-13 聚异戊橡胶顺式含量对流动曲线的影响

异戊胶的顺式含量：1—100％ 2—95％ 3—92％

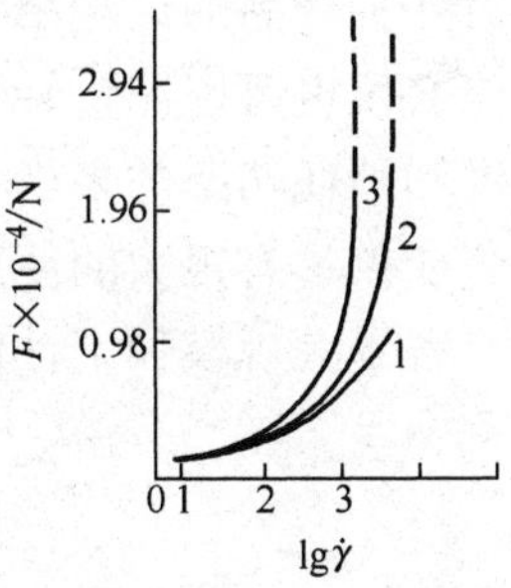

图 16-14 PP＋$CaCO_3$ 中的压力突增现象

1—纯 PP（190℃） 2—纯 PP（188℃）

3—PP/$CaCO_3$＝1∶1（200℃）

对于在加工过程中会发生压力突增的材料，一定要注意模具、机头设计以及加工条件的选择和控制。避免事故发生。

第 17 章　相对流变仪——装有混合器测量头的转矩流变仪

前面主要叙述的是绝对流变仪。绝对流变仪测试的黏弹性数据与绝对的物理单位相关联：如力、长度和时间单位等。对绝对流变仪的仪器几何结构及测试程序都有很严格的要求，必须处于边界条件的限制之内，绝对流变仪的优点是客观地表征样品，试验结果与试验仪器以及生产厂家无关。

混合器测量头转矩流变仪等相对流变仪模拟真实过程的条件，而生产机器中装备有大小不同的混合器或挤出器。带有混合器测量头的转矩流变仪与旋转式流变仪有着本质性区别。扭矩流变仪使用缩小的内部混合器测量头，是大型生产用混合器的微缩复制品。

这种流变仪的设计目标是为造成高湍流、高剪切的效果，以便使聚合物熔体或橡胶混合物的多组分得以良好的混合，在此工艺条件下，被高度剪切的物料产生非线性的黏弹性响应。被测试的样品反抗混合的阻力与样品的黏度成正比。扭矩流变仪通过作用在转子上的反作用扭矩测得这种阻力。通常记录转矩随时间的变化谱图，称之为“流变图”。转矩流变仪在共聚物性能研究方面应用最为广泛。

转矩流变仪是一种多功能积木式双转矩测量仪。转矩流变仪使用的各种混合器测量头，是大型生产用混合器的微缩复制品。它可以模拟密炼、挤出等工艺过程。由于混合腔及转子的形状复杂，温度控制情况各不相同，因而只能用特定厂家生产的特定尺寸的混合器测量头对几种样品的试验结果作直接比较。测得的数据显然不是“绝对值”。

转矩流变仪也可以测量转矩与温度，转速与时间的关系。由于转矩的大小直接反映了物料的黏度和消耗功率的多少，就可以指导工艺条件的选择和进行配方设计。实践已经证明，转矩流变仪具有很大的使用价值和经济价值，大大减少了大规模生产设备的试验性运转次数，节省了大规模加工性能试验可能要消耗掉的成吨的物料。

17.1　仪器结构及原理

17.1.1　仪 器 结 构

转矩流变仪主要结构如图 17-1，由以下几个部分组成：

主体部分：电机、齿轮变速箱，转矩传感器

测量装置：密炼式混合测量头，螺杆挤出式测量头，测量显示记录

控温装置：热电偶、控温仪表

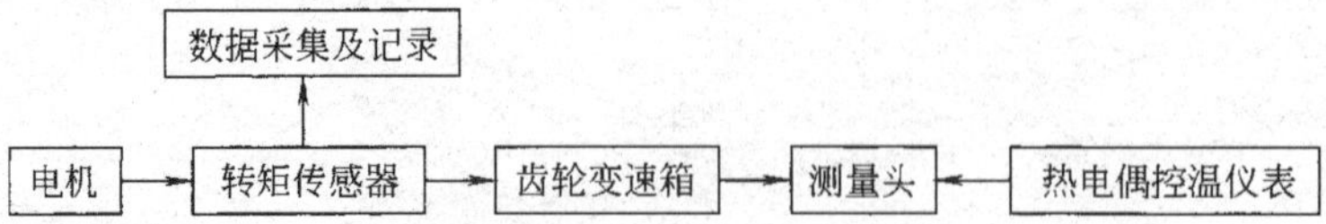

图 17-1　转矩流变仪结构示意图

如图 17-2 所示，转矩流变仪的结构为一个由热电偶控温的混合室及混合室内的转子，这两个转子平行对齐并相隔一段距离。转子的作用圈刚好相互切合。两个转子逆向转动，转速比为 3∶2。橡胶工业使用的一些特殊混合器速度比为 8∶7。通常左侧转子顺时针转动，右侧转子逆时针转动。为了使不同的物料都能取得最佳的混合效果，设计了多种转子的形状。可以随时更换。

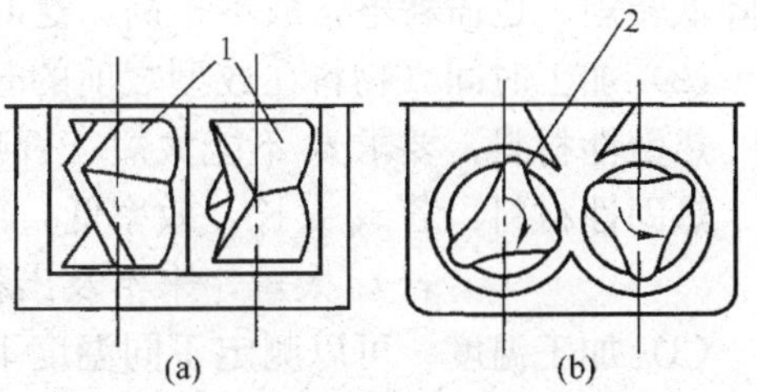

图 17-2　转矩流变仪中转子的类型
(a) 俯视图　(b) 正视图
1—转子　2—混炼室

常见的有以下几种：

凸棱转子：中剪切，用于弹性体，塑料

西格玛（∑）转子：低剪切，用于粉末，液体

轧辊转子：高剪切，用于特殊性能材料

Banbury 转子：用于橡胶

17.1.2　转矩流变仪的原理

物料被加到混炼室中，受到转速不同，转速相反二个转子所施加的作用力，使物料在转子与室壁间进行混炼剪切，物料对转子凸棱施加反作用力，这个力由测力传感器测量，在经过机械分级的杠杆力臂转换成转矩值的单位克-米（g·m）读数。其转矩值的大小反映了物料黏度的大小。通过热电偶对转子温度的控制，可以得到不同温度下物料的黏度。作图得到转矩流变曲线，如图 17-3。

上图为一般物料的转矩流变曲线，但有些样品没有 AB 段，各段意义为：

OA：在给定温度和转速下，物料开始粘连，转矩上升到 A 点。

AB：受转子旋转作用，物料很快被压实（赶气），转矩下降到 B 点。（有的样品没有 AB 段）

BC：物料在热和剪切力的作用下，开始塑化（软化或熔融），物料即由粘连转向塑化，转矩上升至 C 点。

CD：物料在混合器中塑化，逐渐均匀。达到平衡，转矩下降到 D。

DE：维持恒定转矩，物料平衡阶段。（90s 以上）

E—：继续延长塑化时间，导致物料发生分解，交联，固化，使转矩上升或下降。

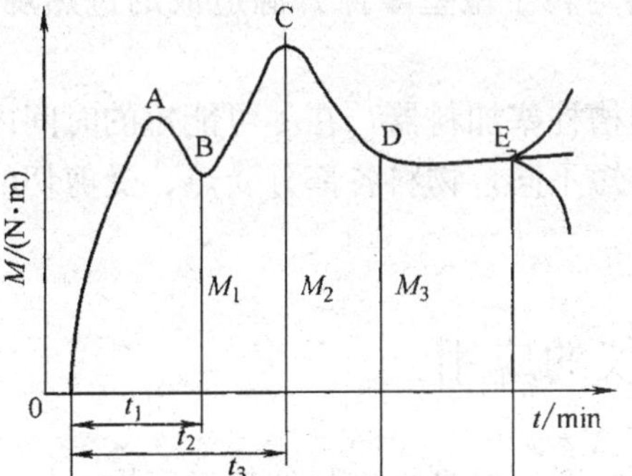

图 17-3　转矩与时间的关系图

t_1—物料受热压实时间　t_2—塑化时间（熔融软化）　t_3—达到平衡转矩时间（物料动态热稳定）　t_4—物料分解时间　M_1—最小转矩　M_2—最大转矩　M_3—平衡转矩

由转矩流变曲线获得的信息：

(1) 判断可加工性　由于转矩值的大小直接反映了物料的黏度和消耗的功率。可以看出此配方是否具有加工的可能性，若转矩太大，则在加工中需要消耗许多电力，或在更高的温度下，才

能降低转矩，也需耗电，成本提高，这时应考虑改变配比，下调转矩。

(2) 加工时间（物料在成型之前的时间）

热塑性材料：要求 t_4 不能太短，否则还未成型就已分解，交联。

热固性材料：若 t_4 太长，效率低，需等很多时间才能固化，脱模，周期长；

若 t_4 太短，来不及出料已固化在螺杆或模具中。

(3) 加工温度　可以测定不同温度下的转矩流变曲线，得到 M-T 关系。

(4) 材料的热稳定性　研究分解时间的长短。

(5) 可将转矩换算成剪切应力、剪切速率或黏度，得到流变曲线。

17.2 实验技术

17.2.1 试样制备

试样可以是粒料、小块固体及粉料，也可以加入少量液体配合剂，如液体石蜡。加入试样的重量为 60g 左右。

17.2.2 影响因素

(1) 加料量　每次加入的样品重量要相同和适当。装入量是根据容积和物料的密度计算得到，一般的加入量为总容量的 75%～85%。原因是有部分空间存在便于物料混炼均匀，转矩值易于稳定。另外，一般来讲随物料加入增多，其黏流阻力会增加。所以为便于对试样的测试结果进行比较，每次应称取相同重量的样品。

(2) 转速　混炼室中两个转子转速的确定，一般以加工条件所需要的转速加以选择。有时也依照物料黏流阻力的大小、测试温度的高低、仪器灵敏度的大小等条件进行适当调整。其最终目的是使测试结果数据准确、清晰、重复性好。

(3) 测试温度　测试温度要稳定才能保证测试结果的准确性，所以除了控温要求稳定外，还要对混炼室进行必要的空气冷却，防止物料与转子室壁摩擦升温造成的过热现象，影响测试结果。

(4) 加料速度　物料加入混炼室时，应使用斜槽柱塞加料器，在尽可能短的时间内把物料压入混炼室内。其原因是如果物料进入时间长短不同，物料各部分受热、受剪切的时间就不同，造成结果波动，重复性差。

17.3 转矩流变仪的应用

用转矩流变仪可以用来选择加工性能优异的原材料，可判别材料的热稳定性；研究共混物的配比以及共混后两相的分布情况，制定工艺配方及工艺条件。

17.3.1 研究添加剂对原料性能的改善

在聚烯烃的加工中，常常要加入相对分子质量调节剂。例如在聚丙烯的生产中，在后加工过程中，为了提高聚丙烯的流动性，降低能耗，也常加入相对分子质量调节剂。例如加入二叔丁基过氧化物（DTBP）后，DTBP 与高分子中的长分子链反应，使长链降解成为短链，聚丙烯的流动性得到改善。从图 17-4 可以看出，随着 DTBP 量的加大，熔融时间缩短，最终扭矩值变小，即树脂的黏度变小，流动性增加。

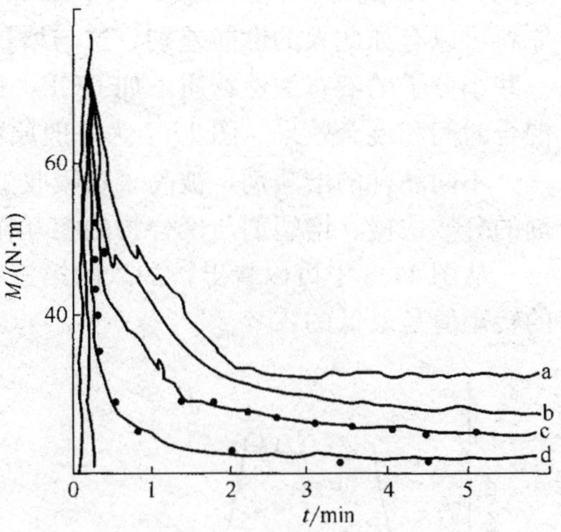

图 17-4 DTBP 的加入量对熔体流变性能的影响

DTBP 的加入量（w%）：

a. 0 b. 0.01 c. 0.02 d. 0.04

17.3.2 测试聚合物耐热及耐剪切稳定性

PVC 具有很多优点，成本低，物理性能好，因此用途广泛。但是 PVC 也存在不少的缺点，因为 PVC 中含有 C—Cl 弱键，使 PVC 稳定性下降，易脱出 HCl 而发生降解，其热稳定性较差，PVC 的塑化温度在 140～160℃，而其分解温度在 180℃，而且 PVC 黏度大，流动性差，与设备的金属表面摩擦力大，造成树脂在设备中停留时间长，在死角处易造成分解，这就给加工带来了不便，所以在 PVC 的加工中通常需要加入各种稳定剂（热稳定剂，光稳定剂等），以填充碳酸钙($CaCO_3$)和红泥来比较两种稳定剂的效果。

从图 17-5 中看出，当添加等同份数的碳酸钙和红泥时，PVC 的稳定性均有所提高，但红泥的效果又要比碳酸钙明显的多。以不同份数的红泥（RM-2）填充 PVC，测试结果如图 17-6 表明，红泥含量越高，PVC 热稳定性越好。

注：红泥（RM-2）是铝土矿中提取 Al_2O_3 后的残渣，含有 Al_2O_3、Fe_2O_3、SiO_2 等。其中赤铁矿和硅酸盐对 HCl 有稳定作用，使 HCl 不宜放出，另外发现，红泥能吸收紫外光，所以同时还起到了光稳定剂的作用。由于红泥对 PVC 稳定性提高作用明显，成本又低，所以近年来应用越来越多。

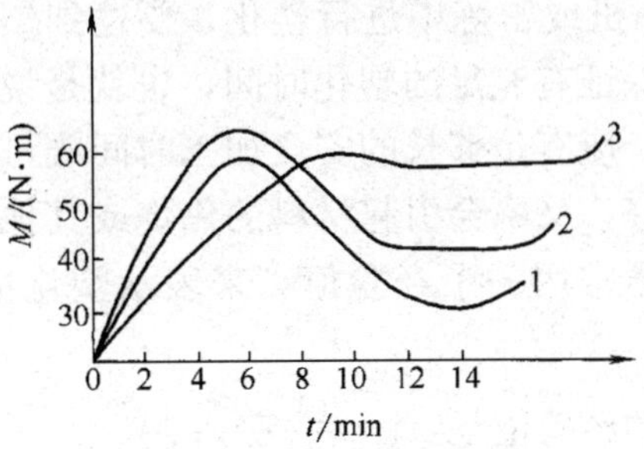

图 17-5 添加不同材料的 PVC 复合材料的转矩与时间关系

温度：190℃

1—PVC 2—PVC+$CaCO_3$ 3—PVC+红泥

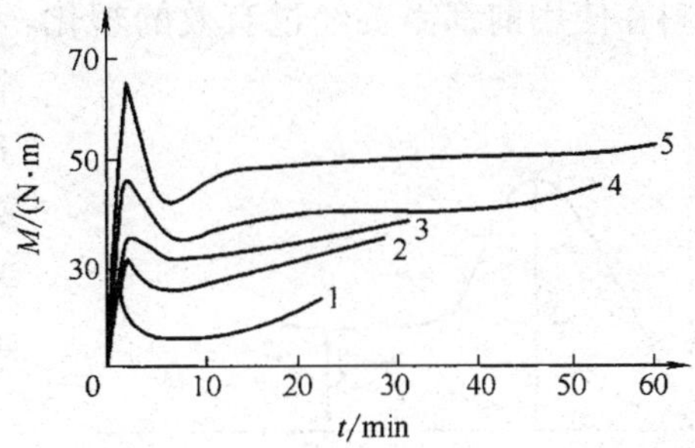

图 17-6 添加不同份数的红泥的 PVC 复合材料转矩与时间关系

温度：190℃ 红泥的份数：

1—30 2—60 3—80 4—100 5—120

17.3.3 增塑剂吸收情况的研究

聚合物加工中一般都需要添加一定量的增塑剂使产品达到使用要求的性能，以 PVC

为例，PVC既可以制成薄膜、人造革等软制品，也可以制成管材、门窗等硬制品，一种原料可以有如此大的性能差别，这与增塑剂的添加量有直接关系。用做增塑剂的材料多是一些小分子的液态油性物质，如DOP，DBP等，可以用转矩流变仪观察增塑剂与原料的混合时间和混合效果。图17-7为一般原料中加入增塑剂后物料转矩的变化情况。

不同品种的增塑剂，被高聚物吸收的快慢程度是不同的。用转矩流变仪可以反映增塑剂的分散快慢、增塑剂与聚合物的相互作用等情况。从而为加工中选择增塑剂进行指导。

从图17-8中可以看出，加入的第三种增塑剂的分散速度最慢，但是达到平衡转矩时的转矩值是最低的。

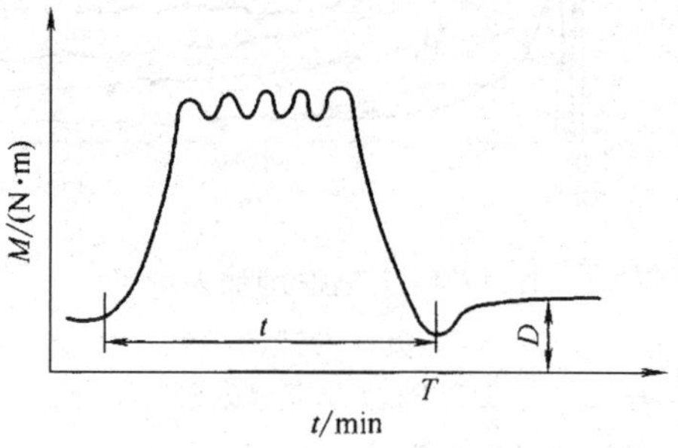

图17-7　物料中加入增塑剂后转矩的变化情况

t—增塑剂的吸收时间（min）　D—松散度（g·m）

T—干点（转矩下降开始趋于平稳的时间）

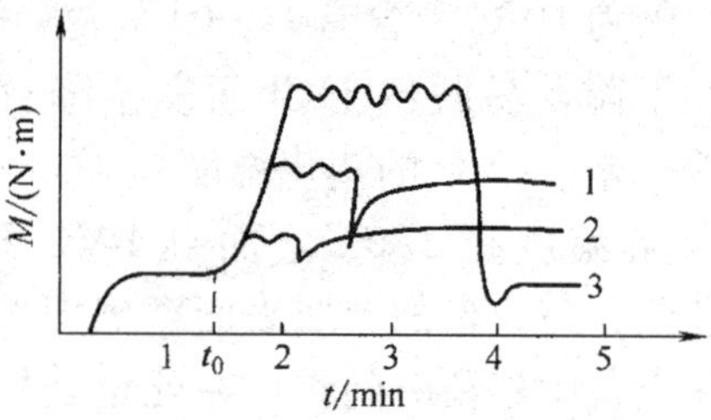

图17-8　原料中加入三种增塑剂后不同的流变曲线

t_0：加入增塑剂的时间

1—DOP：邻苯二甲酸二辛酯　2—DBP：邻苯二甲酸二丁酯　3—DIOP：邻苯二甲酸二异辛酯

17.3.4　生胶及混炼胶塑化性能的研究

天然橡胶的使用范围有限，必须在天然橡胶中加入其他添加剂制成的橡胶混合物才能满足一定的使用要求。然而天然橡胶相对分子质量很高，妨碍向其中混入其他添加剂，所以胶料在使用前都需要经过有效的塑化，如在开炼机或密炼中进行塑化，要达到塑化安全，必须保证有充足的塑化时间，也就是说在加工温度下，应有足够长的安全加工时间既可达到塑化效果好，又不会引起材料的焦烧或其他的化学变化。通常用一个经验值 λ 来表示塑化情况。如图17-9，

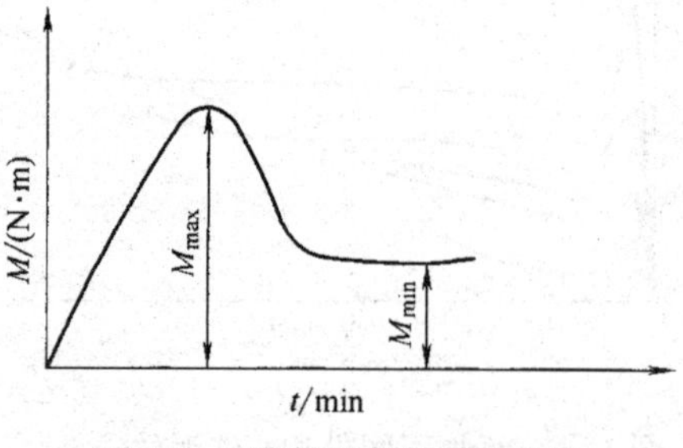

图17-9　胶料塑化性能的研究

通常的经验值是：$\lambda=\frac{2(M_{max}-M_{min})}{(M_{max}+M_{min})}$

λ=0.05～0.07物料塑化状况较好；

λ 值过大表示物料脱辊打滑，物料不易混匀；

λ 值过小表示物料粘辊，也不易混匀。

习　题

1. 毛细管流变仪中选择毛细管长径比的原则如何确定？
2. 说明转矩流变曲线各段的意义？

第5篇　显微分析技术

肉眼在正常情况下所能观察到的最小物体的限度是0.2mm左右。为了研究更小的物体或物体的微细结构，人类发明了光学显微镜。光学显微镜的极限分辨率约为0.2μm，相当于放大1000倍左右。高分子材料结构的研究的许多内容落在该尺寸的范围内，例如部分结晶高分子的结晶形态、结晶形成过程和取向等；共混或嵌段、接枝共聚物的区域结构；薄膜和纤维的双折射；复合材料的多相结构以及高分子液晶态的织构等。

为了得到分辨率更高的显微镜，必须采用波长更短的波。20世纪20年代初，从理论上已证明电子作为光源可达到很高的极限分辨率。经过几十年来前人的不断努力，到50年代末，电镜的分辨率已达到1nm。目前一台高性能的电镜，晶格分辨率是0.14nm，点分辨率是0.3nm，相当于最大放大倍数的50～100万倍。在高倍显微镜下可观察材料的内部组织状态，内部缺陷等，能直接观察结晶的晶格图像，甚至某些单个图像。实践表明，电镜是揭示微观世界的一把钥匙。

第 18 章　光学显微镜法

光学显微镜经过多年的发展，已成为精密复杂的仪器。一台基本的显微镜，安装上各种附件后，可供生物、偏光、矿相、金相、荧光、相差、干涉差等观察测定，同时还有大量特殊用途的附件。

高分子材料工业的迅速发展，应用范围日益广泛，其中结晶高聚物的结构—性能—加工之间的内在联系已成为高分子物理领域中一项重要的研究课题。结构是性能内在的本质，性能则是结构在一定条件下的表现。某些研究者认为最重要的结构参数是结晶度以及晶区和非晶区的取向度。偏光显微镜就是一种适用于研究球晶结构及取向度非常有用的仪器。高分子材料的共混改性可提高材料的性能，利用一般光学显微镜可以研究不同颜色高分子共混物相态结构是简便而直观的方法，而当共混物都是“透明体”，仅是折射率不同时，用普通显微镜，视场看起来是均匀的，无法分辨，采用相差显微镜就能观察到共混各相分布状态。

18.1　光学显微镜的结构原理

18.1.1　偏光显微镜结构及原理

偏光显微镜的基本构造是在普通光学显微镜上分别在试样台上各加一块偏振片，下偏振片叫起偏片，上偏振片叫检偏片。偏振片只允许某一特定方向振动的光通过，而其他方向振动的光都不能通过。这个特定方向为偏振片的振动方向。通常将两块偏振片的振动方向置于互相垂直的位置，这种显微镜就称为正交偏光显微镜（PM）。

高聚物在熔融态和无定形态时呈光学各向同性，即各方向折射率相同。只有一束与起偏片振动方向相同的光通过试样，而这束光完全不能通过检偏片，因而此时视野全暗。当聚合物存在晶态或有取向时，光学性质随方向而异，当光线通过它时，就会分解成振动平面互相垂直的两束光。它们的传播速度一般是不相等的，于是就产生两条折射率不同的光线，这种现象称为双折射。若晶体的振动方向与上下振片方向不一致，视野明亮，可以观察到结构形态。

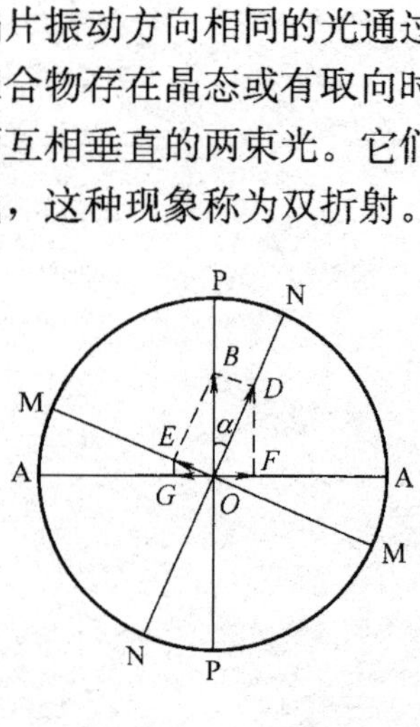

图 18-1　在偏光显微镜正交场中穿过晶体的光矢量分解

进一步可以用数学式表达这一关系。图 18-1 中用 P-P 代表起偏片的振动方向，用 A-A 代表起偏片的振动方向，如果它们与 P-P 不一致，设 N-N 与 P-P 的夹角为 α。光进入起偏片后透出的平面偏振光的振幅为 OB。光继续射到晶体上，由于 M-M、N-N 与 P-P 都不一致，因而将矢量分解到这两振动面上，N 方向和 M 方向的光矢量分别为 OD 和 OE。自晶体透出的平面偏光继续射到检偏片上，由于 A-A 与 M-M、N-N 也不一致，故再次将每一平面偏光一分为二。最后在 A-A 面上的光为方向相反，振幅相同的 OG、OF。

最终透过检偏片的合成波为：

$$Y=OF-OG=OD\sin\alpha-OE\cos\alpha$$

由于这两束光速度不等，会存在相位差 δ。

$$OD=OB\cos\alpha=A\sin\omega t\cos\alpha$$

$$OE=OB\sin\alpha=A\sin(\omega t-\delta)\sin\alpha$$

所以

$$Y=A\sin2\alpha\cdot\sin\frac{\delta}{2}\cdot\cos\left(\omega t-\frac{\delta}{2}\right)$$

光的强度与振幅的平方成正比，所以合成光的强度 I 为

$$I=A^2\sin^2 2\alpha\cdot\sin^2\frac{\delta}{2}\cdot\cos^2\left(\omega t-\frac{\delta}{2}\right)$$

18.1.2 相差显微镜的结构及原理

相差显微镜是在普通显微镜的基础上增设了两个部件，在光源和聚光镜间，即聚光镜平面上插入光栏，物镜后焦平面处插入相板。

相板是由光学玻璃制成的具有一定厚度和折射率的薄片，它由两部分组成，一是通过直射光部分，叫共轭面，通常为环状；另一是绕过衍射光的部分，叫补偿面，即是共轭面的外侧和内侧。利用相板可以改变直射光与衍射光的相位，同时吸收一定的直射光。

光栏即环状光栏，也是相差显微镜不可缺少的部件，光栏是由金属做成大小不同的环状孔形成的光阑，当聚光镜焦面上的光阑足够小时才能使直射光的像在物镜后焦面上聚为一点和衍射光分开。使用环形相板要与环形光阑相配合，以使环形光阑所造成的像与相板环形相一致。因此使用不同放大倍数的相差物镜时，要同时更换环形光阑的环径和环宽。

对于无色透明物体，宽度上的反射率差异和表面凹凸引起的折射率差异，用普通透射式显微镜是观察不到的，相差显微镜利用了光的波动性，将位相差转变成强度差即明暗之差，从而使相位差可直接观察。

理论上可导出相差显微镜的光程差分辨率能达到 1nm，所以相差显微镜能将共混物中折射率之差很微小的两组分转换成明和暗的图像。但由于样品厚度上的微小的差别也变得可见，因此必须注意样品表面和厚度不均匀性的影响。为了得到最大的反差，要求样品必须很薄（约 5μm）。

18.2 样品的制备技术

样品的制备是非常关键的一步，因为样品制备不好会丢失许多重要的结构信息，甚至造成假象而导致完全错误的解释。主要的制样方法有热压膜法、溶液浇铸制膜法、切片、打磨等，以及为了突出特征结构而进行的某些处理，如复型、崩裂和取向等。

18.2.1 热压制膜

热塑性高分子的薄膜显微样品可用下面方法制得。把少许聚合物放在载玻片上，盖上一块盖玻片，整个置于热台上加热至聚合物可以流动。用事先预热的砝码或用镊子轻轻施压使熔体展开成膜，然后冷却至室温。

热压法的优点是可以改变不同热处理条件（如熔融温度、时间和冷却介质）以观察结

构等变化，还可以在熔化时测定颜料、填料或其他不熔添加物的性质、颗粒尺寸及分布等，此法快速简便，但也有缺点，例如降解等。

18.2.2 溶液浇铸制膜

用适当的溶剂将试样溶解，将干净的玻片插入溶液后迅速取出，或滴数滴溶液于玻片上，干燥后即得薄膜。干燥方法可以是空气中自然干燥，或在干燥器中利用干燥剂或真空干燥。但为了减少表面张力效应产生的内应力而导致形变和结构变化，应先放在有溶剂蒸汽的密闭容器中缓慢均匀地干燥，最后再置于真空中彻底除去剩余溶剂。膜厚度由溶液浓度控制。

溶液浇铸膜的优点是结构均匀，膜厚度易于控制；缺点是费时颇多，对某些高分子不易找到适当的溶剂。

18.2.3 切　　片

切片首先要选用适当的切片机。比如对韧性的高分子或大面积切片应使用滑板型切片机，对较易切的高分子用旋转型切片机即可。通常使用钢刀，刀刃为碳化钨更好。

18.2.4 打　　磨

大多数热固性高分子和高填充的高分子材料都不能用前述方法制样，必须采用金属学和矿物学中经典的制样方法即打磨。较硬的高分子可用金刚砂打磨，软的可用 Al_2O_3 或 Fe_2O_3（制成砂轮或砂布）打磨。首先将一个面打磨出来，然后用 502 胶将这个面粘到载玻片上，再打磨另一面。如果遇到样品有空洞，必须先用环氧树脂填上。如复合材料含有软的组分，最好冷冻后打磨以免软的部分变形。成功的打磨技术可以得到 15μm 甚至更薄的样片。

18.3 光学显微镜在高分子结构研究中的应用

18.3.1 偏光显微镜的应用

偏光显微镜（POM）是利用偏振光的干涉原理研究物质微观结构的手段之一，是研究聚合物结晶过程的有力工具。目前用偏光显微镜研究高聚物结晶时，常使用重要附件热台，它是一个可以精确控制温度及恒温的特殊样品架，已有商品供应。使用 HSPOM（热台偏光显微镜）在变化升温降温速率及恒温情况下，可以研究聚合物结晶的过程，成核和生长的双折射很容易被分辨，且这两个过程与温度的关系可以被独立观察。近年来发展起来的计算机数字图像加工处理技术可以对成核、生长进行定量研究，如球晶生长速率的测定、成核密度、球晶大小分布等。

18.3.1.1 高分子结晶中球晶的观察

(1) 球晶的形态

球晶由从中心往外辐射排列的晶片组成。各晶片中半径方向与切线方向的折射率差是一样的，即 δ 是常数。因而决定光强的是 α，当 $\alpha=0°$、$90°$、$180°$和 $270°$时，$\sin 2\alpha$ 为零，这几个角度没有光通过。当 $\alpha=45°$的奇数倍时，$\sin 2\alpha$ 有极大值，因而视野最亮。于是，球晶在正交偏光下呈现特有的马尔他（Malfese）消光十字图像（图 18-2）。如果由晶片组成的微纤从中心往外生长时出现了周期性扭转，则产生了零双折射的环［图 18-2（c）］。球晶只有在孤立的情况下才是圆形的［图 18-2（a）］，而一般情况观察到的球晶是多边形的，这是由于球晶生长到一定阶段必然要互相碰撞截顶［图 18-2（b）和（c）］。

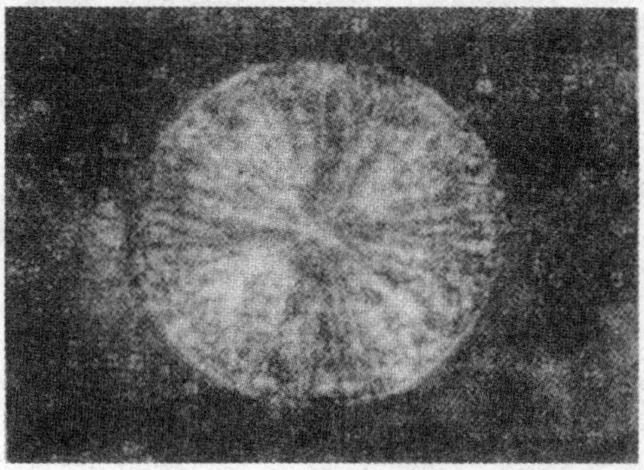

(a)

(b)

(c)

图 18-2　典型球晶的正交偏光显微照片

(a) 聚丙烯的单个球晶（720x）　(b) 截顶的聚丙烯球晶（55x）　(c) 具有消光环的截顶聚乙烯球晶（720x）

并非所有的球晶都能在偏光显微镜下观察到，聚 4-甲基-1-戊烯就是一个特例。由于其分子中原子排列结构恰巧使晶片为光学各向同性，从而其球晶没有双折射而观察不到。另一方面在显微镜下可观察到消光十字的，有时可能只是一种假象而并没有球晶，杂质有时会在材料中造成辐射状的局部应力分布，而引起双折射（图 18-3），这种应力造成的图形边界模糊，因双折射存在一个变化的梯度，可通过观察边界来识别。

（2）球晶的生长

球晶最初的形状是稻草束状，然后向四周呈树枝状生长，这种树枝形的微纤在图 18-4 中看得很清楚。

在一定温度下，球晶的生长是等速的，用偏光显微镜可以进行等温结晶动力学的研究，方法是测定球晶平均半径随时间的关系。例如聚丙烯在 140℃下等温结晶（图 18-5），测得线生长速率为 0.5μm/min。

（3）球晶生长速率的测定

将聚合物在一定温度下熔融压成薄片，移至配有热台、在一定温度下恒温的 POM

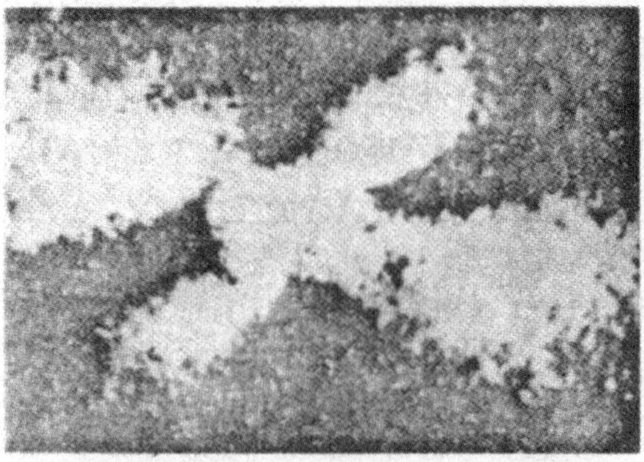

图 18-3　高分子薄膜中的假球晶（410x）

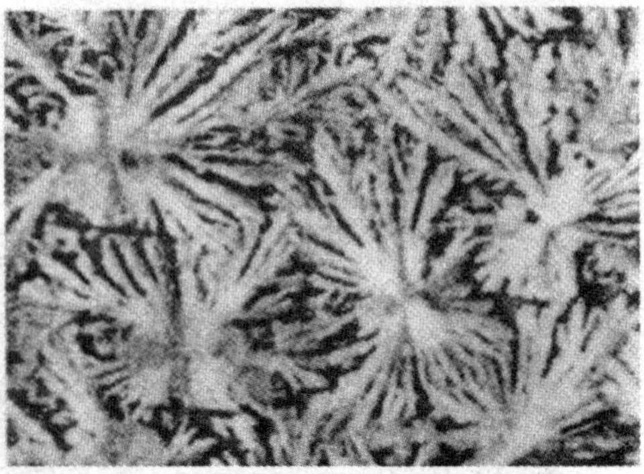

图 18-4　从熔体缓慢冷却的聚丙烯球晶正交偏光（137x）

图 18-5　聚丙烯在 140℃下结晶不同时间后淬火样品的正交偏光显微照片（137x）
(a) 1h　(b) 2h　(c) 3h　(d) 7h

中，此时没有晶体生成，视野中为一片暗场，记录时间。经过一段时间（诱导期）后，开始出现晶核，并逐渐长大为球晶。用照相法记录球晶生长至碰撞的过程并用软件测量球晶的直径。用球晶半径对时间作图即可求得该温度 T 时的径向生长速率 G。

图 18-6 为 PHBV 在 85℃等温结晶时球晶的生长过程，在整个等温结晶过程中球晶在相互碰撞之前球晶半径与时间成线性关系。分别测量出不同时间同一球晶的半径，以球晶半径对球晶生长时间作图，可得较好线性关系，直线斜率即球晶生长速率。图 18-7 为图 18-6 所对应的球晶半径-时间曲线图。在结晶高分子聚合物共混物研究中，用上述方法得

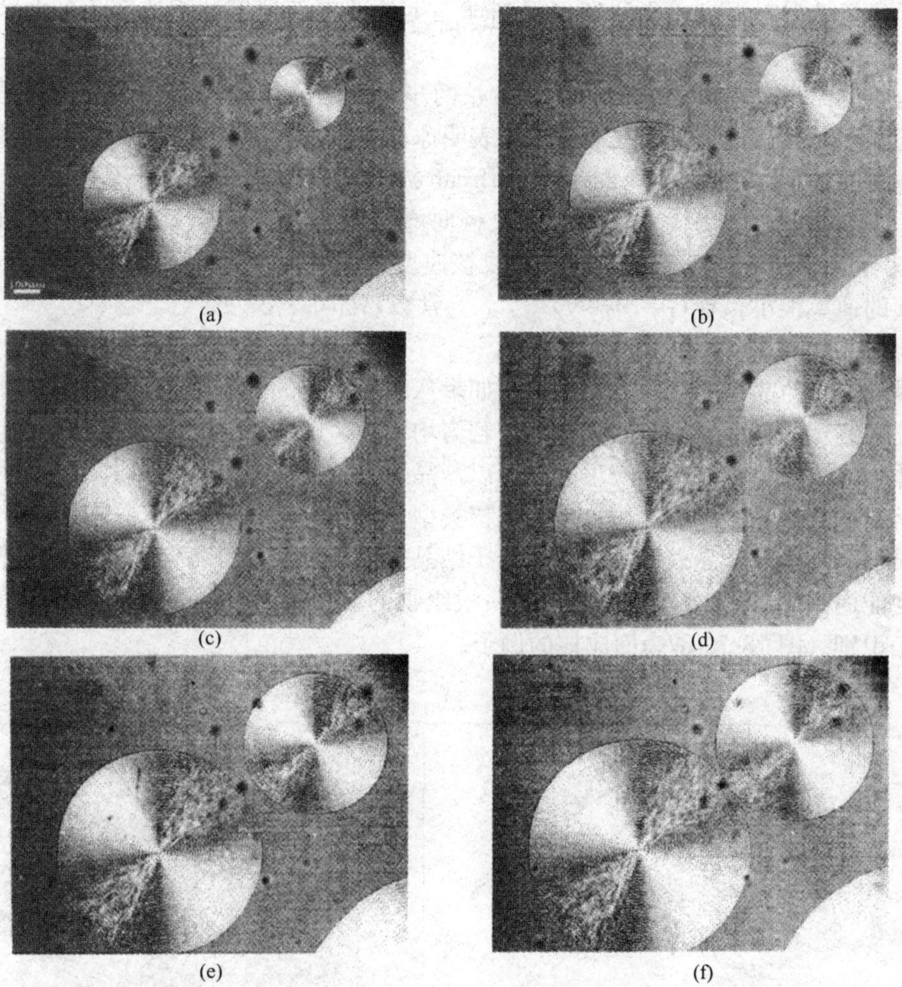

图 18-6 羟基丁酸酯-3-羟基戊酸酯共聚物（PHBV）在 85℃时的球晶生长过程（时间间隔为 30s）

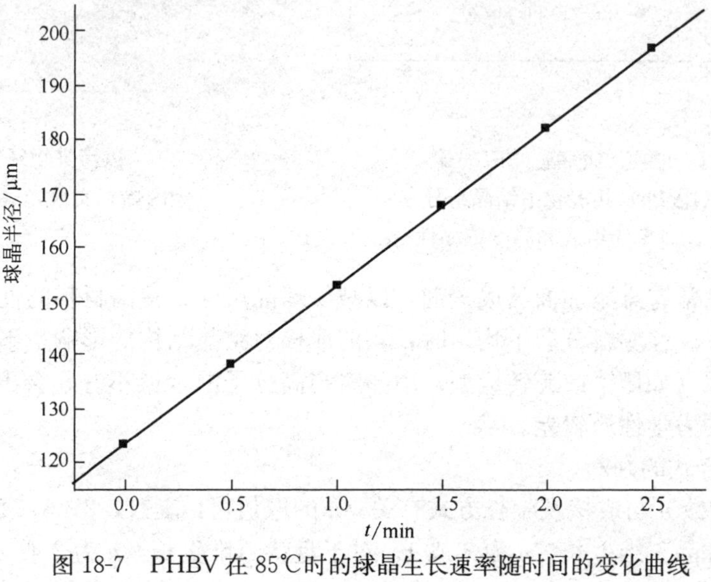

图 18-7 PHBV 在 85℃时的球晶生长速率随时间的变化曲线

到的球晶生长速率对温度作图，还可得到球晶生长速率随温度和组成变化的曲线，如图18-8。

聚合物的结晶过程包括成核和晶体生长两步，在结晶温度较高时成核过程是控制步骤。实验测得球晶半径随时间线性增长，表明球晶生长不受扩散过程的控制，否则球晶半径取决于时间的平方根。Lauritzen 和 Hoffman 提出了球晶生长的两个模型：Ⅰ是在晶面上生成一个新核后，很快就盖满生长层，径向增长速率为 $G=b_0NL_0$。b_0 是单分子层厚度，L_0 为聚合物链一次折叠长度，N 为成核速度，即 $G\infty N$；Ⅱ是成核速率很大，而覆盖生长面的速率很小，有 $G=cb_0(N)^{1/2}$，c 为常数，即 $G\infty N^{1/2}$。

（4）球晶的成核

球晶的形态与晶核的产生方式有关。如果从预先存在的非均相核开始生长，由于是同时生长，最终球晶是边缘笔直的多边形；若为均相核，即分子的相关涨落产生的分子链局部有序体为核，由于核是相继产生的，所以球晶边界呈双曲线形。两类成核方式可能混合存在。从照片上球晶边界情况可以推断成核类型。

杂质、添加剂或样品表面都能给高分子结晶提供晶种。这种各向异性晶核是显微镜观察中经常能遇到的。图 18-9 是聚合物中一根织物的纤维引起的成核。这样的成核是局部的，易于识别。图 18-10 是表面成核的例子。

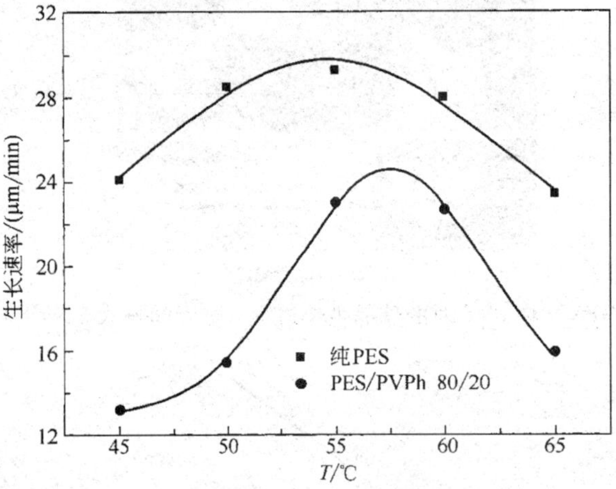

图 18-8　聚丁二酸乙二醇酯（PES）/聚乙烯基苯酚（PVPh）共混物中结晶组分 PES 的球晶生长速率的组成和温度依赖性

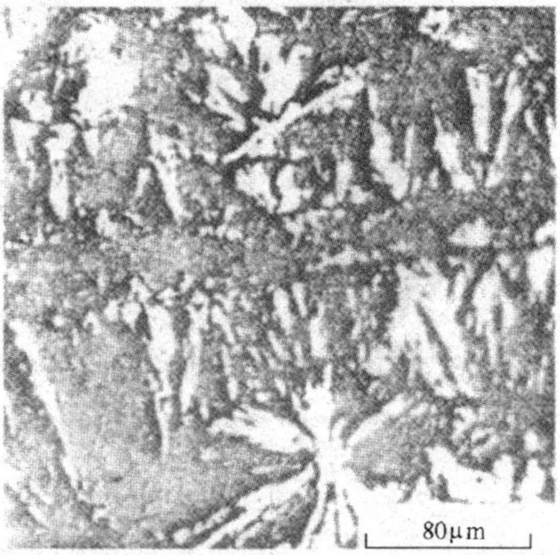

图 18-9　以污染物纤维成核的聚丙烯正交偏光（281x）

聚丙烯和尼龙常有意添加商品成核剂，以减少球晶尺寸，提高材料的性能。颜料则是非故意成核的例子。在颜料分散不均匀时，它的成核对结晶结构的影响是不重要的。低剪切速率的加工过程（如压铸或旋转成型）中颜料与高分子混合得不好，会出现图 18-11 那样的结果，产品的力学性质较差。

a. 成核生长方式的判断

① Avrami 指数 n 与成核及生长方式有关。n 的取值可以是 1，2，3，4，依赖成核和生长过程，对于球晶三维生长，n 为 3 或 4；对于盘状二维生长，n 为 2 或 3；对于纤维生

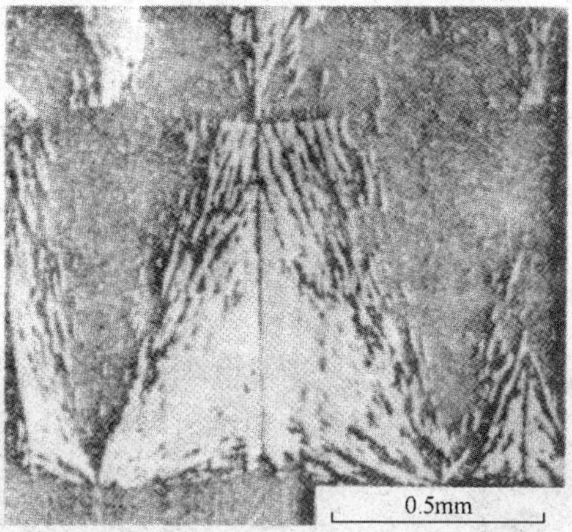

图 18-10　聚丙烯的表面成核正交偏光（51x）

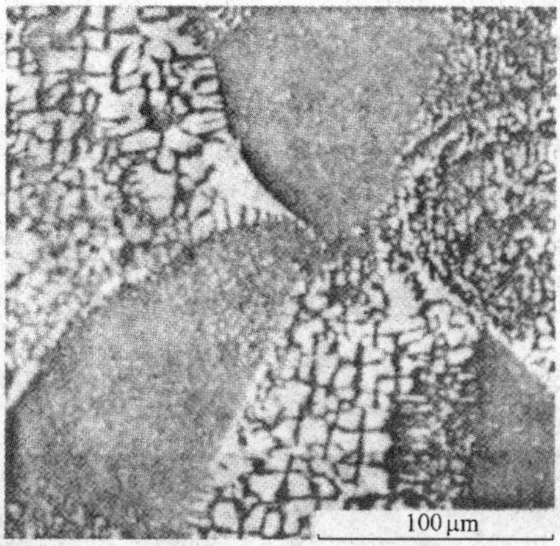

图 18-11　颜料与聚乙烯的不均匀混合正交偏光（290x）

长，n 为 1 或 2。许多实验结果表明，由于受壁面、杂质等因素的影响，结晶过程以异相成核为主。

② 成核方式参数 K_g　Hoffman 根据晶体表面二次成核形成速率和晶体生长的扩散速率，将聚合物晶体增长分为三个区，即 RegimeⅠ，RegimeⅡ和 RegimeⅢ。设 i 为二次成核速率，g 为表面扩散速率，若 $i \ll g$，晶体生长区域属于 RegimeⅠ，$n=4$。若 $i \approx g$，则属 RegimeⅡ，$n=2$；若 $i \gg g$，为 RegimeⅢ，$n=4$。可见，K_g（Ⅰ）$=K_g$（Ⅲ）$=2K_g$（Ⅱ）。

③ 用带有摄像装置的 POM 直接观察结晶成核生长过程形态变化，可以较直观地判定成核生长方式。

b. 成核的分类

成核的方式和过程可以从多角度来分类：

① 根据成核时有无异物的影响可分为均相成核和异相成核；

② 根据成核速率是否依赖热可分为依热成核与不依热成核；

③ 根据成核是否是时间的函数可分为预先成核与散现成核；

④ 根据晶核在空间的成长情况，可分为一次成核（形成六个新表面），二次成核（形成四个新表面）和三次成核（形成两个新表面）。

高聚物的实际结晶过程可能同时存在多种成核类型，不能仅根据一种成核模式来划分。

（5）球晶形态的研究

球晶广泛存在于高聚物材料、矿物和从黏性不纯熔体结晶的简单物质中，其常见直径尺度是 0.5～100μm。在球晶形态的研究中，偏光显微镜能直观地揭示结构和在真实空间的分布，是主要的研究工具。

在偏光显微镜下可以观察到不同种类的聚合物球晶。常见的聚合物球晶有：若黑十字与起、检偏振动方向平行，为正常球晶；若与之交 45°，为所谓变态球晶。若球晶中链带或晶片沿径向呈放射状排列，称之为放射状球晶；若除黑十字外，还有许多同心消光圆环或锯齿形消光图形，为环状球晶。根据球晶双折射的不同，可以确定球晶的正负光性：加入一级红补色器用POM观察，每个球晶沿起、检偏光方向被分成四个象限，若1，3象限为蓝色，2，4象限为黄色，为正球晶，反之为负球晶，若每一个象限蓝、黄优势不明显，则为混合光性球晶。将上述几种因素组合，常见球晶的种类有：①正放射状球晶；②负放射状球晶；③正环状球晶；④负环状球晶；⑤混合光性放射状球晶；⑥混合光性环状球晶；⑦变态球晶。图18-12为一组生物降解高分子的球晶形态照片。

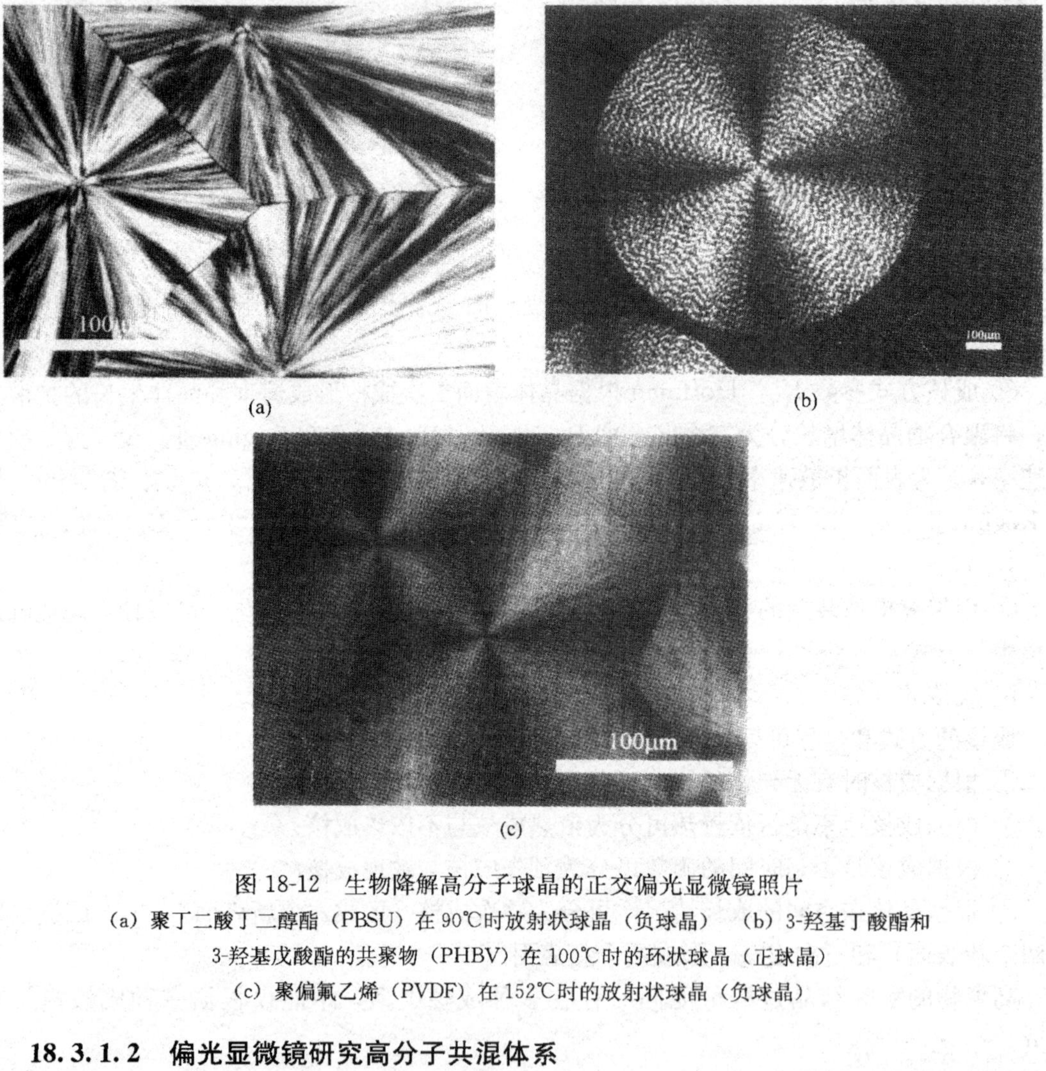

(a)　　(b)

(c)

图 18-12　生物降解高分子球晶的正交偏光显微镜照片

(a) 聚丁二酸丁二醇酯（PBSU）在90℃时放射状球晶（负球晶）　(b) 3-羟基丁酸酯和3-羟基戊酸酯的共聚物（PHBV）在100℃时的环状球晶（正球晶）

(c) 聚偏氟乙烯（PVDF）在152℃时的放射状球晶（负球晶）

18.3.1.2　偏光显微镜研究高分子共混体系

偏光显微镜可用于研究共混物的形态和相行为等。

(1) 高分子共混物相容性的判定

利用差示扫描量热仪（DSC）测量共混物的玻璃化转变温度 T_g 可判定共混物的相容性，但是当 T_g 变化不明显时，则需要辅助其他测试仪器判定。利用偏光显微镜，将共混物升温至熔融态，可直观地观察到两相结构。图18-13为40/60组分聚羟基丁酸酯(PHB)/聚丁二酸丁二醇酯（PBSU）共混物熔融时的偏光照片，从照片上可以明显地看到海岛两相分离结构，从而可以得出结论，即 PHB 和 PBSU 在 40/60 的组分下是不相容的。

邱兆斌等人研究了 PHBV/聚己内酯（PCL）聚合物共混物相行为与结晶形态。DSC 研究表明二者为完全不相容的结晶/结晶聚合物共混物。图 18-14 为该共混物两组分两步结晶，即从熔体快速降温到两结晶组分熔点之间结晶一段时间，然后再降温到低熔点组分（LTC）的熔点以下继续结晶时的偏光图片。从图中可以看到明显的两相结晶结构，进一步验证了 DSC 的实验结论。图 18-15 为 PLLA/PES 共混物 40/60 组分的照片。从（a）图可以看到明显的两相分离结构，（b）和（c）中 PLLA 和 PES 的分别结晶形成的不同的结晶结构进一步表明两者是不相容的。

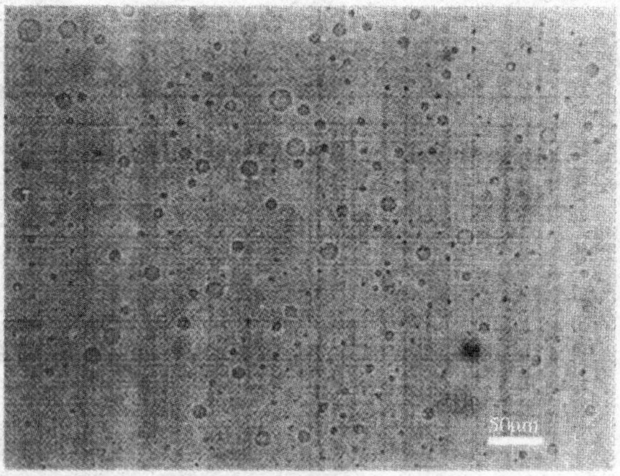

图 18-13　组分配比为 40/60 的 PHB/PBSU 共混物熔融时的偏光照片

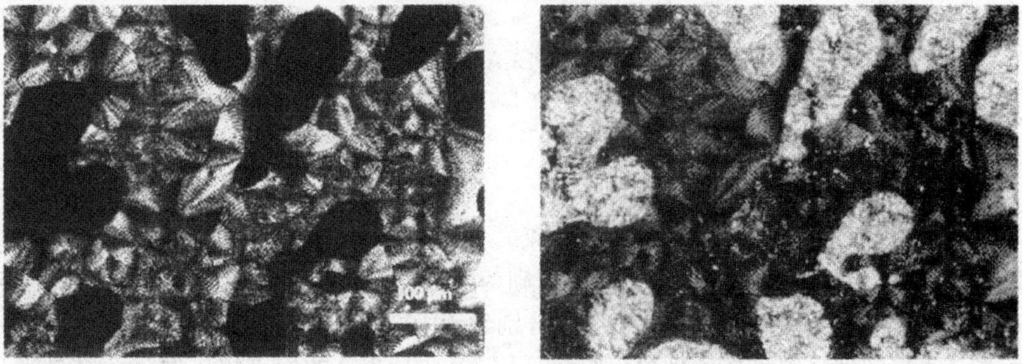

(a)　　　　(b)

图 18-14　组分配比为 60/40 的 PHBV/PCL 共混物两组分两步结晶的 POM 图

（a）共混物在 70℃结晶　（b）共混物在 40℃结晶

（2）高分子共混物的结晶形态

显微镜方法研究高分子共混物的结晶形态，最为直观，信息量丰富，其他方法无可比拟，是研究高分子共混物最重要的手段。图 18-16 和图 18-17 分别为 PES 和组分配比为 80/20 的 PES/PVPh 共混物在不同温度下的球晶形态。两组图片都呈现出十分清晰的黑十字（即 Maltese Cross）消光现象。从图中还可以看出，随着结晶温度的升高，球晶密度在逐渐减小，球晶尺寸在逐渐增大。而球晶尺寸的大小将直接影响聚合物的力学性能。比较同一温度下球晶形态发现，共混物中 PES 球晶的尺寸比纯 PES 球晶的尺寸要大，表明随着 PVPh 的引入，PES 的成核密度减小。

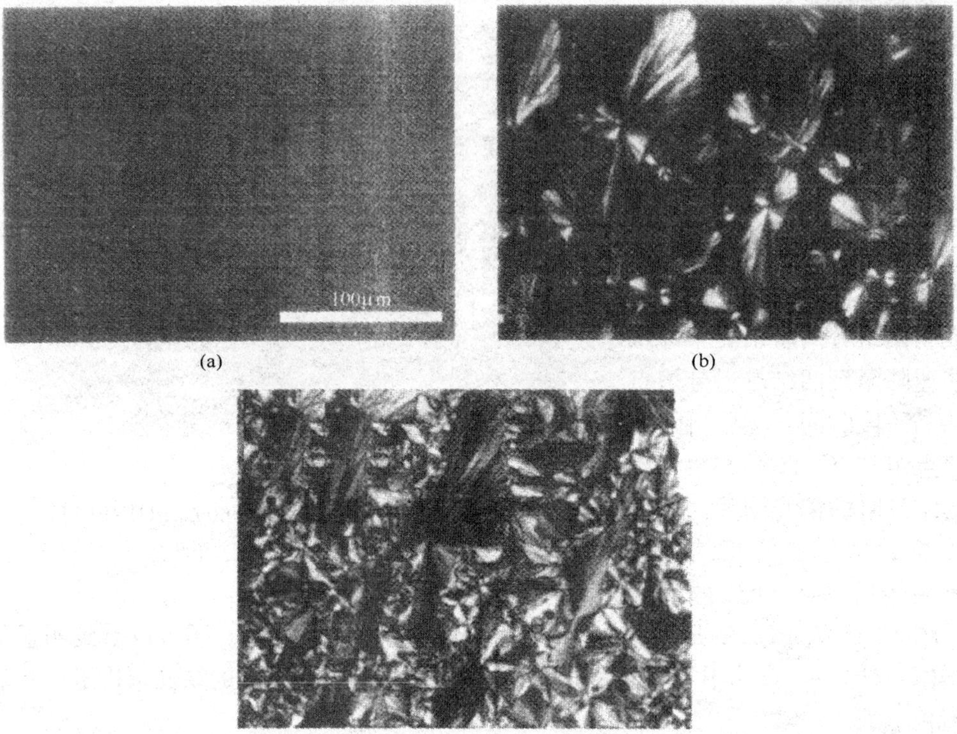

(a)　　(b)

(c)

图 18-15　40/60 组分 PLLA/PES 共混物的偏光照片

(a) 190℃熔融 3min　(b) PLLA 在 110℃结晶 110min　(c) PLLA 在 110℃结晶 110min 后降温至 65℃，PES 在该温度下结晶 20min

（3）特殊的球晶形态

对于相容的结晶/结晶聚合物共混体系，如果两结晶组分熔点相差较小时（$\Delta T_m \approx$ 35℃），两结晶组分的结晶速率比较接近，则两组分有可能同时结晶。在 PES 与聚氧化乙烯（PEO）聚合物共混物中，二者的 T_m 分别约为 103℃和 67℃，因此以一步结晶方式从相容熔体直接快速降温到作为低熔点组分（LTC）的 PEO 的熔点以下时，两结晶组分有可能在特定的组成和结晶温度区间，同时以球晶方式结晶。这时与来自于同一种高分子的两个球晶碰撞时，停止生长并形成明显的球晶界面不同，PEO 组分的球晶可以侵入正在生长的另一种组分 PES 的球晶内部并继续生长直至贯穿（图 18-18）。这种独特形态被命名为同时结晶侵入球晶。

如果两结晶组分熔点相差较大时（$\Delta T_m \approx 50$℃），两结晶组分只能分别结晶。在 PBSU 与 PEO 聚合物共混物中，二者的 T_m 分别约为 118℃和 67℃。但当作为 LTC 的 PEO 为主要成分时，PEO 可以在已完成生长的高熔点组分（HTC）的 PBSU 的球晶内部或相邻球晶间的空间成核，然后按球晶形态的方式在 PBSU 的球晶内部生长并侵入其他的 PBSU 的球晶，从而形成后结晶的 LTC 的球晶内包含大量先结晶的 HTC 的球晶的独特形态（图 18-19）。这种在相容性的结晶/结晶聚合物共混物中所发现的独特形态被命名为分别结晶侵入球晶。

(a)

(b)

(c)

(d)

(e)

图 18-16　PES 在不同结晶温度下的球晶形态

(a) 45℃　(b) 50℃　(c) 55℃　(d) 60℃　(e) 65℃

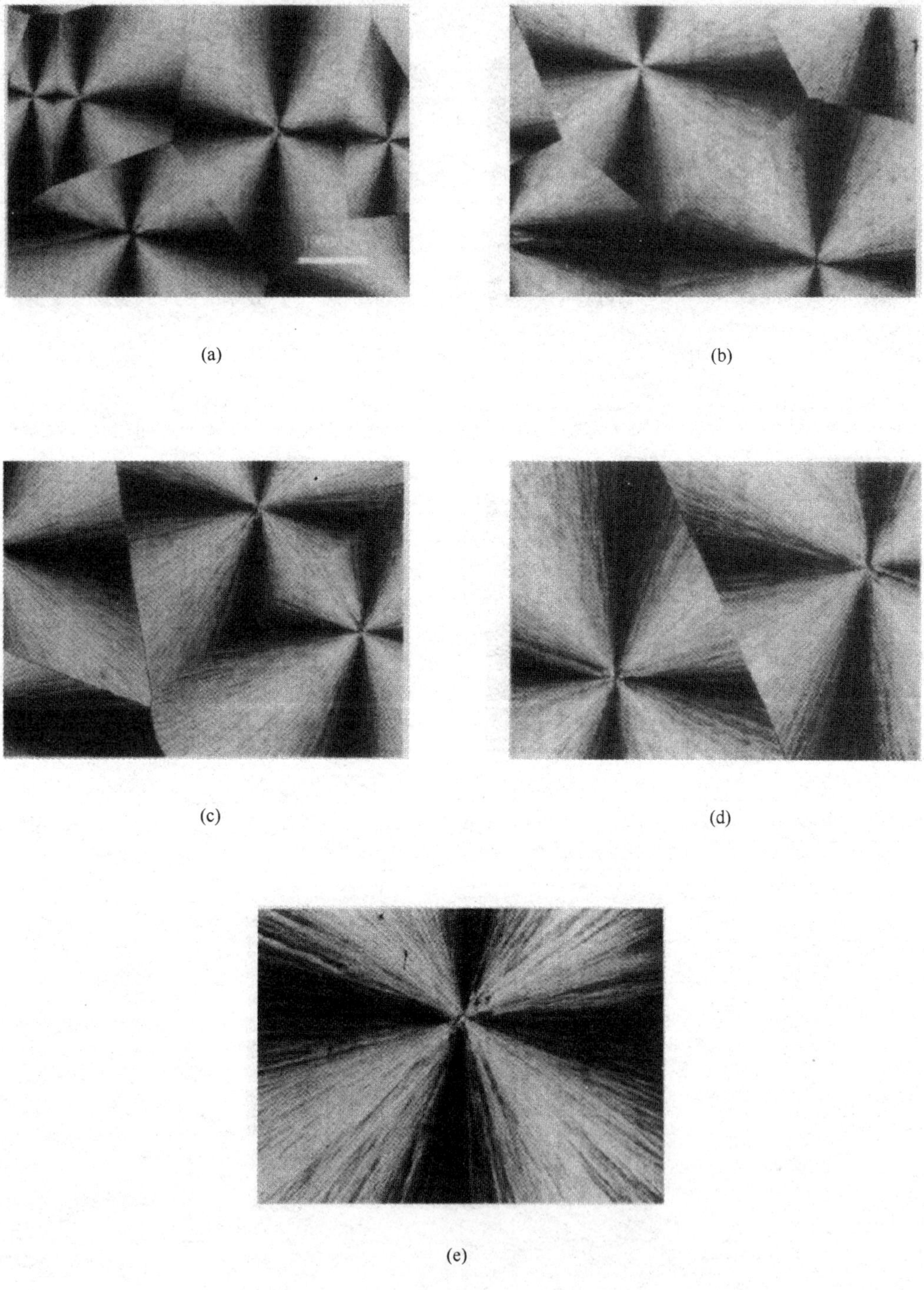

图 18-17　PES/PVPh 80/20 在不同温度下的球晶形态

(a) 45℃　(b) 50℃　(c) 55℃　(d) 60℃　(e) 65℃

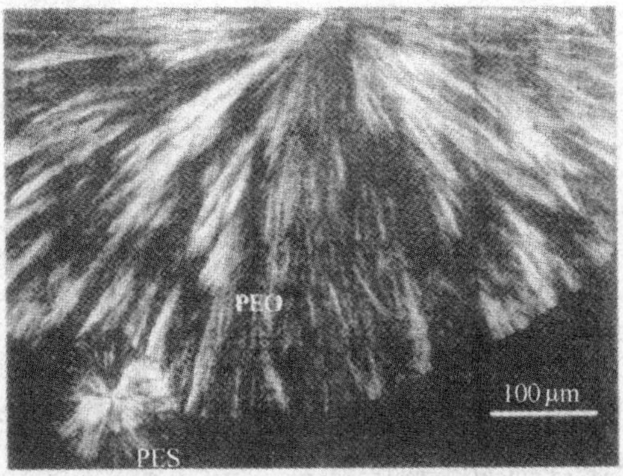

图 18-18　PES/PEO 聚合物共混物中形成同时结晶侵入球晶的 POM 图
（PES/PEO＝20/80，T_c＝50℃）

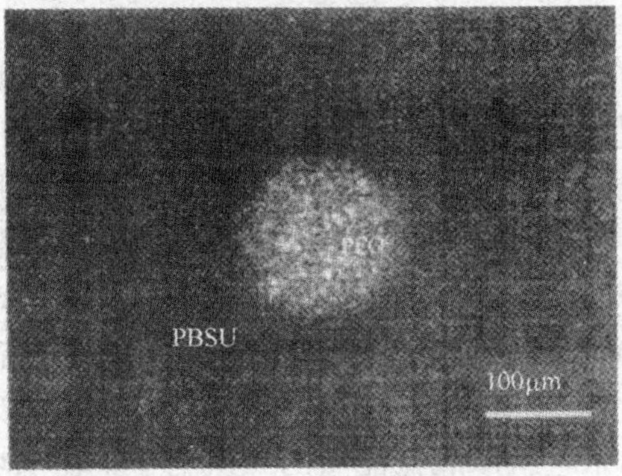

图 18-19　PBSU/PEO 聚合物共混物中形成分别结晶侵入球晶的 POM 图
（PBSU/PEO＝20/80，T_c＝50℃）

第 19 章　电子显微镜法

19.1　基 本 原 理

一束电子射到试样上，电子与物质相互作用，当电子的运动方向被改变时，称为散射。但当电子只改变运动方向而电子的能量不发生变化时，称为弹性散射。如果电子的运动方向和能量同时发生变化，称为非弹性散射。

电子与试样相互作用可以得到如图 19-1 所示的各种信息。

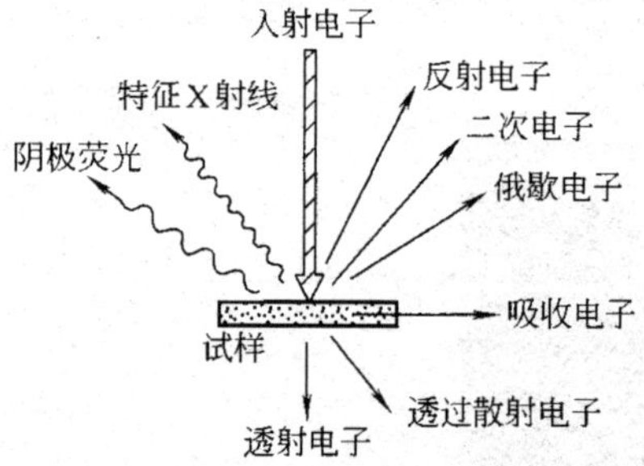

图 19-1　电子与样品相互作用所产生的信息

① 透射电子　直接透射电子，以及弹性或非弹性散射的透射电子用于透射电镜（TEM）的成像和衍射。

② 背景散射电子　入射电子穿透到离核很近的地方被反射，而没有能量损失；反射角的大小取决于离核的距离和原来的能量，因而实际上任何方向都有散射，即形成背景散射。它能量较高基本上不受电场的作用而呈直线运动进入检测器。散射强度的大小取决于原子的原子序数和试样表面形貌。

③ 二次电子　如果入射电子撞击样品表面原子的外层电子，把它激发出来，就形成低能量的二次电子，在电场的作用下它可呈曲线运动，翻越障碍进入检测器，因而使表面凹凸的各个部分都能清晰成像。二次电子的强度主要与样品表面形貌有关。二次电子和背景散射电子共同用于扫描电镜（SEM）的成像。当探针很细，分辨高时，基本收集的是二次电子而背景电子很少，称为二次电子成像（SEI）。

④ 特征 X 射线　如果入射电子把样品表面原子的内层电子撞出，被激发的空穴由高能级电子填充时，能量以电磁辐射的形式放出，就产生特征 X 射线，可用于元素分析。

⑤ 俄歇（Auger）电子　如果入射电子把外层电子打进内层，原子被激发了，为释放能量而电离出次外层电子，叫俄歇电子。主要用于轻元素和超轻元素（除 H 和 He）的分析，称为俄歇电子能谱仪。

⑥ 阴极荧光　如果入射电子使试样的原子内电子发生电离，高能级的电子向低能级跃迁时发出的光波长较长（在可见光或紫外区），称为阴极荧光，可用作光谱分析，但它通常非常微弱。

本章只介绍透射电镜和扫描电镜。

19.1.1　透射电镜（TEM）基本原理

19.1.1.1　构造和成像原理

透射电镜基本构造与光学显微镜相似，主要由光源、物镜和投影镜三部分组成，只不过用电子束代替光束，用磁透镜代替玻璃透镜（图 19-2）。

光源由电子枪和一或两个聚光镜组成，其作用是得到具有确定能量的高亮度的聚焦电子束。

电镜的成像光路上除了物镜和投影镜外，还增加了中间镜，即组成了一个三级放大成像系统。物镜和投影镜的放大倍数一般为 100，中间镜的放大倍数可调，为 0～20。中间镜的物平面与物镜的像平面重合，在此平面装有一可变的光阑，称为选区光阑，(见图 19-2（c))。投影镜的物平面与中间镜的像平面重合，荧光屏处在投影镜的像平面上。荧光屏、光学观察放大镜及照相机等组成观察系统。

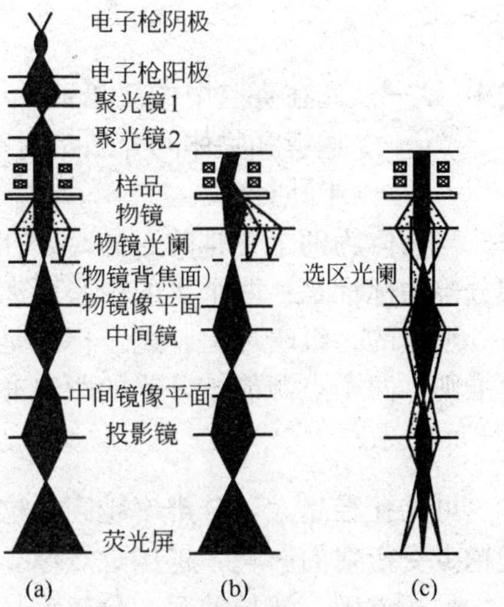

图 19-2　TEM 的原理图
（a）常规的明场像　（b）暗场像　（c）电子衍射

除了常规的成像方式（明场像）外，还可以观察到暗场像和衍射花样。

电镜构造有两个特点，必须加以说明。

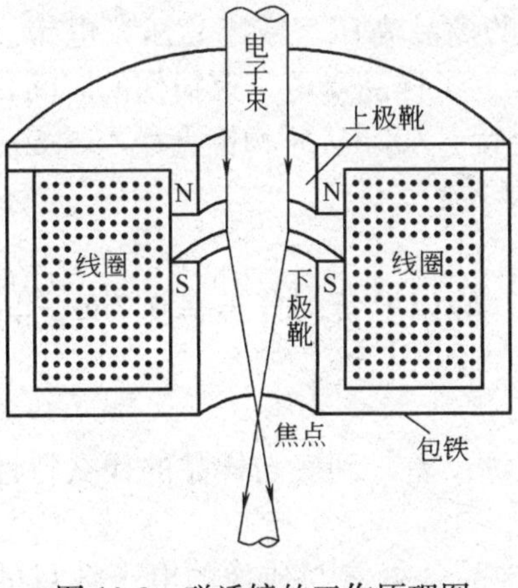

图 19-3　磁透镜的工作原理图

① 磁透镜　光学显微镜中的玻璃透镜不能用于电镜，因为它们没有聚焦成像的能力，而且是“不透明”的。磁透镜的工作原理如图 19-3 所示。电流通过线圈时出现磁力线和南北极。由于电子带电，会与磁力线相互作用，而使电子束在线圈的下方聚焦。只要改变线圈的励磁电流，就可以使电镜的放大倍数连续变化。为了使磁场更集中，在线圈内部也包有软铁制成的包铁，称为极靴化。带极靴的磁透镜磁场被集中在上、下极靴间的小空间内，磁场强度进一步提高。

② 因为空气会使电子强烈地散射，所以凡有电子运行的部分都要求处于高真空，要达到 1.33×10^{-4} Pa 或更高。

19.1.1.2　电镜三要素

电镜图像的分辨率、放大倍数和衬度称为电镜的三大要素。只有了解它们，才能知道如何获得一幅高质量的图像。

(1) 分辨率

点光源经过理想透镜（无像差）成像后，不能得到一个完整的点像，而是得到明暗相同的同心圆斑，称 Airy 盘（如图 19-4）。形成 Airy 盘的原因是光通过透镜光阑时受到衍射造成的，如果没有光阑，光也会受到透镜边缘的衍射。

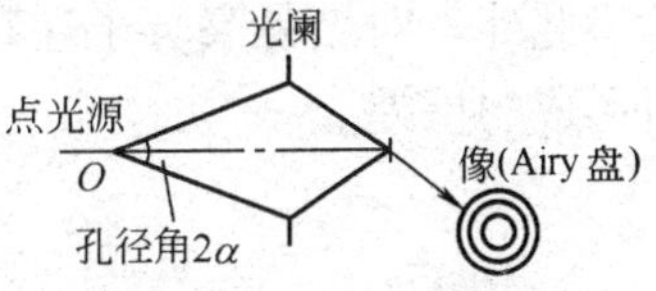

图 19-4　点源成像示意图

Airy 盘的直径通常以第一级暗环的半径 r 表示，由物理光学可以得到：

$$r=\frac{0.61\lambda}{n\sin\alpha}$$

式中 λ——光在真空中的波长；

n——透镜和物体间介质折射率；

α——半孔径角。

当物体为两个并排的点源时，在像平面上得到两个相互重叠的 Airy 盘。两个盘能互相分辨的标准是：两个盘的中心距离等于第一级暗环的半径 r，即一个盘的中心正好落在另一个盘的一级暗环上。这个标准是人为的，最早由 Airy 提出，因而称为 Airy 准则。据此准则，两个点源能被分辨的距离亦即分辨率 δ 为：

$$\delta=\frac{0.61\lambda}{n\sin\alpha}$$

可见孔径越大，分辨率越高。这是因为孔径角越大，收集的信息就越多，得到的图像就越少受衍射的影响，越接近点像。

另一方面，波长越短，分辨率越高。而电子波长取决于加速电压，服从下式：

$$\lambda=(1.5/V)^{1/2}$$

式中 V——电子加速电压。

如果能设计大孔径角的磁透镜，在 100kV 时，分辨率可达 0.005nm。而实际 TEM 只能达到 0.1～0.2nm，这是由于透镜的固有像差造成的。

提高加速电压可以提高分辨率现已有 300kV 以上的商品高压（或超高压）电镜。高压不仅提高了分辨率，而且允许样品有较大的厚度，推迟了样品受电子束损伤的时间，因而对高分子的研究很有用。但高加速电压意味着大的物镜，500kV 时物镜直径 45～50cm。对高分子材料的研究所适合的加速电压，最好在 250kV 左右。

（2）放大倍数

电镜最大的放大倍数等于肉眼分辨率（约 0.2mm）除以电镜的分辨率 0.2nm，因而在 10^6 数量级上。

（3）衬度

在分析 TEM 图像时，亮和暗的差别（即衬度，又称反差）到底与样品的什么特性有关，这点对解释图像非常重要。

高分子电镜图像的衬度主要是吸收衬度，取决于样品各处参与成像的电子数目的差别。电子数目越多，散射越厉害，透射电子就越少，从而图像就越暗。另外，样品厚度、原子序数、密度对衬度也有影响，一般有下列关系。

a. 样品越厚，图像越暗；

b. 原子序数越大，图像越暗；

c. 密度越大，图像越暗。

其中，密度的影响最重要，因为高分子的组成中原子序数差别不大，所以样品排列紧密程度的差别是其反差的主要来源。

此外，对结晶高分子还存在衍射衬度，即由于结晶衍射线被物镜光阑挡住不参与成像而形成的反差。

19.1.2 扫描电镜（SEM）基本原理

扫描电镜的最大特点是焦深大，图像富有立体感，特别适合于表面形貌的研究。它的放大倍数范围广，从十几倍到2万倍，几乎覆盖了光学显微镜和TEM的范围。它制样简单，样品的电子损伤小，这些方面优于TEM，所以SEM成为高分子材料常用的重要剖析手段。

19.1.2.1 构造和成像原理

SEM与TEM有很大区别。在原理上，SEM不是用透射电子成像，而是用二次电子加背景散射电子成像。在仪器构造上，除了光源、真空系统相似外，检测系统完全不同。图19-5是SEM的原理图。

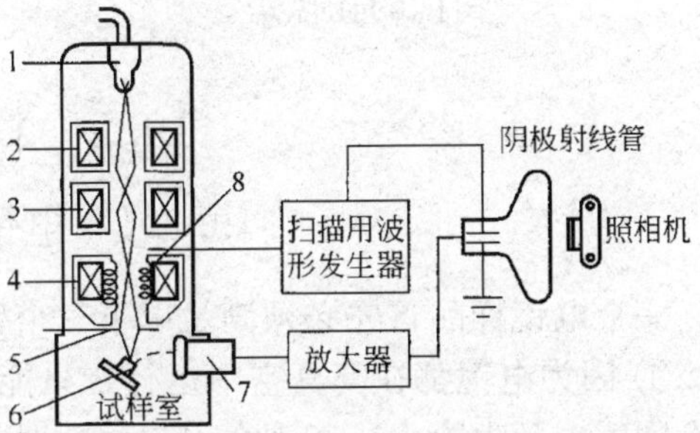

图19-5 扫描电镜的原理图
1—电子枪 2—第一聚光镜 3—第二聚光镜 4—物镜 5—物镜光栅 6—试样 7—检测器 8—扫描线圈

电子枪射出的电子束经聚光镜汇聚，再经物镜聚焦成一束很细的电子束（称为电子探针或一次电子）。在聚光镜与物镜之间有一组扫描线圈，控制电子探针在试样表面的微小区域上扫描，引起一系列二次电子和背景电子发射。这些二次电子和背景电子被探测器依次接收，经视频放大器放大后输入显像管（CRT）。由于显像管的偏转线圈和镜筒中的扫描线圈的扫描电流由同一个扫描发生器严格控制同步，所以在显像管的屏幕上就可以得到与样品表面形貌相应的图像。

19.1.2.2 电镜三要素及焦深

（1）分辨率

SEM的分辨率主要受到电子束直径的限制，这里电子束直径指的是聚焦后扫描在样品上的照射点的尺寸。对同样晶距的二个颗粒，电子束直径越小，越能得到好的分辨效果。但电子束直径越小，信噪比越小。

（2）放大倍数

SEM的放大倍数与屏幕分辨率有关。

$$放大倍数=\frac{屏幕的分辨率}{电子束直径}$$

SEM用的显像管与普通电视用的一样，以尺寸20cm×20cm为例，为了保证在肉眼分辨率以上（这里以极限分辨率0.1mm计），至少要扫描2000行，使屏幕分辨率在0.1mm。这样，SEM的最大放大倍数为2万左右。

（3）衬度

衬度包括表面形貌衬度和原子序数衬度。表面形貌衬度主要是样品表面的凹凸（称为表面地理）决定的。一般情况下，入射电子能从试样表面下约5nm厚的薄层激发出二次电子，加速电压大时会激发出更深层内的二次电子，从而面下薄层内的结构可能会反映出来，并叠加在表面形貌信息上。

原子序数衬度指扫描电子束入射试样时产生的背景电子、吸收电子、X射线，对微区内原子序数的差异相当敏感，而二次电子不敏感。高分子中各组分之间的平均原子序数差别不大，所以只有一些特殊的高分子多相体系才能利用这种衬度成像。

（4）焦深

SEM的焦深是较好光学显微镜的300～600倍。焦深大意味着能使不平整性大的表面上下都能聚焦。焦深公式如下：

$$\Delta F = \pm d/2\alpha$$

式中　ΔF——焦深；

　　d——电子束直径；

　　2α——物镜的孔径角。

19.2　样品制备技术

19.2.1　电镜样品的基本要求

一个电镜样品首先必须满足以下三个要求：

① 因为电镜都在高真空中运行，只能直接测定固体样品。对于样品中所含水分及易挥发物质应预先除去，否则会引起样品爆裂并降低真空度。

② 样品必须清洁，因为高倍放大时，一颗尘埃也会放大成乒乓球那么大。

③ 样品要有好的抗电子束强度，但高分子材料往往不耐电子损伤，允许的观察时间较短（几分钟甚至几秒钟），所以观察时应避免在一个区域持续太久。

19.2.2　SEM 的一般制样方法

通常将样品（包括模塑制品、薄膜、纤维、粒料等）直接用双面胶粘纸贴在铝样品座上即可。为了使样品和铝座之间能导电，胶纸只能粘住样品与铝座之间面积的一半左右。用银粉或碳粉调成的胶，粘接效果会更好，粘接时除了粘接面外，胶应延长一些，直至覆盖样品表面的一小部分，以使样品表面的电荷能迅速导走。

因为高分子材料绝大多数是绝缘体，在电镜观察时表面会积累电荷，使画面异常。改进的方法是在表面上镀金属膜，这对大多数高分子材料是不可缺少的一步。对高分子样品可用较低的加速电压（1～5kV），并尽可能在低频观察，以减少电荷积累。

19.2.3　TEM 的一般制样方法

供透射电镜观察的样品既小又薄，可观察的最大尺度不超过 1mm 左右。在常用的 50～100kV 加速电压下，样品厚度一般应小于 100nm，较厚的样品会产生严重的非弹性散射，因色差而影响图像质量，过薄的样品没有足够的衬度也不行。样品是载在金属网上使用的，当样品比金属网眼小时还必须有透明支持膜。

19.2.3.1　铜网

金属网的材质一般用铜，因而称铜网，根据化学性等特殊需要也可用 Ni、Au、Be 等网，铜网很小，直径只有 2～3mm，厚度为 20～100μm 的圆形薄板。网眼是可选的，形状有方形、长方、六方或圆形，孔径从 50 目～400 目（即 2～16 孔/mm）不等。长方形的孔适合于连续片的观察。

19.2.3.2　支持膜

纤维、薄膜、切片等可直接安放在铜网上，对于很小的切片、颗粒、高分子单晶、乳胶粒等细小的材料就不能直接安放，而必须有支持膜支撑。对支持膜有以下要求：

① 在电镜分辨率范围内，或在所观察结构范围内，不显现支持膜本身的结构，即电

子透明性好。

② 能经受电子轰击，有较高的热稳定性和化学稳定性；

③ 制作和使用简便。

支持膜主要有四类，即塑料膜、碳膜、碳补强塑料膜、多孔支持膜。

19.2.3.3 样品在支持膜上的分散方法

如果要观察高分子稀溶液、乳液和悬浮液等中的颗粒样品的形状、大小与分布，制样的关键是要使颗粒有良好的分散性，且不要太稀疏。具体的方法可以用涂布法、喷雾法、包埋法等。

19.3 电子显微镜在高分子结构研究中的应用

电子显微镜可将微小物体放大几万倍甚至几十万倍，可以分辨零点几个纳米的结构，无疑是研究聚合物形态结构的强有力工具。自1957年A. Keller等人应用电子显微镜观察到PE的单晶体以来，电子显微镜在阐述高分子的聚集态结构本质上做出了重要贡献。

19.3.1 观察聚合物的聚集态结构

19.3.1.1 非晶态结构

20世纪50年代中期，Kargin等通过溶液浇铸成膜的X射线电子衍射数据，说明非晶态聚合物中存在球粒结构，并说明这些粒子是由大分子的不对称排列产生的，随后Yeh和Geil等用电镜及电子衍射研究了PET、NR、PC、i-PS、α-PS及PMMA等的形态结构，得到了相同的结果。电镜观察表明多数非晶态聚合物具有这种球粒结构，球粒结构的尺寸随热处理而改变。

19.3.1.2 晶态结构

(1) 单晶

单晶的发现是电镜在高分子研究方面的一个重大成就。1957年，英国的Keller、美国的Till和德国Fischer分别独立发表了聚乙烯单晶的电镀照片。除观察到厚度约10nm的菱形片状单晶外，他们还进行了电子衍射实验，得到非常清晰的规则的电子衍射花样，证明在单晶内，分子链的取向与片状单晶的表面相垂直，根据电镜实验结果，Keller提出了折叠链结构模型。

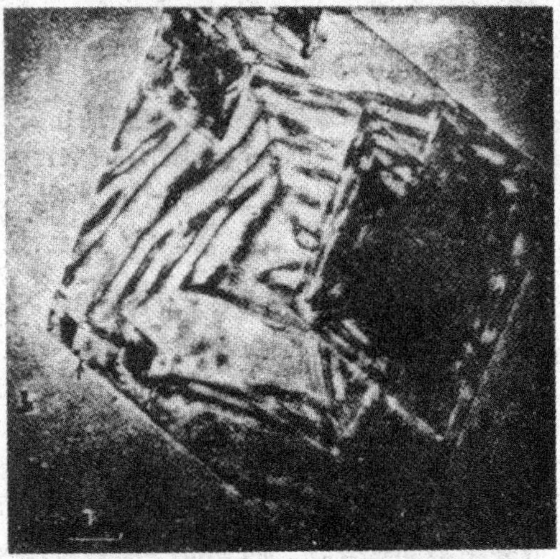

图19-6 聚乙烯单晶的TEM照片（13500x）左下角为聚乙烯单晶的电子衍射照片

图19-6是典型的聚乙烯单晶的TEM照片，制样方法如下。首先配制聚乙烯的0.05%二甲苯稀溶液，在83℃下缓慢结晶。然后滴一滴此结晶悬浮液于有碳支持膜的铜网上，投影以增加衬度。

(2) 球晶

从溶液或从熔融冷却结晶时可以得到球晶，球晶是高分子最常见的一种聚集态形式，在偏光显微镜下可以看到球晶的二维生长情况。图 19-7 是聚氧化乙烯从氯仿溶液铸膜得到的球晶偏光显微镜的照片，可以清楚地看出 MaHese 十字和球晶互相排挤截顶的情况。图 19-8 为聚乙烯球晶，可以看出它有周期性的同心消光环。更进一步研究球晶结构时，要利用电镜这个工具。

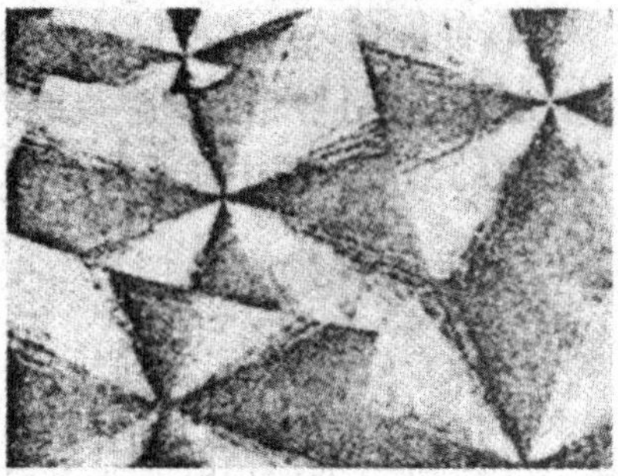

图 19-7　PEO 球晶

图 19-8　PE 球晶

由电镜的复型像可以说明，消光环是由于球晶中的片晶周期性地扭曲造成的，用微束 X 光进行研究也证实了这一点。图 19-9 是聚乙烯球晶的表面复型电镜像，可以看到晶片的扭曲情况。

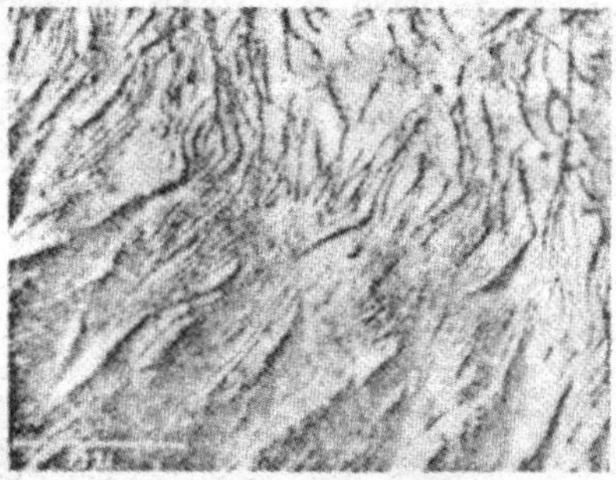

图 19-9　PE 球晶表面

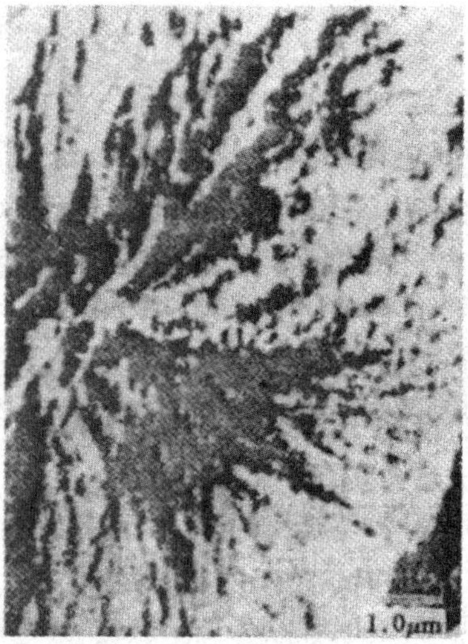

图 19-10　聚酯超薄切片中的 TEM 照片（6500x）

聚对苯二甲酸乙二醇酯对四氧化锇的选择吸收，是染色技术用于半结晶高分子电镜研究的一个典型例子。将未取向的聚酯切片熔融后，在 235℃ 结晶 2～3h，接着浸入 4% OsO_4 溶液中染色 7 天。结果球晶中的非结晶部分的电子密度增强，在 TEM 照片中显示黑色，如图 19-10 所示。

19.3.2　研究聚合物的多相复合体系

为了使聚合物材料增韧、增强或功能化，常常在聚合物材料中添加各种添加剂或填料；或采用不同聚合物之间共混、接枝及嵌段共聚；或形成互穿网络复合物；或用各种纤维增强制得复合材料。复合材料的性能既与各组分的结构有关，还与各相的分布等织态特征有关。电镜被广泛应用于各相结构及其分布和相之间界面状态的研究。

19.3.2.1 共混物

用橡胶增韧塑料，改善塑料的抗冲击性能，是高分子共混改性中最有成效的一种方法。用三元乙丙共聚的弹性体与尼龙共混可得到高抗冲尼龙，该共混物的冷冻切片的相差显微镜和 TEM 照片示于图 19-11。由于该样品的橡胶组成比较大，因而分散相的颗粒很多［图 19-11（a）］，直径也大（超过了 2μm）。TEM 还揭示各相相内的细节，图中箭头所示的黑点是在弹性体相内所包藏的尼龙。

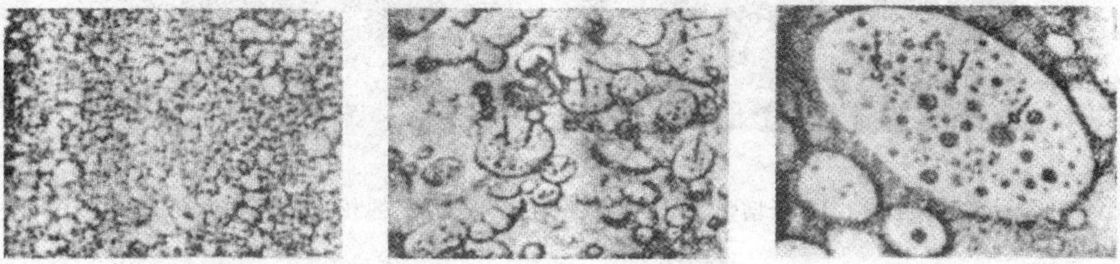

图 19-11 高抗冲尼龙的相结构

（a）相差显微镜照片（450x）（b）TEM 照片（5140x）（c）TEM 照片（5790x） TEM 切片样品都经 RuO_4 蒸气染色

19.3.2.2 嵌段共聚物

聚苯乙烯-氧化乙烯、SBS 等二元或三元嵌段共聚物经 OsO_4 染色后，能看到球状、棒状和层状三类不同的相结构（取决于组成比），这是电镜应用于高分子研究的最成功的例子之一。

将聚苯乙烯-丁二烯［16.1%（质量）的丁二烯］二嵌段共聚物的超薄切片用 OsO_4 染色，能得到排列非常规则的球状分散相点阵，成为一种体心立方晶格（图 19-12）。

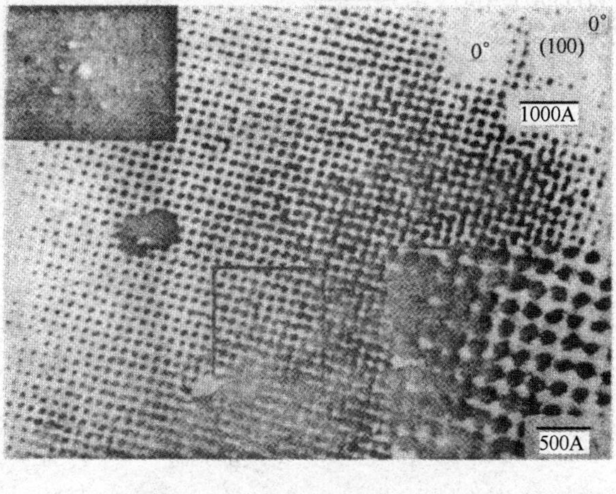

图 19-12 聚苯乙烯-丁二烯嵌段共聚物的 TEM 照片（85000x）

右下角为画方框的局部的放大照片（170000x）

左上角为相应的电子衍射照片

19.3.2.3 复合材料

（1）玻纤增强材料

从玻纤表面的洁净程度可以判断玻纤与高分子间的粘接好坏。图 19-13（a）中玻纤表面比较洁净，说明粘接较差；而图 19-13（b）中玻纤与高分子有较多粘连，因而力学性能较好。

（2）透射电镜观察聚合物/层状硅酸盐（polymer/layered silicate，PLS）纳米复合材料微观结构

在 PLS 纳米复合材料的研究领域中，一般将其分为插层型纳米复合材料和剥离型纳米复合材料两大类。所谓插层型的 PLS 纳米复合材料，其理想的结构是聚合物基体的分子链插层进入层状硅酸盐的层间，使层状硅酸盐的层间距扩大到一个热力学允许的平衡距离上，一般而言，层状硅酸盐层间距扩大的距离介于 1～4nm 之间，并且插入层状硅酸盐层间通常就是单个的聚合物分子链，如图 19-14 和图 19-15。

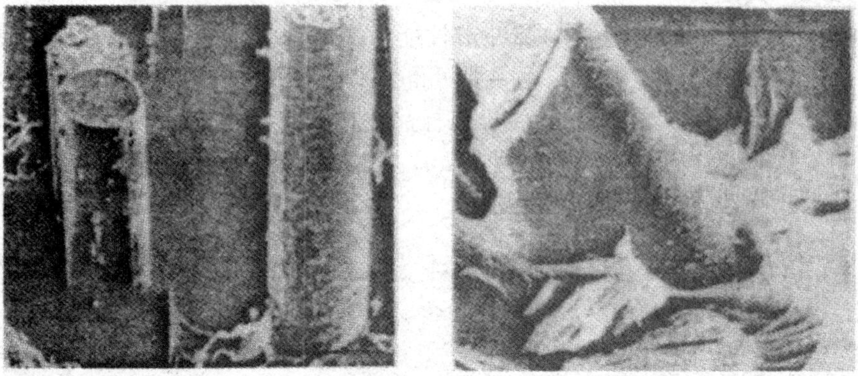

(a) (b)

图 19-13 玻纤增强尼龙的缺口悬臂梁冲击样品的断口的 SEI 照片

(a) 800x (b) 1600x

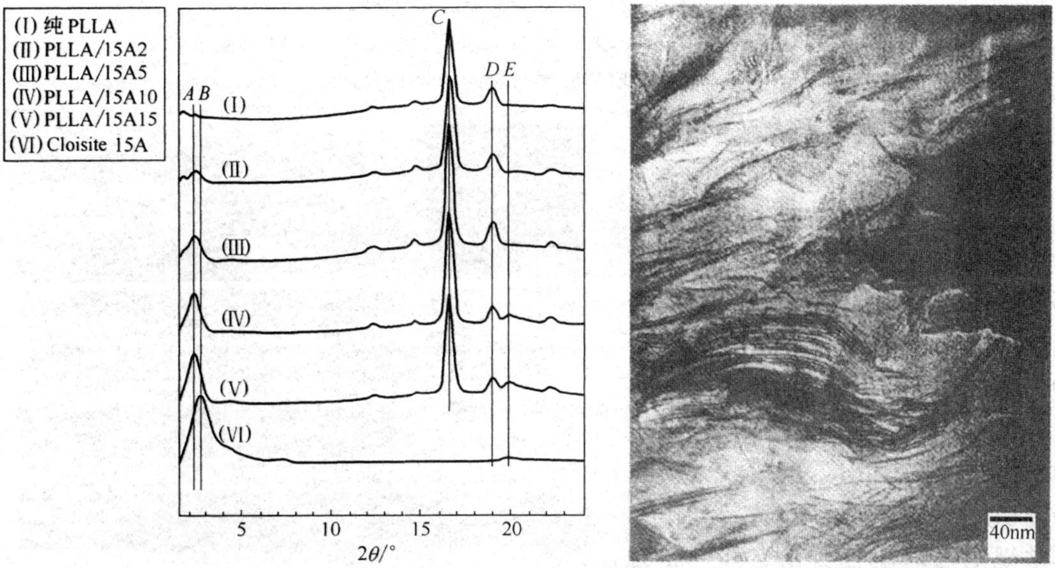

(a) (b)

图 19-14 (a) PLLA、Cloisite15A 及 PLLA/C15A 的纳米复合材料的 XRD 图

(b) PLLA/C15A（质量分数为 10%）的透射电镜照片

从图 19-14（a）可以看出，PLLA/C15A 共混物的 2θ 向低角度方向偏移，根据布拉格公式 $2d\sin\theta=\lambda$ 得出层间距是增大的。并且，随着共混物中 C15A 含量的增加，主要衍射峰的强度在增大，表明结晶程度增大。图 19-14（b）为 C15A 的质量含量为 10%时的透射电镜图。从图中可以清晰地看到黑白相间的平行条纹。结合 XRD 图和透射电镜图，可以得出结论，即 PLLA/C15A 共混物为插层型纳米复合材料。

图 19-15 为 PLLA/C25A 共混物的 XRD 图和 TEM 图。结合（a）、（b）两图，可以得出该共混物为插层-剥离结构。

在理想的剥离型 PLS 纳米复合材料中，聚合物分子链大量插入层状硅酸盐的层间，导

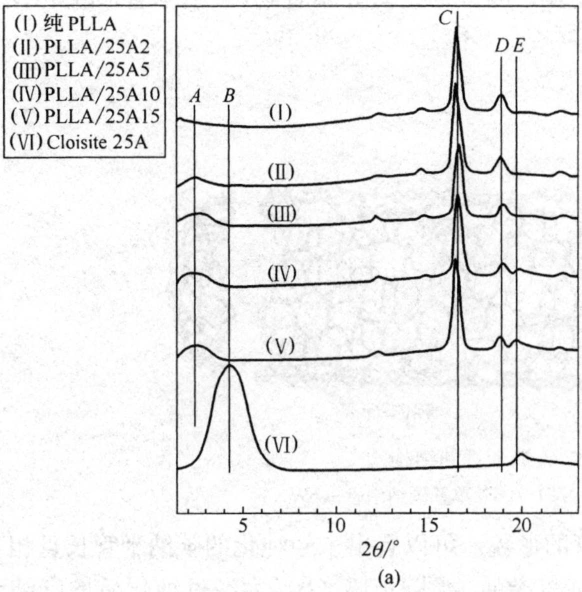

图 19-15 (a) PLLA、Cloisite25A 及 PLLA/C25A 的纳米复合材料的 XRD 图
(b) PLLA/C25A (质量分数为 10%) 的透射电镜照片

致层状硅酸盐各层之间的结合力被破坏，以单个片层的形式均匀分散在聚合物基体中，这种均匀分散的结构通常会使聚合物基体的各项性能指标有很大的提高。如图 19-16 所示。

从图 19-16 (a) 可以看出，对于不同含量 C30B 的 PLLA/C30B 共混物，C30B 黏土的衍射峰消失了，表明其形成了完全剥离的结构。结合图 19-16 (b) 的透射电镜来看，深色的黏土无规分散在浅色的 PLLA 基体中，进一步验证了 XRD 的结论。

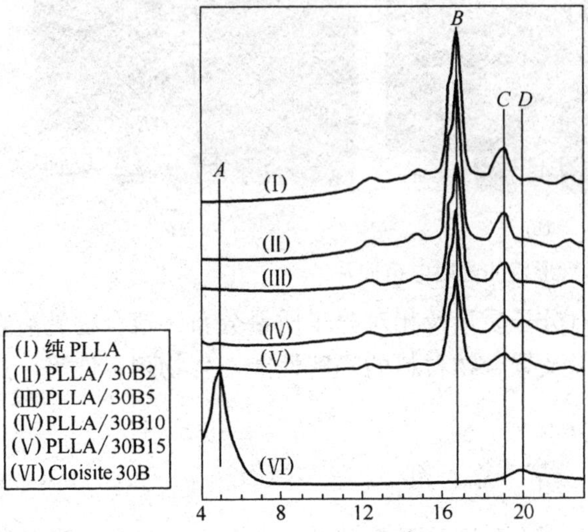

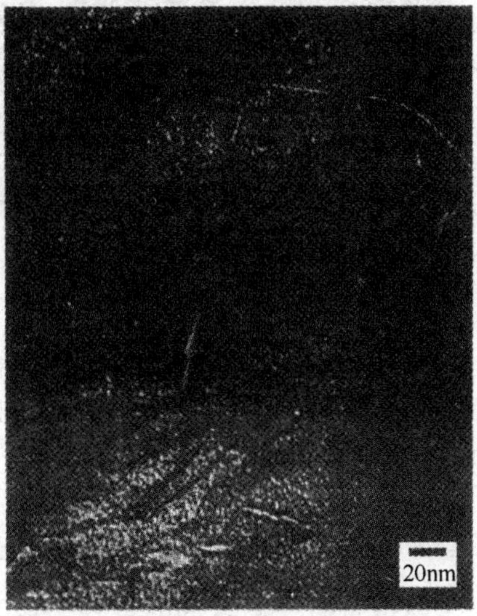

图 19-16 (a) PLLA、Cloisite30B 及 PLLA/C30B 的纳米复合材料的 XRD 图
(b) PLLA/C30B (质量分数为 10%) 的透射电镜照片

除了蒙脱土等层状硅酸盐方面的研究外，电镜也是研究聚合物/碳纳米管形貌的有力手段。图 19-17 为碳纳米管的结构。

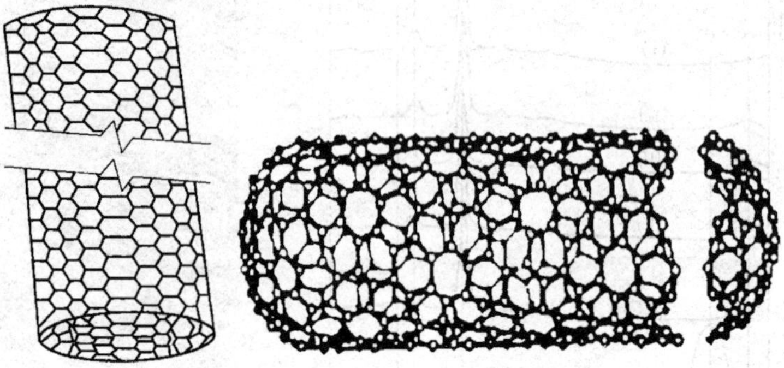

(a)　　(b)

图 19-17　碳纳米管的结构

(a) 多壁碳纳米管 (MWNT)　(b) 单壁碳纳米管 (SWNT)

图 19-18 (a) 为未经纯化的碳纳米管的形貌，可以看出未经纯化的碳纳米管长且相互缠绕，表面存在着碳纳米粒子及无定形碳等杂质。图 19-18 (b) 为经过纯化后的碳纳米管形貌，可以看出碳纳米管缠绕程度有所减弱，表面杂质明显地减少。图 19-18 (c) 为混酸氧化后的碳纳米管形貌。很显然，混酸氧化法对碳管的处理产生了很好的效果，碳纳米管的缠绕程度明显下降，从电镜照片上还可以看到单根碳管的存在。修饰后碳纳米管的形貌表明其具有好的分散性能。

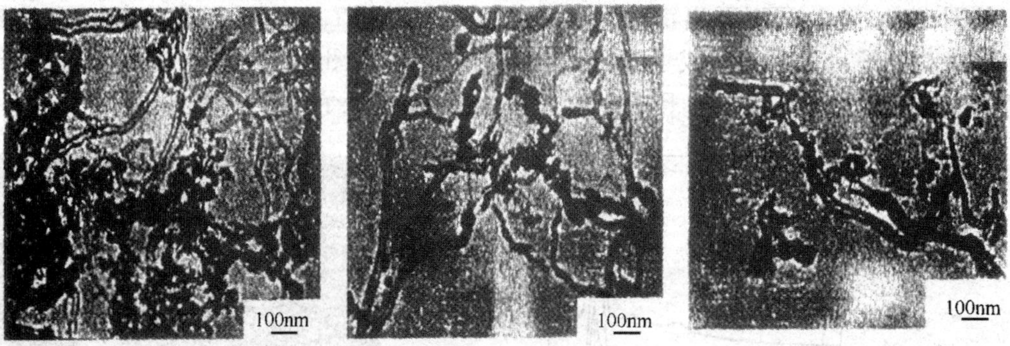

(a)　　(b)　　(c)

图 19-18　碳纳米管形貌的透射电镜照片

此外，电镜还可以用来研究聚合物相对分子质量及相对分子质量分布、聚合物乳液颗粒形态、纤维和织物的结构及其缺陷特征以及聚合物材料的降解性能，生物相容性等，这里不再详述。

19.3.3　黏　合　剂

电镜是研究黏合剂的重要手段之一，可研究共混型黏合剂的分散状态，材料表面的凹凸情况及粘接性能等。图 19-19 是一种胶带的 SEM 的研究实例，试验是先将两片胶带对粘，再剥离开，然后作电镜观察，从图上可见未粘接的高分子胶质为球状，一旦粘接可被拉出很长的丝。因此电镜可用来研究黏合剂的粘接性能。

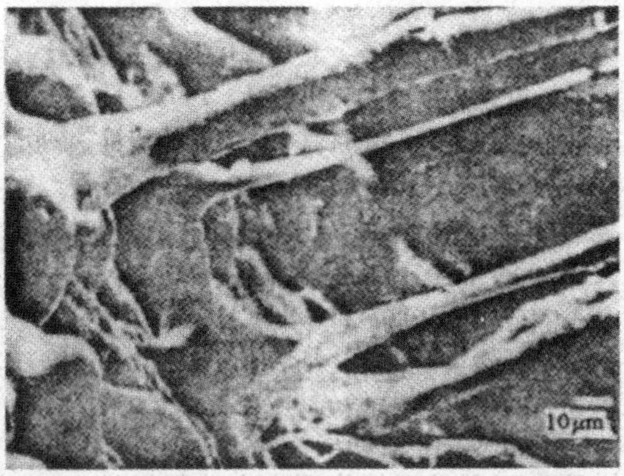

图 19-19　胶带上黏合层形态的 SEM 照片（400x）

19.3.4　动态和其他特殊实验

随着扫描电镜的普遍应用，最近生产的电镜一般都提供动态观察和特殊需要的各种样品，如：集成电路观测台、样品加热台、样品冷却台、样品多用测角台等。这样就可以研究试样拉伸形变过程的动态变化，以及加热冷却等的形态变化。

图 19-20 是不织布拉伸前后的不同形态。

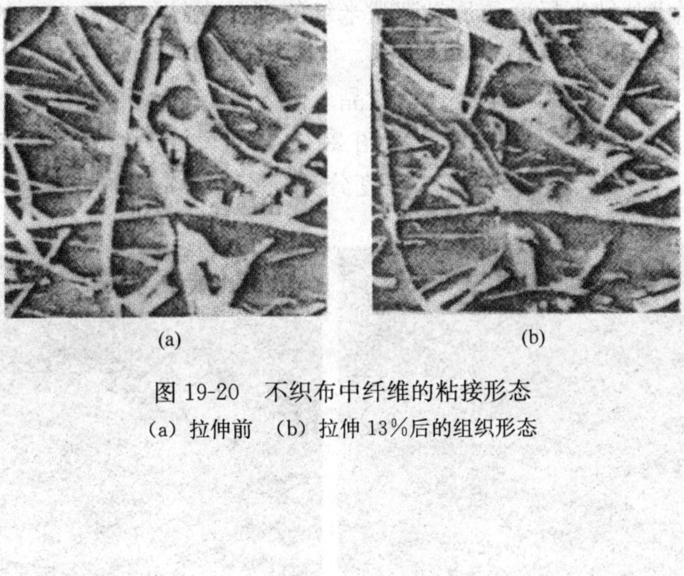

(a)　(b)

图 19-20　不织布中纤维的粘接形态

（a）拉伸前　（b）拉伸 13%后的组织形态

第 20 章　原子力显微镜在聚合物领域中的应用

1982 年，G. Binning 和 H. Rohner 在 IBM 发明了扫描隧道显微镜（Scanning Tunneling Microscope，STM）四年后，Binning、C. F. Quate 和 C. Gerber 发明了原子力显微镜（AFM），并因此在聚合物的研究中得到广泛的应用。

AFM 的工作原理是将一个对微弱力极敏感的微臂一端固定，另一端有一个微小的针尖，针尖的尖端原子与样品表面原子间存在微弱的排斥力（10^{-8}～10^{-6} N），利用光学检测法，通过测量针尖与样品表面原子间的作用力来获得样品表面形貌的三维信息。

1988 年发表了首篇有关 AFM 应用于聚合物表面研究的论文。最近几年，AFM 实验方法和在这一领域的应用飞速发展并深化，已由对聚合物表面几何形貌的三维观测发展到深入研究聚合物的纳米级结构和表面性能等新领域，并由此导出了若干新概念和新方法。

20.1　研究聚合物的结晶过程及结晶形态

AFM 可以提供从纳米尺度的片晶到微米级的球晶在结构和形态上的演变过程，是多尺度原位研究聚合物结晶的有力手段之一。

图 20-1（a）是生长中的两个聚合物球晶。随着片晶的发散生长，球晶的半径逐渐增大，导致两球晶之间的距离逐渐减小。由图 20-1（a）可见，片晶束的发散生长方向基本与半径方向一致。但由于不断地出现小角度分叉，使每个片晶的生长方向和半径方向略有

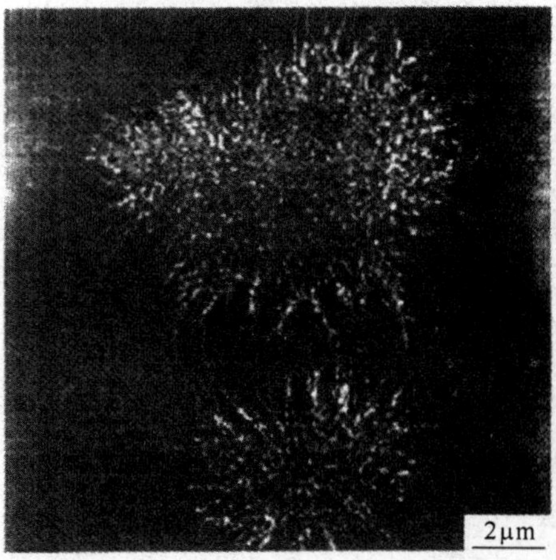

(a)

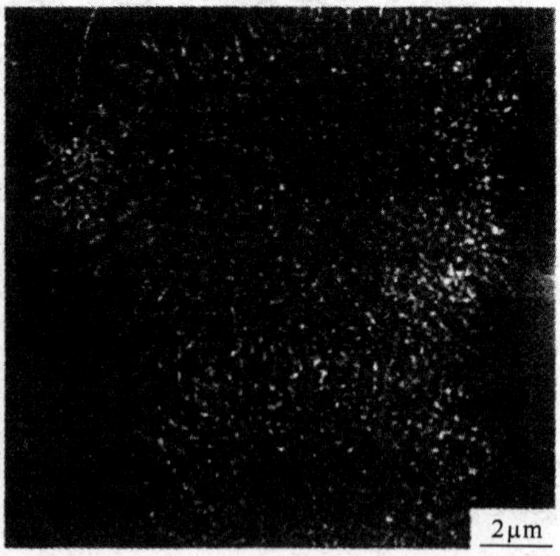

(b)

图 20-1　原子力相位图

（a）生长中的聚合物球晶　（b）碰撞的两个球晶

偏差，因此当两球晶相遇时，生长的片晶逐渐相交并相互终止，形成一个明显的界面（如图 20-1（b））。在结晶的早期，片晶在生长过程中不断分叉并向四周发散生长，逐渐充满球形的空间。但在两个球晶逐渐接近的过程中，由于受空间阻碍和可结晶链段匮乏等的限制，片晶的生长也必将受到另外一个球晶的影响。

图 20-2 为丁二酸丁二醇酯与碳酸丁二醇酯共聚物（PEC）在 90℃原位结晶过程的 AFM 图。从图中看出，除了一小部分片晶是 edge-on 取向外，大部分的片晶是 flat-on 取向，同时还可以看出一些螺旋位错结构。图 20-3 为聚乳酸（PLLA）在 90℃结晶后球晶中心附近的结构。在成核阶段片晶是 edge-on 取向，而到生长阶段转为 flat-on 取向。

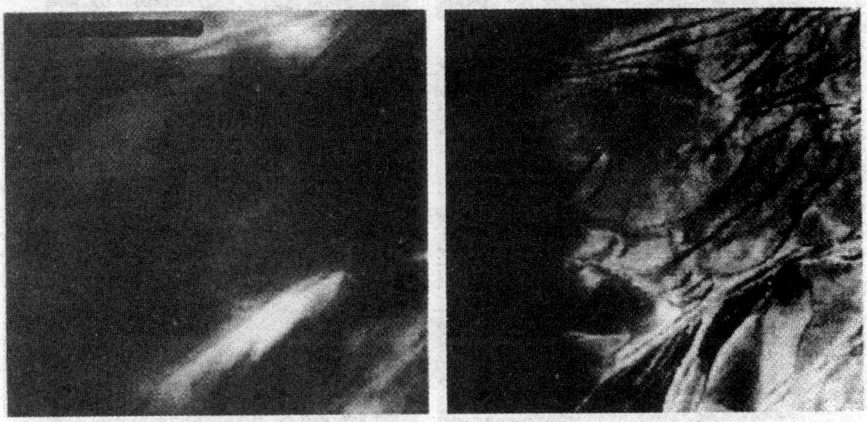

(a)　　　　(b)

图 20-2　PEC 在 90℃的结晶过程

（a）为拓扑图　（b）为相图，标尺长度为 2μm

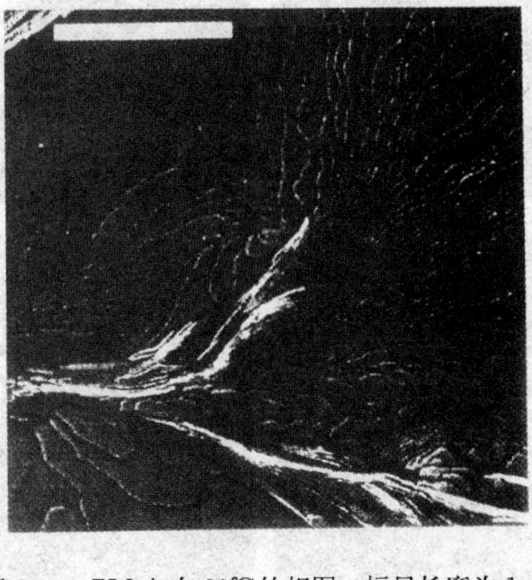

图 20-3　PLLA 在 90℃的相图，标尺长度为 1μm

Lin Li 等对聚双酚 A 正辛烷醚的结晶过程如成核、诱导成核、片晶、球晶的生长等动态过程进行了研究。图 20-4 为观察到的聚双酚 A 正辛烷醚样品的球晶生长过程。

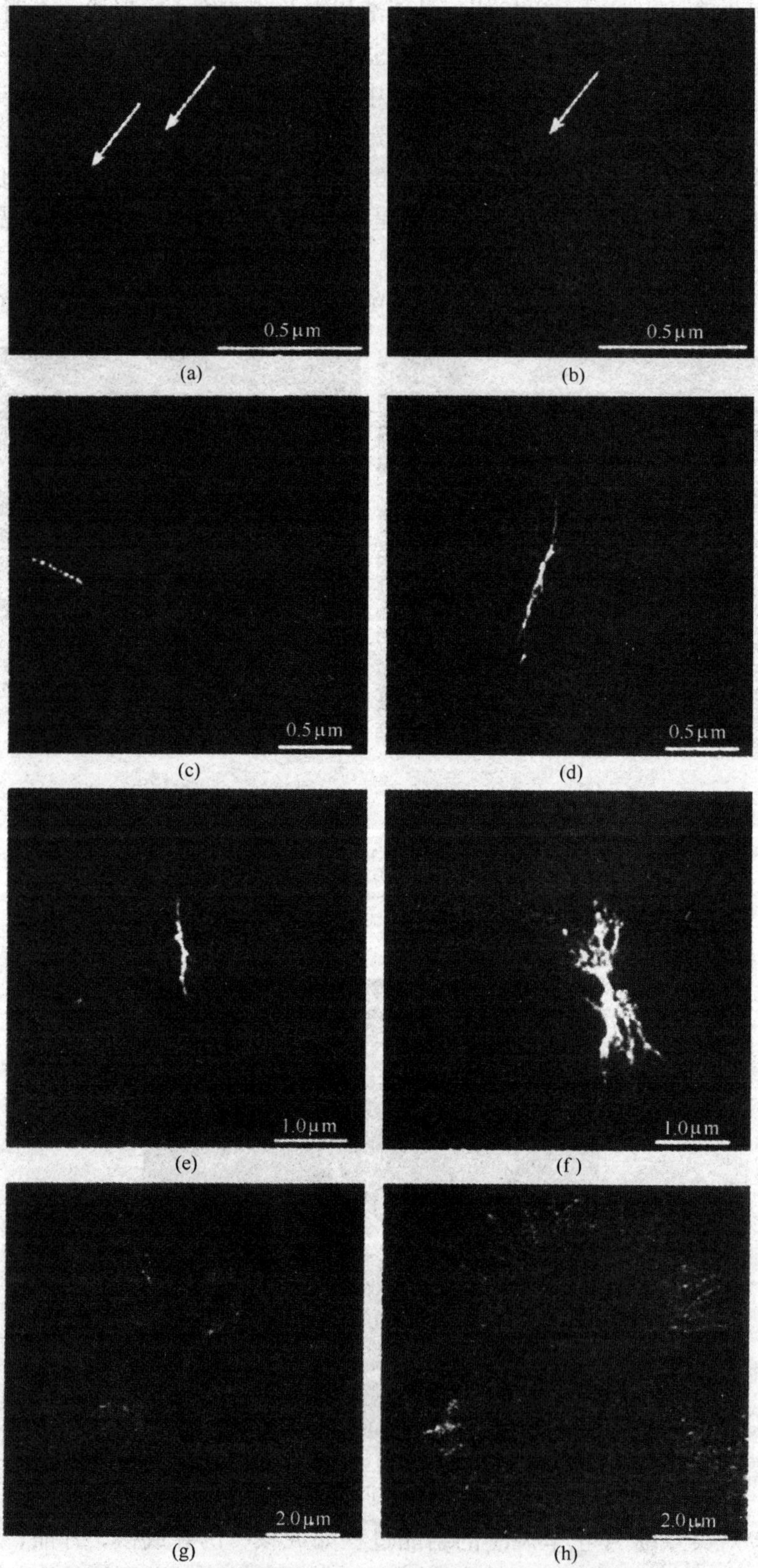

图 20-4　聚双酚 A 正辛烷醚球晶的生长过程

20.2 观察聚合物膜表面的形貌

聚合物膜表面形貌观察是 AFM 的重要应用领域之一，且受到越来越多的重视。AFM 可以用在高分子表面形态、纳米结构、链堆砌和构象等方面研究。其中，高分子的形貌可以通过接触模式 AFM 和共振模式 AFM 来研究。接触模式 AFM 研究形貌的分辨率与针尖和样品接触面积有关。一般来说，针尖与样品的接触尺寸为几纳米，接触面积可通过调节针尖与样品接触力来改变，接触力越小，接触面积就越小；同时也减少了针尖对样品的破坏。共振模式 AFM 以针尖轻轻敲击样品表面的方式成像，这大大减少了针尖对样品的形变或破坏。

20.3 研究聚合物单链的导电性能

研究单链导电高分子的导电性是 AFM 应用的最新进展之一。它首先要求 AFM 的基底和针尖都必须为导体，因而需要对原子力显微镜的针尖镀金并采用了金质基底。让高分子极稀溶液在 AFM 针尖下流过，设置针尖与基底之间距离稍大于单链导电高分子颗粒直径，在其间施加一定电势，当导电高分子颗粒随溶液流到针尖与基底之间时，体系由于电荷的诱导作用会产生一个微小的电流，这种诱导作用可使高分子颗粒变形，并最终吸附在基底和针尖之间。此时，可以通过改变加电时间或电流方向来考察单链导电高分子的电性能。

20.4 研究聚合物纳米复合材料

聚合物纳米复合材料具有常规复合材料所没有的形态和更优异的综合性能。Madhuchhanda 等通过原子力显微镜（AFM）研究了橡胶-黏土纳米复合材料并有新的发现。图 20-5 为纯橡胶、未修饰的黏土填充物以及修饰过的黏土填充物的相图。从图中可以看出，在黏土填充体系中出现了一些白色的区域，而在纯橡胶中却没有，这表明填充物

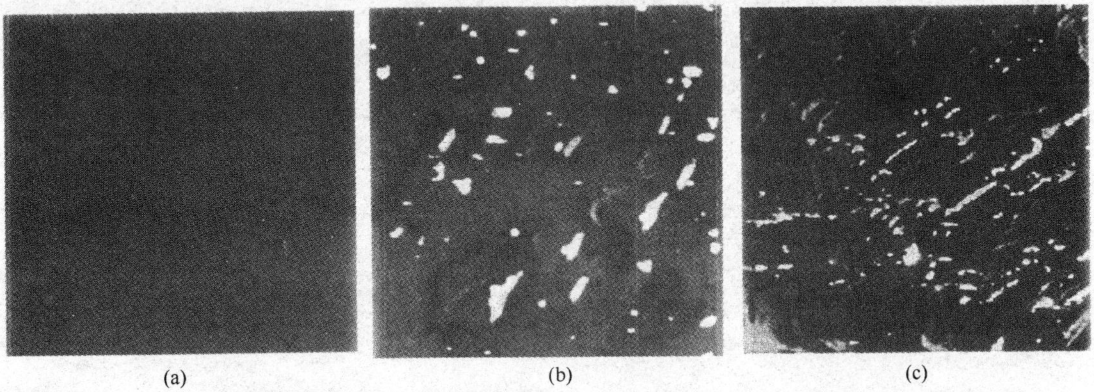

(a) (b) (c)

图 20-5 纯橡胶（a）橡胶/CAN（b）和橡胶/C20A（c）的相图

即黏土在灰色的橡胶基体中表现为白色亮点。比较 20-5（b）和 20-5（c）图发现，在 CAN 填充复合材料体系中黏土粒子均匀分散在基体中，而在 C20A 的填充体系中黏土粒子局限在一个特定的区域，而不是在整个基体中。

此外，AFM 还可用于非晶态单链高分子结构观察、研究聚合物链的导电性能、研究聚合物单链的力学性能等，在这里不再详细介绍。

习 题

1. 描述使用热台偏光显微镜观察球晶生长速度的过程。
2. SEM 和 TEM 的样品制备方法有哪些？

参 考 文 献

[1] 陆婉珍，袁洪福，徐广通．现代近红外光谱分析技术．北京：中国石化出版社，2000

[2] 谢晶曦，常俊标．红外光谱在有机化学和药物化学中的应用．北京：科学出版社，2001

[3] 谷晓昱，孙本惠．高分子合金膜的聚合物间相容性预测及表征．高分子材料科学与工程，2003，19（6）：23～26

[4] kuo S W，Chang F C. Macromolecules，2001，34（15）：5224

[5] kuo S W，Huang W J. Macromolecules，2001，37（11）：4164

[6] Maldonado Santoyo M，Ortiz Estrada C. J PolymSci，Part B：Polym. Phys，2004，42（4）：636

[7] 聂康明，庞文民，王雨松．聚酯/无机杂化分子间键合作用及微结构相关性的光谱研究．光谱学与光谱分析，2005，25（4）：537～540

[8] 刘灿强，张公正，张莹莹．聚合物共混物相容性评价的研究进展．塑料工业，2005，23（5）：1～4

[9] 傅立叶变换红外光谱技术及应用研讨会论文集．北京：中国环境科学出版社，1999，83～94

[10] 朱诚身．聚合物结构分析．北京：科学出版社，2005

[11] 谷晓昱，张军营．微波固化环氧树脂中非热效应的研究．高分子材料科学与工程，2006，22（3）：23～26

[12] 谷晓昱，张军营．用 FTIR 研究双氰胺固化环氧树脂的反应机理．高分子材料科学与工程，2006，22（5）：23～26

[13] 吴刚．材料结构表征及应用．北京：化学工业出版社，2002

[14] 黄玉东．聚合物表面与界面技术．北京：化学工业出版社，2003

[15] 王家俊，汪帆，马玲．ATR-FTIR 光谱法快速测定 BOPP 薄膜的厚度及定量．光谱实验室，2005，22（5）：999～1002

[16] 徐琳，王乃岩．傅立叶变换衰减全反射红外光谱法的应用与进展．光谱学与光谱分析，2004，24（3）：317～319

[17] 朱诚身．聚合物结构分析．北京：科学出版社，2004

[18] 殷敬华，莫志深．现代高分子物理学．北京：科学出版社，2001

[19] 邱兆斌．新型聚芳醚酮的结晶与多晶型．中国科学院长春应用化学研究所博士学位论文，长春，2000

[20] 于世林．高效液相色谱方法及应用．北京：化学工业出版社，2000

[21] 傅若农．色谱分析概论．北京：化学工业出版社，2006

[22] 施良和．凝胶色谱法．北京：科学出版社，1980

[23] 刘国铨，余兆楼．色谱柱技术．北京：化学工业出版社，2006

[24] 焦剑，雷渭媛．高聚物结构、性能与测试．北京：化学工业出版社，2005：225

[25] 云自厚，欧阳津，张晓彤．液相色谱检测方法．北京：化学工业出版社，2006

[26] 汪正范，杨树民，色谱连用技术．北京：化学工业出版社，2006

[27] 单国荣，翁志学，黄志明，杜森，潘祖仁．乙烯基单体/N-苯基马来酰亚胺共聚物组成分布测定原理及应用．高等学校化学学报，2000，21（10）：1610～1612

[28] 贺爱华，姚薇，黄宝琛，焦书科．负载钛催化合成高反式丁二烯-异戊二烯共聚物的序列分布．化学学报，2001，59（10）：1793～1797

[29] 朱寒，吴一弦，郭青磊，武冠英．一种新型丁二烯和苯乙烯嵌段共聚物的结构表征，北京化工大学学报，2004，31（6）：47～51

[30] 黄铎，卜乐炜，张德震．多检测 GPC/SEC 在高分子表征中的应用 VI．MHS 方程 K、α 参数的测定及 α 对分子质量的依赖性．功能高分子学报，2000，13（2）：182～186
[31] 姚自余，唐迎春．用双检测器凝胶渗透色谱法测定顺丁橡胶长链支化度．合成橡胶工业，2005，28（6）：417～420
[32] 郝磊，张德震．多检测 GPC/SEC 在高分子表征中的应用．功能高分子学报，2001，14（4）：422～426
[33] 励杭泉．材料导论．北京：中国轻工业出版社，2000
[34] 山西省化工研究所．塑料橡胶加工助剂．北京：化学工业出版社，2002
[35] 国家自然科学基金委员会化学科学部．分子化学的明天——学科发展前沿与挑战．北京：科学出版社，2003
[36] F. J. Burgess，A. V. Cunliffe. Reaction to effect the transformation of anionic polymerization into cationic polymerization. Polymer，1977，18：733～740
[37] 张志远，谷晓昱．利用凝胶渗透色谱示差-紫外检测器连用测定丁苯共聚物的组成分布．分析试验室，2007，26（4）：104～107
[38] Z Qiu，CZ Yan，JM Lu，WT Yang. Miscible crystalline/crystalline polymer blends of poly（vinylidene fluoride）and poly（butylene succinate-*co*-butylene adipate）：Spherulitic morphologies and crystallization Kinetics. Macromolecules，2007，40：5047～5053
[39] Z Qiu，T Ikehara，T Nishi. Crystallization behaviour of biodegradable poly（ethylene succinate）from the amorphous state. Polymer，2003，44：5429～5437
[40] J Penning，R. St. John Manley. Miscible blends of two crystalline polymers. 2. Crystallization kinetics and morphology in blends of poly（vinylidene fluoride）and poly（1,4-butylene adipate）. Macromolecules，1996，29：84～90
[41] Z Qiu，T Ikehara，T Nishi. Poly（hydroxybutyrate）/poly（butylene succinate）blends：miscibility and nonisothermal crystallization. Polymer，2003，44：2503～2508
[42] Z Qiu，M Komura，T Ikehara，T Nishi. Poly（butylene succinate）/poly（vinyl phenol）blends. Part 1. Miscibility and crystallization. Polymer，2003，44：8111～8117
[43] Z Qiu，T Ikehara，T Nishi. Miscibility and crystallization behaviour of biodegradable blends of two aliphatic polyesters. Poly（3-hydroxybutyrate-*co*-hydroxyvalerate）and poly（butylene succinate）blends. Polymer，2003，44：7519～7527
[44] Z Qiu，T Ikehara，T Nishi. Miscibility and crystallization in crystalline/crystalline blends of poly（butylene succinate）/poly（ethylene oxide）. Polymer，44：2799～2806
[45] SW Kuo，FC Chang. The study of miscibility and hydrogen bonding in blends of phenolics with poly（ε-caprolactone）. Macromol.. Chem. Phys，2001，202：3112～3119
[46] SW Kuo，SC Chan，FC Chang. Effect of hydrogen bonding strength on the microstructure and crystallization behavior of crystalline polymer blends. Macromolecules，2003，36：6653～6661
[47] 过梅丽．与复合材料的动态力学热分析．北京：化学工业出版社，2003
[48] T．穆腊亚马著，谌福特译．聚合物材料的动态力学分析．北京：轻工业出版社，1988
[49] 曾威，李树才．胶乳型互穿聚合物网络阻尼材料．高分子通报，2001，（1）：68～72
[50] 丁国芳，王建华，罗世凯．丁基橡胶阻尼材料相容性的 DSC 与 DMA 研究．化学研究与应用，2004，26（1）：113～114
[51] 王益庆，王雅，张惠峰，张立群．宽温域梯度材料的一种新型制备方法—橡胶硫化过程中硫磺原位化学改性．中国化工学会（IESC）年会议论文，2006
[52] 吴廷斌，等温时效 CuAlBe 形状记忆合金内耗行为研究．金属功能材料，1999，6（2）：73～76

[53] 孟岩，于小强，李宏途等. 聚合物阻尼材料的吸音系数研究. 高等学校化学学报，2004，25 (2)：391～393
[54] Ge Tingsui. Fifty2year study of grain boundary relaxation. Physics，1999，28 (9)：529～540
[55] X. Ramis，A. Cadenato，J. M. Morancho，J. M. Salla. Curing of a thermosetting powder coating by means of DMTA，TMA and DSC. Polymer，2003，44：2067～2079
[56] M. B. Saeed，Mao-Sheng Zhan. Adhesive strength of nano-size particles filled thermoplastic polyimides. Part-I：Multi-walled carbon nano-tubes (MWNT)-polyimide composite films. International Journal of Adhesion & Adhesives，2006
[57] A. Gnatowski，J. Koszkul. Investigation on PA/PP mixture properties by means of DMTA method. Journal of Materials Processing Technology，2006，175：212～217
[58] D. K. Chattopadhyay，Aswini K. Mishra，et al. Thermal and viscoelastic properties of polyurethane-imide/clay hybrid coatings. Polymer Degradation and Stability，2006，91：1837～1849
[59] M. Takayanagi. Viscoelastic Properties of Crystalline Polymer. Mem. Fac. EngKyushu Univ，Japan，1963，26：1
[60] Z Qiu，S Fujinami，M Komura，K Nakajima，T Ikehara，T Nishi. Miscibility and crystallization of poly (ethylene succinate)/poly (vinyl phenol) blends. Polymer，2004，45：4515～4521
[61] Z Qiu，T Ikehara，T Nishi. Poly (hydroxybutyrate)/poly (butylene succinate) blends：miscibility and nonisothermal crystallization. Polymer，2003，44 (8)：2503～2508
[62] Z Qiu，WT Yang，T Ikehara，T Nishi. Miscibility and crystallization behaviour of biodegradable blends of two aliphatic polyesters. Poly (3-hydroxybutyrate-*co*-hydroxyvalerate) and poly (ε-caprolactone) blends. Polymer，2005，46：11814～11819
[63] Z Qiu，T Ikehara，T Nishi. Unique morphology of poly (ethylene succinate)/poly (ethylene oxide) blends. Macromolecules，2002，35：8251～8254
[64] T Ikehara，H Kimura，Z Qiu. Penetrating spherulitic growth in poly (butylene adipate-*co*-butylene succinate)/poly (ethylene oxide) blends. Macromolecules，2005，38：5104～5108
[65] T Ikehara，T Nishi. Interpenetrated spherulites of poly (butylene succinate)/poly (vinylidene chloride-*co*-vinyl chloride) blends. An optical microscopic study. Polymer Journal，2000，32：683～687
[66] Y Terada，T Ikehara，T Nishi. Direct observation of the interpenetrated spherulites by atomic force microscopy. Polymer Journal，2000，32：900～903
[67] Z Qiu，T Ikehara，T Nishi. Miscibility and crystallization in crystalline/crystalline blends of poly (butylene succinate)/poly (ethylene oxide). Polymer，2003，44：2799～2806
[68] Z Qiu，S Fujinami，M Komura，K Nakajima，T Ikehara，T Nishi. Spherulitic morphology and growth of poly (vinylidene fluoride)/poly (3-hydroxybutyrate-*co*-hydroxyvalerate) blends by optical microscopy. Polymer，2004，45：4355～4360
[69] Y Li，JF Chen，XN Yang，EL Zhou. Structure image of single crystal of polyethylene. Polymer，2003，44：6489～6493
[70] V Krikorian，DJ. Pochan. Poly (L-Lactic Acid)/layered silicate nanocomposite：Fabrication，characterization and properties. Chemistry of Materials，2003，15：4317～4324
[71] 江琳沁，高濂. 无机材料学报，2003，18 (5)：1135～1138
[72] 王曦，刘鹏生，姜勇等. 原子力显微镜原位观察球晶界面上片晶的生长. 高分子学报，2003，(5)：761～764
[73] T Ikehara，Y Nishikawa，T Nishi. Evidence for the formation of interpenetrated spherulites in poly (butylenes succinate-*co*-butylene carbonate)/poly (L-lactic acid) blends investigated by atomic force

microscopy. Polymer，2003，44：6657～6661
［74］ L Li，CM Chan，JX Li，KM Ng，KL Yeung，LT Weng. A direct observation of the formation of nuclei and the development of lamellae in polymer spherulites. Macromolecules，1999，32：8240～8242
［75］ Madhuchhanda Maiti，Anil K. Bhowmick. New insights into rubber clay nanocomposites by AFM imaging. Polymer，2006，47：6156～6166
［76］ 沈德言．红外光谱法在高分子研究中的应用．北京：北京科学出版社，1982
［77］ 薛其．高分子结构研究中的光谱方法．北京：北京高等教育出版社，1995
［78］ 董炎明．高分子材料实用剖析技术．北京：中国石化出版社，1997
［79］ 汪昆华，罗传秋，周啸．聚合物近代仪器方法．北京：清华大学出版社，1991
［80］ 吴瑾光．近代傅立叶变换红外光谱技术及应用．北京科学技术文献出版社，1994
［81］ R J Bell. Introductory Furier Trunsform Spectroscopy. Academic，1972
［82］ J Schaefer. The Carbon-13 NMR Analysis of Synthetic High Polymer. Topics in C-13 NMR Spectroscopy. Vol. l. George Levy：Ed. 1974
［83］ H Tadoxoro. Structure of Crytalline Polymers. John Wiley d Sons. New York：1979. 37
［84］ R P W Scott. 现代液相色谱．李玲颖等译．天津：南开大学出版社，1992. 2
［85］ 何天白，胡汉杰．海外高分子科学的新进展．北京：化学工业出版社，1997. 9
［86］ 张洪敏，侯元雪．活性聚合．北京：中国石化出版社，1998. 1
［87］ 金关泰．高分子化学的理论和应用进展．北京；中国石化出版社，1995. 3
［88］ Chu B. Laser Light Scattering. New York：Academic Press，1991
［89］ Sun S F. Physical chemistry of Macromolecules. New York：Jone Wiley d Sons Press，1994
［90］ Derossi D，Kajiwara K，Osada Y，etal. Polymer Gels. New York：Plenum，1991
［91］ 陈镜泓，李传儒．热分析及其应用．北京：科学出版社，1985
［92］ 高家武等．高分子材料热分析曲线集．北京：科学出版社，1990
［93］ 楚士晋．炸药热分析．北京：科学出版社，1994
［94］ 刘振海．热分析导论．北京：化学工业出版社，1991
［95］ 于伯龄，姜胶东．实用热分析．北京：纺织工业出版社，1990
［96］ 钱宝功等．高聚物的转变与松弛．北京：科学出版社，1986
［97］ ［日］神户博太郎．热分析．北京：化学工业出版社，1981
［98］ Perkin-Elmer Corporation. Thermal Analysis Newsletter No 9. 1970
［99］ Mackenzie R C Ed. D：Differential Thermal Analysis. Academic Press，London：1970，Vol 1～2
［100］ R E Farritor and L C Tao. Thermochim Acta. 1970（1）：297
［101］ I. M. 沃德著．固体高聚物的力学性能．北京：科学出版社，1980
［102］ L. E. 尼尔生著．高聚物力学性能．冯之榴等译．上海：上海科技出版社，1966
［103］ L. E. 尼尔生著．高分子和复合材料的力学性能．北京：轻工业出版社，1981
［104］ B. E. 瑞德，G. D. 丹恩著．聚合物和复合材料的动态性能测试．过梅丽，刘士昕译．上海：上海科学技术文献出版社，1986
［105］ 朱玉俊．弹性体的力学改性——填充补强及共混．北京：北京科学技术出版社，1992. 7
［106］ 周彦豪．聚合物加工流变学基础．西安：西安交通大学出版社，1988. 9
［107］ 金日光，华幼卿．高分子物理．北京：化学工业出版社，1991
［108］ 道奈 J B，沃埃特 A 著．炭黑．王梦蛟译．北京：化学工业出版社，1982
［109］ Gebhard Schramm 著．实用流变学测量．李晓晖译．北京：石油工业出版社，1998. 6
［110］ Jan F Rabek. Experimental Methods in Polymer Chemistry-Physical Principles and Applica-

tions. 1980
［111］ Doi M，Edwards S F. The Theory of Polymer Dynamics. Oxford：Clarendon Press，1986
［112］ 张权．聚合物显微学．北京：化学工业出版社，1993
［113］ 曾汉民，罗胜陶．工程塑料应用．1982. No 2. 9
［114］ 显微分析技术资料汇编．北京：科学出版社，1978
［115］ C. W. Oatley. The Scanning Electron Microscopy. Part I. The Instrument Cambridge University Press，1972

一、高分子材料与工程专业系列教材

1. 聚合物共混改性原理及应用（普通高等教育“十一五”国家级规划教材）（高校教材），16 开，王国全编著，定价：28.00 元
2. 聚合物成型机械（高校教材），16 开，刘廷华主编，定价：50.00 元
3. 聚合物材料表征与测试（高校教材），16 开，杨万泰主编，定价：30.00 元
4. 高分子材料成型加工（第二版）（高校教材），16 开，周达飞，唐颂超主编，定价 52.00 元
5. 塑料成型工艺学（第二版）（高校教材），16 开，黄锐主编，定价：45.00 元
6. 聚合物改性（第二版）（高校教材），16 开，王国全主编，定价：20.00 元
7. 高分子物理及化学（高校教材）（适用于非化工类专业），16 开，武军主编，定价：28.00 元
8. 聚合物材料（高校教材），16 开，凌绳主编，定价：28.00 元
9. 塑料成型模具（第二版）（高校教材），16 开，申开智主编，定价：45.00 元
10. 聚合物加工工程（高校教材），16 开，赵素合主编，定价：50.00 元
11. 高分子化学（高校教材），16 开，张兴英主编，定价：38.00 元
12. 塑料制品与模具设计（高校教材），16 开，徐佩弦主编，定价：45.00 元
13. 模具 CAD/CAE/CAM 教程（高校教材），16 开，吴崇峰主编，定价：45.00 元
14. 高分子材料工程专业英语（高校教材），16 开，揣成智主编，定价：30.00 元
15. 聚合物复合材料（高校教材），16 开，黄丽主编，定价：35.00 元
16. 聚合物制备工程（高校教材），16 开，张洋主编，定价：28.00 元
17. 材料导论（高校教材），16 开，励杭泉主编，定价：30.00 元

二、科 技 图 书

1. 塑料连续混合设备及应用（精装），16 开，耿孝正编著，定价：62.00 元
2. 塑料材料选用技术，大 32 开，杨东武等编著，定价：35.00 元
3. 塑料成型模具典型结构图册，16 开，蒋继红编著，定价：30.00 元
4. 功能性塑料母料生产技术，异 16 开，葛涛等，定价：18.00 元
5. 注塑模具典型结构 100 例，16 开，蒋继宏编著，定价：38.00 元
6. 实用注塑模具设计，16 开，陆宁编著，定价：23.00 元
7. 塑料改性实用技术，16 开，王文广编著，定价：45.00 元
8. 聚合物共混改性，16 开，吴培熙等编著，定价：45.00 元
9. 双螺杆挤出机及其应用（精装），16 开，耿孝正编著，定价：68.00 元
10. 单螺杆挤出理论及应用（精装），16 开，朱复华编著，定价：68.00 元
11. 塑料加工技术大全，16 开，刘敏江编著，定价：34.00 元
12. 吹塑成型技术，32 开，（美）Nor-maC. lee，定价：20.00 元
13. 塑料配方设计问答，32 开，王善勤编著，定价：48.00 元
14. 英汉塑料工业词汇（第三版）（精装），32 开，陈文瑛编，定价：55.00 元